普通高等教育“十四五”规划教材

宠物食品加工及质量控制

Pet Food Processing and Quality Control

丁丽敏 主 编
李德发 武振龙 王湘黔 主 审

中国农业大学出版社
China Agricultural University Press
·北京·

内容简介

习近平总书记在党的二十大报告中强调“实施科教兴国战略，强化现代化建设人才支撑”，并指出“深化教育领域综合改革，加强教材建设和管理，完善学校管理和教育评价体系，健全学校家庭社会育人机制”。为了贯彻执行习近平总书记关于教材工作的重要指示精神，全面推进教材工作，不断提高教材建设水平，充分发挥教材在人才培养中的基础性作用；结合动物科学专业实际，我们组织编写了《宠物食品加工与质量控制》一书。

本书共分为十二章，阐述了宠物食品发展的历史、宠物食品的概念及分类、宠物食品的适口性、宠物食品原料、宠物食品添加剂、犬猫的营养需要量、宠物食品配方、宠物食品包装、宠物食品工厂设计、宠物食品的生产工艺及设备、宠物食品的质量控制、宠物食品法规体系等相关内容。

图书在版编目(CIP)数据

宠物食品加工及质量控制/丁丽敏主编. --北京：中国农业大学出版社，2023.3

ISBN 978-7-5655-2959-7

Ⅰ.①宠…　Ⅱ.①丁…　Ⅲ.①宠物-食品加工-质量管理　Ⅳ.①S815

中国国家版本馆 CIP 数据核字(2023)第 038076 号

书　　名　宠物食品加工及质量控制

作　　者　丁丽敏　主编

策划编辑　梁爱荣　　**责任编辑**　梁爱荣

封面设计　李尘工作室

出版发行　中国农业大学出版社

社　　址　北京市海淀区圆明园西路 2 号　　**邮政编码**　100193

电　　话　发行部 010-62733489，1190　　读者服务部 010-62732336

编辑部 010-62732617，2618　　出　版　部 010-62733440

网　　址　http://www.caupress.cn　　**E-mail** cbsszs@cau.edu.cn

经　　销　新华书店

印　　刷　涿州市星河印刷有限公司

版　　次　2023 年 6 月第 1 版　　2023 年 6 月第 1 次印刷

规　　格　210 mm×285 mm　　16 开本　　17.5 印张　　500 千字

定　　价　128.00 元

编委会

主　　编　丁丽敏

副主编　斯大勇　李　俊　姚　婷　杨　洁　邓百川　刘　策

编写人员（按姓氏笔画排序）

丁丽敏　中国农业大学
邓百川　华南农业大学
申进宝　皇家（中国）宠物食品公司
史素娜　怀来安贝宠物食品有限公司
付小雨　安贝（北京）宠物食品有限公司
戎玉欣　皇家（中国）宠物食品公司
朱年华　江西农业大学
刘　策　山东省农业科学院畜牧兽医研究所
刘蕊莉　河北志尚生物科技有限公司
齐智利　华中农业大学
许　佳　金华职业技术学院
孙金娟　天津雀巢普瑞纳宠物食品有限公司
杜军霞　广州喜趣乐宠有限公司
李　俊　中国农业科学院饲料研究所
李　婧　皇家（中国）宠物食品公司
李庆凯　江苏正昌集团有限公司
杨　洁　中国农业科学院饲料研究所
赵丽红　中国农业大学
郝　波　江苏正昌集团有限公司
段海涛　河南牧业经济学院
姚　婷　北京市兽药饲料监测中心
斯大勇　中国农业大学

主　　审　李德发　中国农业大学
武振龙　中国农业大学
王湘黔　北京市饲料工业协会

前 言

宠物的种类繁多，目前最常见且数量最多的宠物是犬和猫，饲养犬猫的目标是使其健康长寿，而营养和食品是犬猫获得健康的最重要因素。犬猫营养和食品的研究已有100多年的历史，宠物营养学揭示了犬猫营养的基本原理，是我们看不见的科学理论；而宠物食品是提供这些营养素的载体，是真实可见的，犬猫通过摄入食品而获得其所需要的营养素。宠物食品也经历了从餐桌食品到全价食品的转变。2021年中国宠物行业白皮书调查显示，我国宠物犬数量在2021年为5 429万只，宠物猫数量为5 806万只。随着宠物数量的增加，市场对宠物食品数量需求增大，对宠物食品的品质要求更高。除了宠物主人，犬猫繁育者、宠物营养科研工作者、兽医师、宠物食品工业相关研发人员也日益关注宠物的健康和长寿，因此为宠物提供安全卫生、营养均衡的全价日粮和进行科学的饲养就显得尤为重要。

宠物营养主要关注如何正确地评估宠物在不同生命阶段及病理条件下的营养需求以保证宠物的健康，而宠物营养是通过宠物食品实现的，如何进行宠物食品的生产和质量控制是一个值得深入研究的领域。对宠物食品的关注重点主要在其营养性、适口性、可追溯性、安全性和消化性。宠物食品是在宠物食品工厂生产出来的，因此宠物食品工厂的设计和管理、宠物食品设备选型和工艺设计，对生产高质量的宠物食品至关重要。生产出来的宠物食品的质量控制也是一个系统工程，通过对宠物食品的营养指标、卫生指标和加工指标的检测来评价宠物食品的质量，并通过动物适口性试验评价其适口性的好坏，通过消化试验（体内法和体外法）来评价其营养物质消化率、消化能和代谢能，并通过动物饲养试验来证明其全价和均衡性以及其特殊的功能。本教材通过全面系统地阐述与宠物食品加工和质量控制有关的知识，为学生构建一个全面的知识框架。

因宠物食品行业对如何制造优质的宠物食品和进行质量控制的需求日益旺盛，对宠物营养和食品的知识需求强烈，对宠物营养与食品制造方面的人才需求也不断增加，因此众多院校纷纷成立宠物营养与食品加工相关的专业或开设相关课程，为宠物行业和相关企业培养人才。我国在宠物营养、饲养和食品加工方面的研究和教学起步晚，开设的课程时间短，因此还没有一本专业的教材。按照党的二十大“实施科教兴国战略，强化现代化建设人才支撑”精神，结合宠物食品生产的专业性和特殊性，我们邀请了长期从事宠物行业的教授和专家及从事宠物食品加工的企业专业人士一起编写此书，不仅促进宠物食品科技人才的规模增长，也可以扩大管理人才、经营人才、技工人才的规模，推进职普融通、产教融合、科教融汇，合理组织科研人才、管理人才、经营人才和技工人才，推动现代宠物食品行业的持续发展。

本书综述了国内外最新研究成果，以传授基础理论、基础知识、基本技能为出发点，并综合目前行业发展需求，阐述了与宠物食品加工和质量控制相关的理论和实践知识，全书配有相应的图片和表格，便于读者理解和掌握。为了突出重点，在每一章的开始部分，有本章提要，便于读者对本章总体内容的了解；然后分章节论述相关的概念和理论，并配有图片和表格，便于读者理解和掌握。在每章的后面，有本章小结，对本章的内容进行扼要的回顾。为帮助读者更深入地掌握本章内容，在每章的最后有复习思考题，以对本章的概念、理论及内容进行强化学习。

本书由丁丽敏担任主编，斯大勇、李俊、姚婷、杨洁、邓百川、刘策担任副主编，李德发、武振龙、王湘黔担任主审，全书由主编最终定稿。具体编写分工如下：丁丽敏编写第 1 章、第 2 章、第 6 章、第 7 章，许佳、李婧、戎玉欣、申进宝编写第 2 章的处方粮部分，刘策、齐智利编写第 3 章，斯大勇、朱年华、赵丽红编写第 4 章，邓百川编写第 5 章，李俊、刘蕊莉、段海涛、杜军霞编写第 8 章，杨洁、郝波、李庆凯编写第 9 章、第 10 章，史素娜、付小雨、孙金娟编写第 11 章，姚婷编写第 12 章。

本书在编写过程中得到全国高等农林院校动科领域领导的支持，也得到宠物食品行业协会、中国农业大学出版社的指导和支持，在此表示衷心的感谢。

希望本书的出版对促进教学起到积极的推动作用，对于宠物食品的研发和科研起到理论支撑的作用，对于行业的从业人员起到科学引导和教育的作用。最终，为犬猫的健康、人类的幸福做出贡献，为宠物行业科学、健康和持续的发展贡献力量。

编　者

2023 年 2 月

目　录

CONTENTS

第一章
宠物食品发展的历史

本章提要

本章主要阐述犬猫的起源和品种、宠物食品发展的历史、宠物食品加工和质量控制的概念，最后诠释宠物食品加工与质量控制的主要内容、任务及学习方法。

第一节　宠物食品发展的历史和现状

宠物食品是为宠物制作的食品，商业化的宠物食品大概有100多年的历史，要了解宠物食品的历史，首先需要了解宠物饲养的历史。宠物的种类繁多，但数量最多的是犬和猫，因此本书主要以犬和猫为主进行相关知识的介绍。

一、犬猫的起源

几千年来，人们为了工作或娱乐而饲养、驯养犬猫。研究表明，犬在1.6万年前就被驯化了，可能与人类已经相伴了3万多年。犬的历史可以追溯到4 200万年前的始新世，在4 000万年前，生活着一种最早的食肉类动物——麦牙西兽（Miacis），大约3 700万年前，最早的食肉类动物分化为2个主要的分支：猫型亚目和犬型亚目。有研究者认为，家犬祖先的进化路线是：麦牙西兽—黄昏犬—新鲁狼—汤氏熊，分化为各种现代的狼、狐、貉等犬科动物。生活在4 000万～5 000年前的古猫被认为是现代猫的远古祖先，猫被驯化的时间估计在公元前16 000～前7 000年。19世纪，随着工业革命和中产阶级的崛起，家庭开始饲养犬和猫作为伴侣动物。在现代社会中，犬猫主要是作为伴侣动物，与人类相伴。

根据美国宠物行业的统计数据，美国拥有约7 800万只犬、8 500万只猫、1 400万只鸟、1 200万只小型哺乳动物和900万只爬行动物。宠物市场发展早期，宠物以犬猫、水族（鱼类）、鸟类为主。2021年我国宠物犬数量为5 429万只，宠物猫数量为5 806万只。

二、犬猫的品种

（一）犬的品种

了解宠物品种和生命阶段的划分对于宠物营养研究和开发宠物食品意义重大。

1. 根据体型大小分类

（1）小型犬（small）　体高在35 cm以下的犬种，或成年体重在10 kg以下的犬为小型犬，如吉娃娃犬（Chihuahua）、博美犬（Pomeranian）、北京犬（Pekingese）、小型贵宾犬（Poodle）、比熊犬（Bichon Frise）等。

（2）中型犬（medium）　体高在35.1～54.9 cm或成年体重在10～25 kg的犬。如柴犬（Shiba Inu）、史宾格犬（Springer Spaniel）、边境牧羊犬（Border Collie）、马里努阿犬（Belgian Malinois）等。

（3）大型犬（large）　体高在55 cm以上或成年体重在25～40 kg的犬。如拉布拉多寻回犬（Labrador Retriever）、德国牧羊犬（German Shepherd dog）、罗威纳犬（Rottweiler）、大丹犬

(Great Dane)、阿富汗犬(Afghan Hound)、金毛寻回猎犬(Golden Retriever)等。

(4)巨型犬(giant)　成年体重在 40 kg 以上的犬为巨型犬,如藏獒(Tibetan)、高加索犬(Caucasian Sheepdog)等。

2. 根据功能分类

根据犬的功能进行分类,有利于进行犬的繁育和犬的比赛。世界犬业联盟(Fédération Cynologique International,FCI)将犬分为 10 类;美国养犬俱乐部(American Kennel Club,AKC)将犬分为 7 类;英国养犬俱乐部(Kennel Club,KC)将犬分为 6 类。

截至 2021 年 12 月,世界犬业联盟认可的犬品种有 354 个。这些犬被划分为 10 组:①牧羊犬和牧牛犬组(瑞士牧牛犬除外);②杜宾犬和雪纳瑞类、獒犬、瑞士山地犬和瑞士牧牛犬组;③梗犬组;④腊肠犬组;⑤尖嘴犬和原始犬种组;⑥嗅觉猎犬和相关品种组;⑦指示猎犬组;⑧寻猎犬、搜寻犬、水猎犬组;⑨伴侣犬和玩具犬组;⑩视觉猎犬组。

截至 2021 年 12 月,美国养犬俱乐部认可的品种有 282 种,被 AKC 认证的犬种分为以下 7 类:猎犬组、玩赏犬组、非运动犬组、牧羊犬组、运动犬组、工作犬组和梗犬组。

3. 生命阶段

犬的营养需要和犬粮的制作一般按年龄阶段进行划分,因为不同的年龄阶段对营养物质的需要存在差别。

犬的生命阶段(life stage)的划分:幼年期(puppy)、成年期(adult)、老年期(senior)。不同体型犬的生命阶段划分见表 1-1。母犬在成年阶段还会有妊娠期(pregnancy)和哺乳期(lactation)。

表 1-1　不同体型犬的生命阶段划分

体型 (成年体重/kg)	幼年期 /月	成年期	老年期/岁
小型(<9)	<10	10 月龄~8 岁	≥8
中型(10~24)	<12	12 月龄~7 岁	≥7
大型(25~40)	<18	18 月龄~6 岁	≥6
巨型(>40)	<24	24 月龄~6 岁	≥6

(二)猫的品种

猫因体型差异不大,一般分家猫和野猫,按遗传分为纯种猫和杂种猫,按毛长分长毛猫和短毛猫。

1. 根据猫的生存环境分类

(1)家猫　家猫是由野猫经过人类长期驯化饲养的猫。

(2)野猫　野猫是家猫的祖先种群,生活在沙漠、山林等野外的环境中。

2. 根据猫的品种培育程度分类

(1)纯种猫　纯种猫指经过数年、数代由人们精心培育而成的猫种,并严格控制其繁殖程序,以避免品种退化,以及经过国际猫业组织认可的品种。国际猫业协会(The International Cat Association,TICA)一共标识出 71 个标准化品种;猫爱好者协会(The Cat Fanciers' Association,CFA)标识出 45 个品种;国际猫业联合会(Fédération Internationale Féline,FIFe)则标识出 43 个品种。

(2)杂种猫　杂种猫是未经人为控制,任其自然繁衍的猫。其后代的遗传性很不稳定。

3. 根据猫的被毛类型分类

(1)长毛猫　长毛猫的毛发比较长,浑身的毛浓密漂亮,长毛猫体型要比普通猫大,长长的毛发可帮助它们抵御寒冷,毛发还具有防水、防紫外线的油脂涂层。代表性的品种有波斯猫(Persian cat)、缅因猫(Maine Coon)、土耳其梵猫(Turkish Van)、布偶猫(Ragdoll)和索马里猫(Somali)等。

(2)短毛猫　短毛猫毛发短而直,代表性的品种有暹罗猫(Siamese)、英国短毛猫(British Shorthair)、美国短毛猫(American Shorthair)、俄罗斯蓝猫(Russian Blue)和缅甸猫(Burmese)等。

(3)卷毛猫　短毛猫和长毛猫的毛发都是非常直的,而且很顺滑。但有一部分猫的毛发天生就是卷曲的,卷曲的毛发是被人类定向繁育而产生的。如德文卷毛猫(Devon Rex)、柯尼斯卷毛猫(Cornish Rex)、塞尔凯克卷毛猫(Selkirk Rex)、拉波卷毛猫(La Perm)、西伯利亚卷毛猫。

(4)无毛猫　全身没有毛发的猫为无毛猫,如斯芬克斯猫(有立耳和卷耳两种)。

4. 生命阶段

猫的营养需要和猫粮的制作一般按年龄阶段进行划分,猫的生命阶段的划分:幼年期、成年期、老年期(表 1-2)。母猫在成年阶段还会有特殊的生理阶段:妊娠期和哺乳期。

表 1-2　猫的生命阶段划分

生命阶段	年龄
幼年期	12 月龄以下
成年期	12 月龄至 7 岁
老年期	7 岁以上

三、犬猫饲养的目标与宠物食品

犬猫饲养的目标是使其更健康、更长寿、更快乐和舒适地生活。饲养的关注点是如何根据宠物的品种、生命阶段、生理和病理状况、环境及日常管理促进宠物的健康。宠物健康是由 5 个方面决定的:遗传、营养、饲养、环境和诊疗。其中,宠物营养是非常重要的因素,宠物营养的关注点是如何正确地评估宠物在不同生命阶段及病理条件下的营养需求以保证宠物的健康,并且根据其需求制作宠物食品。因此,宠物食品的营养性、适口性、消化性、可追溯性及安全性是体现宠物食品品质的重要因素,保证宠物食品的品质非常重要。

宠物食品的质量控制是一个系统工程。宠物食品的质量主要由以下几个方面决定:宠物食品营养标准的选择、产品原料的来源和营养成分、科学的饲料配方、生产设备、工艺流程和整个生产周期中的品质控制等。在宠物食品生产过程中,从工厂的设计、管理、设备的选型、工艺参数的设定、水电及气味的管理、原料和成品的卫生指标、加工指标、适口性、消化试验及验证全价均衡的饲养试验等方面来保证产品的质量。另外,宠物食品的生产和销售受到宠物食品法规的监管,从生产许可、原料和添加剂的使用、标签要求、卫生指标、生产设备及工艺、标准备案到质量控制,甚至销售的环节都需要符合法规的要求。

四、宠物食品的历史

(一)世界宠物食品发展的历史

从世界宠物食品的发展历史看,宠物食品经历了从餐桌食物到专业商品犬猫粮的历程,从 1860 年商业宠物食品的诞生到现在已有 100 多年的历史。

1. 商业犬粮的诞生(1860 年)

1860 年,美国辛辛那提的电工詹姆斯·斯普拉特(James Spratt)用面粉、蔬菜和肉加上水搅和在一起,开始制造与销售犬粮,人类历史上的第一份商业犬粮就这样诞生了。詹姆斯·斯普拉特就此设计了自己的专利:在小麦粉里面加上肉和蔬菜做成犬食用的蛋糕。他的这个专利引起了一位伦敦面包师 Walker 的兴趣,Walker 生产出了 2 寸×7 寸(1 寸≈3.33 cm)长方形面包,他称 Spratt 的专利为 Fibrine 犬蛋糕。Walker 后来成立了他自己的公司,烘焙出了第一个商业性的犬蛋糕,意味着商品犬粮的诞生。

2. 商业犬粮的发展(1860—1957 年)

19 世纪 70 年代,詹姆斯·斯普拉特将他的产品介绍到了美国。1895 年,Spratt 把公司搬到纽瓦克(Newark)进行商品犬粮的生产。1908 年,F. H. Bennett 饼干公司研发出“Miltoid”饼干产品 Milk Bone,为不同体型的犬提供营养。1922 年美国位于伊利诺伊州罗克福德的 Chappel 公司首先将罐装犬粮投放市场。几乎同时,Samuel Gaines 创造了由许多干的磨碎的成分组成的犬主粮,以大包装售卖,可直接饲喂,不再需要添加其他东西,有点类似于我们现在的全价宠物食品。1931 年,Milk Bone 被美国国家饼干公司(The National Biscuit Company,Nabisco)收购,开始在人的超市售卖,使商品犬粮进入千家万户,得到大家的认可,此时的商品犬粮有罐头、饼干和正餐,但最受欢迎的还是罐头产品。1941 年,罐头产品占总宠物食品 90%的份额。1954 年,美国拉尔斯通—普瑞纳公司尝试在米粉、盐和糖里掺入乳化动物肝脏、脱脂牛奶、大豆粉等原料,搅拌混合为浆状物后,在沥青地上晾干。其味道与爆米花相似,深受宠物犬的喜爱。1957 年,普瑞纳最先将食品中的膨化工艺应用在了宠物食品上,世界上第一袋膨化犬粮 Dog Chow 问世了。从此,经过膨化工艺制造出的宠物食品以其营养全面均衡、饲喂方便、节约时间等绝对优势占据了宠物食品的主要地位。大概经历了不到 1 年的时间,这种犬粮就成为全美销量最大的犬粮。

3. 宠物食品的发展(1957—2000 年)

早先的犬猫粮是通用的,没有严格的细分,随着对犬猫营养需要的研究和养犬猫数量的增加,专门为犬和猫设计的专用粮诞生,宠物食品得到了很大的发展,按不同犬猫、不同生命阶段进行犬猫粮的配制，并且出现了犬猫处方食品、鲜宠物食品、冻干食品、低温加工食品等。所以在 Spratt 发明制造犬蛋糕之后的 100 年，英国最畅销的犬食品进入德国和其他国家，并涌现出各种形式的犬猫食品。

4.现代宠物食品生产(2000 年至今)

21 世纪宠物食品进行了更细致的划分，分为全价宠物食品、补充性宠物食品和宠物零食。全价宠物食品，又细分为针对不同生命阶段(幼年、成年、繁育、老年)的犬猫粮，不同品种的犬猫粮，也有用于不同的病理状态的处方犬猫粮，还有一些具有特殊功能的犬猫粮，如鲜肉粮、冻干粮、风干粮、低温烘焙粮、天然粮、素食粮、无谷粮等。

宠物营养补充剂品类也不断细化，有补充维生素(多种维生素片、粉、膏)、钙磷(钙片、钙粉、钙膏、液体钙)、电解质、微量元素、氨基酸、酶制剂、益生菌、益生元以及一些特殊营养素，如硫酸软骨素、DHA/EPA 等多种保健食品。

零食的品类也更加丰富，各种配方、原料、工艺的产品不断涌现，宠物肉干、磨牙棒、宠物冻干食品、烘焙的蛋糕、点心、糖果、饮料等，人类有的食品都可以在宠物食品中看到它们的形式。

(二)中国宠物食品发展的历史

中国宠物食品行业经历了 5 个有代表性的阶段，目前已经进入高速发展期。

1.种子期(20 世纪 80 年代及前期)

犬猫饲养基本上处于餐桌食品的时代，还没有商业化的犬猫食品出现。

2.萌芽期(1990—1999 年)

1993 年美国玛氏公司进入中国，于 1995 年在怀柔投资建立了第一家宠物食品工厂；同时中国也出现了一些本土的宠物食品企业，如北京济海兴业科技开发有限公司(安贝宠物食品)在 1999 年创立，自主研发生产宠物营养保健品，并推出犬猫粮产品。

3.起步期(2000—2012 年)

随着宠物饲养人员增长，消费观念开始改变。中国本土宠物食品企业大量出现，2003 年雀巢普瑞纳公司进入中国，并于 2007 年在天津建立工厂。2008 年，玛氏旗下皇家宠物食品在中国设立工厂，2010 年正式运营。全价宠物食品、宠物零食和保健品开始推向市场，市场进入产品品类丰富和市场扩张阶段。

4.发展期(2013—2015 年)

宠物在线服务平台爆发式增长，全价宠物食品、宠物营养补充剂和零食的品类越来越多，销售渠道也更加多元化。线上和线下渠道全面开始销售宠物食品。

5.高速发展期(2016 年至今)

2019 年国内宠物市场达到了千亿元级的规模，围绕宠物消费与服务多种业态出现。宠物食品占据总市场份额的 34%，并且是第一刚需产品，得到极大的发展。

五、宠物食品研究

随着宠物食品行业的发展，宠物营养需要量、原料和添加剂的营养特性、宠物食品配方技术得到广泛研究，同时宠物食品工厂的设计、建造和管理、加工设备和加工工艺、质量控制体系、动物试验的验证及法规体系等得到规范和完善。

(一)宠物营养需要量的研究和营养标准完善

对宠物营养需要量、生物学效价以及互作效应、防病作用的深入研究，丰富和完善了宠物各阶段的营养需要量数据库。目前比较权威的营养需要量数据有美国国家研究委员会(National Research Council，NRC)在 2006 年发布的《犬猫营养需要量》(*Nutrient Requirements of Dogs and Cats*)；美国饲料管理协会(Association of American Feed Control Officials，AAFCO)在 2021 年发布的《犬猫营养需要量》(AAFCO *Dog and Cat Food Nutrient Profiles*)，欧洲宠物食品工业联盟(FEDIAF)在 2021 年发布的《犬猫全价和补充宠物食品营养指南》(*Nutritional Guidelines For Complete and Complementary Pet Food for Cats and Dogs*)。中国 2014 年发布的《全价宠物食品　犬粮》(GB/T 31216—2014)和《全价宠物食品　猫粮》(GB/T 31217—2014)。

随着营养学研究技术的发展，营养对宠物的寿命和健康的研究更加深入。例如，对于正常的犬猫，其能够抵御肾病的磷与蛋白质的最理想用量的标准；对于大型犬，最理想的生长率将促进正常骨骼发育的营养标准；生长阶段的能量摄入与肥胖的提前预防的关系；日粮中营养素抗氧化性的最理想用量等。许多营养素参与免疫系统的机能，免疫系统机制受到加强或受到抑制。营养物质与免疫性互作方面的早期研究主要集中在能量、蛋白质缺乏所造成的影响。相比之下，另外一些营养物质，由于维持营养需要量的估计不精确、研究不透彻，或者可能是由于机体正处于某个特殊生命阶段或活动期，营养需要量高于常规需要，这些数据需要研究和完善。

另外，宠物营养研究的方法也需要标准化和规范化，在保证动物福利的情况下，获取更多的有价值的基础代谢及营养需求信息，建立研究方法的标准对于开发产品及验证产品质量也是必要的，但这需要政府管理部门及行业的认可，以规范市场行为，为宠物食品开发及宠物健康提供保证。

（二）原料和添加剂的数据库

用于宠物食品的原料种类与畜禽饲料原料种类有很大的不同，肉粉及各种动物新鲜的肉、内脏、骨骼和一些副产品大量地被应用于犬猫食品中，对鲜肉及肉粉的代谢能、营养指标和卫生指标，都缺乏一套可用的数据。还有一些蔬菜、水果、藻类以及一些中草药等原料，也常被用在宠物食品中，需要对这些原料的能量及营养指标，特别是与犬猫需要配套的营养指标进行深入的研究，制定一套可用于犬猫食品的原料标准及营养指标数据库。

（三）设备和工艺

犬猫食品品类繁多，有成百上千种，与传统的畜禽饲料相比，在分类和种类上差异很大，在制作工艺上更接近人类的食品，但设备和工艺繁杂，很难对其进行规范。目前，只有全价干膨化食品在设备和工艺上相对规范，罐头的加工工艺相对比较成熟，其他产品因设备和产品设计的不同，工艺差异很大。因此，需要针对不同产品种类，进行设备和工艺的研究，以适应市场的需求。

（四）质量控制

质量控制是保证宠物健康和提高宠物食品质量的重要手段。质量控制是指利用科学的方法对产品质量实施控制，预防生产不合格的产品，使产品达到规定的质量标准。

质量控制涉及原料、饲料配方、加工过程、成品及储存过程中的质量控制，预防生产出不合格的产品。需要在质量控制的各方面进行深入的研究，以全面提高产品的质量。

六、宠物食品生产与环境保护

随着全球环境的恶化，全世界都在采取措施积极改善环境。宠物食品的生产和饲喂宠物的方式都应该是尊重环境的，以支持持续的生产和促进环境的改善。利用可持续的原材料、环保友好型的产品、可回收的包装材料——所有这些因素都对确保宠物食品行业长期可持续发展起着重要作用。

作为宠物主人和宠物食品行业从业者，有责任在群体（包括宠物和人）需求和为后代保护环境的必要性之间寻求平衡。尽可能采用最新的创新技术，尽量在减少资源消耗的同时提高安全标准。鼓励关注环境问题的同时，鼓励行业内有效利用原材料生产、宠物食品制造、包装和运输过程中的能源。宠物食品行业是最早引入回收利用理念的行业之一，通过对人类食物链副产品的利用可减少对这些美味又无害的成分的废弃处理。这同时降低了供人类消费的肉类价格，减少了人类食物链中的肉类需求。宠物食品制造商是将这些副产品转化为对宠物有价值的营养产品的专家。

2018 年，欧盟委员会批准通过了 FEDIAF 为宠物食品设立的产品环境足迹分类规则（PEFCR）。宠物食品的 PEFCR 涵盖了宠物食品产品从“摇篮到坟墓”的整个产品周期，包括以下阶段：原料采购、包装生产、宠物食品制造、分销、使用和包装的“生命终结”（EOL）。FEDIAF 支持：①保证在安全、美味、营养基础上，宠物食品在生产时对所有资源的高效利用。②负责任的设计、操作和对工艺流程及工厂的维护，从而尽量减少对当地社区的不利环境影响，如将环境排放最小化，将异味最小化，改善生产场所及其附属部分的外观。③包装技术的使用和发展，不仅能够减少对不可替代资源的需求，还能在不影响技术效率和安全的情况下用对环境影响最小的方式处理掉。④关于节能、再利用、回收和焚化废物以回收能源的方案。⑤清晰、明确和无歧义的环境标签（环境声明）。

因此，宠物行业的从业者及宠物主人，在生产产品及饲养宠物的过程中，在保证宠物健康的情况下，要降低对环境的影响。

第二节 宠物食品及加工的概念

一、宠物营养

宠物营养(pet nutrition)是指宠物摄取、消化、吸收和利用宠物饲料(宠物食品)中营养物质的全过程。利用食物中对身体有益的物质构建组织器官、调节各种生理功能,维持正常生长发育和防病保健的过程,是一系列物理、化学及生理变化过程的总称。

二、宠物饲料的概念与分类

宠物饲料是指经工业化加工、制作的供宠物犬、猫食用的产品,也可称为宠物食品(pet food),包括宠物配合饲料(全价宠物食品)、宠物添加剂预混合饲料(宠物营养补充剂、补充性宠物食品)和其他宠物饲料(宠物零食)(农业农村部第 20 号公告,2018)。

营养素被定义为存在于饲粮中的一切化学元素和化合物,被用来维持正常的繁殖、生长、哺乳,维持生命活动或生产产品,也就是通常所称的营养物质或养分。

营养素包括简单的化学元素,如 Ca、Mg、Na、K、Cl、S、Fe、Zn、Mn、Cu、I、Se 等,也包括复杂的化合物,如蛋白质、脂肪、碳水化合物等。

营养素(nutrient)被分成六大类:水(water)、蛋白质和氨基酸(protein and amino acid)、碳水化合物(carbohydrate)、脂类(lipid)、维生素(vitamin)、矿物元素(minerals)。在动物体内不能合成或合成的数量不能满足需要必须由饲粮提供的营养素称为必需营养素(essential nutrient)或绝对必要的营养素(indispensable nutrient)。

宠物需要的不是食物本身,而是食物中所含的营养素。不同的食物只要其中所含的营养素满足宠物的需要,即可保证宠物的健康。营养素的种类和数量决定了宠物食品的质量。

三、营养需要量及适宜营养

营养需要量(nutrient requirement)是指为了满足动物的代谢需要,必须供给动物的营养素的量。它实质反映的是一种营养素的最低平均摄入量,随着时间的推移,这种摄入量足以维持犬猫所需的生化或生理功能。营养需要量是宠物食品配制的基础。伴侣动物营养学家的研究目标是为宠物提供适宜的营养,保证宠物的健康,并研究促进犬猫健康和长寿的全价和均衡的饲料配方,为宠物提供全价的食物。宠物必须从食物中获得全部的营养素和能量以维持其健康和各种生理活动,如生长、妊娠、哺乳、狩猎、赛跑、驮载、放牧、工作等,因此处于不同的生长阶段、进行不同的生理活动的宠物需要的营养素和能量是不同的。

适宜营养(adequate nutrition)是营养素达到全价均衡的状态,所有营养素都满足宠物的需要,而且营养素之间、营养素与能量之间的比例合适,且没有过量的营养素对宠物健康造成影响。营养素的缺乏和过量都会对宠物的健康造成不良影响。营养素缺乏造成的影响包括:犬猫发育不良、偏瘦或偏胖、骨骼发育异常、皮肤容易被剥落、被毛粗糙易断、无光泽、抗病力下降、异食癖、免疫力低下、造成继发感染等。有些营养素过量会转化成其他物质,不会对宠物健康造成影响,但有些营养素过量会造成营养素的中毒,影响宠物的健康。例如,过剩的能量转化为脂肪储存,导致肥胖;过剩蛋白质被降解用作能量;过剩维生素 A 和维生素 D 储存于肝脏,长时间高剂量会造成中毒;过剩的钙,降低磷及其他矿物质吸收;过剩的硒造成硒中毒;过剩的其他营养素,如 B 族维生素,随粪尿排出。在满足动物需要的情况下,多余的营养素并不能带来额外的好处,某些情况下还会造成代谢的负担。

全价均衡营养(complete and balanced nutrition),应满足下面的标准:①各种营养素能够满足生长和免疫的需要,没有营养物质的缺乏;②动物饲粮中任何一种营养物质对其他营养物质都有最适合的比例;③没有过度超量的营养物质影响其他营养物质的利用或导致中毒症状;④饲粮必须包含维持和改善消化道生理机能的成分。

关于营养素与能量(代谢能)的比例,在 NRC、AAFCO、FEDIAF 的营养标准中,都以一定的代谢能(一般为 4 000 kcal/kg DM)作为基础,给出各营养素的需要量,如果能量的水平变化了,其他的营养指标也要相应地变化。另外,关于营养素之间的比例，如钙磷比、赖氨酸精氨酸比、不饱和脂肪酸之间的比例，也在标准中有体现。有些会造成中毒的营养素设定了营养上限。

AAFCO的基本原则是：如果任何一种宠物食品被标识上诸如"全价和均衡的(complete and balanced)"或"100%营养的"等此类的语句，那么这些语句都必须是经过证实的，营养适当性是需要有科学数据支持的。

四、宠物食品加工

宠物食品加工指宠物食品的加工活动，包括全价宠物食品的生产、添加剂预混合饲料的生产、宠物零食的生产。宠物食品加工包括宠物饲料厂(食品厂)的设计、建设、设备选型、工艺设计、包装、工厂管理、水电气味管理以及质量管理等方面。

五、质量控制

质量控制是保证宠物健康和提高宠物食品质量的重要手段。质量控制是指利用科学的方法对产品质量实施控制，预防生产不合格的产品，使产品达到规定的质量标准的目的。

质量控制涉及原料、加工过程、成品及储存过程中的质量控制，预防生产出不合格的产品，涉及以下几个方面：①原料和饲料添加剂的质量控制；②加工过程的质量控制；③宠物食品配方设计；④成品的质量控制；⑤适口性试验；⑥消化试验；⑦饲喂试验。

通过上述方面的质量控制，保证宠物食品的营养质量、卫生质量、加工质量、适口性、消化性、功能性和全价(全营养)均衡性。

第三节　宠物食品加工与质量控制的内容及任务

一、内容

(1)宠物的起源、分类、饲养的历史以及中外食品发展的历史和现状。

(2)宠物食品的分类和特点。

(3)宠物食品适口性的定义、测定方法和改善适口性的方法。

(4)用于制作宠物食品的原料和添加剂的营养特点及使用注意事项。

(5)犬猫的营养需要量的特点及如何进行宠物食品的配方。

(6)宠物食品工厂的设计、管理及设备和加工工艺。

(7)宠物食品的包装及对适口性和产品质量的影响。

(8)宠物食品的质量控制体系。

(9)中外宠物食品的法规。

二、任务

通过本课程的学习旨在培养学生的自主学习能力、创新能力和团结协作精神，提高其发现问题、分析问题、解决问题的能力，挖掘学生自主学习、独立思考的专业素养，不断提高学生的实践能力以满足宠物食品行业对人才的需求，符合学科的育人标准，进一步提升学生理论水平和实践技能，使学生的综合素质在学习过程中得到锻炼和培养，培育符合行业发展需求的专业人才。人才的培养与宠物行业的需求相契合，认清职业岗位的人才需要，按照行业准入要求调整专业培养目标，才能对宠物食品加工及质量控制有全面的了解。

通过这门课程的学习，可以使学生全面而系统地了解宠物食品的历史、分类和特点，掌握犬猫的品种、营养需要和宠物食品的饲料原料及添加剂的特点，掌握不同类型的宠物食品的配方设计、工厂的设计、设备选型和加工工艺、包装以及食品的质量控制和法规体系，为宠物相关专业的学生、从事宠物营养和食品加工的工作者、宠物饲养者、宠物食品的制造者及政府官员提供基础的知识体系。学生对宠物食品配制的基本原理、宠物食品生产及质量控制等基本理论知识和实践技能掌握的程度将直接影响其走上工作岗位后的工作能力和发展前景，对整个宠物食品行业产生积极的推进作用，促进行业的长远发展和进步。

三、教学和学习方法

(一)加强基础教学，夯实理论基础

以基本概念、基本理论和基本方法为核心和主线，分清重点和难点，把握主线，将重点内容讲

透，必要时引导学生进行逻辑思考，对既是重点又是难点的知识点进行讨论和教学互动，不断将学生的注意力引向新的高度。第一章阐述了宠物食品发展的历史，第二章阐述宠物食品的概念及分类，第三章阐述宠物食品的适口性，之后分别阐述了宠物食品原料、添加剂、犬猫营养需要量、宠物食品配方、包装、工厂设计、生产工艺及设备、质量控制及法规等，本书全面而系统地概括了宠物食品加工、质量控制和法规的基本知识和基础理论，是本课程的基石，理解和掌握这些基本概念、基本理论和实践技能是学习本课程的关键。

（二）理论与实践结合，加强实践教学

本课程是实践性极强的应用型课程，产学结合，实施开放性实践教学非常重要。实践内容包括宠物食品生产中所必须掌握的技能，即工厂的设计、设备选型、设备操作及工艺设计、质量控制、产品设计、包装标签设计等。有条件的学校可建立综合实践实训基地，通过在企业的生产一线进行技能实训，提高学生的实际动手能力。依托行业协会和龙头企业，实现“校企联动、协同育人”。坚持走产教融合协同育人之路，与企业合作建立产学研合作基地，很好地满足实践教学要求。搭建教学、科研及地方合作平台，注重实践创新技能。也可以建立虚拟仿真实验平台，建设模拟宠物食品加工设计的软件，实施饲料配方与加工和企业定岗实践的应用型实践培养模式，实施理论和实践、课程和行业、科研和社会服务的机制，培养学生在校期间开始从事生产和服务的能力。

（三）延展阅读，任务驱动教学法

按照党的二十大“实施科教兴国战略，强化现代化建设人才支撑”精神，加强宠物食品的科技攻关和创新能力，面向世界科技前沿、面向经济主战场、面向国家重大需求，加快实现高水平科技自立自强，重点围绕专业化宠物食品生产、加工处理以及质量控制等关键技术，实现宠物食品生产及质量控制技术突破，持续提高宠物食品的产量和质量水平。提升宠物食品科学与技术水平，不仅为宠物食品的国产化奠定扎实基础，还是现代宠物食品工业发展的迫切需要。

课程讲授可突破传统学科体系教学模式，整个教学过程以宠物食品生产全过程为主线，细化教学内容，按照真实工作任务展开，在不同的章节介绍学科发展前沿内容，如在针对犬猫食品生产过程中带来的质量问题进行讲解，采用科研前瞻进展内容以及人类食品的一些理论和研究进行讲解。一方面可丰富教学内容，体现学科的先进性；另一方面体现了课程的应用性，针对生产实践，突出重难点内容的讲授。

（四）项目制——课程论文

学生可分成几个项目小组，组织专题讨论，根据学科发展和生产实际的需要，拟定一定数量的课程论文题目，例如如何制作一款宠物零食、如何进行全价食品的质量控制等，要求围绕中心问题积极准备材料，以小组的形式在教学环节中安排学术报告会，组织学生开展专题讨论，引导学生大胆发言，陈述见解，调动学生学习主动性，提高对行业和专业知识的掌握和了解。

（五）现场教学——工厂参观

实践教学以生产环节中必备的技术为主，如工厂设计、工厂管理、加工工艺和过程管理、饲料原料的鉴别、饲料配制、饲料常规分析等技术，提高学生的实践能力。加强与宠物食品加工厂的联系，产、学紧密结合。将课堂搬到生产现场，学生在现场中提出教学环节中遇到的疑难问题，请教师及工厂的工程师现场回答，与学生交流，可安排技术人员现场指导学生学习专业知识和技能。

（六）网上辅导法

网上查看犬猫食品的信息，了解行业现状。通过学校精品课程网站和课程组建立的云平台，学生利用手机可以使用网络资源，各取所需，各展所长，从而达到因材施教的目的。平台网络资源，学生可以在教师指导下进行“自主发现、自主探索”模式的学习，在学习的过程中，培养批判性思维、创造性思维，从而为创新能力的培养提供广阔的空间。

（七）完善教学考核体系，注重过程考核

在课程考核中，建立包括课堂提问、云平台互动、课程论文、课堂讨论、作业、笔记以及实验操作、实验结果分析、考勤和期末考试等环节构成的考核体系。具体做法是，课堂提问、云平台互动讨论，占学业总成绩的 20%；作业、笔记及课堂考勤，占总成绩的 10%；实验考勤、实验操作及实验报告撰写，占学业总成绩的30%；期末考试或课程论文占学业总成绩的40%。通过综合考核，让同学全面了解本课程内容，既掌握基础理论，又提升实践能力，全面提升学生的学习效果。

本章小结

犬猫饲养的目标是使其更健康、更长寿、更快乐和舒适地生活。为宠物提供科学安全的全价均衡日粮，是犬猫获得健康的最佳途径之一，因此科学地进行宠物食品的生产和质量控制至关重要。

宠物营养和宠物食品经历了100多年的发展，宠物食品的种类日益丰富，有全价宠物食品、补充性宠物食品（营养补充剂）和宠物零食，不同种类宠物食品的营养价值存在很大的差别，加工工艺也多种多样，营养指标、适口性、消化性、卫生指标和加工指标都存在差异。

宠物食品加工及质量控制是一门研究宠物食品加工及质量控制的学科，需要探究犬猫在不同生理阶段、不同工作目的、不同运动水平及不同环境条件下对各种营养物质的需要特点及营养或饲养标准，研究用于加工宠物食品的原料、添加剂的特点，探究科学的配方方法，并研究不同的加工厂（全价宠物食品、营养补充剂及宠物零食）的设计、设备选型、工艺流程、质量控制等，宠物食品生产还要遵循宠物食品法规的要求，生产出符合市场需求的产品，促进行业发展。

这门课程实践性非常强，可通过多种教学和学习方法，促进学生对知识的掌握，通过理论联系实践、课程论文、现场教学、专题讨论、网上探索等多种形式加强教学和学习的效果。

复习思考题

一、名词解释

宠物饲料（pet food）　宠物配合饲料（全价宠物食品）　宠物添加剂预混合饲料　其他宠物饲料（宠物零食）　营养素　最适营养　宠物食品加工　宠物食品的质量控制

二、问答题

1. 什么是最适营养，如何验证？它的标准是什么？
2. 宠物食品分几类，各有什么特点？
3. 简述宠物食品发展的历史。
4. AAFCO证实营养适当性的措施是什么？
5. 犬猫的生命阶段是如何划分的？

三、开放性讨论

中国宠物食品的发展现状如何？

第二章

宠物食品的概念及分类

本章提要

本章阐述宠物食品的概念及分类。宠物食品分宠物配合饲料(全价宠物食品)、添加剂预混合饲料(宠物营养补充剂、补充性宠物食品)和其他宠物饲料(宠物零食)。全价宠物食品按照水分含量可分为干、半干(半湿)、湿宠物食品;还可以根据宠物食品的物理性状(颗粒状、粉末状、膏状等)、宠物的生命阶段(幼年期、成年期、老年期等)以及生产加工方式(挤压膨化、高温蒸煮、烘焙等)进行划分。宠物营养补充剂也可按水分含量、产品形态、宠物生命阶段以及功能(补充矿物质、补充维生素、补充氨基酸等)进行分类。宠物零食也可根据水分、加工工艺进行分类。

第一节　全价宠物食品的概念及分类

一、概念

全价宠物食品(complete pet food),也称宠物配合饲料,是指为满足宠物不同生命阶段或者特定生理、病理状况下的营养需要,将多种饲料原料和饲料添加剂按照一定比例配制的饲料,单独使用即可满足宠物全面营养需要。全价宠物食品就是俗称的主粮,除水外,其他营养素(如蛋白质、脂肪、碳水化合物、矿物质和维生素)都能满足宠物的需要,长期饲喂可以保证宠物的健康。

(一)全价宠物食品的标签规定

宠物食品一般要求粘贴相应的标签,使消费者从标签就可以看出产品所属类型。标签以文字、符号、数字、图形等方式粘贴、印刷或者附着在产品包装上用以表示产品信息,应按照农业农村部公告(第20号)附件3《宠物饲料标签规定》执行。

宠物配合饲料的通用名称应当标识“宠物配合饲料”“宠物全价饲料”“全价宠物食品”或“全价”字样,并标识适用动物种类和生命阶段。适用动物种类可以具体至犬猫品种或者体型,如不标识则默认为适用于所有品种和体型;生命阶段包括幼年期、成年期、老年期、妊娠期、哺乳期等,如不标识则默认为适用于所有生命阶段。为满足宠物特定生理、病理状态下营养需要生产的宠物配合饲料,其通用名称应当标识“处方”字样。各国对不同宠物食品的标签都做了明确的规定,使生产商和消费者能够明确地确定产品的类型和使用规范。

(二)全价宠物食品的证实

虽然我们从产品的标签上就能看出这种产品是否是全价宠物食品,但它是否符合全价宠物食品的标准,是需要进行证实的。使用全价和均衡的声明将产品确定为适合作为指定动物寿命内的唯一营养来源(水除外)。证明商业食品营养充足性的方法必须是科学合理的,并具有足够的严谨性,以确保采食该食品的动物将获得足够含量的必需营养素。美国饲料管理协会(AAFCO)的基本原则是，如果任何一种宠物食品被标识上诸如“全价和均衡的”或“100%营养的”等此类的语句，那么这些语句都必须是经过证实的，需要有科学数据的支持。以下是 AAFCO 建议的有关证实“全价和均衡”营养的 3 条措施。

1. 营养指标

营养指标是在适合动物的各个生活阶段的饮食计划中，计算出符合已有的营养指标的供给量，这是很必要的。换句话说，设计的配方应该包含符合 AAFCO 中所规定的蛋白质、氨基酸、钙、磷、脂肪和维生素等适当的数量和比例。

AAFCO 每年都会推出官方出版物（official publication，OP），里面包含犬猫食品中营养素的推荐量，是制定犬猫食品的参考标准。厂家可按照饲料原料的营养成分值计算出配方中的营养成分含量，或用化学方法测定出其营养成分值，证明其满足 AAFCO 的营养素水平。换句话说，配方中必需营养素的含量，如蛋白质、氨基酸、钙、维生素 A 等，应设计得不低于最小需要量，同时也不超过安全上限。

2. 喂养试验方案

喂养试验方案是不考虑营养水平，利用饲喂试验的结果来证明营养的适当性，即只依靠在饲养过程后的最终产品的质量而不考虑它的营养指标。AAFCO 有具体的试验要求和操作流程。

对于犬和猫，成年维持代谢、妊娠/哺乳和生长发育都有单独的方案。通过成年动物维持标准的食品只能在营养充足性标签中提到维持代谢，适用于成年期。然而，如果产品通过妊娠/哺乳期或生长期的发育标准，它可能会宣传足够维持成年代谢和通过测试的其他生命阶段，即使食物并没有喂给非繁殖的成年动物，这是因为维持的营养需求比其他两个生命阶段低。因此，如果它满足妊娠/哺乳或生长发育的需求，那么就默认可以满足营养需求更低的生命阶段。为了使产品在所有生命阶段都被认为是全价和均衡的，必须依次进行妊娠/哺乳期和生长发育期试验，从参与妊娠/哺乳期试验的母犬猫后代中选择统计上合理数量的幼犬和幼猫进行生长试验。在这两次试验中，除了母犬猫的乳汁和水，幼年动物只能接受试验日粮。因此，试验日粮也必须在断奶期间被喂给幼犬或幼猫。

所有三个生命阶段的方案都按类似的方式执行。开始试验至少需要 8 个健康个体，在试验期间，试验日粮作为唯一营养来源（水除外）。兽医在测试开始和结束时对动物进行检查，测量各种参数，如体重及选定的血液学和生物化学指标，然后与建立的可接受值和（或）适当的对照组的数据进行比较。这可能是一个同时进行的对照，其中给一组类似的动物提供一种以前通过相同的喂养试验方法证明营养充足的日粮。更常见的是历史控制组，通过收集至少 30 个个体的数据，这些个体被喂食的食物在之前的试验中显示是营养充足的。所有使用的数据必须来自相同的动物。因为需要更多的动物来建立一个历史对照，这在短期内完成成本会更高，但比同期对照有优势，因为相同的数据可能被用于许多后续的试验。

每一个方案都有不同的精确数据收集方法，这些数据是针对犬的不同生命阶段收集的。犬粮维持试验的测量参数需要进行常规的体重测量、红细胞压积（PCV）、血红素，测定研究结束时获得的样本中的血清白蛋白和血清碱性磷酸酶（AKP）活性。生长试验需要收集相同的数据，但血清 AKP 除外，因为该酶通常在健康的幼龄动物中升高，是骨正常生长的反应指标。因此，AKP 在骨骼营养不良（如缺钙）时不如骨骼发育成熟时好，如果喂食缺钙的食物，在生长的动物身上会很明显，但在成年动物身上则不明显。妊娠期/哺乳期犬试验更为复杂，因为包括两个阶段，每组有两类个体：母犬和后代。母犬需在妊娠期和哺乳期持续记录体重，在哺乳高峰期采血测定血清生化指标（AKP 除外）。在幼犬出生后、1 日龄和试验结束时记录幼犬数量并称重，不需采血。

猫的三个生命阶段方案遵循相似的流程。主要的区别是，除了犬方案中要求的血液参数外，猫试验中还测量全血牛磺酸。虽然所有犬和猫的方案都建议测量每日食物摄入量，因为食物摄入量本身并不用于解释数据或确定测试日粮是否合格，所以此项数据并非必须记录。但是，这些数据或许在其他方面是有用的。一方面可以排除采食量异常低的试验动物，避免影响试验数据。因宠物动物试验个体差异较大，对某类食物偏好性差或好都可能影响试验结果，此时通过记录食物摄入量便可排除异常动物。另一方面，若有些动物在试验期患病，可以通过日采食量数据变化，排除患病动物，避免影响试验数据。最后，对于未通过试验的日粮，对食物摄入数据的审查可能会揭示饮食的整体适宜性，并有助于重新制定测定流程。

3. 产品家族

产品家族（product family）是前两种方法的综合，依靠饲喂过程的结果也基于整个营养框架中各营养成分的比较。它的核心是如果产品家族中有一个产品符合营养适当性的标准，产品家族中的其他产品也被认为符合这个标准。

不论是采用何种方式，如果在标签上标识"全价和均衡的"声明，厂家都必须说明证实的方法，如通过 AAFCO 饲喂试验的标签说明为："使用 AAFCO 饲喂试验证明（品牌）为（生命阶段）提供全价、均衡的营养；如使用营养素计算法，标签标识"（品牌）配方满足 AAFCO 犬（猫）粮（生命阶段）的营养需求"。通过产品家族验证的食品，标识为"（品牌）为（生命阶段）提供全价、均衡的营养，营养充足情况与另一个通过 AAFCO 饲喂试验的产品相当"。

二、分类

全价宠物食品可按水分含量、物理性状、生命阶段、加工工艺、功能特性进行分类。

（一）按水分含量分类

按水分含量进行分类，是最常见的分类方法，一般分为固态（干）、半固态（半湿）、液态（湿）3 类。

1. 固态宠物饲料

水分含量＜14％的为固态宠物饲料，也称为干宠物食品（dry pet food）或干粮。干宠物食品（图 2-1）含有 6％～12％的水分，分为颗粒食品、粗粉食品、粗磨食品、挤压膨化食品和烘焙食品等种类。干宠物食品主要用动物原料（肉粉、鲜肉）、奶产品、蛋产品、豆类制品、生物蛋白、谷物类、谷物副产品、脂肪、蔬菜、水果、维生素、矿物质及一些添加剂配合而成。饲料原料和饲料添加剂中可用于宠物食品的添加剂都可用于宠物食品的加工。

干宠物食品一直是宠物主人比较喜欢购买的产品，因它具有水分含量低（6％～12％）、干物质含量高、容易保存、保质期长、饲喂方便的特点，一直占据比较大的市场份额。干宠物食品放在食碗中，即使没有吃完，也不会腐烂变质，不会造成浪费。干宠物食品在一定程度上还具有清洁牙齿的作用，在咀嚼和磨碎食物的过程中有助于预防积聚牙菌斑和牙结石。但干宠物食品的适口性不如半干宠物食品和湿宠物食品。

2. 半固态宠物配合饲料

水分含量为小于 60％，大于或等于 14％（14％≤水分＜60％）的为半固态宠物配合饲料（宠物食品），也称为半湿宠物食品（semi-moisture pet food）（图 2-2）。

半湿宠物食品也使用挤压机生产，与干挤压食品的主要区别在于它保持了较高的水分含量（通常在 30％左右）。它和干挤压食品一样也包含不同数量的空气。有时"半干"或"软干"产品是干食品和半湿食品的混合物，有些只是两种类型的混合物在同一个袋子里。另一些则涉及更复杂的挤压过程，如在挤压过程中，半湿润的成分被注入干挤压过程的中间。无论哪种方式，这种组合给一个产品提供了混合口味和纹理。半湿宠物食品具有多种多样的形状和质地，可以做出像肉块样的外观，比较有吸引力。半湿宠物食品放在碗中一段时间，会失去水分变干，外观失去吸引力。

图 2-1　干宠物食品

图 2-2　半湿宠物食品

半湿宠物食品的含水量处于干宠物食品粮和湿宠物食品之间，质地比干宠物食品软，适口性好于干宠物食品但不如湿宠物食品。因含水量比较高，容易造成污染，一般会采取措施来延长其保质期，避免被污染和变质。可以加一些保湿剂（如盐、单糖、甘油或玉米糖浆等）来降低水活度。另外，可以加一些防腐剂（如山梨酸钾）来抑制细菌的生长。

3. 液态宠物配合饲料

水分含量≥60%的为液态宠物配合饲料，也称为湿宠物食品（moisture pet food）（图 2-3）。

全价的湿宠物食品一般含有比较高比例的肉类，如禽肉、牛肉、猪肉、羊肉、鱼肉、贝类及其他的一些肉类，还会有内脏类，如肝脏、心脏、肾、脾脏，另外还添加油脂，加或不加碳水化合物类以及一些矿物质、维生素等，使其营养满足全价均衡的标准。罐头食品有慕斯状、肉泥、肉块或带汤水的肉块、火腿肠产品等。

宠物食品的罐装过程必须符合人类食用罐装食品所要求的严格监管标准。原料磨碎，混合和煮熟，然后罐装密封。对于某些宠物食品，如每个部分由不同产品组成的，在填充之前需要额外的步骤，如蒸煮、研磨和混合。在密封之后，罐头要经过额外的热处理，以避免微生物污染的风险。假设灭菌程序正确执行，罐头不会有凹陷或其他损坏，所得到的产品是无菌的，且多年不变质。

图 2-3　湿宠物食品

湿宠物食品适口性比干宠物食品和半湿宠物食品好，可单独食用或与干宠物食品和半湿宠物食品拌在一起食用。湿宠物食品在干物质（dry matter，DM）水平上，含有更高的蛋白质和脂肪，碳水化合物含量低，消化率更好。但湿粮打开后，不易储存，剩在碗中的食物容易腐烂，另外，因其含肉类丰富，含水量高，适口性好，也可起到补充水分的目的，也会因为被过量采食导致宠物的肥胖。湿宠物食品的相对价格也更高一些。

（二）按物理性状分类

1. 颗粒状宠物食品

颗粒状宠物食品（图 2-4）具有丰富的外观形状，可根据膨化机的模孔形状生产出不同形状的产品，如圆形、圆柱形、椭圆形、三角形、方形、骨头形、梅花形、三叶形、四叶形、十字形、鱼形等。

2. 粉末状宠物食品

AAFCO（2002）对粉（meal）的定义是：一种已被磨碎或是用其他方式减小颗粒大小的成分。粉末状宠物食品（图 2-5）为具有一定质地结构的粉末状食品，它是一种粉状混合物，成分包括加热调质后的谷物（经过压片或挤压）粉碎后的粉末、蛋白饲料粉末、维生素、常量矿物质、微量元素、氨基酸及一些饲料添加剂等。粉末状宠物食品是一种混合的粉末状全价宠物食品，根据不同的配方进行配比，但营养指标应符合 AAFCO 关于全价

图 2-4　颗粒状宠物食品

图 2-5　粉末状宠物食品

犬猫粮的营养指标。粉末状宠物食品有不同粒度，如 20 目、40 目、60 目、100 目等。

3. 粗磨宠物食品

粗磨宠物食品是将原料简单地切成薄片再烘焙，烘焙后的薄片被破裂成小块，过筛除去粉末，再包装成成品。粗磨食品通常和生肉或熟肉混合构成宠物的全价日粮配方。粗磨食品与其他动物蛋白类的肉类和植物蛋白进行适当的配方设计，营养指标符合全价宠物食品的规定，粗磨食品可以成为一种全价和均衡的日粮。

4. 软膨化(软性干)宠物食品

软膨化(软性干)宠物食品通过挤压方式生产，含有 27%～32%的水分。这类食品和半湿食品在某些方面很相似，它们都含有相对高含量的肉类副产品，比干膨化食品含有更高含量的脂肪。软膨化食品和半湿食品的不同点在于软膨化食品呈现出膨化的外观形态，而半湿食品(图 2-2)有时呈现像罐头食品一样的外观。

5. 膏状宠物食品

膏状宠物食品(图 2-6)外观为黏稠的膏状，水分在 40%以上，营养素的含量满足全价宠物食品的标准，也称为全价营养膏等。

6. 罐装宠物食品

罐装宠物食品(图 2-7)可设计成单独饲喂的全价和均衡的日粮。罐装宠物食品含有较高的水分，通常为 60%～80%，通常含有更高含量的新鲜或冷冻肉类、禽肉或者是鱼产品和动物副产品。以肉为基础的配方可能含有 25%～75%的肉类或肉类副产品。许多罐装宠物食品可能含有大量的组织蛋白(以大豆或小麦面筋为基础的蛋白)，这些蛋白具有和肉类蛋白相似的结构，从本质上可作为肉类的替代物，有些也含有薯类、谷类和蔬菜水果等。

(三)按生命阶段分类

在商品的犬猫粮中，一般按生命阶段进行划分，来表明其适合不同的生命阶段。

全价犬粮根据生命阶段分为全价幼年期犬粮、全价成年期犬粮、全价老年期犬粮、全价妊娠期犬粮、全价哺乳期犬粮、全价全生命阶段犬粮等，因妊娠期和哺乳期的营养需要与幼犬类似，所以在市场上幼犬粮常常可适用于妊娠和哺乳阶段。

猫配合饲料也分为全价幼年期猫粮、全价成年期猫粮、全价老年期猫粮、全价妊娠期猫粮、全价哺乳期猫粮、全价全生命阶段猫粮等。

因不同的生命阶段具有不同的营养需求，如符合所有生命阶段的需求，也称全生命阶段产品或称全期产品。

(四)按生产加工工艺分类

1. 膨化类宠物食品

采用膨化工艺生产的宠物食品，称膨化宠物

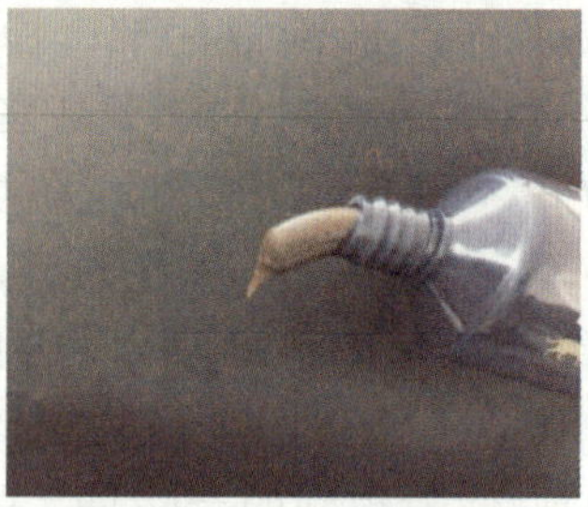

图 2-6　膏状宠物食品

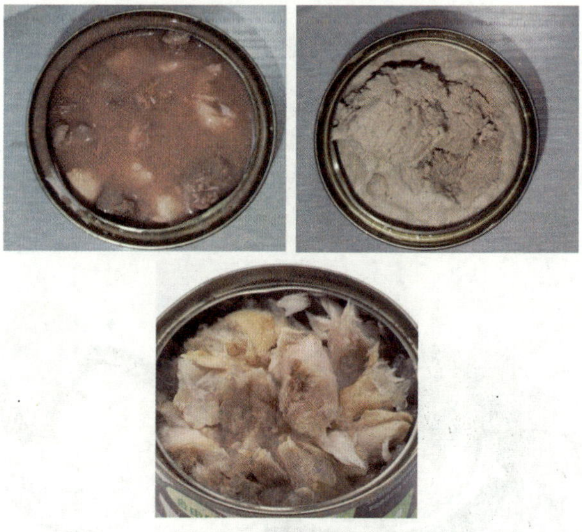

图 2-7　罐装宠物食品

食品(图 2-8)。膨化犬猫粮是目前市场上销量最大的犬猫粮品类,因其水分含量低、质地酥脆而广受消费者的喜爱,并且其设备和加工工艺都相对比较成熟。挤压(extrusion/extruding)膨化是生产全价犬猫粮最常见的加工工艺,是物料经螺杆推进、增压、增温处理后挤出模孔,使其骤然降压膨化,制成特定形状的产品。采用膨化工艺生产的产品有全价的犬猫干粮和半湿粮(软化颗粒),半湿粮也称为软膨化(软性干)宠物食品。

膨化干粮一般是颗粒状的,采用常规的膨化加工技术制造而成。膨化干粮中的谷类都经过加热处理以提高淀粉的利用效率,通常在制粒前都要经过蒸汽调质,然后进入膨化机进行高温高压膨化。常规的膨化工艺包括:根据饲料配方对各种原料进行称重,粉碎混合均匀,经过蒸汽调质、膨化制粒(因不同的挤压膨化机模具孔径性状不同而挤出的食品形状和大小也多种多样)、冷却、喷涂油脂和(或)风味物质,然后冷却包装。

软膨化食品制作过程中的基本挤压参数和干膨化食品的很相似。但是,软膨化食品所用的原料成分和半湿食品所用成分更相似,同样也加入了保湿剂以控制食品的水活性。一般软膨化宠物食品含有 27%～32% 的水分。软膨化食品通常和干膨化食品、半湿食品混合,以形成具有更好适口性的食物,其质地也更吸引宠物。

2. 高温杀菌类宠物食品

高温杀菌类宠物食品(图 2-9)是经过 121 ℃或以上高温杀菌工艺为主而制成的产品,如软包罐头、马口铁罐头、铝盒罐头等。

其加工过程为肉类和脂肪先和一定量的水混合均匀,再加入适量的干性原料成分,如维生素、矿物质、氨基酸及其他类似物质并混合均匀。如混合后的食品有的将其碾磨成非常黏稠的浆液,有的不经过碾磨直接切成肉块。碾磨的混合物可能经过加热蒸煮也可能直接填充装罐。罐用双缝盖子密封并干馏。干馏过程实际是一个加热加压的蒸煮过程,能灭活食品中的病原菌并使食物熟化。现代技术已经能够将罐装食品装在柔软的小袋或其他新型容器中进行干馏。因此,这种食品也被称为湿宠物食品。

3. 焙烘加工类宠物食品

(1)定义　以焙烘工艺(roasting/toasting)为主制造而成的产品,如饼干、面包、月饼、低温烘焙粮等,如果其营养符合全价宠物食品的概念,也被称为全价宠物食品。

(2)工艺　烘烤是指物料置于火、热气、电或微波等加热环境中,进行烘焙、干燥,以提高消化率、加深颜色或减少天然抗营养因子的过程。烘焙也分热风干燥、风干、低温烘焙等不同的加工过程。

①热风干燥:是指以在烘箱或烘干室内吹入热风使空气流动加快的干燥方法制造而成的产品,如全价的犬猫粮、肉干、肉条、肉缠绕类等。

②风干:风干粮有的采用自然风干,有的采用低温干燥和高风速进行快速脱水干燥。风干粮在制作过程中要先将原材料粉搅拌,在不添加谷物等黏合剂的情况下成型。成型过程中,还需要对原材料进行低温处理。所以宠物风干粮的制作周期长、制作成本较高。风干的关键是细菌的杀灭和营养素的消化率。

③低温烘焙:采用不同的温度使宠物食品熟化和烘干,达到熟化淀粉和降低水分的作用。宠物食品在 80～120 ℃下烘烤、干燥脱水、缓慢熟成、烘焙成型后颗粒松脆,表面不喷油、不喷调味剂,表层干燥不油腻、颗粒内无气室(图 2-10)。烘焙宠物食品采用传统方法制作,具体为调制食团、形状切割或冲压、烘箱烘焙。烘焙宠物食品中

图 2-8　膨化宠物食品

图 2-9　高温杀菌类宠物食品

图 2-10　烘焙类宠物食品

含有高含量的谷物(＞50%),限制了可加入的湿肉类副产品或是其浆液的量。有的烘焙食品中降低了面粉的用量,也可以做到低淀粉添加量或不加淀粉类的原料。烘焙食品经过冷却、过筛后包装。一些烘烤好的产品也可以进行进一步涂上风味物质以增强其适口性。因为很少在烘焙后再喷涂油脂,所以产品中只含有3%～6%的粗脂肪。与挤压法相比,这种方法可以生产精密外形的产品,这些产品都做成骨头形状或其他形状来吸引消费者购买。然而,如果要保持饲料的外形和坚硬度的话,配方的灵活性就受到了限制,烘烤宠物食品不可以含有高的脂肪含量,但挤压法可以。

由于烘焙并没有将空气融入宠物食品中,烘烤宠物食品通常比挤压食品更为致密坚硬。硬度也与淀粉含量有关,淀粉含量越低,蛋白质含量越高,硬度越大。

4. 高温制粒干粮

制粒(pelleting)是指将粉状物料经(或不经)调质,挤出压模模孔,制成颗粒的过程。高温制粒是通过高温制粒处理以获得特定粒度和均匀度的过程。颗粒状食品中的谷类都经过加热处理以提高淀粉的利用效率,这是因为在制粒前的蒸汽调质过程不能使淀粉显著地糊化,需要经过高温制粒。高温制粒不是用膨化的方法,只是高温处理然后直接压粒,因此蓬松度不如膨化食品,硬度和比重比膨化食品大。虽然制粒的工艺比挤压法成本低,但所得产品的质量也通常较低,对宠物食品购买者来说不太理想。

5. 低温冷压干粮

先将原材料处理、粉碎,然后在约45 ℃的超低温低压状态下将原料压制成型,经过缓慢烘烤脱水,之后进行杀菌包装,冷压粮就制成了。

宠物低温冷压粮原材料的处理方法一般有两种:一种是将原料(肉类等)蒸煮熟化,之后再将所有原辅料一起进行粉碎,之后冷压制作;另一种是将原料进行生物发酵酶解处理,先改善原料的品质和提高营养价值,再进行冷压制作。

6. 蒸煮/蒸炒/熟化类宠物食品

蒸煮/蒸炒/熟化(cooking)是指在特定设备中对物料进行特定时间的湿热或加压处理,使淀粉糊化、蛋白质变性和灭菌。采用蒸煮工艺制作的宠物食品,主要是肉类含量比较多,或模拟人类食品的制作方法来制作宠物食品,也有加入薯类和谷类,制成全价的宠物食品(图2-11)。

7. 冷冻干燥类宠物食品

冷冻干燥类宠物食品是指利用真空升华的原理使物料脱水干燥而制成的产品,如冻干全价犬猫粮,将畜禽肉、鱼肉、水果蔬菜等按配方制成全价宠物食品,然后进行冷冻干燥处理,形成全价冻干粮(图2-12)。

8. 碾磨/磨碎/磨制/研磨宠物食品

碾磨/磨碎/磨制/研磨(grinding/milling)工艺是通过干法或湿法加工减小固体颗粒粒度的过程。膨化出来的犬猫粮颗粒或通过其他工艺加工出来的颗粒,通过碾磨工艺减小粒度而形成的不规律的颗粒产品。

图 2-11　蒸煮/蒸炒/熟化宠物食品

图 2-12　冷冻干燥类宠物食品

9. 挤出成型类宠物食品

以挤出成型加工工艺为主制造而成的产品，零食类如咬胶类、肉类、洁齿骨等，如果营养成分符合全价宠物食品的要求，可以称为挤出成型类全价宠物食品(图 2-13)。

10. 酶解反应类宠物食品

以酶解反应工艺为主制造而成的产品，如营养膏、舔食、用酶解肉粉制作的全价宠物食品等(图 2-14)。酶解粮就是利用天然的蛋白水解酶先将动物蛋白质或植物蛋白质原料进行酶解，使蛋白质分解成小分子肽及氨基酸成分，提高其营养价值，更利于宠物吸收，同时美拉德反应中产生大量的挥发性肉类香气物质，增强肉类食品风味。利用酶解反应生产的原料进行科学的配方，制作的全价宠物食品，属于这类宠物食品的类型。

11. 保鲜储存类宠物食品

(1)定义　保鲜储存类宠物食品也称为生食(raw diet)或生肉粮，是指以保鲜储存工艺为主，采用保鲜处理措施而制成的保鲜食品，如冷鲜肉、冷鲜肉与蔬果等混合而成的宠物食品等，如营养成分达到全价的标准，可称为全价保鲜宠物食品，也称全价生宠物食品(图 2-15)或全价生食。

AAFCO 给出生肉粮的定义：指大多数生的(或未煮熟的)宠物食品，包括肉、碎骨头、内脏、生鸡蛋、蔬菜或水果和一些奶制品。生肉粮就是未经过加热处理的宠物食品，直接采用生的食物制作而成。由于这些原料未经过加热处理，人们越来越担心沙门氏菌等致病细菌对人类的交叉污染。这些细菌可能对家庭成员构成威胁，尤其是儿童、老人和免疫系统差的人。虽然犬和猫可能对这些细菌有更强的抵抗力，但人类没有免疫力，可能会患上重病。

世界小动物医院联盟营养委员会(WSAVA Global Nutrition Committee)，给生肉为主的日粮(raw meat based diets for pets)定义如下：以未煮熟的肉、骨头和内脏(器官肉类)为基础的食物。这些饮食往往脂肪含量较高，碳水化合物含量较低，易于消化，但生食(类似于熟食)并不都是一样的，它们的成分、能量含量和营养成分各不相同，因为不同动物的肉、内脏及肉的部位不同及生食的配方不同，所以营养差异很大。高脂肪、低纤维的饮食(生或熟)可能对大多数宠物来说是可以接受的，但有的宠物会出现胃肠道问题，如腹泻，甚至胰腺炎。越来越多的证据表明，喂食生肉对宠物和主人的健康都有风险。

(2)保鲜储存类宠物食品带来的一些风险如下：

①生肉可能含有各种微生物，包括病原体。对宠物和人来说，食源性感染是严重的，甚至是致命的(如大肠杆菌、沙门氏菌、耶尔森氏菌、弯曲杆菌、单核细胞增生李斯特菌、牛分枝杆菌)。

②宠物护理人员和其他家庭成员可能会因处理食物或宠物的粪便而感染。免疫系统受损的人(如幼儿、孕妇、老年人和患病或服用某些药物的人)即使不主动喂食宠物，也有风险。

图 2-13　挤出成型类宠物食品

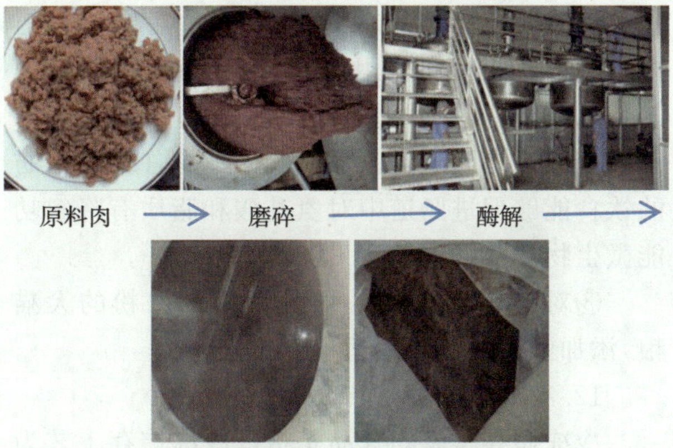

图 2-14　酶解反应类宠物食品

图 2-15　全价生宠物食品

③食用生食的宠物也可能是门诊其他兽医患者的风险因素，因为它们可能携带和扩散致病菌。冷冻、脱水或冷冻干燥并不能杀死食物中的所有病原微生物。

④给宠物吃骨头是为了给宠物的牙齿带来好处，然而，骨头可能会导致断牙、肠或食道阻塞和便秘。

⑤喂食骨头并不会减少牙周炎引起的牙菌斑或牙齿脱落的风险。

⑥以家庭烹饪和生肉为主的饮食可能存在营养缺乏或过剩。

⑦不均衡的饮食对幼犬和幼猫尤其有害，它们可能会引发骨骼疾病和病理性骨折。

⑧以生肉为基础的饮食中可能含有寄生虫，一些寄生虫是人畜共患的，如弓形虫。孕妇患病的危害尤其大，因为弓形虫病会影响胎儿。

⑨犬还可以将食物来源的寄生虫传播给家畜。

(3)有研究表明，保鲜储存类宠物食品虽然有上述的缺点，但也具有如下优点：

①对蛋白质消化率的影响：通过测定体外消化率，无论是蛋白质消化率还是生物利用率，鲜肉都显著优于肉粉，肉粉提供的可溶性蛋白含量也显著低于鲜肉。

②对肠道菌群的影响：生肉饮食对宠物肠道微生物群落有正向作用，主要体现为促进梭杆菌的生长，但这类菌株对宿主的代谢和生理影响尚不清楚。还有研究者发现，高动物蛋白质和脂肪的饮食能够促进肠道中对氨基酸和脂质有降解功能微生物群落的增殖。

③对适口性的影响：相比于添加肉粉的犬猫粮，添加鲜肉的犬猫粮适口性更佳。

12. 冷冻储存类宠物食品

冷冻储存类宠物食品是指以冷冻储存工艺为主，采取冷冻处理措施(－18 ℃以下)制造而成的产品，如冷冻肉类、冷冻肉类与蔬果混合类等(图2-16)。市场的鲜骨肉就是用这种工艺制作的，一般放在超市的冷冻柜中售卖。因为原材料没有经过热处理，所以通常需要冷冻来防止潜在的微生物污染物的生长。为了保持其质量和宠物健康，产品必须在适当的冷冻装置中运输、储存和销售，这大大增加了处理成本和产品的适用性。

冷冻处理措施(－18 ℃以下)会抑制微生物的繁殖，但化冻后仍然有细菌污染的风险，因此参考鲜粮的处理措施控制污染，保证安全。

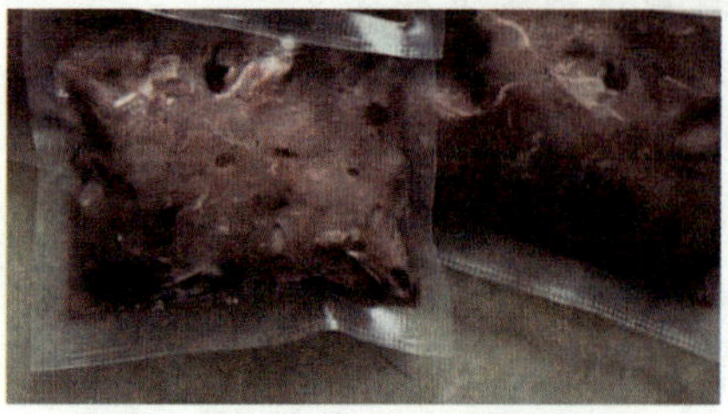

图 2-16 冷冻储存类宠物食品

第二节 添加剂预混合饲料的概念及分类

一、概念

宠物添加剂预混合饲料，是指为满足宠物对氨基酸、维生素、矿物质微量元素、酶制剂等营养素饲料添加剂的需要，由营养性饲料添加剂与载体或稀释剂按照一定比例配制的饲料，也称为宠物营养补充剂、补充性宠物食品。

宠物营养补充剂，顾名思义它不能提供全价和均衡的营养，不能作为全价宠物食品，只能作为补充性的食品来补充宠物缺乏的一些营养素，如钙、磷、铁、铜、锌、锰、镁、维生素 A、维生素 D、维生素 E、B 族等维生素、氨基酸、蛋白酶、益生菌、果寡糖、硫酸软骨素等。对于每日的食用量有一定的限定，按产品的含量和动物的需要量以及最高限量来推荐摄入量，并与宠物日粮搭配食用。

为了明确区分营养补充剂与其他类型产品，必须在产品包装上附有标签，明确标识出产品的属性。宠物营养补充剂标签是指以文字、符号、数字和图形等方式粘贴、印刷或者附着在产品包装上用以表示产品信息，按照农业农村部第 20 号公告附件 3《宠物饲料标签规定》执行。

宠物添加剂预混合饲料的通用名称应当标识“宠物添加剂预混合饲料”“补充性宠物食品”或者“宠物营养补充剂”，并标识适用动物种类和生命阶段。适用动物种类可以具体至犬、猫品种或者体型，如不标识则默认为适用于所有品种和体型；生命阶段包括幼年期、成年期、老年期、妊娠期、哺乳期等，如不标识则默认为适用于所有生命阶段。

宠物添加剂预混合饲料的通用名称中也可以标识产品中的氨基酸、维生素、矿物质微量元素、酶制剂等营养性饲料添加剂，标识时可以使用营养性饲料添加剂的品种名称或类别名称。

二、分类

（一）按水分含量分类

按水分含量分为：固态、半固态、液态3类。

（1）固态添加剂预混合饲料（补充性宠物食品，宠物营养补充剂）　水分含量＜14％的为固态宠物营养补充剂（图2-17），如水分小于14％的片剂、粉剂、颗粒剂等。

（2）半固态宠物添加剂预混合饲料　水分含量范围为14％≤水分＜60％的称半固态宠物营养补充剂（图2-18），如水分小于60％的营养膏、软颗粒营养补充剂。

（3）液态宠物添加剂预混合饲料　水分含量≥60％的为液态宠物营养补充剂，如水分大于60％的营养膏、液态的钙、液态的氨基酸、液态的维生素等。

（二）按产品形态分类

1. 片剂

采用粉末制片、颗粒压片工艺生产制成的圆形或异形的片状宠物营养补充剂（图2-19），如钙片、微量元素片、多种维生素片、氨基酸片等。

2. 粉剂

采用粉碎、均匀混合工艺生产制成的干燥粉末状或均匀颗粒状的宠物营养补充剂（图2-20），如钙磷粉、维生素粉、微量元素粉、益生菌粉、氨基酸粉、蛋白粉等。

图2-17　固态宠物营养补充剂

图2-18　半固态宠物营养补充剂

3. 膏剂

采用均质乳化工艺生产制成的半固态软膏状宠物营养补充剂，如综合营养膏、维生素膏、钙膏、微量元素膏等（图2-21）。

4. 颗粒剂

采用粉碎、均匀混合或挤出等工艺生产制成的干燥均匀的固态颗粒的宠物营养补充剂，如卵磷脂颗粒、海藻颗粒等（图2-22）。

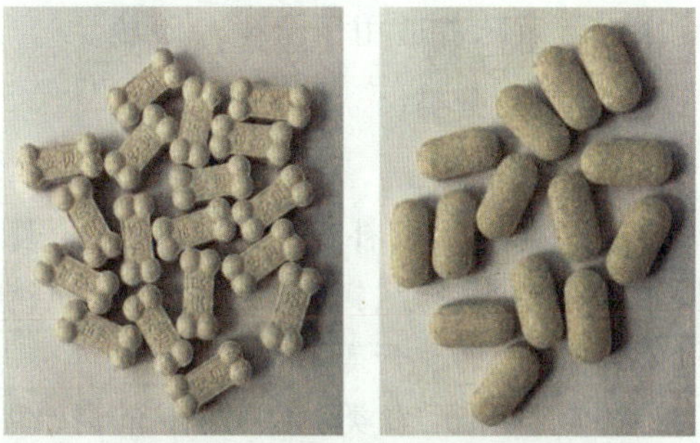

图2-19　片剂宠物营养补充剂

图2-20　粉剂宠物营养补充剂

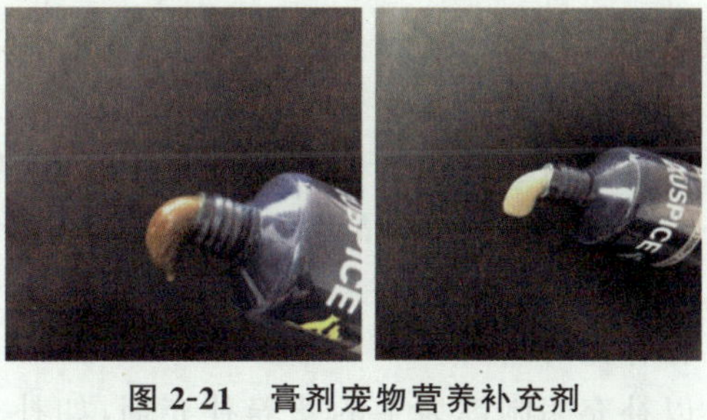

图2-21　膏剂宠物营养补充剂

图2-22　颗粒剂宠物营养补充剂

5.液体制剂

采用杀菌灌装工艺生产制成的液态宠物营养补充剂，如液态钙、液体氨基酸口服液、液体B族维生素等。

（三）按生命阶段分类

犬猫营养补充剂分为幼年期、成年期、老年期、妊娠期、哺乳期、全生命阶段营养补充剂等。如宠物营养补充剂——幼年期钙片；宠物营养补充剂——成年期钙片；宠物营养补充剂——老年期钙片、犬钙片、猫钙片等，没有指明是哪一个生命阶段的，就意味着适用于全生命阶段。

（四）按功能分类

1.补充矿物质

（1）补钙磷类　以补充钙或磷为主的营养补充剂，如补充钙的钙片、钙粉、钙膏等，补充钙磷的钙磷片、钙磷粉、钙磷膏等。

（2）补充微量元素类　主要补充铜、铁、锰、锌、碘、硒、铬等微量元素，如宠物营养补充剂——多种微量元素片、粉、膏、水剂，补铁片，补锌片等。

（3）补充电解质类　补充钠、钾、氯、碳酸根、硫酸根等电解质的产品。

2.补充维生素

补充脂溶性或水溶性维生素或全部维生素的产品，如宠物营养补充剂——多种维生素片、粉、膏、水剂等。

3.补充氨基酸

以补充氨基酸为主的营养补充剂，如宠物营养补充剂——多种氨基酸片、粉、膏、水剂，可含有赖氨酸、蛋氨酸、小肽、牛磺酸等氨基酸。

4.补充酶制剂

以补充酶制剂为主的营养补充剂，如补充蛋白酶、脂肪酶、植酸酶等。

5.补充微生物

补充微生物的营养补充剂，即我们常说的益生菌，可用于宠物的微生物包括：地衣芽孢杆菌、枯草芽孢杆菌、两歧双歧杆菌、粪肠球菌、屎肠球菌、乳酸肠球菌、嗜酸乳杆菌、干酪乳杆菌、德式乳杆菌乳酸亚种（原名：乳酸乳杆菌）、植物乳杆菌、乳酸片球菌、戊糖片球菌、产朊假丝酵母、酿酒酵母、沼泽红假单胞菌、婴儿双歧杆菌、长双歧杆菌、短双歧杆菌、青春双歧杆菌、嗜热链球菌、罗伊氏乳杆菌、动物双歧杆菌、黑曲霉、米曲霉、迟缓芽孢杆菌、短小芽孢杆菌、纤维二糖乳杆菌、发酵乳杆菌、德氏乳杆菌保加利亚亚种（原名：保加利亚乳杆菌）等。

6.补充多糖和寡糖

由一些多糖和寡糖组成的营养补充剂产品，如果寡糖、甘露寡糖、低聚半乳糖、低聚木糖（木寡糖）、低聚壳聚糖、半乳甘露寡糖、β-1，3-*D*-葡聚糖（源自酿酒酵母）、低聚异麦芽糖，这些物质也常被称为益生元。

7.补充其他特殊营养素

用其他添加剂种类内的一些特殊添加剂制成的营养保健品，如苜蓿提取物（有效成分为苜蓿多糖、苜蓿黄酮、苜蓿皂苷）、天然类固醇萨洒皂角苷（源自丝兰）、天然三萜烯皂角苷（源自可来雅皂角树）、二十碳五烯酸（EPA）、二十二碳六烯酸（DHA）、硫酸软骨素、共轭亚油酸、紫苏籽提取物（有效成分为α-亚油酸、亚麻酸、黄酮）、植物甾醇（源于大豆油/菜籽油，有效成分为β-谷甾醇、菜油甾醇、豆甾醇）、透明质酸、透明质酸钠、乳铁蛋白、酪蛋白磷酸肽、酪蛋白钙肽（CPP）、二甲基砜（MSM）。

8.补充多种营养素

补充多种营养素的保健品，包括2种以上不同种类的营养素，如维生素微量元素片、粉、膏等。

第三节　宠物零食的概念及分类

一、概念

宠物零食在宠物饲料（食品）分类中被称为其他宠物饲料，是指为实现奖励宠物、与宠物互动或者刺激宠物咀嚼、撕咬等目的，将几种饲料原料和饲料添加剂按照一定比例配制的饲料。宠物零食的营养不全面，也不刻意强调某些营养素的补充，是一种日常的奖励食品或用于某种目的食品，比如犬咬胶、磨牙棒、饼干、肉条等。

目前宠物零食种类越来越多，如骨头形状、小鱼状、鸡腿状及其他类似形状。许多宠物零食生产商已发展为采用挤压工艺生产干零食或半湿零食。典型的宠物零食挤压系统采用和大规模宠物食品挤压设备相同装置和相同的操作原理。一般市售宠物零食都是小包装，并且其口味和外观等特别重要，所以生产过程的设计和控制显得特别重要。

通常宠物零食不能代替大部分的犬猫日粮，只能用于偶尔改善犬猫的口味。

宠物零食与全价宠物食品的区别是：全价宠物食品营养全面，可满足宠物的日常营养需求，可长期使用，能保证宠物的健康，不会产生缺乏或中毒；而宠物零食营养不全面，宠物不能以零食为生，如长期食用不能保证宠物的健康，会造成营养缺乏或过剩。与营养保健品相比，保健品强调含有某些特殊的营养素，营养素的含量一般都要高于全价宠物食品，如钙片，宠物一天的钙的需要量可浓缩在几片钙片中，它强调的是特定营养素的含量和其带来的营养作用。而零食就不会强调营养素的作用。

宠物零食产品需要在包装上附上标签，以确定它的产品属性。宠物零食的名称，可按下列的例子进行标识，如宠物零食肉棒、宠物零食幼犬饮料、宠物零食幼犬牛肉粒、宠物零食幼犬洁齿磨牙棒、宠物零食泰迪犬咬胶等。

二、分类

宠物零食可根据水分、加工工艺进行分类。

(一)按水分含量分类

按水分含量分为：固态、半固态、液态 3 类。

(1)固态　水分含量<14%的为固态宠物零食，如水分小于 14%的饼干、肉条、肉棒、磨牙棒、蔬菜棒、冻干的肉类(图 2-23)。

(2)半固态　14%≤水分含量<60%的称半固态宠物零食，如水分小于 60%的营养不全价的营养膏、软颗粒等零食。

(3)液态　水分含量≥60%的为液态宠物零食，如水分大于 60%罐头、宠物饮料等(图 2-24)。

(二)按加工工艺分类

(1)热风干燥类　是指以在烘箱或烘干室内吹入热风使空气流动加快的干燥方法制造而成的产品，如肉干、肉条、肉缠绕类等(图 2-25)。

(2)高温杀菌类　以 121 ℃或以上高温杀菌工艺制成的产品，如软包罐头、马口铁罐头、铝盒罐头、高温肠等(图 2-26)。

(3)冷冻干燥类　是指利用真空升华的原理使物料脱水干燥而制成的产品，如冻干禽肉、鱼肉、水果蔬菜等(图 2-27)。

(4)挤出成型类　以挤出成型加工工艺为主制造而成的产品，如咬胶类、肉类、洁齿骨类等零食(图 2-28)。

图 2-23　固态宠物零食

图 2-24　液态宠物零食

图 2-25　热风干燥类宠物零食

图 2-26　高温杀菌类宠物零食

（5）烘焙加工类　以焙烘工艺为主制造而成的产品，如饼干、面包、蛋糕、比萨、派、塔、脆脆酥、月饼、慕斯、甜甜圈等（图 2-29）。

（6）蒸煮/蒸炒/熟化类　在特定设备中对物料进行特定时间的湿热或加压处理而制成的零食。采用蒸煮工艺制作的宠物食品，主要是肉类含量比较高，或模拟人类食品的制作方法来制作宠物食品，也可能加入薯类和谷类（图 2-30）。

（7）酶解反应类　以酶解反应工艺为主制造而成的宠物零食，如膏类、酶解的肉粉类零食等。

图 2-27　冷冻干燥类宠物零食

图 2-28　挤出成型类宠物零食

图 2-29　烘焙加工类

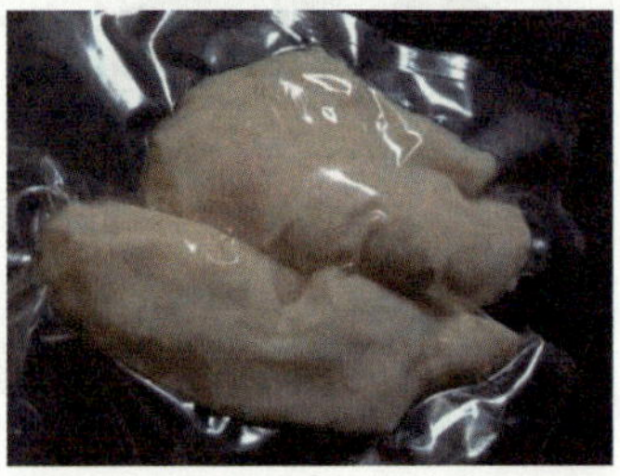

图 2-30　蒸煮/蒸炒/熟化类宠物零食

第四节　处方食品的概念及分类

一、概念

处方食品（therapeutic diet，prescription diet，dietetic food）是专门为患有特定疾病的动物配制的食品。宠物处方粮自 1943 年由 Mark Morris 博士首次利用营养管理理念来治疗患有肾衰竭的犬，并取得了良好的治疗效果开始而逐渐发展，到目前为止处方粮已经有近 80 年的历史。宠物处方粮本身不含药物成分，其原理是通过调节各营养成分的水平，配合相关疾病的治疗，针对不同病情而设计，以精准营养配比达到食疗目的。按照美国的要求，处方食品只能通过动物诊所购买，而且必须按照兽医的建议喂食。处方产品和其他犬、猫粮都遵循相同的标签要求和营养充足证明。处方食品是食品，而不是药物，因此不能含有药物声明，但允许使用知识手册和其他材料教育兽医在治疗各种慢性病中正确使用处方食品。处方食品的常见形式见图 2-31。

二、处方食品的标签规定

（一）中国处方食品的标签规定

根据 2018 年农业农村部发布第 20 号公告附件 3《宠物饲料标签规定》，满足宠物特定生理、病

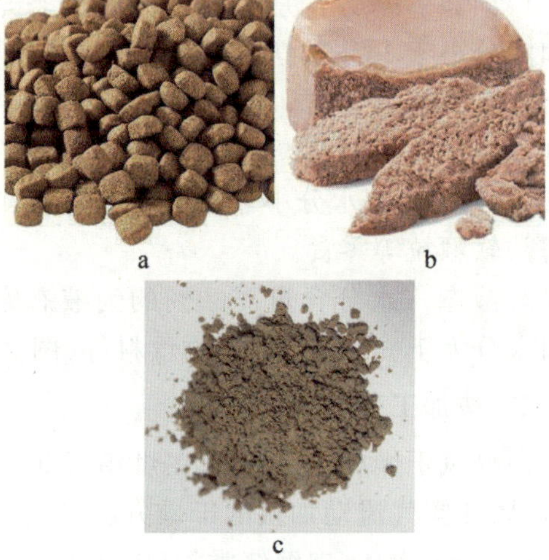

图 2-31　处方食品的常见形式

（a. 干颗粒粮；b. 湿粮；c. 粉末）

理状态下营养需要生产的宠物配合饲料需标识“处方”字样。通用名称标识“处方”字样的宠物配合饲料，应当参照表 2-1，标识该产品适用的宠物特定生理、病理状态及主要营养特征，并在醒目位置标识“请在执业兽医指导下使用”字样。如其适用的生理、病理状态及主要营养特征未在表 2-1 收录范围以内，该产品的生产企业应当参照表2-1 根据产品的实际情况标识注意事项，并能够提供相关证明资料。资料至少应当包括能够验证产品效果的科学试验数据及配方组成。

(二)欧盟处方食品的规定

目前欧盟主要采用用于特定营养目的的动物饲料相关法规(EU 2020/354，简称 PARNUT)，作为宠物处方粮生产的相关法规和标准(表 2-2)。PARNUT 产品是专门配制的宠物食品，旨在帮助宠物解决新陈代谢问题。研究表明，通过正确的营养，患有代谢紊乱的宠物可以活得更久、更健康。在某些情况下，症状可以得到很大程度的缓解。本次欧盟 2020 新标较 2008 标准，详细地标明了特定营养饲料成分的浓度。

表 2-1　宠物配合饲料适用的特定状态及主要营养特征标识示例

序号	特定状态	主要营养特征
1	改善慢性肾功能不全状态	本产品适用于慢性肾功能不全的犬、猫使用，产品中的磷和蛋白质经过科学调整
2	帮助溶解鸟粪石	本产品用于促进犬、猫鸟粪石溶解，产品中的镁和蛋白质经过科学调整
3	减少鸟粪石再生	本产品用于减少犬、猫鸟粪石再生，产品中的镁经过科学调整
4	减少尿酸盐结石形成	本产品用于减少犬、猫尿酸盐结石形成，产品中的嘌呤和蛋白质经过科学调整
5	减少草酸盐结石形成	本产品用于减少犬、猫草酸盐结石形成，产品中的钙、维生素 D 经过科学调整
6	减少胱氨酸结石形成	本产品用于减少犬、猫胱氨酸结石形成，产品中的蛋白质和含硫氨基酸经过科学调整
7	降低急性肠道吸收障碍发生	本产品用于降低犬、猫急性肠道吸收障碍发生，产品中的电解质和易消化原料经过科学调整
8	降低原料和营养素不耐受	本产品用于降低犬、猫原料和营养素的不耐受症，产品中的蛋白质或者碳水化合物经过科学调整
9	改善消化不良	本产品用于改善犬、猫消化不良，产品中原料的可消化性和脂肪经过科学调整
10	改善慢性心脏功能不全	本产品用于改善犬、猫慢性心脏功能不全，产品中的钠经过科学调整
11	调节葡萄糖供给	本产品用于调节糖尿病犬、猫的葡萄糖供给，产品中的碳水化合物经过科学调整
12	改善肝功能不全	本产品用于调节肝功能不全的犬、猫的营养供给，产品中的蛋白质和必需脂肪酸经过科学调整
13	改善高脂血症	本产品用于调节犬、猫的脂肪代谢，产品中的脂肪和必需脂肪酸经过科学调整
14	改善甲状腺功能亢进	本产品用于改善猫的甲状腺功能亢进状态，产品中的碘经过科学调整
15	降低肝脏中的铜含量	本产品用于降低犬、猫肝脏中的铜，产品中的铜经过科学调整
16	改善超重状态	本产品用于降低犬、猫的多余体重，产品的能量密度经过科学调整
17	营养恢复期	本产品用于犬、猫疾病后的营养恢复，产品的能量密度、必需营养素和易消化原料经过科学调整
18	改善皮肤炎症和过度脱毛	本产品用于改善犬、猫皮肤炎症和过度脱毛现象，产品中的必需脂肪酸经过科学调整
19	改善关节炎症	本产品用于改善犬、猫的关节炎症，产品中的多不饱和脂肪酸、维生素 E 等经过科学调整

引自 2018 年农业农村部第 20 号公告附件 3《宠物饲料标签规定》。

表 2-2　欧盟用于特定营养目的的饲料相关法规(PARNUT)中关于犬猫的规定

序号	特殊营养用途	基本营养特征(GP1)	物种	标签声明(GP2)	建议的时间长度	其他规定
10	慢性肾功能不全患病动物的肾功能支持[1]	优质蛋白质和磷≤5 g/kg，水分含量为12%[2]的全价饲料和粗蛋白质≤220 g/kg全价饲料，水分含量为12%[2]	犬	蛋白质来源 钙 磷 钾 钠 必需脂肪酸(如果添加)	首次最长使用6个月[3]	1.饲料应作为全价饲料投放市场 2.蛋白质的推荐消化率：最低85% 3.标签上注明："建议在使用前和延长使用期限之前咨询兽医的意见" 4.在使用说明中指出："始终确保饮水"
		通过掺入八水碳酸镧降低磷吸收	成年犬	蛋白质来源 钙 磷 钾 钠 必需脂肪酸(如果添加) 八水碳酸镧	首次最长使用6个月[3]	1.标签上注明："建议在使用前和延长使用期限之前咨询兽医的意见" 2.在正确使用说明中指出："始终确保饮水"
		优质蛋白质和磷≤6.5 g/kg的全价饲料，水分含量为12%[2]，粗蛋白质≤320 g/kg的全价饲料，水分含量为12%[2]	猫	蛋白质来源 钙 磷 钾 钠 必需脂肪酸(如果添加)	首次最长使用6个月[3]	1.饲料应作为全价饲料投放市场 2.蛋白质的推荐消化率：最低85% 3.标签上注明："建议在使用前和延长使用期限之前咨询兽医的意见" 4.在正确使用说明中指出："始终确保饮水"
		通过掺入八水碳酸镧降低磷吸收	成年猫	蛋白质来源 钙 磷 钾 钠 必需脂肪酸(如果添加) 八水碳酸镧	首次最长使用6个月[3]	1.标签上注明："建议在使用前和延长使用期限之前咨询兽医的意见" 2.在正确使用说明中指出："始终确保饮水"
11	减少草酸结石的形成	低水平的钙、低水平的维生素D和尿液碱化特性	犬猫	磷 钙 钠 镁 钾 氯化物 硫 维生素D(总量) 羟脯氨酸 尿液碱化物质	最多6个月	在标签上注明："建议在使用前咨询兽医的意见"

续表 2-2

序号	特殊营养用途	基本营养特征(GP1)	物种	标签声明(GP2)	建议的时间长度	其他规定
12	调节葡萄糖供应（糖尿病）	总糖（单糖和双糖）≤62 g/kg的全价饲料，水分含量为12%[2]	犬猫	碳水化合物来源 碳水化合物的处理（如果适用） 淀粉 总糖 果糖（如果添加） 必需脂肪酸（如果添加） 短链和中链脂肪酸的来源（如果添加）	首次最长使用6个月	1. 饲料应作为全价饲料投放市场 2. 在标签上注明： “低水平的单糖和双糖” “建议在使用前和延长使用期限之前咨询兽医的意见”
13	减少原料和营养物质不耐受[4]	选定且限制蛋白质来源 和/或 水解蛋白源 和/或 选定的碳水化合物来源	犬猫	蛋白质来源，包括处理，如果合适（如果添加） 碳水化合物来源包括处理，如果合适（如果添加） 必需脂肪酸（如果添加）	3～8周：如果不耐受症状消失，这种饲料最初可使用长达1年	1. 饲料应作为全价饲料投放市场 2. 建议将主要蛋白质来源的数量限制在3个 3. 在标签上注明： 基本和特性的适当组合（如适用） “建议在使用前和延长使用期限之前咨询兽医的意见”
14	减少胱氨酸结石的形成	尿液碱化特性与粗蛋白质≤160 g/kg的全价饲料，水分含量为12%[2] 或 选择胱氨酸和半胱氨酸含量有限的蛋白质（如酪蛋白、豌豆蛋白、大豆蛋白）和粗蛋白质≤220 g/kg的全价饲料，水分含量为12%[2]	犬	含硫氨基酸（总量） 蛋白质来源 钠 钾 氯化物 尿液碱化物质（如果添加）	首次最长使用6个月	1. 饲料应作为全价饲料投放市场 2. 在正确使用说明中指出：“始终确保饮水” 3. 在标签上注明： “尿液碱化特性和低水平蛋白质”或“低水平选定蛋白质”，如适用“建议在使用前和延长使用期限之前咨询兽医的意见” 4. 供兽医或营养师参考：碱化特性意味着饮食应以尿液 pH≥7为目标配制
15	营养恢复、康复[5]	高度易消化原料能量密度≥3 520 kcal和粗蛋白质≥250 g/kg，水分含量为12%的全价饲料[2]	犬	高度易消化的原料，包括它们的处理（如果适用） 能量值	直到恢复	1. 推荐的表观消化率干物质≥80%或有机物≥85% 2. 对于通过饲管提供的特殊饲料，在包装、容器或标签上注明：“兽医监督下饲喂” 3. 标签可能注明处方粮的具体用途 4. 在标签上注明：“高能量密度、高浓度的必需营养素和易消化成分”
		高度易消化原料能量密度≥3 520 kcal和粗蛋白质≥270 g/kg，水分含量为12%的全价饲料[2]	猫			

续表 2-2

序号	特殊营养用途	基本营养特征(GP1)	物种	标签声明(GP2)	建议的时间长度	其他规定
16	减少尿酸盐结石形成	粗蛋白质≤ 130 g/kg 的全价饲料,水分含量为 12%[2] 或 粗蛋白质≤ 220 g/kg 的全价饲料,水分含量为 12%[2] 和选定的蛋白质来源	犬	蛋白质来源	长达 6 个月,但在尿酸代谢出现不可逆障碍的情况下终生使用	1. 饲料应作为全价饲料投放市场 2. 选择蛋白质来源时,应考虑蛋白质质量和嘌呤水平。高质量、低嘌呤水平的精选蛋白质来源包括鸡蛋、酪蛋白、大豆蛋白和玉米面筋 3. 在正确使用说明中注明:“始终确保饮水” 4. 在标签上注明:“建议在使用前咨询兽医的意见”“低水平蛋白质”或“限制水平蛋白质和选定的蛋白质来源”,视情况而定
		粗蛋白质≤ 317 g/kg 的全价饲料,含水量为 12%[2]	猫			1. 饲料应作为全价饲料投放市场 2. 选择蛋白质来源时,应考虑蛋白质质量和嘌呤水平。高质量、低嘌呤水平的精选蛋白质来源包括鸡蛋、酪蛋白、大豆蛋白和玉米面筋 3. 在标签上注明:“建议在使用前咨询兽医的意见”“限制蛋白质水平” 4. 在正确使用说明中注明:“始终确保饮水”
17	溶解 鸟粪石[6]	鸟粪石的尿液不饱和[7] 特性 和/(或) 尿液酸化特性[8] 和 镁≤ 1.8 g/kg 的全价饲料,水分含量为 12%[2]	犬猫	磷 钙 钠 镁 钾 氯化物 硫	5～12 周	1. 饲料应作为全价饲料投放市场 2. 在标签上注明: “建议在使用前和延长使用期限之前咨询兽医的意见” “鸟粪石的尿液不饱和特性和/或尿液酸化特性” 3. 在正确使用说明中指出:“始终确保饮水” 4. 应相关主管部门的要求,向其提供支持饮食不饱和和/或酸化特性的符合性声明
18	减少鸟粪石结石复发[6]	具有尿液不饱和[7] 或亚稳定特性[9] 的全价饲料用于鸟粪石和/(或)具有尿液酸化特性[8] 和镁≤ 1.8 g/kg 的全价饲料,水分含量为 12%[2]	犬猫	磷 钙 钠 镁 钾 氯化物 硫	首次最长使用 6 个月	1. 饲料应作为全价饲料投放市场 2. 在标签上注明: “建议在使用前和延长使用期限前咨询兽医的意见”“鸟粪石的尿液不饱和或亚稳定特性和/或尿液酸化特性” 3. 在正确使用说明中指出:“始终确保饮水” 4. 应相关主管部门要求,应向其提供支持饮食不饱和或亚稳定和/或酸化特性的符合性声明

续表 2-2

序号	特殊营养用途	基本营养特征(GP1)	物种	标签声明(GP2)	建议的时间长度	其他规定
19	弥补消化不良[10]	高消化日粮：表观消化率 低纤维饲料(粗纤维≤ 44 g/kg 的全价饲料，水分含量为 12%[2]：粗蛋白质≥85%，粗脂肪≥ 90% 或 纤维增强饲料(粗纤维> 44 g/kg 全价饲料，水分含量为 12%[2]：粗蛋白质≥80%，粗脂肪≥ 80%	犬猫	高度易消化的原料来源，包括它们的处理方法(如果适用)	首次最长使用 12 周，在慢性胰腺功能不全的情况下终生使用	1. 饲料应作为全价饲料投放市场 2. 在标签上注明："易消化饲料""建议在使用前咨询兽医的意见"
20	减少肠道吸收障碍	高消化日粮：表观消化率 低纤维饲料(粗纤维≤44 g/kg 水分含量为 12%[2]的全价饲料)：粗蛋白质≥85%粗脂肪≥ 90% 或 纤维增强饲料(粗纤维> 44 g/kg 全价饲料，水分含量为 12%[2]：粗蛋白质≥80%，粗脂肪≥ 80% 和 钠≥ 1.8 g/kg，水分含量为 12%的全价饲料[2] 和 钾≥ 5 g/kg，水分含量为 12%的全价饲料[2]	犬猫	高度易消化的原料来源，包括它们的处理方法(如果适用) 钠 钾	最多 12 周	在标签上注明："钠和钾含量高的易消化饲料""建议在使用前咨询兽医的意见"
21	减少急性肠道吸收障碍	电解质含量增加： 钠≥1.8% 钾≥0.6% 和 易消化碳水化合物≥32%	犬猫	钠 钾 碳水化合物来源	1—7 天	1. 饲料应作为补充饲料投放市场 2. 在标签上注明："急性腹泻期间和恢复期""建议在使用前咨询兽医的意见" 3. 如果是固体饲料，建议的电解质范围应根据正常的每日自愿饮水量计算
22	支持高脂血症时的脂质代谢	脂肪[11]≤ 110 g/kg，水分含量为 12%[12]的全价饲料	犬猫	粗脂肪	首次最长使用 2 个月	1. 饲料应作为全价饲料投放市场 2. 在标签上注明："建议在使用前和延长使用期限之前咨询兽医的意见""低脂肪水平"

续表 2-2

序号	特殊营养用途	基本营养特征(GP1)	物种	标签声明(GP2)	建议的时间长度	其他规定
23	慢性肝功能不全时的肝功能支持	中等水平的蛋白质： 粗蛋白质≤279 g/kg,含水量为 12%[2] 的犬用全价饲料 粗蛋白质≤370 g/kg,含水量为 12%[2] 的猫用全价饲料 和 选定的蛋白质来源 和 推荐的膳食蛋白质消化率≥85%	犬猫	蛋白质来源 铜(总计) 钠	首次最长使用 4 个月	1. 饲料应作为全价饲料投放市场 2. 基于高消化率选择的蛋白质来源示例：乳蛋白(乳清、酪蛋白、牛奶、干酪)、其他动物蛋白(鸡蛋、家禽)和植物蛋白(大豆) 3. 在正确使用说明中指出：“始终确保饮水” 4. 在标签上注明：“中等水平的蛋白质，精选且高度易消化”“建议在使用前咨询兽医的意见”
24	慢性心脏功能不全患者的心脏功能支持	限制钠的水平： 钠≤2.6 g/kg,水分含量为12%的全价饲料[2]	犬猫	镁 钾 钠	首次最长使用 6 个月	1. 饲料应作为全价饲料投放市场 2. 标签上注明：“建议在使用前和延长使用期限之前咨询兽医的意见”
25	减轻过重的体重	代谢能<3 060 kcal/kg,水分含量为 12%[13] 的全价饲料 或 代谢能<560 kcal/kg,水分含量为 85%[13] 的全价饲料	犬	能量值	直到达到目标体重(如果保持目标体重需要，可继续使用)	1. 饲料应作为全价饲料投放市场 2. 为确保满足最低要求，应相应提高饮食中的营养水平，以减少过度的体重，以补偿限制的每日能量摄入[14] 3. 在标签上注明：“建议在使用前咨询兽医的意见”“对于猫来说，建议在开始节食时有一个过渡期”“为了有效减肥或理想的体重维持，不应超过建议的每日能量摄入”
		代谢能<3 190 kcal/kg,水分含量为 12%[13] 的全价饲料 或 代谢能<580 kcal/kg,水分含量为 85%[13] 的全价饲料	猫			

续表 2-2

序号	特殊营养用途	基本营养特征(GP1)	物种	标签声明(GP2)	建议的时间长度	其他规定
26	皮肤病和过度脱发时对皮肤功能的支持	亚油酸 ≥ 12.3 g/kg， 二十碳五烯酸与二十二碳六烯酸之和≥2.9 g/kg，水分含量为 12% 的全价饲料[2]	犬猫	亚油酸 二十碳五烯酸与二十二碳六烯酸之和	首次最长使用 2 个月	在标签上注明： 1.“建议在使用前咨询兽医的意见” 2.“高水平的亚油酸(LA)，二十二碳六烯酸(DHA)与二十碳五烯酸(EPA)的总和”
		亚油酸≥18.5 g/kg， 二十碳五烯酸与二十二碳六烯酸之和≥0.39 g/kg 水分含量为 12% 的全价饲料[2]	犬			
		亚油酸≥18.5 g/kg， 二十碳五烯酸与二十二碳六烯酸之和≥0.09 g/kg，水分含量为 12% 的全价饲料[2]	猫			
27	在骨关节炎的情况下支持关节代谢	总 ω-3 脂肪酸≥29 g/kg 和 二十碳五烯酸≥3.3 g/kg 全价饲料，水分含量为 12%[2] 和足够水平的维生素 E	犬	ω-3 脂肪酸(总量) 二十碳五烯酸(总量) 维生素 E(总量)	首次最长使用 3 个月	在标签上注明：“建议在使用前和延长使用期限之前咨询兽医的意见”
		总 ω-3 脂肪酸≥10.6 g/kg 的全价饲料，水分含量为 12%[2] 和 二十二碳六烯酸≥2.5 g/kg 的全价饲料，水分含量为 12%[2] 并且增加蛋氨酸和锰水平、维生素 E 水平	猫	ω-3 脂肪酸(总量) 二十二碳六烯酸(总量) 蛋氨酸(总) 锰(总) 维生素 E(总量)		
28	减少肝脏中的铜	限制铜的水平： 铜≤8.8 mg/kg，水分含量为 12%的全价饲料[2]	犬	铜(总计)	首次最长使用 6 个月	1. 饲料应作为全价饲料投放市场 2. 在标签上注明：“建议在使用前和延长使用期限之前咨询兽医的意见”

续表 2-2

序号	特殊营养用途	基本营养特征(GP1)	物种	标签声明(GP2)	建议的时间长度	其他规定
29	甲状腺功能亢进时降低饲料中的碘含量	限制碘的水平： 碘≤0.26 mg/kg，水分含量为12%的全价饲料[(2)]	猫	碘(总量)	首次最长使用3个月	1.饲料应作为全价饲料投放市场 2.在标签上注明："建议在使用前和延长使用期限之前咨询兽医的意见"
30	在应激的情况下提供支持，减少相关行为的发生	每千克全价饲料，1～3 g胰蛋白酶水解牛酪蛋白，水分含量为12%[(2)]	犬	胰蛋白酶水解牛酪蛋白	首次最长使用2个月	1.饲料应作为全价饲料投放市场 2.在标签上注明："建议在使用前和延长使用期限之前咨询兽医的意见"

来源：EU 2020/354。

(GP1)对于定量显示的控制，第767/2009号法规(EC)附件Ⅳ中规定适用。

(GP2)除第767/2009号法规(EC)规定的一般标签要求外，这些标签声明也适用。

(1)如果合适，制造商也可建议用于暂时性肾功能不全。

(2)基于干物质能量密度为4 000 kcal/kg的饮食，使用FEDIAF营养指南中描述的方程式计算(http://www.fediaf.org/self－regulation/nutrition,html)。如果能量密度偏离4 000 kcal/kg的代谢能，则应调整这些值。

(3)如果饲料建议用于暂时性肾功能不全，建议使用时间应为2～4周。

(4)对于特定不耐受性的饲料，提及特定不耐受性可替代"成分和营养素"。

(5)对于猫，可添加"猫肝脂质沉积症"一词。

(6)对于猫，可添加"猫下尿路疾病"或"猫泌尿系统综合征-FUS"。

(7)不饱和特性：与晶体和结石溶解特性和/(或)防止晶体沉淀和生长特性相关的尿液。

(8)尿液pH≤6.5。

(9)亚稳定特性：尿液具有防止晶体沉淀的特性。

(10)可加上"胰腺外分泌功能不全"。

(11)根据FEDIAF营养指南的最低建议(http://www.fediaf.org/self-regulation/nutrition.html)因为所有必需脂肪酸都应在每日配给中得到满足。

(12)基于干物质能量密度为3 500 kcal/kg的饮食，使用FEDIAF营养指南中描述的方程式计算(http://www.fediaf.org/self-regulation/nutrition.html)。如果能量密度偏离3 500 kcal/kg代谢能，则应调整这些值。

(13)使用FEDIAF(2019)猫和犬的全价和补充宠物食品营养指南中描述的方程式计算的代谢能/kg。

(14)FEDIAF(2019)猫和犬的完整和补充宠物食品营养指南。

三、分类

处方粮的种类很多，针对不同的疾病，有相应的处方粮，如减重处方粮、皮肤敏感处方粮、肠道处方粮、泌尿道处方粮、肾脏处方粮、糖尿病处方粮、关节处方粮等。下面将列举几种常见的处方粮以及它们的特征。

(一)减肥处方粮

减肥处方粮最大的特征是能量密度低，这样才能够有效地控制肥胖动物能量的摄入。AAFCO规定低能量值干粮中能量密度：犬为 3 100 kcal ME/kg，猫为 3 250 kcal ME/kg。要控制能量密度首先要减少日粮中脂肪的含量。以干物质为基础，犬减重脂肪含量上限为 9%，猫减重脂肪含量上限为 10%。ω-3 脂肪酸在一定程度上能改变机体对促炎物质的反应，随着宠物的体重减轻，可以减少慢性炎症。因此，建议 EPA＋DHA 的含量不低于 0.4 g/1 000 kcal ME。

高蛋白质饮食在控制宠物体重方面更有效，同时还能更好地保持瘦体重。犬和猫减肥日粮中应分别至少含蛋白质 60 g/1 000 kcal ME 和 90 g/1 000 kcal ME。除了高蛋白质含量外，许多治疗肥胖的日粮还会利用高纤维含量来减少能量含量并产生饱腹感。添加纤维是用来稀释产品能量值的一种传统方法。肥胖犬猫日粮中的纤维还有一种作用，即控制犬猫自主进食，改变消化系统对某些营养素的消化和吸收。以干物质为基础，减肥犬粮中纤维的推荐量为 12%～25%；减肥猫粮中纤维的推荐量为 15%～20%。

此外，其他有助于减肥的添加剂也会在减肥处方粮中进行添加，如大豆异黄酮可以减少由于去势或绝育增加的体重或体内脂肪；左旋肉碱能增强减重和降脂效果。

(二)肠道处方粮

肠道疾病种类非常多，肠道问题很难通过单一饮食受益，不同的患者可能受益于不同的饮食和营养策略。因此，国外肠道处方粮的类型较多，主要有以下 4 种系列：易消化、低脂、肠道敏感、均衡纤维等，此外还有天然肠道处方粮、添加益生元等多种形式。在用来管理和控制胃肠道疾病的宠物食品中，应始终使用优质、高消化率的原料。这种日粮的消化率应达到 90%(干物质消化率)或更高。

肠道疾病日粮会考虑蛋白质的质量和蛋白质的类型。高度可消化的蛋白质来源对所有胃肠道疾病患者都有益，但蛋白质的来源对于慢性肠病或食物不良反应患者非常重要，这类患者蛋白质的选择通常包括水解蛋白质或新奇蛋白质。低脂肪的日粮对患有胃肠道疾病的犬猫都有好处。一般建议饲喂患有胃肠道疾病的犬猫脂肪干物质基础含量为 11%(犬)或 15%(猫)或更低的日粮。日粮纤维对胃肠道疾病的治疗和管理也同样有益。其中，纤维的类型和含量对胃肠道的功能和健康具有不同影响。推荐使用发酵程度适中的纤维来提供最佳水平的短链脂肪酸，同时应适量添加不可发酵纤维，促进肠道正常蠕动。

此外，患有胃肠道疾病的犬猫易发生维生素 B_{12} 缺乏症，因此肠道处方粮中补充维生素 B_{12} 可导改善该情况。益生元是一种不易被消化的营养成分，通过影响肠道中的细菌生长和选择性定殖，对宿主动物产生有益作用。另外一些常见的用于患有胃肠道疾病的犬和猫的营养补充剂包括益生菌和合生元等。益生菌是可以为动物提供有益健康影响的活微生物。合生元包括益生元和益生菌，它们为动物提供相似的益处。

(三)泌尿道处方粮

泌尿道处方产品主要针对泌尿道结石，结石的种类主要有鸟粪石、草酸钙结石、胱氨酸结石和尿酸盐结石。前两种结石在临床上较为常见，但无论是哪种成分的结石，降低尿液中离子的饱和度对于预防结石的发生和治疗的预后都非常重要。选择易消化、能量密度合适的食物，这样可以减少大肠中的粪便量，减少粪便中的含水量从而增加尿液量。降低尿液的相对过饱和度(RSS)可以防止草酸钙结石和鸟粪石结石的形成，有效降低两种类型结晶的形成。针对鸟粪石的营养管理，日粮还应该能产生轻度酸化的尿液，使尿液 pH 维持在 6.0～6.6 可防止鸟粪石结晶的形成。饮食中应控制镁含量，镁离子是鸟粪石形成的必需物质，尤其是猫对镁离子的需求量不高，镁离子含量为 0.12%的日粮可以满足猫的所需。

（四）肾脏处方粮

肾脏处方粮的设计原则是保证能量摄入，控制氮质血症、高磷血症、代谢性酸中毒、离子紊乱等。慢性肾病的动物经常出现食欲不振甚至废绝，如何提高食物适口性，并且通过增加食物能量密度来满足动物的能量需求至关重要。为了避免蛋白质供能，应保证慢性肾病动物的日粮当中有足够的非蛋白质能量来源。脂肪是良好的能量来源，饲喂富含ω-3脂肪酸的日粮也有助于延缓疾病的进程。

日粮中的蛋白质并不是犬猫发生和发展慢性肾病的促发因素，目前暂没有证据表明日粮中的蛋白质会逐渐破坏残留的正常肾单位功能。然而，高蛋白质食物可以加剧严重慢性肾病动物的氮质血症临床症状。食物中适量的易消化优质蛋白质有助于减轻肾脏工作负荷，减轻氮质血症的程度，同时满足机体对于必需氨基酸的需求。但一味降低蛋白质含量，一方面会导致过剩氮废物的产生，积聚在血液使肾排泄能力降低；另一方面会加剧负氮平衡。

慢性肾病时，肾小球滤过率下降，肾脏不能有效地消除磷，导致体内磷和钙代谢异常，最终引发高磷血症、骨营养不良和软组织钙磷沉积。钙磷在肾组织中沉积会引发炎症、瘢痕，从而进一步引起肾单位丧失。限制蛋白质摄入量和使用低磷蛋白质来源有助于改变日粮的磷含量。除了限制食物中的磷含量，随着疾病的发展，可能还需要添加肠道磷酸盐结合剂才能维持正常的血磷浓度，最常用的是氢氧化铝和碳酸铝。

有证据表明，日粮中纤维的含量和类型会影响血液中氮排泄和尿素浓度。特别是饲喂可发酵纤维，能由大肠排出尿素和氮，将尿素经肾脏排泄的途径变更为经粪便排泄，从而降低血液中的尿素浓度。肾功能衰竭的动物排泄氢离子和重吸收碳氢根离子的能力降低，容易发生代谢性酸中毒。所以食物中需要含有碱化成分，调节代谢性酸中毒情况。

（五）糖尿病处方粮

糖尿病动物的营养管理至关重要。虽然营养管理不能替代胰岛素，但有助于控制血糖，并尽可能减少终身使用外源性胰岛素治疗的可能。高蛋白质饮食是治疗猫糖尿病的关键环节。有研究显示，饲喂高碳水化合物的肥胖猫在体重减轻后，胰岛素敏感性未恢复正常，但高蛋白质饮食能使肥胖猫的胰岛素敏感性增强。在人类糖尿病患者中，由于摄入大量蛋白质可能会增加糖尿病性肾病的发病率，因此不推荐高蛋白质饮食。但此种糖尿病并发症在犬猫中并不常见，因此没必要限制糖尿病犬猫的蛋白质摄入量。针对并发肾脏或肝脏疾病的病例，可能需要适度限制蛋白质的含量，并适度增加纤维含量来控制血糖。

由于碳水化合物对餐后血糖水平具有较大影响，糖尿病犬猫饮食中碳水化合物含量是一个重要的考虑因素。一般而言，复杂碳水化合物的消化和吸收速度更慢，其升糖指数比简单碳水化合物（单糖或双糖）要低。此外，碳水化合物的来源也同样重要。建议将升糖指数低的食材（如大麦、高粱等）作为糖尿病患猫饮食的碳水化合物来源，而大米的升糖指数高于玉米，会导致餐后血糖和胰岛素水平明显上升。

对于糖尿病犬猫，提供日粮纤维含量可以帮助抑制餐后血糖快速升高，但不同个体间存在显著差异，且不同的纤维类型会产生不同的结果。可溶性纤维遇水会形成凝胶，促进葡萄糖和水结合，从而阻止葡萄糖转运至肠道的吸收面，降低餐后血糖水平，因此被认为是有价值的。虽然有研究显示糖尿病患猫的最佳饮食应含有高蛋白质和低碳水化合物，而高纤维含量可能没有之前研究认为的那么重要。然而，日粮纤维可以减缓胃肠道转运和稀释能量，有助于控制猫的体重，因此，在糖尿病患猫的营养管理中仍具有一定的意义。

糖尿病犬猫常出现脂代谢异常，如高甘油三酯血症、高胆固醇血症等，高脂饮食可能会导致胰岛素抵抗和促进肝糖再生。糖尿病犬猫常并发胰腺炎，因此，脂代谢异常或并发胰腺炎的犬猫应限制其饮食中的脂肪。限制脂肪的量将取决于犬猫的饮食史和有并发症时的脂肪摄入量。建议低脂饮食以降低胰腺炎等并发症的风险，并减少总能量摄入，有利于减肥或维持体重。但是，过度限制脂肪也可能导致不必要的体重下降。当糖尿病犬猫偏瘦时，可以考虑脂肪含量较高的食物。另外，研究显示ω-3不饱和脂肪酸含量高的饮食可以改善血糖控制，并降低血浆胰岛素水平。相反，饱和脂肪酸则不利于血糖的控制，因此，糖尿病犬猫饮食应含有足够的 ω-3 不饱和脂肪酸。

铬是一种必需的日粮微量元素，参与碳水化合物和脂质代谢。铬也是胰岛素的辅助因子，对细胞摄取葡萄糖是必需的。有研究显示，摄入铬补充剂能提高犬猫组织对胰岛素的敏感性，有助于血糖控制。糖尿病犬猫可能出现维生素和矿物质吸收异常：低磷血症、低钾血症、低钠血症、低氯血症、低钙血症、低镁血症和维生素 D 缺乏症。一般来说，对糖尿病的科学管理足以避免这些问题。只有当原发性疾病没有得到控制，糖尿病酮症酸中毒或继发问题出现时，这些问题才更值得关注。

第五节　家制宠物食品

一、概念

家制宠物食品(图 2-32)，是指宠物主人自己在家里利用各种原料给宠物制作的宠物食品，既有零食又有全价宠物食品。家制食品经常使用从超市买来的肉类、蔬菜、水果、薯类以及谷物，按照一定的比例配制。如果宠物主人乐于了解更多宠物营养需求及食材方面的知识，能够做出全价和均衡的食品配方，这也是一个很好的选择，且自制食物的适口性很好，原料新鲜更能满足宠物口味的需要。但遗憾的是，绝大多数人的自制食品并不能满足宠物的营养需求，存在某些营养素缺乏而某些营养素过剩的问题，长期食用很容易导致营养缺乏症或某些中毒症状。

二、家制宠物食品的优缺点

家制宠物食品既有优点也有缺点。

图 2-32　家制宠物食品

(一)优点

(1)原料新鲜　一般采用与人类食品一样的原料，如肉类、蔬菜、水果、油脂、谷物、薯类和其他的人类食物的食材，比较新鲜，原料没有经过加工处理，处于原始新鲜的状态。

(2)制作工艺多样　宠物主人可以根据人类食品的制作工艺来制作宠物食品，如采用蒸、煮、炖、炒、烤等多种工艺进行制作，既可制作肉干类的零食，又可以制作当主食吃的犬猫饭。

(3)外观多样　宠物主人可以根据自己的喜好制作多种具有吸引力外观的宠物食品，如条状、块状、肉糜状、烘焙成不同的形状等。

(4)适口性好　家制宠物食品一般新鲜制作，做完即食，储存时间短，适口性好。

(5)不添加保鲜和防腐的添加剂　因新鲜制作直接食用，不需要考虑货架期，避免一些抗氧化剂、防霉防腐剂等饲料添加剂的添加。

(6)经济　如果宠物主人能合理搭配原料，控制成本，也可以达到经济实惠的目的。

(7)增进人宠交流和感情　有的宠物主人，用人类的食物原料和加工方法给犬猫制作食物，因此这种食物可以做到人宠共食，但有些没有加工的生肉和加工程度不足以杀灭致病微生物的食物，不适合人类食用。在制作宠物食品和饲喂宠物食品的过程中可以加强人宠之间的互动，增进感情。

(二)缺点

(1)营养难以均衡　许多宠物主人认为自制的食品更新鲜、更营养，但自制的食品营养很难做到全价和均衡，有些营养素过量，而有些营养素是缺乏的。因肉的种类、部位的不同，制作出来的宠物食品其营养成分差异巨大。

很多自制食品的配方其蛋白质和磷过量，但是能量、钙、维生素(维生素 A、维生素 D、维生素 E 及 B 族维生素)和微量元素(锌、锰、碘、硒)不足。根据配方的原料和比例，对缺乏的营养素进行补充，宠物食品配方变得更营养全面、均衡。

(2)制作烦琐　从原料处理到加工制作及后期的分装保存，都需要花费大量的时间和劳动，如果一次制作的量比较大，还需要分装成品的器具及比较大的冰箱用来储存。

(3)有细菌污染的风险　鲜肉及其制品水分含量多、活度高，营养物质丰富，非常适宜微生物生长，因此有害微生物的污染一直是主要安全风险，尤其是生肉。

(4)软质的食物需要清洁牙齿　宠物吃了软质的食品需要经常清洁宠物牙齿，以保持牙齿的健康。

(5)不易保存　做好的宠物食品在0～4 ℃下一般储存2～3 d，最多4～5 d。

很多自制的犬粮含有过量的肉，远远超过了宠物对蛋白质和磷的需求；宠物主人自制的猫粮往往缺乏脂肪，且能量浓度较低，或者脂肪的来源单一，因此家制宠物食品的营养均衡和卫生指标显得非常重要。

三、家制宠物食品的种类

(一)全价宠物食品

1. 生的全价鲜粮

生的全价宠物食品，就是所有的原料都没有经过任何的加工，用原料直接制作的宠物食品。可额外添加一些营养性的补充剂，如钙、磷、食盐、氨基酸、微量元素及维生素等，如果宠物食品的营养指标满足全价宠物食品的营养指标，就可以称为全价宠物食品，可以作为犬猫的主粮。

2. 加工处理的全价犬猫粮

采用蒸、煮、炒、烘焙、高压锅压制、电饭煲等不同加工方式和设备制作的全价宠物食品，采用可食用的原材料，并补充所缺乏的营养素使其营养素含量达到全价宠物食品的标准。

(二)零食

宠物主人可以采用不同加工方式给宠物制作零食，如肉干，肉条，鲜肉和骨头，烘焙食品(蛋糕、点心)，炖肉汤汁，宠物饮料等，可采用与人类食品一样的加工方式，制作各种宠物零食，来满足宠物的零食需求。

本章小结

宠物食品分3种类型：宠物配合饲料(全价宠物食品)、添加剂预混合饲料(宠物营养补充剂、补充性宠物食品)和其他宠物饲料(宠物零食)。宠物食品可以根据水分含量分为干宠物食品(＜14%)、半干、半湿或半固态宠物食品(14%≤水分＜60%)和湿或液态宠物食品(≥60%)。宠物食品可以按宠物的生命阶段(幼年期、成年期、妊娠期等)、宠物食品的物理性状(颗粒状、粉末状、膏状等)、生产加工方式(挤压膨化、高温蒸煮、烘焙等)以及功能进行划分。全价宠物食品除水分外，能够满足宠物的全部营养需要；营养补充剂只能满足宠物对部分营养素的需求；宠物零食种类繁多，从营养指标上没有特定的营养素要求，因此营养素含量差异很大，通常存在营养不均衡的情况，因此饲喂量需要进行控制。处方食品是一类专门帮助患有特定疾病的动物满足其营养需求的食品，对各种营养素的控制更加严格，因此需要在特定的疾病及病理条件下食用。家制食品区别于上述商业化的宠物食品，通常是宠主为在家庭为宠物制作的食品，有其优缺点。因宠物食品的分类多种多样，不同品类的宠物食品各有特点，因此应根据宠物的种类、品种、年龄、生理状态、病理状态以及营养状态选择合适类型的宠物食品，以促进宠物的健康。

复习思考题

一、名词解释

全价宠物食品　补充性宠物食品　宠物零食　宠物食品标签　处方食品

二、简答题

1. 全价宠物食品是如何分类的?
2. 宠物添加剂预混合饲料是如何分类的?
3. 宠物零食是如何分类的?
4. 家制宠物食品有哪些优缺点?
5. 鲜粮存在哪些优缺点?
6. 什么是处方食品?有哪些种类?不同种类各具什么特点?

三、扩展题

目前全球宠物食品的发展趋势是什么?

第三章 宠物食品的适口性

本章提要

适口性是关于宠物食品的采食偏好和采食意愿的总和，良好的适口性是宠物食品的重要特性。本章阐述宠物食品适口性的定义、生物学基础、影响适口性的因素、适口性的测定方法和检测的指标，包括试验动物的选择、试验设计和结果分析。另外，本章探讨了宠物食品的加工方式和营养素等对适口性的影响，阐述了通过美拉德反应制备的口味增强剂，其反应机理、加工工艺及原辅料选择等对口味增强剂的影响等。

第一节 适口性概念及行为机制

一、适口性的概念

适口性(palatability)是食物的气味、味道、质地及外观等特征的总和，是动物在觅食、定位和采食某种食物的过程中，其理化性状刺激动物的嗅觉、视觉、触觉和味觉等而使动物表现出来的对该食物的好恶反应。

二、犬猫适口性的行为反馈机制

影响宠物选择食物的决定因素包括：生物学因素、遗传学因素、区域因素和个体差异。生物学及遗传学方面的因素包含宠物的生理状态及认知食物的能力。宠物对食物的喜好可能是先天遗传，而后由生存经验形成的。地区和文化的差异也可以影响宠物主人对于宠物食物类别的选择。

(一)生物学和遗传学因素

宠物的进食行为是对食品适口性产生影响的主要因素之一。猫是严格意义上的食肉动物，猫的进食行为仍然受到野生动物饮食习惯的影响。野猫需要每天捕猎一定量的猎物来满足它们的能量需求。家猫每日有 7～20 顿小餐，如果有条件的话它们可以自由获得食物，这种行为不受环境和动物年龄的影响，但会影响猫对食物的偏好。家猫一般在出生前后的一段时间内，其饮食偏好容易受到母猫在怀孕和哺乳期间饮食的影响，尤其从第 4 周龄到第 6 月龄这段时间。野猫多为独立捕猎，捕猎后的食物迅速被吃掉，特别是体型不大的老鼠。猫的嗅觉异常灵敏，但主要不是用来进行定位狩猎，而是确定食物的新鲜与安全。

野犬群大多是群体捕猎，在短时间内可以进食大量食物。犬类属于杂食性动物，在缺乏食物的环境下也可以进食其他动物的粪便、果实等，但宠物犬的这种行为能力已经明显退化。犬猫在采食时通过运用自身的嗅觉、味觉、视觉及触觉等综合评价选择食物。犬猫对新食物普遍具有好感，但相关试验证明，犬猫的新食物偏向性通常持续时间并不长。同样犬猫也可对新食物产生明显排异现象，发生此现象一般多是在异常情况下，如环境等造成宠物出现应激。

（二）区域因素

地区和文化差异也可以影响宠物主人对宠物食物类别的选择。宠物喜爱的食物可能由于它们的主人不喜欢而被排除在它们的食物名单外。

（三）个体差异

影响宠物个体选择食物的关键因素包括：恐惧感、条件性的厌恶和好奇。

1. 喜好行为偏好

通过搭建采食行为学研究平台，对适口性与不同采食量、采食速度、进食时间、饲喂延迟时间、坐姿进食时间比例、嗅探时间比等指标关系进行研究。结果表明，高适口性的猫粮采食量大，嗅探时间显著低于低适口性猫粮，其他指标没有显著区别。因此，嗅探时间可以反映宠物猫对于宠物食品偏好。较短的嗅探时间可以反映宠物猫对食物更为偏好。

2. 恐惧行为偏好

恐惧感是指宠物对于新食物产生的恐惧或者抵触情绪，这种恐惧感包含由环境条件所引起的恐慌，如食物周围环境的变化，这种恐惧感形成的结果就是动物立即对有害或者营养缺乏的食物产生抵触。某种动物以前没有吃过的异常食物将不会引起它们的兴趣，反之，它们曾经吃过的食物则会被接受和尝试。这种行为准则是动物了解食物、选择食物的基础。宠物个体的食物喜好是在实际生活经验中形成的，任何特定食物的适口性和新鲜度以及犬猫的饥饿和紧张程度，对它们在特定时间里对某种食物的接受和选择都是非常重要的。

三、犬猫对宠物食品的化学反馈

犬猫体内的代谢反馈信号影响食物摄入的时间、比率和数量，而化学感应因素在决定是否接受或者放弃食物这个过程中起主要作用。动物判别一个物体是否是食物或者是否接受的主要依据都是感官性质的。这些依据包括远距离就可以判断出来的一些因素，如视觉、听觉以及嗅觉，还有一些是通过接触得到的——如口味、化学刺激和触觉。

早在20世纪70年代就有研究发现，口味因物种而异。人们发现猫对于甜味不敏感。在哺乳动物中，咸和酸普遍都能感觉到，而对苦和甜感觉则差异很大。引起味觉的化合物通常是不挥发的，并且能够引起甜、酸、苦、咸等味觉。因为对于味觉的敏感度是由舌头上的味蕾细胞来实现的，所以对于味觉是否符合口味是由品尝食物的物种或个体所决定的。

气味在决定猫的饮食偏好方面起着重要作用。嗅觉会因不同的因素而降低，如变老、恶劣天气条件和药物等。味觉在决定宠物猫对猫粮的喜好方面发挥着关键作用，它严格与嗅觉结合。此外，食物的味道刺激唾液和胃肠道分泌液的分泌，使猫有机会拒绝可能有毒的食物。对宠物猫的味觉神经元进行分类，其中第一大类神经单元是氨基酸接收单元，猫喜爱甜味氨基酸（脯氨酸、半胱氨酸、鸟氨酸、赖氨酸、组氨酸和甘氨酸），讨厌苦味氨基酸（精氨酸、异亮氨酸、苯丙氨酸和色氨酸）。猫和犬都排斥苦味食物，其中猫对苦味特别敏感，敏感度是仓鼠的400倍，并且排斥单磷酸核苷酸（尸腐味）。第二大类是酸味（包括磷酸、羧酸、组氨酸等生物代谢物）接收单元。

嗅觉比味觉提供的信息更为复杂。除了5种基本形态以外，由于存在相对应的更多的接受细胞来辨识这些感觉，所以有可能还存在上百种甚至上千种嗅觉信息。气味在宠物选择食物的过程中非常重要，通过改变采食食品的气味很可能改变宠物采食行为。

四、犬猫对宠物食品的触觉反馈

我们通常认为，影响同类动物对食物喜好的主要因素是食物的味道和气味，而忘记了触觉刺激对它们的重要性，如食物研磨的形状、质地以及黏性。触觉是动物在其口中对食物物理特性认知的反应。“口感”通常被用来描述这种感觉。这种食物特性对于宠物感受食品的美味发挥了重要作用。

对于猫和犬而言，它们喜好的食物很大程度上取决于牙齿和口腔里软组织的敏感性以及分泌唾液的相互影响。食物摄入的难易程度和食物的形状对于触觉和对食物喜好有重要的意义。就猫而言，牙齿在猫是否接受食物方面发挥更为明显的作用。猫与犬的牙齿不同，猫有专门食肉的齿系代替了一般动物撕碎肉食的前臼齿。由于缺乏臼齿，猫不能磨碎食物。

猫可以摄入硬质的粗制宠物食品，但是它们不能充分磨碎食物。猫的牙齿充分解释了猫对于罐装和半湿食品具有强烈喜好的原因。掌握了牙齿的情况以后，人们在设计开发宠物食品时了解了从动物整体出发的重要性。关于触觉刺激的另外一个方面是食物的形状和结合程度，这点在猫科动物尤为明显。猫喜欢在进食时吃掉一小块食物，因而猫可以采食类似于星形这样的不规则块状食物，这说明猫对于食物形状的特别喜好更多的是由牙齿和咀嚼造成的。

食物的质地是猫粮适口性的另外一个重要影响因素。任何过分刺激猫敏感的口腔组织的物质都会对食物的适口性产生负面影响。总之，食物的接触属性在其适口性上起了重要作用。增强口味的添加剂可以很大程度上提高宠物食品的适口性，但是它不能完全补偿由于设计粗糙、质量低劣等因素对食物适口性造成的负面影响。了解宠物的牙齿构造会使开发新的、高营养的、美味的宠物食品工作更加轻松。

第二节　宠物食品适口性的评价

一、适口性评价的重要性

宠物食品（宠物全价配合饲料、营养补充剂、宠物零食）除了满足宠物对各种营养素的需求之外，适口性对于宠物具有重要的意义。一般进行适口性测试的主要是全价宠物食品，但宠物保健品、宠物零食及宠物药品等都存在适口性的问题，需要进行适口性测试。因此，如何提高和改善宠物食品的适口性是宠物食品、药品生产企业亟须解决的技术难题之一。

宠物食品必须先被宠物采食才能为宠物提供全面和均衡的营养，适口性不好的食物，即使营养配比均衡、完全满足营养需要，犬猫也拒绝采食。

二、最佳适口性的特征

我们制作宠物食品都希望其具有最佳适口性（optimal palatability factor characteristics），一般来说，理想的适口性应具有以下特征：

（1）宠物的接受性高　宠物食品通过适口性测试，宠物的接受度高，即首选和采食率高，说明其适口性好。但适口性的好坏是相对的，一个适口性测试只能说明这种食品与对照的宠物食品适口性的比较，并不能代表与其他未测试的宠物食品适口性的对比。

（2）刺激动物反应　适口性好的食品能够刺激宠物进行采食，提高采食的欲望，进而提高采食量，促进宠物的健康。

（3）配方自由度高　适口性好的产品，可以根据原料和影响适口性的因素进行多种配方的配制，不因配方的变动而影响适口性。

（4）应用便利　提高适口性的汁或粉应用起来要比较方便，而不会对宠物食品生产造成额外的负担。例如，因添加汁比较多而带来水分的变化，导致成品水分变高，带来安全隐患。或因水分高而进行二次烘干，导致工序和成本增加。

（5）无不良气味　适口性好的产品不应该有一些不良的气味，如发霉变质、氧化等造成的不良气味。食品的气味不仅需要赢得宠物的喜爱，还要考虑宠物主人的感受及对环境的影响。

（6）产品安全　提高适口性措施要保证产品的卫生指标和水活度合格，不会造成产品的污染变质。特别是添加汁类添加剂，因含水量大，会导致水分含量的增加，影响水活度，造成霉菌污染。

（7）性质和特点一致，性质稳定　产品生产出来后及储存的过程能保持宠物食品性质稳定，不会造成适口性及理化和卫生指标变化。

（8）成本效益　增加适口性需要考虑成本因素，因增加适口性本身有时并不会提高营养指标，过高的适口性成本也是一种压力，因此不能过度追求适口性。

（9）具有营销优势　适口性好会给营销带来益处，促进营销。特殊的适口性会为企业创造竞争优势。

（10）优化加工条件　根据适口性的需要优化加工条件，创造能增加适口性的设备和优化工艺，在保证适口性的同时，保证产品的营养指标和卫生指标。

三、评价宠物食品适口性的方法

适口性的测试方法，概括起来可分为两大

类——采食测试和非采食测试。采食测试通过测量犬猫对食物的摄入量来检测适口性，主要为单碗测试和双碗测试。非采食测试是有条件的响应测试，通过特定条件与不同食物相对应，包括嗅觉测试、认知适口性评估和偏好排序法。此外，还可以使用电子鼻、电子舌等仿生仪器对犬猫饲料的感官特性（如香气、质地和风味）进行分析来判断饲料的适口性。

（一）采食测试

采食测试主要是让动物采食食物，根据采食食物的数量来判断适口性的好坏。目前国际上最为主流的方法是接受采食测试（单碗测试）和选择采食测试（双碗测试）。无论是双碗试验还是单碗试验，都被认为是独立随机采食，可以进行单独的数量统计运算，同时必须设置对照试验宠粮。

1. 接受采食测试

接受采食测试（也称单碗测试，acceptance test，AT）将单一饲料称重并提供给动物，让试验动物在规定时间内自由采食，记录其采食量。通过对多个不同饲料进行试验，最终比较犬猫对单一饲料采食量和采食速度来判断饲料的适口性。主要是在不同的时间段给宠物不同的食物，具体操作如下：将宠物分成 2 组，每组 10～20 只。如第 1 组动物在第 1 阶段（2～5 d）每天饲喂一次食物 A，在第 2 阶段（2～5 d）每天饲喂一次食物 B。第 2 组动物的饲喂顺序正好相反，在第一阶段（2～5 d）每天饲喂一次食物 B，在第 2 阶段（2～5 d）每天饲喂一次食物 A。饲喂的时间可以不同，由试验的设计和动物的数量确定。单碗测试法将两种食物的平均采食量进行比较，如果有明显的差距，我们就可以认为两种食物的适口性或可接受程度不同，人们也可以通过计算那些采食量低于一定量的动物的比例，来作出推论（表 3-1）。

表 3-1　单碗法试验设计

犬/猫	第一阶段	第二阶段
组 1	食物 A	食物 B
组 2	食物 B	食物 A

单碗测试主要用于测量动物对食物的可接受程度，而未直接表明对相关食物的偏好，试验时需要注意季节性变化（如猫冬季进食量较大而夏季较少）以及其他环境因素对试验的影响，在试验中可以使用多只动物以消除环境影响以及个体差异。单碗测试很大程度模仿了动物居家环境，最真实地反映了犬猫实际生活中的饮食方式，但无法提供准确的饲料适口性信息。一般而言，可以将单碗测试和宠物饲料安全性测试结合起来，测定宠物饲料的粪便评分、消化率及其他临床反应和临床效果评价。但有时很容易得出错误的结论，因犬猫十分善于调整采食量以补偿能量浓度的差异，而不是由于适口性导致的采食量变化。在单碗测试法中，我们追踪一种食物在某一时期的总采食量与另一种食物在不同时期的总采食量。

2. 选择采食测试

在选择采食测试（也称双碗测试，preference test，PT）中，犬猫可以同时吃到两种食物，动物们处于一种自主选择状态，可以自由通过采食行为表示对食物的偏爱程度。这两种食物相对摄入量的差异可以作为偏爱采食较多的食物的证据，同时我们应该确保相对采食量的不同是由动物对食物的偏爱而不是其他原因造成的。由于双碗法试验方法简单，可以在较短的时间获得试验数据，因此双碗法是目前普遍使用的一种方法。

具体操作方法是将两个相同的碗同时给予试验动物，每个碗各盛放一种需要检测的食物 A 或 B（每个碗中提供的食物量应满足动物每天所需的食物摄入量），试验动物可在预定时间内自由采食，记录动物第一口采食的饲料，并在预定时间结束或某一碗中的饲料采食完时结束，将两个碗回收称重，记录犬猫对每种饲料的采食量，计算首选率及每种饲料的采食量占摄食总量的比例（采食率）以此判断动物对这两种饲料的偏好（图 3-1）。

首选率（first choice ratio，FCR）：首选日粮是试验动物在采食前通过嗅觉感知食物气味，首先做出选择的日粮。根据首选日粮计算出首选率。

首选率（FCR，日粮 A/B）＝［日粮 A/B 的首选次数］/［总选择次数（A＋B）］×100％

图 3-1　双碗试验测定适口性

采食率(intake rate,IR):采食率是指采食的试验日粮量与总采食量的比率,表示采用试验日粮占总采食量的情况。计算每个动物每天的 IR,把每一个 IR 的平均值作为试验组动物的 IR。

采食率(IR,日粮 A/B)=[日粮 A/B 采食量]/[总采食量(A+B)]×100%

对首选率进行卡方检验判断是否存在差异显著,对采食率进行 t 检验判断是否差异显著,最后来判断 A 和 B 日粮是否存在适口性的差异。

双碗法主要用于测试动物对两种饲料的偏好。试验时需要通过交换两个碗的位置以排除动物偏左或偏右的习惯对试验的影响(表 3-2),且需要用足够多的重复试验以保证试验的准确性。此外,双碗法还存在一些局限性,如无法排除两种饲料由于营养价值和能量的差异对适口性结果的影响,以及饱腹感等因素导致试验结果出现偏差。由于提供了超过每天所需的饲料量,容易造成动物因采食过量导致肥胖,所以双碗法不适合长期的适口性测试。

在评价适口性的方法中,单碗法与双碗法的评价结果大致相同,但与单碗法相比,双碗法可以检测到更小的差异。从概念上讲,单碗法与接受程度相关,双碗法与偏好程度相关。

(二)非采食测试

非采食测试是不让动物实际吃到食物,而是测试动物看到、闻到食物后的反应。

表 3-2　双碗法试验设计

犬/猫	第 1 天	第 2 天
所有动物	食物 A(左边)	食物 B(左边)
	食物 B(右边)	食物 A(右边)

1. 嗅觉测试

嗅觉测试是通过犬猫对食物香气的选择来判断食物的适口性。操作如下:将食物放在有孔眼的不透明密闭盒子里,盖上有 5 个孔,每个角上有 1 个孔,中心有 1 个孔,以提高气味的强度,宠物不能直接接触到这些饲料。起点距每个盒子的距离均为 2 m,盒子放在地板上,每个盒子相距一段距离(如 50 cm)。试验开始时,主人用牵引绳拴住宠物,带着宠物绕试验盒子走一圈再回到起点,让宠物自由选择喜欢的盒子。当宠物对盒子表现出兴趣且持续时间为 15 s 以上时,记录下其选择的盒子。在第一次选择后,回到起点等待 2 min,此时转移宠物注意力使其不再关注盒子,试验者改变盒子的顺序为下一次尝试做准备,每只宠物重复试验 3 次。嗅觉测试既避免了因为食物摄入量过大导致犬猫偏好发生改变,又不需要对试验动物进行大量的训练。但嗅觉测试仅通过犬猫对饲料香气的选择来判断饲料的适口性,而香气不等于适口性,即使犬猫最初是根据香气来决定进食的,但如果饲料的味道不能与气味搭配,犬猫对其偏好也会不断下降。嗅觉测试分析了对犬猫饮食偏好中起重要作用的气味,但要准确地反映饲料的适口性还需结合其他信息进行综合分析。

2. 偏好排序法

偏好排序法是根据宠物选取食物的顺序对不同食物的适口性进行排序的方法。在试验之前,需要对宠物进行一定的训练。同时给予试验宠物 5 个空心橡胶玩具,每个玩具里放入一种食物,通过一定训练使宠物能将食物从玩具中取出。在试验中,记录宠物提取第一个食物以及花费的时间,这被认为是其最喜欢的食物;取出这个玩具之后让宠物继续试验,直到其从玩具中取出所有食物,在试验期间正常提供给宠物每天所需的食物,重复测试 5 d,每天用洗涤剂彻底清洁玩具中残留的食物残渣和气味,根据宠物选取食物的顺序对不同食物的适口性进行排序。偏好排序法可以同时比较宠物对 5 个样本的偏好且不需要大量的试验动物即可保证试验的准确性。在试验中需要保证进入测试房间宠物的顺序,以消除不熟悉的气味等外部因素对试验结果产生的误差,如有必要必须对测试房间进行清理。该方法的缺点是需要试验宠物保持对试验内容感兴趣并能在较短的时间内从玩具中将食物取出，对试验宠物具有一定要求，并需消耗大量的时间对其进行训练。

3.认知适口性评估

认知适口性是一种使用辨别学习的适口性检测方法，该方法一般用于判断试验动物对两种不同食物的偏好，主要分为如下4个阶段。

第一阶段——偏好与关联阶段：偏好测试用于确定试验动物对不同物体的偏好，即宠物通常会对自己喜欢的对象做出反应。具体操作方法如下：首先给宠物进行偏好测试，确定首选对象。同时向宠物展示3个不同物体（A物体、B物体和C物体，这3个物体的大小、形状存在明显差异）供其选择，每个物体中放有一定量的相同食物，当其选择一个物体后将3个物体随机打乱进行重复试验，其中宠物最常选择的视为其首选对象（如其首选对象为B物体）。接下来为关联阶段，即需要2 d时间使每只宠物熟悉不同物体以及与之相关联的测试食物（在关联阶段，每次测试只给宠物呈现一个物体）。第1天，将一种测试食物放入其中一个非首选物体（将A食物放入A物体），改变物体位置重复试验；第2天，将另一种测试食物放入另一个非首选物体（将C食物放入C物体），改变物体位置重复试验。

第二阶段——辨别训练阶段：同时给宠物展示3个物体，但在第一阶段确定的首选对象中没有食物（B物体中无食物），而其他2个物体装有在关联测试阶段相同的与之关联的食物（A食物-A物品、C食物-C物品），当宠物从2个非首选对象中获得食物或选择首选对象没有获得食物后试验结束，打乱物体位置重复试验，当宠物不再选择首选对象时该阶段完成。

第三阶段——稳定阶段：稳定阶段旨在确定食物偏好的强度和可靠性。使用与第二阶段同样的程序测试10 d以上，记录宠物对每个对象的选择次数，以此来确定其对两种食物的偏好。

第四阶段——反转阶段：该阶段旨在确定两种食物对应的物体改变后是否仍然保留偏好。此时交换两个物体相关联的测试食物（A食物-C物品，C食物-A物品），而首选物体仍不给予食物，之后重复关联阶段以辨别训练阶段与稳定阶段。

与双碗法相比，认知适口性评估可以在不摄入过多食物的情况下表达对食物的偏好，排除了两种食物营养价值、能量和饱腹感对试验的影响，故可以使用这种新的偏好测试以检查短期或长期偏好，而不会受到营养或能量的影响。且认知适口性评估拥有更高的检验适口性差异的能力，只需要很少的试验动物数量也可检测出较强的差异。但是，该方法较烦琐，需要试验犬有较强的认知能力且还要进行大量的训练，试验的反转阶段容易因为试验动物年龄或学习能力不足导致结果出现差异。

4.第一口偏好测试

在双碗测试过程中同时开展第一口偏好测试。第一口偏好测试（first choice test）是指在双碗试验中，在同时给予两碗食物后，试验宠物自发地、免于干扰地选择第一口采食的双碗之一的食物。记录每个试验犬猫的第一口选择。

（三）适口性的消费者评价及其他评价方法

宠物食品除了在试验基地进行严格的测试外，也需要进行消费者测试。消费者评测需要消费者在独立的空间内对不同的宠物食品在各个方面进行打分和评判。目前虽然没有宠物食品的感官测试标准，但是可以参考人类食品的感官测试标准。

有研究通过消费者（宠物主人）对不同犬粮产品进行感官评价，对“整体喜好（overall liking）”“整体外观接受度（overall appearance liking）”“颜色喜好（color liking）”“香味喜好（aroma liking）”4个指标进行打分，其结果与宠物测试的适口性结果基本一致。

可采用顶空液相色谱仪串联质谱仪全面精确地测定宠物食品所有可挥发性的有机化合物的组分，另外可采用“电子鼻”与“电子舌”等检测仪器迅速检测宠物食品的有机组分，以判断其有机成分与适口性的关系。

四、适口性评价试验设计参数

（一）试验动物选择

1.试验动物的生理状态、年龄阶段和品种

根据试验宠粮适用的年龄阶段、生理状态选择试验动物。如果没有特定生理状态和年龄阶段要求，可以选择多品种、多年龄层次、多体重具有差异的试验宠物,一般为成年犬猫。

不同宠物品种会有不同的食物偏好,因此,适口性试验的动物种群应该能够代表整个种群。目前还没有犬猫对食物偏好的品种差异的记载。性别对于适口性和采食量没有显著的影响,可以尽量选择公母各半的宠物犬猫参与试验。

2. 优先选择经常参与适口性的试验动物

宠物犬猫在哺乳期和幼龄期的采食方式和饮食习惯对于成年后和终身采食习惯影响巨大。因此专业适口性试验基地在幼龄饲喂和繁育阶段就要有意识地多饲喂和接触各种宠物食品。要多选择经常在试验基地进行适口性测试的犬猫参与试验,这样能够更好地排除犬猫幼龄采食习惯和方式产生的采食偏差。若选择普通家庭的犬猫通常需要较多数量才能保证试验的准确性。

经常参与试验的宠物犬猫对于产品的风味和气味见多识广,消化道发育完善、抗应激和抗换粮能力强、能够快速高效、准确地评价宠物食品的风味,并对产品的优劣进行评价。同时排除具有某些特定采食偏好的试验宠物,如具有异食癖及其他有独特采食偏好的试验宠物。例如,在实践中发现,一直保持采食生肉或湿粮习惯的猫很难适应膨化主粮的采食和适口性。如果犬猫在幼龄期间不经常饮用乳制品,那么成年后很难评估宠物乳饮料的适口性并拒绝饮用。

3. 试验动物的免疫和健康

试验前将试验宠物进行必要的免疫、驱虫处理。并在试验前对所有试验动物进行体格检查。排除患有严重消化系统疾病、代谢性疾病及其他可能干扰饲料评价的状况的试验宠物。同时要排除具有某些特定采食偏好的动物,如左/右撇子、有恐新性或嗜新性、受先前采食历史影响严重及有其他特殊采食偏好的动物、幼龄阶段形成了不良的采食习惯及有其他特殊采食偏好情况的动物,这些都会严重干扰全价饲料的适口性评价。另外,妊娠期、哺乳期、术后康复期的犬猫,其身体代谢出现差异,因此也需要排除。

4. 试验动物不良反应处理

当试验中犬猫本身具有疾病和特异性采食偏好时,应及时更换试验动物。

如果出现以下情况,应采取不同的措施:①当试验动物出现轻微的腹泻、拉稀、粪便评分下降、采食量降低时,可以保留动物继续试验,但是必须留意观察。如果进行双碗试验,必要时对两种饲料单独进行单碗试验,排查试验粮是否存在问题。②如果试验动物出现严重的腹泻、恶心、呕吐、拒食等现象,应当停止该动物进行适口性试验。

如果试验动物出现以上不良反应,需要确认是试验动物自身还是由换粮造成的问题。如果大量的试验动物出现以上不良反应,则大概率情况认为参试饲粮出现了严重的质量问题,应立即停止试验,并反馈给试验粮提供厂家,让其排查原料、加工及运输的质量风险。

存在严重不良临床反应的试验动物数超过全部动物数 15%的试验应"一票否决",试验结果不可用,需要进行饲粮质量排查。

(二)试验重复数

试验重复数是指试验动物数乘以试验天数。足够的试验重复数是保障试验结果准确、完整、可信度高的关键。适口性操作单位应该确保足够的试验重复数,既包括有足够的试验犬猫参与试验,又要保证试验天数。同时需要兼顾研发周期,饲喂试验天数不宜过长或者过短。

适口性试验应保证足够的试验动物数、试验天数来达到统计需要。两者的乘积即为总重复数。试验总重复数 N 如下公式计算:

$$N = n \times \mathrm{day}$$

式中,N 为试验总重复数;n 为同时参与试验动物数;day 为试验天数。

原则上参与试验犬猫数量越多越能够反映消费者对于宠物食品的真实体验,但是寻找大量的试验动物是十分耗时、耗力的事情。需要在保障动物重复数的同时兼顾试验成本。试验宠物重复数建议见表 3-3。

表 3-3　试验宠物重复数建议

宠物	双碗试验	单碗试验
犬	≥30 只	≥20 只/处理组
猫	≥20 只	≥15 只/处理组

AAFCO 试验操作规程指出参试动物数量要比试验天数更能快速反映犬猫粮适口性的结果。宠物食品作为快速消耗品,很多企业的研发和上

市周期很短，虽然长期的饲喂时间能够更加全面地反映宠物食品的适口性和安全性，但是很多企业更愿意采取短期饲喂试验。目前没有明确规定适口性试验的试验天数，AAFCO试验操作规程规定需要2 d以上的试验操作，有的企业规定需要5 d以上的试验操作。有研究表明，宠物猫完成4 d试验后，猫的采食量和采食率趋于稳定，对参试猫粮的适口性已经有了明确而又稳定的判断。

(三)饲喂时间和饲喂量

在适口性测试考虑饲喂时间时必须考虑以下因素：测试时宠物的饱食程度，不同碗中提供的食物数量，整个测试持续的时间。因此设置好宠物食品的饲喂时间和饲喂量具有重要的意义。如果在测验开始的时候，宠物处于极度饥饿状态，两种食物的相对采食量将会趋于一致。因为在高度饥饿的情况下，控制动物行为的意识是"填饱肚子"而不是"吃更好吃的那种食物"。同样地，如果在测验开始的时候，宠物处于高度饱食状态，测试时宠物对两种食物的适口性都不关心。宠物这种不充分采食的行为，不会得到正确的适口性结果。

1. 饲喂时间

设置每日饲喂时间十分重要。根据适口性试验的目的和食物特点进行确定。对于采食性测试，如果要研究试验饲粮的消化吸收利用状态，每日饲喂时间一般延长至24 h/d；对于非采食性测试，若研究采食行为和消化状况，同时试验对象是干性全价配合饲料(水分<14%)，则可以进行24 h全天饲喂试验。对于湿性宠物饲料需要在数小时甚至数分钟内结束试验，因为饲料在室温长时间放置会腐败、酸败，进而影响适口性和宠物的采食。AAFCO建议猫每日进行4 h饲喂试验，犬每日进行30 min饲喂试验。另外，考虑到如果湿性全价宠物饲料(主食罐头)适口性较好，应缩短犬猫的采食时间。每日饲喂观察时间建议见表3-4。

表3-4 每日饲喂观察时间建议

宠物	固体全价宠物饲料	半固态性及液体全价宠物饲料
犬	30 min/d	10 min/d
猫	4～12 h/d	1 h/d

注：双碗试验其中有一碗采食完毕则提前结束试验

2. 饲喂量

试验饲粮的每日投喂量十分关键，根据参试动物的体重、年龄阶段、饲喂季节及参试饲料的能量密度确定。建议适口性试验正试期前进行预试验确定投喂量，以确保每个重复试验内犬猫能够采食绝大部分的食物，少有基本不采食或者全部采食的情况。

(四)适口性结果判定

适口性试验是对比试验，以采食率结合第一口偏好(首选率)进行统计分析，来判断A与B日粮是否存在差异。对于采用双碗或者单碗试验的适口性试验，收集适口性试验的原始数据，并对试验结果进行t检验，以确定统计结果的差异显著性，最终确定两种试验日粮适口性的优劣。

对于单碗试验而言，需要根据所有数值的平均值和标准差(误)，如实客观地描述产品饲喂试验的数据结果。评价指标包括平均采食量、采食率及是否出现不良临床反应等。

对于双碗试验，需要根据试验重复内所有数值的平均值和标准差(误)描述适口性试验的数据结果。另外，根据决定系数P值及待测指标的平均值结果进行分析。若决定系数$P \leqslant 0.05$，则可以在报告中指出某个宠粮的某个指标显著高于另外一个宠粮。

所有试验宠粮必须留样保存。试验报告应指明试验操作过程、试验宠粮的基本情况、试验数据表及基本试验结论，试验结论必须根据试验结果进行叙述。

第三节 影响宠物食品适口性的因素

影响适口性的因素有3个方面：宠物、食物和环境因素。宠物对食品适口性的感受主要受到化学因素、物理因素及行为因素的影响。宠物本身的因素包括品种、体重、性别等；食物因素包括食物的理化特征(物理形态、密度、质地等)、原料、养分组成(蛋白质、脂肪、水分、添加剂等)、品质及加工工艺等；环境因素包括温度、湿度等。

一、宠物因素

宠物的种类、品种、体重、性别、精神状况等都会影响食物的适口性。相比于干性食物,犬更喜欢湿和半湿的宠物食品,而猫则偏爱干燥且酥脆的食物。猫是严格的食肉动物,对碳水化合物以及甜味剂没有表现出偏爱,但脂肪和氨基酸会增加猫对饲料的摄入量。体重因素也影响适口性,体重增加会导致猫的采食量减少,且会影响猫对食物的偏好。在性别方面,研究发现母犬比公犬对1%的蔗糖偏好更高。

二、食物因素

(一)宠物食品的形态及物理特性

一般而言,水分越高的食品其适口性越好,对于干粮而言,猫粮的最佳适口性水分范围为6%~7%,宠物犬粮的最佳适口性水分范围为8%~9%。相比膨化干粮,宠物罐头或宠物湿粮应具有更好的适口性,其原因可能是湿粮中肉类原料在经过搅拌、蒸煮乃至高压灭菌后,肉类的风味物质被高温溶出,金枪鱼中的鲜味氨基酸也被溶出,因此,宠物罐头具有更好的风味和适口性。对老年猫使用罐头产品可以增进食欲,防止营养不良。

相对于冷的或热的日粮来说,猫偏好温度适中的食物,食物在15~50 ℃时适口性最好。因此,把放在冰箱里的食物拿出来加热后再喂给猫吃是非常重要的。当要改变日粮时,最好逐渐将新的日粮加到以前的日粮中混合饲喂,饲喂几次之后再完全地更换成新的饲粮。

对于食品形态而言,猫不会采食粉状食品,但是胶状、糊状、颗粒食品可以被猫采食,猫讨厌尖锐的食物形态。

食品形态对犬猫适口性的影响十分复杂,需要进行大量重复的试验来确定不同形态对适口性的影响结果。有试验研究了圆形和十字形两种形态的犬粮对适口性的影响,结果表明,两种形态对犬粮的适口性没有显著影响。

(二)宠物食品原料及养分

宠物食品一般由蛋白质原料(动物源、植物源)、能量饲料、脂肪、纤维、诱食剂及饲料添加剂、矿物质等组成,原料和添加剂都会对适口性造成影响。

1.蛋白质原料

蛋白质原料来源包括动物蛋白质和植物蛋白质,蛋白质原料及含量不同的宠物食品,其适口性不同。动物性原料在宠物食品中的含量在8%~70%,动物性原料含量越高,产品适口性越好。洁净的可食用动物的肉、内脏和器官经研磨粉碎、水解获得的产品,可以是液态、半固态或经加工制成的固态粉末,如猪水解液、牛水解膏、鸡水解粉,这些产品可以提高犬猫粮的适口性。一般地,宠物食品中加入至少3%~5%的肝脏水解液,能提高适口性。

有研究表明,使用16只幼年藏獒作为研究对象,植物蛋白中玉米蛋白粉和豆粕之间适口性差异不显著;对于动物性蛋白质而言,蛋白质含量较高的鸡肉粉80、猪肉粉80比鸡肉粉65的适口性好。

2.脂肪

脂肪对宠物食物的适口性起到重要作用,脂肪会提高犬猫饲粮的适口性,在烘干的颗粒表面喷涂脂肪可以增加产品风味。有研究表明膨化干粮的脂肪水平在15%~20%范围内适口性最佳,25%以上的粗脂肪含量对于犬猫的适口性也会带来不利影响,如犬猫因为过于油腻而拒绝采食。食品中脂肪的种类和含量不同,挥发出来的气味也不同。猫对涂覆有牛油或鸡油的猫粮尤为喜爱,而厌恶用猪油或部分氢化植物油加工的猫粮。用富含中等碳链长度脂肪酸的油脂,如氢化椰子油或棕榈仁油加工的脂肪经过酶解后产生的游离脂肪酸也具有改善适口性的效果。使用一部分玉米油替代动物油脂对于宠物食品的适口性没有显著的影响。

氧化酸败的脂肪会降低适口性。众所周知,优质脂肪的游离脂肪酸和过氧化物含量应较低且没有焦煳味、粪臭味和哈喇味。添加在食品中的脂肪应以轻度或无酸败为目标。质量控制和脂肪种类是非常重要的,因为劣质脂肪会导致严重的适口性问题。

3.纤维

宠物食品中纤维也会影响其适口性。不同含量、来源、颗粒度纤维对宠物食品的质地和风味造成影响,进而可能会影响到食品的适口性。研究表明,不同纤维来源(包括甘蔗渣、纤维素、甜菜粕等)及纤维含量对犬粮的适口性没有显著的影响。食物中矿物质含量过量以及粗纤维的含量升高会使猫对该食物的偏好下降,食物中的粗纤维同样会降低犬对食物的采食率。

4. 诱食剂及添加剂

宠物食品中诱食剂的添加能明显改善其适口性。目前,主要的诱食剂有香味素、甜味剂、酸味剂等。香味素能够增加食物的香味,进而增加犬猫对食物的摄入量。此外还经常使用美拉德反应产生的风味物质作为香味剂加入犬猫饲料中。美拉德反应指的是含游离氨基的化合物和还原糖或羰基化合物在常温或加热时发生的聚合、缩合等反应,经过复杂的过程,最终生成棕色甚至是棕黑色的大分子物质,包括类黑精(或称拟黑素)还原酮和杂环化合物等具有挥发性香味的物质,所以又被称为羰胺反应。向饲料中添加一定的磷酸和焦磷酸盐能改善犬猫饲料的适口性。对于甜味剂,猫的味觉对糖不敏感,因此猫对甜味剂没有表现出明显的偏好,但研究表明犬对甜味剂表现出较高偏好。研究发现向犬猫食物中添加酵母提取物不仅提高饲料的适口性和增加采食率,还能改善犬猫的肠道环境和增强机体免疫力。此外,抗氧化剂和防腐剂能够减少犬猫饲料因脂质氧化和腐败导致的适口性下降,也在一定程度上保障了饲料的适口性。

5. 原料品质对适口性的影响

宠物食品中肉类原料占大部分比例,然而,宠物食品储藏转运等过程中,在高温环境下,肉类容易发生腐烂变质,从而对宠物食品风味造成很大影响。另外,食品中的谷物类原料,如小麦、玉米、大米等,在收获前也易遭受毒素的污染,收获后若储存环境不善,在高湿、高温的条件下会出现霉变、发热现象,失去其原有的正常香味,不仅造成食品适口性下降,还能够引发犬猫发生呕吐腹泻,危害宠物健康。在高湿、高温条件下,高脂肪的食品,尤其是含有大量不饱和脂肪酸的食品,极易被氧化,产生苦涩味和难闻气味,也就是常说的“哈味”。当宠物食品出现“哈味”后,其适口性明显下降。此外,处理油脂的方式也对宠物食品适口性产生影响。如果在高温下对鸡油反复进行炼化,容易出现焦煳,影响宠物的采食量。犬对焦煳味的抵触异常明显,特别是一些鼻腔较长的犬类,嗅觉非常灵敏。

(三)宠物食品的加工工艺

1. 粒度

原料的加工处理会影响宠物食品的适口性。粒度越大,肉制品与其他原料和水混合稀释后的适口性损失就越小。在挤压前进行预处理有助于淀粉糊化;对原料进行粉碎和混合,能改善颗粒质地和适口性。挤压过程使成品具有更好的形状和质地,从而改善了适口性。

2. 加热时间

加工过程中总的加热时间对适口性具有极大的影响,因为这些商业产品需要大量的热量来进行熟化。如罐头产品,不仅包括标准灭菌时间,还包括混合、填料和上料时间(最后一罐进入的时间和蒸馏罐通过蒸汽注入达到其正式工艺温度之间的时间间隔)以及工艺结束后的冷却环节。标准灭菌时间越长,总的加热时间就越长,适口性越差,而且降低了营养素(尤其是维生素 A),还损失了可利用赖氨酸(尤其是存在还原糖的情况下),并在一定程度上降低了整个蛋白质的消化率。生产者通过提高加热起始温度等其他方法来减少加热的负面影响。通过减少灌装前的配料和混合时间,不仅可以减少总的加热时间,而且还可以改善质地。

3. 喂料速度

喂料速度是宠物食品挤压膨化加工工艺中可调控的工艺参数之一,它表示单位时间内投放到膨化机内的原料的多少,从而也决定了膨化机的生产率。宠物食品的生产厂家都希望尽可能地提高喂料速度,来获得更多的利益。但是,国内外很多研究表明,喂料速度影响的不仅仅是生产率,它对食品中的各种营养成分含量、食品的膨化效果以及糊化度等都会产生影响。而这些影响也极有可能会综合体现到食物的适口性上,影响宠物对食物的偏好和选择。较低喂料速度(18 Hz)生产的饲粮的采食率和首选饲粮的次数明显高于较高喂料速度(20 Hz)生产的饲粮,所以生产时喂料速度低的饲粮的适口性显著优于喂料速度高的饲粮。其可能的原因是喂料速度稍低的饲粮的水分含量、糊化度都高于喂料速度稍高的饲粮。

4. 淀粉糊化度

对于淀粉含量相同的食物,宠物往往喜欢糊

化度较高的淀粉食物。相同的原料和配方，加工工艺不同，食物的淀粉糊化度、硬度、容重也不完全相同。通过试验表明，在工艺相同的条件下，在调质温度为 96 ℃时，生产出的饲粮糊化度明显高于调质温度为 100 ℃时生产的饲粮，但在 96 ℃时生产出的饲粮容重却明显低于 100 ℃时生产的饲粮。但无论是成年犬还是幼犬，对 96 ℃调质温度生产出来的饲粮的采食率及首选饲粮的次数明显都高于 100 ℃时生产的饲粮。

5. 烘干

干燥过程也非常重要，如果颗粒内部还没有烘干而外部却已经硬化，会影响适口性。在烘干的颗粒表面喷涂脂肪既可以增加产品风味，又可作为能量来源。在颗粒表面喷涂风味剂，如水解蛋白、酶解肉类的汁（粉）及一些肉味香精都可以提高适口性。因犬猫的口味不同，因此可以根据犬猫的特殊需求进行口味定制。定制化在最大程度上优化了食物中的成分和口味之间的相互作用，使产品具有区别其他产品的特殊气味和口味。

宠物食品的最终含水量也非常重要（干膨化食品应当小于 9%）。如果成品含水量过高易使宠物食品发霉，导致宠物拒食会影响适口性。

三、环境因素

环境因素是影响宠物食品适口性的外在因素。在不同环境中成长的宠物如犬猫，对同一食物的适口性可能存在一定的差异。研究表明，猫在产前和产后的早期喂养经历会影响猫长大之后对食物的偏好。另外，环境温度也影响宠物食品的适口性，尤其是猫。公猫在高温环境，如炎热的夏季，对喜爱食物的偏好会增加；而母猫在低温环境，如寒冷的冬季，会表现出更高的偏好，这可能是因为较高的温度能增加食物中挥发性物质释放，使公猫更好地区分可口的食物；而母猫由于在寒冷季节的采食量较高，因而表现出更高的偏好。

在实际生产中，主要通过改变宠物食品成分以及添加饲料添加剂来改变宠物食品的适口性，除考虑适口性的影响因素外还需考虑其他因素，配制的食品必须满足犬猫的营养需求且易被犬猫消化吸收。部分原料虽然能增加饲料的适口性，但长期食用会影响犬猫的健康状况。一些饲料原料和添加剂（如油脂）添加量过多不仅增加饲料的成本，还会使饲料的运输、储存难度上升，且需要增加抗氧化剂来防止饲料的氧化酸败。在实际生产中需要综合这几种因素以获得最佳的宠物食品。

第四节　宠物口味增强剂

一、美拉德反应及口味增强剂的形成原理

（一）美拉德反应

美拉德反应（Maillard reaction）又称羰氨反应，是广泛分布于食品工业的非酶褐变反应，指的是食物中的还原糖（碳水化合物）与氨基酸（蛋白质）在常温或加热时发生的一系列复杂反应，其结果是生成了棕黑色的大分子物质类黑精或称拟黑素。除产生类黑精外，反应过程中还会产生成上千万种具有不同气味的中间体分子，包括还原酮、醛和杂环化合物，这些物质为食品提供了宜人可口的风味和诱人的色泽。美拉德反应是一种普遍的非酶褐变现象，所形成的香味具天然肉类香味的逼真效果，具有调配技术无法比拟的作用。美拉德反应技术在宠物食品领域具有广泛的应用。美拉德反应是十分复杂的化学过程，反应历程、反应产物的性质及结构受氨基酸及糖种类、性质的影响，且与反应时的水分、pH、反应的温度和时间、金属离子等有关。因此，控制美拉德反应的原料和反应条件，可产生不同的香味。

（二）口味增强剂定义及其制备过程

1. 口味增强剂定义

口味增强剂（palatability enhancer，PE）俗称“诱食剂”，是一种为改善宠物饲料适口性、增强犬猫食欲、提高犬猫采食量、促进饲料消化吸收利用而添加于饲料的一类原料。根据 2018 年我国农业农村部第 20 号公告，在产品中使用以《饲料原料目录》中动物水解物为主要原料复配制成的调味产品的，应当在原料组成部分中以“宠物饲料复合调味料”或者“口味增强剂”标识。因此宠物口味增强剂应属于饲料原料，用于改善宠物饲料的适口性。除了诱食剂之外，增鲜剂、甜味剂及其他食用香精应该按照饲料添加剂的要求和限量规范进行添加。宠物口味增强剂大都以蛋白质酶解液

为底物进行美拉德反应获得的。宠物口味增强剂示例如图 3-2。

图 3-2　宠物口味增强剂

2. 口味增强剂制备

宠物饲料口味增强剂制备包括 3 个基本过程：①在一定的温度和 pH 条件下，加入酶制剂对底物进行水解；②加入油脂与之前的反应液进行乳化；③将一定量的蛋白酶和脂肪酶在一定温度下和 pH 进行一段时间的反应。

通过这 3 个步骤所得的产物可以制备口味增强剂。目前口味增强剂生产工艺中需要加入维生素 B、焦磷酸钠、复合磷酸盐、香味剂等添加剂。这些添加剂能够赋予不同的风味及营养补充效果。后续可对酶解物进行喷雾干燥得到酶解肉粉和酶解肝粉等。

二、口味增强剂的工艺研究

热反应型口味增强剂的蛋白质来源主要是禽类内脏或动物副产品以及鱼肉及其下脚料，使用适当的蛋白酶水解，添加可以增加肉香的辅料，通过美拉德反应制得风味浓厚的诱食剂产品。

(一)酶制剂的选择

目前使用较多的酶制剂主要以蛋白酶为主，包括木瓜蛋白酶、中性蛋白酶等。通过将大分子的蛋白质进行分解，形成小分子肽类、氨基酸等。

研究表明，利用动物水解专用酶和木瓜蛋白酶水解鸡肉制备犬猫粮诱食剂，可以改善犬猫粮风味，提高采食量。采用蛋白酶水解再进行热反应的方式，利用牛肉、鸡肝和鸡脚等畜禽下脚料制备出腥香味的宠物诱食剂。利用复合风味蛋白酶和木瓜蛋白酶酶解鸡肝和牛肉混合肉糜，在水解物中添加糖类进行美拉德反应，制得一款风味与营养兼具的犬类诱食剂。使用胰蛋白酶和风味蛋白酶水解草鱼下脚料，确定蛋白酶解工艺为温度 50 ℃、pH 7.3、水料比 4∶2∶1、酶加量 2.2%，再结合美拉德反应制备猫粮诱食剂。

(二)美拉德反应原料

作为美拉德反应的重要原料，糖类物质提供羰基，蛋白质氨基酸提供氨基。因此除了需要小分子蛋白质，更需要各种糖类及其他风味物质参与。其主要原料包括牛肝、鸡肺、鸡肝等畜禽屠宰下脚料，还有鱼及其下脚料、氨基酸、牛磺酸单体、维生素、盐、酵母提取物、鱼油、虾油等。

研究报道表明，犬偏爱脂肪味、肉香味和烘烤味的风味。产生肉香味和烘烤味的主要风味物质是杂环类化合物和含硫化合物。因此，在犬类诱食剂中常增加这几类物质。利用鲭鱼、鸡肉、鸡肝等原料制备一种鱼肉味猫粮诱食剂，其中肉类原料经蛋白酶水解后结合热反应，散发出特殊香味，对猫诱食效果好。

(三)加工工艺参数设置

与美拉德反应有关的工艺参数包括温度、加热时间等。温度越高，褐变速度越快，温度每提高 10 ℃，反应速度提高 100～200 倍。温度过高，会使营养物质含量发生变化。使氨基酸和蛋白质损失，甚至出现致癌物质。反应时间越长，越容易形成苦味。试验通过单因素和正交实验，确定了肝酶解液的最佳反应工艺条件，即温度 110 ℃，反应时间 60 min，pH 为 7。通过美拉德反应得到的肉腥香诱食剂，肉腥香纯正柔和，耐高温性好，将此诱食剂喷涂在犬颗粒料后，诱食性很好。

当反应温度为 110 ℃，反应时间 40 min，pH 为 6 时，得到的牛肉风味最好，香味持久。混合均匀后以 3.5% 喷涂在宠物颗粒料上，扎袋存放 15 d 后，选择 10 条贵宾犬进行宠物饲喂试验，观察其诱食效果，添加牛肉香诱食剂的颗粒料是市售牛肉香颗粒料采食量的 1.5 倍。

采用鸡肉、鸡心、鸡肝为主要原料加工犬粮诱食剂，三者的质量比为 1∶2∶1，混合加工制成肉糜，液料比为 5 mL/g，在 50 ℃ 的条件下，添加 1.2% 木瓜蛋白酶，调节 pH 至 7.5，水解 4 h 后得到酶解液。每 100 mL 的酶解液中添加 2% 木糖、0.5% *L*-半胱氨酸，在 pH 7.0、100 ℃ 反应 60 min，加工的诱食剂品质最佳。

(四)抗氧化剂与宠物食品适口性

氧化和微生物导致的变质过程会破坏适口性。这些变质过程可能发生在宠物食品制造前、制造期间和制造之后。宠物食品中的抗氧化剂对于保持宠物食品的适口性具有重要的意义。抗氧化剂就是任何以低浓度存在就能有效抑制自由基的氧化反应的物质,其作用机理可以是直接作用在自由基,或是间接消耗掉容易生成自由基的物质,防止发生进一步反应。

高水平的生物抗氧化剂如维生素E、维生素C、β-胡萝卜素、牛磺酸、肌氨酸以及天然抗氧化植物提取物(生物类黄酮)等成分,能消除宠物体内的自由基;而物理性抗氧化剂起到消除食物中自由基的作用。在宠物食品中常见的物理抗氧化剂是乙氧基喹啉、丁基羟基茴香醚(BHA)、二丁基羟基甲苯(BHT)、没食子酸丙酯、特丁基对苯二酚(TBHQ)、茶多酚、维生素E、*L*-抗坏血酸-6-棕榈酸酯等。被添加到食物中的物理抗氧化剂在食物中至少被部分消耗,以达到保护原料成分以及营养物质的目的。维生素E既是生物抗氧化剂,也是物理抗氧化剂。具有活性的维生素E分子是α-生育酚,它作为宠物食品添加剂的形式是α-生育酚醋酸盐。

为保护适口性而设计的抗氧化系统必须选用正确种类的抗氧化剂。罐装宠物食品在经过适当加工和包装后,处于缺氧的环境中。自体氧化必然需要氧气的存在,因此罐装食品中阻止了这种反应的发生。然而,干宠物食品和半湿宠物食品为自体氧化提供了理想的环境。氧化副产物的存在将导致宠物食品的适口性急剧下降。用氧化脂肪制成的犬粮的适口性得分明显较低。在宠物食品配方使用之前,必须控制成分中的氧化物,这样就不会对适口性造成负面影响,从而减少适口性增强剂的使用。

另需考虑的是防腐剂的含量,以确保抗氧化剂不会直接影响适口性。尽管宠物对常用的抗氧化剂和抗菌剂的耐受性肯定有一个上限,对适口性的负面影响通常并不明显。例如,当天然生育酚为基础的抗氧化剂成为合成抗氧化剂的替代品时,含天然抗氧化剂的食物在适口性方面略优于含乙氧基喹啉的食物。

(五)香味剂的使用

目前市场可见的大多数宠物食品中添加香味剂以提高适口性。香味剂一般是指化学合成和植物提取的各种甜味物质、鲜味物质及食用香精。食用香精根据《食品安全国家标准　食品添加剂使用卫生标准》(GB 2760—2014)中食品用香料名单。犬猫对香味剂有很大的偏爱。可选用的香味剂品种不断增多,但更多应用天然香味剂或植物提取物是宠物食品工业的发展趋势。目前常用香味剂较多的是含有动物组织成分,可以使用液态的也可以使用固态的,且香味剂中一般都含有脂肪成分。

宠物食品生产厂商可根据实际情况向香料供应商订购特殊香味剂以改善食品的适口性。宠物食品配方中各种原料成分、食品形状、体积、最终食品的密度等都有可能和配方中香味剂发生不同的相互作用,对最终食品的适口性产生不同的影响。香味剂具有适合犬猫的不同香味,包括牛肉味、烤肉味、鱼腥味等。

近年来,香味剂在宠物食品中的应用存在以下发展趋势:大多数浓缩香料和平衡香料都需要降低其用量,尽可能通过混合技术和设备来弥补用量降低带来的消极影响。犬猫在风味需求上不完全相同,可开发更多的适合犬猫需求的不同香味剂。

本章小结

“适口性”主要是指宠物对食品的采食积极性和采食频率。因此适口性更是一种动物行为学概念。适口性是一种饲料或饲粮的滋味、香味和质地特性的综合,是动物在觅食、定位和采食过程中动物视觉、嗅觉、触觉和味觉等感觉器官对饲料或饲粮的综合反映。通过宠物食品所产生的滋味、香味即可分析产生适口性风味的来源。

适口性优劣最终需要依靠宠物犬猫进行适口性的评价,但是系统地观察宠物行为十分费时费力。通过测定宠物某段时间的采食特性(采食量、采食率)及简单行为学观察即可判定宠物食品和对比宠物食品适口性。也就是说,适口性的优劣必须要依靠规模化动物饲养试验来证实,并比较宠物食品适口性的优劣。无论何种试验评价方式,都包括试验动物的选择、试验重复数、饲喂量和饲喂时间的确定等试验设计参数。适口性评价包括消费性测试与非消费性测试,消费性测试目前最为流行的方法包括接受度测定(单碗测试法)及选择采食测试(双碗测试法)。在双碗测试过程中同时开展第一口偏好测试。适口性的测试除了系统饲喂试验之外,风味指纹图谱和消费者感官测试也是评价方法。

宠物食品的适口性受多种因素的影响。宠物的品种、体重、性别、精神状况等都会影响宠物食品的适口性;其他因素还包括宠物食品的形态、物理特性、温度、原料、营养素(蛋白质、脂肪、水分、添加剂等)、加工工艺等,还有环境因素,如温度。相比膨化干粮,宠物罐头或宠物湿粮具有更好的适口性。其原因可能因为湿粮肉类原料在进行搅拌、蒸煮乃至高压灭菌后,肉类的风味物质被高温溶解出。因此,宠物罐头应具有更好的风味和适口性。

美拉德反应是一种普遍的非酶褐变现象,将它应用于食品香精生产中。美拉德反应技术在宠物食品领域具有广泛的应用,使用最为广泛的就是口味增强剂。热反应型口味增强剂的蛋白来源主要是禽类内脏或动物副产品以及鱼肉和下脚料,使用适当的蛋白酶将其水解,添加可以增加肉香的辅料,通过美拉德反应制得风味浓厚的诱食剂产品。因此反应酶、原料选择、加工工艺参数等都对口味增强剂的形成和效果产生重要的影响。对于被物理性抗氧化剂所保护以及改良的宠物食品,其适口性是其关键竞争力。另外香味剂和其他调味剂的组成和搭配对于提高宠物口味增强剂的效果具有重要的意义。

复习思考题

一、名词解释

宠物食品的适口性　美拉德反应　双碗试验　宠物口味增强剂

二、问答题

1. 什么是宠物食品的适口性?其行为学和神经学基础是什么?
2. 蛋白质与氨基酸是怎样对宠物食品的适口性产生影响?
3. 如何区分消费性测试和非消费性测试?
4. 宠物口味增强剂的基本制作流程是什么?

三、开放性讨论

设计一组 30 只猫的宠物主食罐头的适口性试验。

第四章 宠物食品原料

本章提要

制作宠物食品需要饲料原料和饲料添加剂，因此了解饲料原料的种类和特点，对于生产优质的宠物食品非常重要。农业农村部发布的《饲料原料目录》，规定了可用于制作宠物食品的饲料原料种类。饲料原料的质量是保证宠物食品质量的基本前提。根据国际饲料分类法，按饲料的营养特性可分为粗饲料、青绿饲料、青储饲料、能量饲料、蛋白质饲料、矿物质饲料、维生素饲料和饲料添加剂八大类；按照中国《饲料原料目录》饲料原料可分为13类。本章主要介绍饲料原料的分类，在宠物食品中使用的能量饲料、蛋白质饲料、矿物质饲料、新鲜饲料的营养特性和饲用价值，并对各类饲料原料加工和保存方法进行概述。

宠物食品是按照宠物的种类、生命阶段、营养需求，将多种饲料原料和饲料添加剂按照饲料配方配制而成，为宠物生长、发育、繁殖、健康提供营养物质。在《宠物饲料管理办法》中，将宠物饲料分为“宠物配合饲料”“宠物添加剂预混合饲料”和“其他宠物饲料”，这三种宠物食品都需要用《饲料原料目录》中的原料以及《饲料添加剂品种目录》中可用于宠物的饲料添加剂来进行制作。目前在中国，宠物食品所用的原料种类和质量标准，与畜禽饲料原料种类和质量标准一致。宠物食品中使用的原料主要包括青绿饲料、能量饲料、蛋白质补充料、矿物质饲料、维生素饲料。

第一节 宠物食品的原料分类

一、饲料原料相关定义

(一)饲料

国家标准《饲料工业术语》(GB/T 10647—2008)对饲料的定义为：能提供饲养动物所需养分、促进动物生长、生产和健康，且在合理使用下安全、有效的可饲物质。所以饲料一方面为动物提供动物必需的营养物质，另一方面必须是安全的，不能对动物产生毒害作用。广义的饲料包括饲料原料、饲料添加剂和饲料成品。

(二)饲料原料

饲料原料，是指来源于动物、植物、微生物或者矿物质，用于加工制作饲料但不属于饲料添加剂的饲用物质(含载体和稀释剂)(《饲料原料目录》，2012)。饲料生产企业所使用的饲料原料均应属于《饲料原料目录》规定的品种，并符合《饲料原料目录》的要求。在《饲料原料目录》之外的物质用作饲料原料的，应当经过科学评价并由农业农村部公告列入目录后，方可使用。

二、国际饲料分类法

饲料种类繁多，营养价值差异大，为充分了解各种饲料的营养特点，以便合理利用各种饲料配制营养组成合理、低成本的宠物食品，对饲料进行分类就显得很有必要。

饲料分类即是对每一种饲料确定唯一的标准名称，该标准名称可反映该种饲料的营养特性、成分、饲用价值。而营养特性、成分、饲用价值相近的饲料则被赋予统一标准名称和饲料编号。

饲料分类的原则是简便、实用、科学，便于合理利用饲料资源。根据饲料来源可分为植物性饲料、动物性饲料、微生物饲料、矿物质饲料和人工合成饲料。

美国学者 Harris 提出的根据饲料的营养特性进行饲料分类的原则和编码体系被越来越多的学者接受，逐步发展为各国饲料分类的基本原则，被称为国际饲料分类法。

Harris 根据饲料的主要营养特性（水分、粗纤维、粗蛋白质）将饲料分为粗饲料、青绿饲料、青储饲料、能量饲料、蛋白质补充料、矿物质饲料、维生素饲料和饲料添加剂 8 大类。并对每种饲料规定 6 位数（△-△△-△△△）的国际饲料编码（international feeds number，IFN），第 1 位数（1-8）代表饲料所属的八大类别，第 2、3 位数为饲料所属的亚类，第 3 节的 3 个数是根据饲料重要属性赋予的编码。国际饲料分类法规定每一个饲料的名称应包含以下 8 方面商品信息：①来源；②种、品种、类别；③采食部分；④加工和处理方法；⑤成熟阶段；⑥刈割茬次；⑦等级、质量；⑧分类。国际饲料分类法对每类饲料冠以相应的饲料编码，方便应用计算机建立饲料管理系统和饲料数据库，便于采用计算机设计配方。

国际饲料分类依据详见表 4-1。

表 4-1 国际饲料分类依据 %

饲料类别	饲料编码	分类依据		
		水分	粗纤维(DM)	粗蛋白质(DM)
粗饲料	1-00-000	<60	≥18	—
青绿饲料	2-00-000	≥60	—	—
青储饲料	3-00-000	—	—	—
能量饲料	4-00-000	—	<18	<20
蛋白质饲料	5-00-000	—	<18	≥20
矿物质饲料	6-00-000	—	—	—
维生素饲料	7-00-000	—	—	—
饲料添加剂	8-00-000	—	—	—

1. 粗饲料（1-00-000）

粗饲料（roughage）指含水量在 60%以下，干物质中粗纤维含量大于或等于 18%，以风干形式饲喂的一类饲料。常见的有干草和农作物秸秆等。

2. 青绿饲料（2-00-000）

青绿饲料（pasture range plants and forage fed fresh）指天然含水量大于 60%的一类饲料，饲喂方式为鲜喂或放牧。包括青绿多汁饲料、叶类饲料、非淀粉块根块茎、瓜果等。

3. 青储饲料（3-00-000）

青储饲料（silage）指以天然新鲜植物性饲料为原料，在厌氧的条件下，经乳酸菌为主的微生物发酵、调制成的饲料，如青储玉米，主要应用于反刍动物中。

4. 能量饲料（4-00-000）

能量饲料（energy feed）指饲料干物质中粗纤维含量小于 18%、粗蛋白质含量小于 20%，饲料干物质的消化能大于 1.05 MJ/kg 的一类饲料。如谷物、糠麸、淀粉质的块根块茎等。

5. 蛋白质饲料（5-00-000）

蛋白质饲料也被称为蛋白质补充料（protein supplement），指饲料干物质中粗纤维含量小于 18%、粗蛋白质含量大于或等于 20%的一类饲料。主要包括豆类及其饼粕、鱼粉、肉粉、合成氨基酸等。

6. 矿物质饲料（6-00-000）

矿物质饲料（mineral supplement）指可供饲用的天然或化工合成的矿物盐及经处理的动物产品。例如：石粉、骨粉、贝壳粉、磷酸氢钙、食盐、小苏打、沸石粉、饲用微量元素等。

7. 维生素饲料（7-00-000）

维生素饲料（vitamin supplement）指工业合成或提纯的单一或复合的维生素制剂，不包括富含维生素的天然青绿饲料在内。

8. 饲料添加剂（8-00-000）

饲料添加剂（feed additive）指为保证或改善饲料品质，促进动物生长和繁殖，保证动物健康而加入饲料的少量或微量物质，但不包括矿物质元素、维生素、合成氨基酸。

三、中国饲料分类法

20 世纪 80 年代，在张子仪院士主持下建立了中国饲料数据库和中国饲料分类法，在国际饲料分类法的基础上结合我国饲料资源的特点提出了中国饲料分类法和中国饲料编码系统。

中国饲料分类法在国际饲料分类法将饲料分为 8 大类的基础上，结合中国传统分类习惯将饲料分为 17 个亚类，两者组合，目前共出现 37 个类别，具体如表 4-2。每类饲料冠以相应的中国饲料编码（Chinese feeds number，CFN），编码模式为△-△△-△△△△。第 1 位数为 IFN 分类号(1-8)，第 2、3 位为 CFN 的 17 个亚类号，第 4-7 位为具体饲料号，如 4-07-0279 一级玉米，4-07-0280 二级玉米。采用中国饲料分类法命名饲料时，既可以通过国际饲料分类法判定饲料特性，又可以根据传统分类从亚类中判定饲料来源。

表 4-2 中国饲料分类依据

饲料亚类	前 3 位编码	水分/%	粗纤维/%(DM)	粗蛋白质/%(DM)
一、青绿饲料	2-01-0000	≥45	—	—
二、树叶				
1. 鲜树叶	2-02-0000	≥45	—	—
2. 风干	1-02-0000	—	≥18	—
三、青储饲料				
1. 常规青储	3-03-0000	65-75	—	—
2. 半干青储	3-03-0000	45-55	—	—
3. 谷实青储	4-03-0000	28-35	<18	<20
四、块根茎瓜				
1. 含天然水	2-04-0000	≥45	—	—
2. 脱水后	4-04-0000	—	<18	<20
五、干草				
1. 第一类	1-05-0000	<15	≥18	—
2. 第二类	4-05-0000	<15	<18	<20
3. 第三类	5-05-0000	<15	<18	≥20
六、农副产品				
1. 第一类	1 06 0000	—	≥18	—
2. 第二类	4-06-0000	—	<18	<20
3. 第三类	5-06-0000	—	<18	≥20
七、谷实	4-07-0000	—	<18	<20
八、糠麸				
1. 第一类(种皮)	4-08-0000	—	<18	<20
2. 第二类(颖壳)	1-08-0000	—	≥18	—
九、豆类				
1. 第一类(高蛋白质含量)	5-09-0000	—	<18	≥20
2. 第二类(低蛋白质含量)	4-09-0000	—	<18	<20
十、饼粕				
1. 第一类	5-10-0000	—	<18	≥20
2. 第二类	1-10-0000	—	≥18	≥20
3. 第三类	4-10-0000	—	<18	<20

续表 4-2

饲料亚类	前 3 位编码	水分/%	粗纤维/%(DM)	粗蛋白质/%(DM)
十一、糟渣				
1.第一类	1-11-0000	—	≥18	—
2.第二类	4-11-0000	—	<18	<20
3.第三类	5-11-0000	—	<18	≥20
十二、草籽树实				
1.第一类	1-12-0000	—	≥18	—
2.第二类	4-12-0000	—	<18	<20
3.第三类	5-12-0000	—	<18	≥20
十三、动物性饲料				
1.第一类	5-13-0000	—	—	≥20
2.第二类	4-13-0000	—	—	<20
3.第三类	6-13-0000	—	—	<20
十四、矿物质	6-14-0000	—	—	—
十五、维生素	7-15-0000	—	—	—
十六、添加剂	8-16-0000	—	—	—
十七、油脂及其他	4-17-0000	—	—	—

在国际分类和中国的饲料分类中，都没有提到鲜肉，而鲜肉产品在国际和中国的饲料分类中没有一个明确的编号。

四、《饲料原料目录》分类法

《饲料原料目录》是农业农村部颁布的，规定了畜禽饲料生产可使用原料的总目录，并在 2018 年发布 22 号令，补充了可用于宠物食品的饲料原料。该目录目前将饲料原料分为 13 大类（表 4-3），主要按照饲料来源分类，原料编号采用三级编号格式（如 1.1.1），第一级表示大类编号；第二级代表相同大类下的不同原料来源；第三级表示相同原料来源下的不同产品。第二级和第三级原则上按首个中文字的拼音顺序进行排列。在原料目录中，新鲜的奶类、鲜肉类等宠物饲料用到的原料，在乳制品及其副产品、陆生动物产品及其副产品及鱼、其他水生生物及其副产品中都有体现，因这些原料一般不太会用于畜禽饲料中。虽然没有按原料的营养特性进行分类，但按照来源进行分类，基本包括了能用于宠物饲料的一些特殊的原料，如蔬菜、水果、鲜奶、鲜肉及内脏等。

表 4-3 《饲料原料目录》分类

大类编号	大类名称
1	谷物及其加工产品
2	油料籽实及其加工产品
3	豆科作物籽实及其加工产品
4	块茎、块根及其加工产品
5	其他籽实、果实类产品及其加工产品
6	饲草、粗饲料机器加工产品
7	其他植物、藻类及其加工产品
8	乳制品及其副产品
9	陆生动物产品及其副产品
10	鱼、其他水生生物及其副产品
11	矿物质
12	微生物发酵产品及副产品
13	其他饲料原料

原料名称，饲料原料标签中标识的产品名称应与列表中的“原料名称”一致；饲料产品标签中“原料组成”所使用的原料名称也应与列表中的“原料名称”一致。“原料名称”栏内方括号列出的为饲料原料的常用别名，可以与括号前的名称等

同使用。“原料名称”栏内圆括号列出的为相关原料不同物质形态，应根据产品实际进行选择。除目录中有特殊规定外，植物性饲料原料的植物学纯度通常不得低于95%。

因此，《饲料原料目录》是制作宠物食品的指南，宠物食品标签上的原料名称需要与《饲料原料目录》一致。

第二节 能量饲料

能量饲料是指饲料干物质中粗纤维含量低于18%，粗蛋白质含量低于20%，每千克饲料干物质含消化能在10.46 MJ以上的饲料原料。能量饲料是宠物饲料原料中非常重要的一类饲料，主要用于提供能量。

宠物饲料中常见的能量饲料主要包括：谷物籽实类，糠麸类，脱水根、茎、瓜果及其加工副产品，动植物油脂，制糖及乳制品加工业副产品等。

能量饲料干物质中无氮浸出物含量高，占70%～80%，主要成分为淀粉；粗纤维含量低，一般在10%以下；粗蛋白质含量较低，一般在10%以下，且蛋白质生物学价值较低，赖氨酸、蛋氨酸等必需氨基酸含量低；矿物质含量普遍较低，矿物质中钙少磷多，而且大部分是植酸磷，宠物对其利用率低。

一、谷物籽实类

谷物籽实主要指禾本科植物成熟的种子，其种子构造可分为种皮、糊粉层、胚乳和胚四部分。种皮是种子外面的保护层，含有大量粗纤维。种皮内侧紧贴由一层或几层糊粉层细胞组成的糊粉层，含有较多的蛋白质、脂肪和极少量的淀粉。谷物籽实的胚乳含有大量的淀粉，是其主要储能部位；禾本科谷物籽实的胚很小，却是生命的原始体，含有淀粉、脂肪、蛋白质。常用谷实类饲料包括玉米、小麦、大麦、高粱、稻谷、燕麦等，其营养成分和有效能如表4-4。

表4-4 常用谷实类饲料的营养成分含量 %

饲料名称	描述	DM	CP	EE	CF	NDF	ADF	NFE	Ash	Ca	P	AP
玉米	成熟 GB 1353—2018 2级	86.0	8.0	3.6	2.3	9.9	3.1	71.8	1.2	0.02	0.27	0.05
小麦	混合小麦，成熟 GB 1351—2008 2级	88.0	13.4	1.7	1.9	13.3	3.9	69.1	1.9	0.17	0.41	0.21
皮大麦	成熟 GB 10367—1989 1级	87.0	11.0	1.7	4.8	18.4	6.8	67.1	2.4	0.09	0.33	0.10
裸大麦	成熟 GB/T 11760—2008 2级	87.0	13.0	2.1	2.0	10.0	2.2	67.7	2.2	0.04	0.39	0.12
稻谷	成熟，晒干 NY/T 116—1989 2级	86.0	7.8	1.6	8.2	27.4	13.7	63.8	4.6	0.03	0.36	0.15
高粱	成熟，GB 8231—1987	88.0	8.7	3.4	1.4	17.4	8.0	70.7	1.8	0.13	0.36	0.09

注：DM：dry matter，干物质；CP：crude protein，粗蛋白质；EE：ether extract，粗脂肪；CF：crude fiber，粗纤维；NDF：neutral detergent fiber，中性洗涤纤维；ADF：acid detergent fiber，酸性洗涤纤维；NFE：nitrogen-free extract，无氮浸出物；Ash：粗灰分；AP：available phosphorus，有效磷。

数据引自：中国饲料数据库，第31版，2020。

(一)玉米

玉米(maize,corn)为禾本科一年生草本植物。玉米的产量高,有效能值高,是各类饲料中用量最多、使用最广泛的能量饲料,固有“饲料之王”之称,在宠物食品中也有广泛的应用。

1. 玉米的分类

(1)根据玉米籽粒的形态、胚乳的性质和成分及稃壳有无可将玉米分为硬粒型、马齿型、半马齿型、粉质型、甜质型、蜡质型、爆裂型、有稃型、高油玉米、高赖氨酸玉米。

①硬粒型(flint corn):籽粒多为方圆形,顶部及四周胚乳都是角质淀粉,所以外表半透明有光泽、坚硬、饱满,中心近胚部分为粉质淀粉。籽粒以黄色居多,其次为白色,也有红色和紫色。硬粒品种具有品质好、早熟、产量较低而稳、适应性强等特点,多为地方品种。

②马齿型(dent corn):籽粒扁平呈长方形,两侧为角质淀粉,中间和顶部为粉质淀粉。由于顶部的粉质淀粉比两侧角质淀粉干燥更快,顶部的中间下凹呈马齿。籽粒表皮皱纹粗糙不透明,粒色以黄色为主,次色为白色、红紫色。马齿型品种品质较差而产量潜力大,是栽培品种的主要类型。它是世界上及我国栽培最多的一种类型,适宜制造淀粉和酒精或作饲料。

③半马齿型(semi-dent corn):由硬粒型和马齿型玉米杂交而来,因而也称中间型。果穗长锥形或圆柱形,籽粒顶端凹陷深度较马齿型浅,顶部的粉质胚乳较马齿型少但比硬粒型多,角质胚乳,品质较马齿型好,产量较高,在我国栽培较多。

④粉质型(flour corn):质地较软,也称软粒型。籽粒形状与硬粒型玉米相似,胚乳由粉质淀粉组成,仅外层有少量角质淀粉,组织松软,易磨粉。产量偏低,不耐储藏,易受象鼻虫危害。作为制取淀粉或酿造的优质原料,我国栽培少。

⑤甜质型(sweet corn):也称甜玉米。由于所带隐性基因种类不同,又分为普通甜玉米和超甜玉米两种。籽粒胚乳大部分为角质淀粉,在乳熟期籽粒糖分含量为12%~18%,成熟时由于糖分未能及时转化为淀粉,干燥后籽粒皱缩。粒色有黄、白等。一般用于嫩穗食用和加工制罐头。

⑥蜡质型(waxy corn):又称糯质型。籽粒胚乳大多由支链淀粉所组成,籽粒不透明,无光泽,呈蜡状。粒色有黄、白两种。淀粉呈黏性,遇碘显红色反应。食性似糯米,黏柔适口,又称黏玉米。蜡质型是玉米引入我国后形成的一种新类型,栽培面积不大。

⑦爆裂型(pop corn):穗小轴细,粒小坚硬,籽粒顶端突出,有米粒形和珍珠形两种形状,多为角质胚乳,仅中央有少量粉质淀粉。籽粒多为黄、白色,红紫色较少。遇热时淀粉内的水分形成蒸汽而爆裂,主要用作爆米花及制糕点。

⑧有稃型(pod corn):是玉米的一种原始类型。每一层籽实都被较长较大的稃片包裹,籽实外皮坚硬,角质淀粉环生外层。经济价值不大,极少栽培。常作为原始类型的作物种质资源保存。

⑨高油玉米(high oil corn):由于玉米油主要存在于胚内,直观上看高油玉米都有较大的胚,其总能水平、粗蛋白质含量也高于普通玉米。普通玉米含油量为4%~5%,我国正在推广的高油玉米含油量都在7%~9%。农大高油115玉米是高油玉米类型的代表品种,其含油量在8%以上。推广的高油玉米品种大多都有绿叶成熟的特性,且秸秆粗蛋白质含量高,籽粒成熟后秸秆可作为优质青饲料或制作青储饲料。

⑩高赖氨酸玉米(high lysine corn):也称优质蛋白玉米,普通玉米的赖氨酸含量一般在0.2%左右,高赖氨酸玉米中赖氨酸含量在0.4%以上。高赖氨酸玉米主要特点是蛋白质生物效价比普通玉米高,因此高赖氨酸玉米对于改善人类的营养状况和促进畜牧业发展都有重要作用。Opaque-2、Flour-2是推广面积较大的高赖氨酸玉米品种。随着高产的优质蛋白玉米品种的涌现,高赖氨酸玉米发展前景极为广阔。

(2)按照籽粒颜色可将玉米分为黄玉米、白玉米、紫玉米、混合色玉米。

(3)按生育期分类可分为早熟种、中熟种、晚熟种。

2. 玉米的营养特性

玉米中碳水化合物的含量很高(70%以上),主要是淀粉,粗纤维含量较少(2.3%),因而玉米作为高能量饲料在宠物饲料中广泛使用,其消化能值是谷物饲料中最高的。玉米中蛋白质含量约为8%,蛋白质品质较差,其中约50%为醇溶蛋白质(溶于60%~95%的乙醇溶液),且赖氨酸

(0.23%～0.36%)、蛋氨酸(0.15%～0.2%)、色氨酸含量较低。高赖氨酸玉米中含有赖氨酸0.4%以上,同时色氨酸含量也较高,增加了玉米蛋白质的生物学效价。玉米中粗脂肪含量约为3.6%,主要以甘油三酯的形式存在于胚芽中,构成的脂肪酸多为不饱和脂肪酸,其中亚油酸59%、油酸27%、硬脂酸2%、亚麻酸0.8%、花生四烯酸0.2%。

玉米的矿物质元素含量低,钙少(0.02%)磷多(0.27%),磷多为植酸磷,对于犬猫等单胃动物来说可利用率低。维生素总体含量较少,但维生素E的含量较高(20～30 mg/kg)。黄玉米中含有较多的色素,主要是β-胡萝卜素、叶黄素、玉米黄素等,可影响宠物皮肤颜色。

3.玉米的质量标准

饲料用玉米要求籽粒均匀,无发热、结块、发芽现象,无异味。现行有效的国家标准《饲料用玉米》(GB/T 17890—2008)对宠物饲料中使用的玉米做出了明确的质量限定,具体如表4-5。

(二)小麦

小麦(wheat)是人类主食之一,也被作为能量饲料添加到宠物饲料中。

1.小麦的分类

小麦籽粒含有蛋白质和淀粉,蛋白质较硬,半透明有亮泽,呈角质状态;淀粉较松软。根据蛋白质含量多少和籽粒硬度,小麦可分为硬质小麦和软质小麦。硬质小麦蛋白质含量高,容重大,面筋多,磨出来的面粉质量高,适口性好,适合做各种面食品,尤其适合做面包。软质小麦含淀粉多,蛋白质少,所以质软,面筋少。软质粒小麦磨出的面粉质量较差,适口性较差,做成的面食品过于松软,不能用来做面包,其面粉只适于生产饼干、糕点等食品。

按栽培季节可将小麦分为春小麦和冬小麦。

2.小麦的营养特点

小麦中无氮浸出物含量高,可达69%以上,粗脂肪含量约为1.7%,因而其有效能值较玉米稍低。小麦的粗蛋白质含量在谷物籽实中是最高的,达13.4%以上,但必需氨基酸不足,赖氨酸含量为0.35%左右,蛋氨酸含量为0.21%,苏氨酸含量为0.38%,蛋白质品质较差,需要和其他蛋白质配合使用。

小麦中含有非淀粉多糖(non-starch polysaccharides,NSP)约6.5%,主要为阿拉伯木聚糖(6%)和β-葡聚糖(0.5%)。NSP具有黏性,犬猫等动物自身不产生降解NSP的酶,采食NSP后会造成消化道内食糜黏度升高,营养物质难以被消化和吸收,因而使用小麦作为能量饲料时需配合使用可降解非淀粉多糖的酶。

饲用小麦根据农业行业标准《饲料原料 小麦》(NY/T 117—2021)规定,以粗蛋白质、粗纤维、粗灰分为质量控制指标分为三级(表4-6)。

(三)大麦

大麦(barley)为禾本科大麦属一年生草本植物,目前大麦一部分作为粮食,一部分用于啤酒酿造,剩余部分用作饲料。欧洲国家将大麦应用到饲料中的比率较高,我国仅局部地方用大麦作为饲料原料。

1.大麦的分类

大麦按有无麦稃可分为有稃大麦和裸大麦,有稃大麦分二棱大麦和六棱大麦,六棱大麦麦粒较大,饲喂效果比较好;裸大麦是大麦一个变种的果实,营养价值较高,多供食用。按种植季节可分为冬大麦和春大麦,我国冬大麦主要分布在长江流域各省份和河南省,春大麦主要在东北、内蒙古、青藏高原、山西和新疆北部地区种植。

表4-5 饲料用玉米的质量标准

等级	容重/g/L	不完善粒/%	杂质/%	霉粒/%	粗蛋白质/%	水分/%
一级	≥710	≤5.0				
二级	≥685	≤6.5	≤1.0	≤2.0	≥8.0	≤14.0
三级	≥660	≤8.0				

表4-6 饲料用小麦的质量标准

质量指标	一级	二级	三级
容重/g/L	≥770	≥730	≥710
水分/%	≤13	≤13	≤13
杂质/%	≤1.0	≤2.0	≤2.0
粗蛋白质/%	≥11.0	≥11.0	≥11.0
无机杂质/%	≤0.5	≤0.5	≤0.5

注:各指标除容重和水分外,均以88%干物质为基础计算;低于三级者为等外品。

2. 大麦的营养特点

大麦的无氮浸出物含量(67%～68%)低于玉米,主要成分为淀粉,粗脂肪含量也较低,类似于小麦,粗纤维含量为2.0%～4.8%,所以大麦的营养价值稍低。大麦中粗蛋白质含量为11%～13%,含赖氨酸0.44%,其品质稍优于玉米。大麦中NSP含量较高,达10%以上,主要为阿拉伯木聚糖(3.3%)和β-葡聚糖(7.6%),犬猫等单胃动物不能直接利用,易引起腹泻。

饲用大麦的农业行业标准《饲料原料　皮大麦》(NY/T 118—2021)和《饲料用裸大麦》(NY/T 210—1992)以粗蛋白质、粗纤维、粗灰分为质量控制指标可分为三级(表4-7)。国家标准《裸大麦》(GB/T 11760—2008,以容重作为定级的标准,分6个等级。

大麦作为宠物饲料原料要求籽粒饱满整齐,色泽鲜艳一致,气味清新,麦香味浓,不可出现霉味等异味,无霉变、虫蛀、发热、结块、受潮的现象,无明显的麦秆、砂石等夹杂物。

(四)稻谷和糙米、碎米

稻谷(paddy)为禾本科稻属一年生草本植物,2020年中国稻谷产量约2.1亿t,居世界首位。

1. 稻谷的分类

稻谷按照粒形和粒质可分为籼稻、粳稻和糯稻三类,粳稻谷米粒强度大,耐压性好,碾米时不易产生碎米,出米率较高;籼稻谷米粒强度低,耐压性差,碾米易产生碎米,出米率低。根据播种期、生长期和成熟期不同可分为早稻、中稻和晚稻。

2. 稻谷、糙米、碎米的营养特点

稻谷的无氮浸出物含量达64%,粗蛋白质含量约7.8%,其中必需氨基酸如赖氨酸、蛋氨酸等缺乏,粗脂肪含量低,仅为1.6%。稻谷的外壳含有大量木质素,因而粗纤维含量高,可达8.2%,粗灰分含量也达4.6%,导致稻谷的有效能值比玉米低很多。矿物元素中含钙少(约0.03%),磷多(约0.36%),但有效磷仅为0.15%。稻谷脱壳后种皮保留在米粒上,称为糙米(brown rice)。糙米的无氮浸出物含量高于稻谷,可达74%,主要为淀粉,粗蛋白质含量8%～9%,粗脂肪含量约2%,粗纤维(约0.7%)和粗灰分(约1.3%)含量显著低于稻谷。

碎米(broken rice)中养分含量差异大,粗蛋白质含量为5%～11%,无氮浸出物含量61%～82%,粗纤维含量为0.2%～2.7%,因此使用时需要测定碎米的营养成分含量。

饲用稻谷根据农业行业标准《饲料用稻谷》(NY/T 116—1989)以粗蛋白质、粗纤维、粗灰分为质量控制指标可分为三级。饲用碎米根据农业行业标准《饲料原料　碎米》(NY/T 212—2021)对粗蛋白质、粗纤维、粗灰分的规定见表4-8。

糙米和碎米作为犬猫的能量饲料效果较好,但糙米、碎米脂肪易被酶分解成游离的脂肪酸,产生醛和酮,散发异味。

(五)高粱

高粱(sorghum)为禾本科稻属一年生草本植物,在我国种植范围较广,从南到北均可种植。主要有东北、华北、西南三大主产区,东北主产区主

表4-7　饲用大麦的质量标准

种类	质量指标	一级	二级	三级
皮大麦	千粒重/g	≥40.0	≥30.0	
	粗蛋白质/%	≥8.0	≥8.0	
	粗纤维/%	<6.0	<6.0	
	粗灰分/%	<2.0	<3.0	
	水分/%	≤13.0	≤13.0	
裸大麦	粗蛋白质/%	≥13.0	≥11.0	≥9.0
	粗纤维/%	<2.0	<2.5	<3.0
	粗灰分/%	<2.5	<2.5	<3.5

注:除水分和千粒重外,其他各指标含量以88%干物质为基础计算;皮大麦低于二级为等外品。

表4-8　饲用稻谷、碎米的质量标准

种类	质量指标	一级	二级	三级
稻谷	粗蛋白质/%	≥8.0	≥6.0	≥5.0
	粗纤维/%	<9.0	<10.0	<12.0
	粗灰分/%	<5.0	<6.0	<8.0
碎米	粗蛋白质/%		≥5.0	
	粗纤维/%		<1.5	
	粗灰分/%		<1.5	
	水分/%		≤14.0	

注:稻谷的各项指标含量以86%干物质为基础计算,稻谷低于三级者为等外品;碎米除水分外,其他各指标含量以88%干物质为基础计算。

要有辽宁、吉林和黑龙江，华北主产区主要有山西、内蒙古和河南，西南主产区主要有四川、贵州和重庆。

1. 高粱的分类

高粱按用途可分为粒用高粱、糖用高粱、兼用高粱（兼作食用和糖用）、帚用高粱和饲用高粱；按籽粒颜色可分为红高粱、白高粱、黄高粱和褐高粱。

2. 高粱的营养特点

高粱籽实的无氮浸出物含量达 71%，主要成分为淀粉。粗蛋白质含量 8.7%，略高于玉米，但高粱醇溶蛋白质的分子间交联，且蛋白质与淀粉间存在很强的结合键，因而蛋白质消化率低。必需氨基酸含量不足，其中赖氨酸 0.28%、蛋氨酸 0.11%、胱氨酸 0.18%。粗脂肪含量 3.4%，略低于玉米，但饱和脂肪酸含量高于玉米。高粱整体有效能值相当于玉米的 90%～95%。

矿物质中钙少（0.13%），磷多（0.36%），但 70%以上是植酸磷。高粱中维生素 B_1、维生素 B_6 含量与玉米相当，泛酸、烟酸、生物素含量多于玉米，但烟酸和生物素的利用率低。

高粱中含有毒物质单宁，具有强烈的苦涩味，影响饲料适口性；单宁能与蛋白质和消化酶结合，影响蛋白质和氨基酸的利用率。

饲用高粱根据农业行业标准《饲料原料　高粱》（NY/T 115—2021）以单宁含量为质量控制指标可分为四级（表 4-9）。

表 4-9　饲用高粱的质量标准

质量指标	Ⅰ型一级	Ⅰ型二级	Ⅱ型一级	Ⅱ型二级
单宁/%	≤0.3	≤0.3	>0.3	>0.3
容重/(g/L)	≥740	≥700	≥740	≥700
粗蛋白质/%	≥8.0			
粗灰分/%	≤3.0			
粗灰分/%	≤3.0			
杂质/%	≤1.0			
不完善粒/%	≤3.0			
水分/%	≤14.0			

注：各项指标含量除单宁、容重、水分、杂质和不完善粒以原样为基础计算外，其他各指标含量以 88%干物质为基础计算。

二、谷物籽实类加工副产品

一般谷实的加工分为制米和制粉两大类。制米的副产物称作糠，制粉的副产物则为麸。糠麸类是畜禽的重要能量饲料原料，主要有米糠、小麦麸、大麦麸、燕麦麸、玉米皮、高粱糠及谷糠等，其中以米糠与小麦麸占主要位置。

糠麸类产品主要是由籽实的种皮、糊粉层与胚组成。糠麸类产品的组成除了受原料组成的影响外，也受加工方法和产品精度影响。糠麸类产品结构疏松、体积大、吸水膨胀性强。另外，糠麸类产品含有一定的膳食纤维，可用于开发功能性产品。糠麸类饲料无氮浸出物比谷实少，占 40%～50%，与豌豆和蚕豆相近；粗纤维含量比籽实高，约占 10%；矿物质中磷多（1%以上），钙少，且磷多以植酸磷的形式存在；维生素 B_1、烟酸及泛酸含量较丰富，其他均缺少。

（一）小麦麸和次粉

小麦麸（wheat bran）和次粉（wheat middling）都是用小麦加工面粉时得到的副产品。小麦麸俗称麸皮，由种皮、糊粉层、部分胚芽和少量胚乳组成，其中胚乳变化量最大。按面粉加工精度，可将小麦麸分为精粉麸和标粉麸，在精面粉生产过程中，大约 85%的胚乳进入面粉，其余部分进入麦麸，这种麦麸的营养价值很高；在标准面粉生产过程中胚乳基本全部进入面粉，少量糊粉层也进入面粉，麦麸的营养价值降低。生产精面粉时麦麸约占小麦总量的 30%，生产标准面粉时麦麸占小麦总量的 15%～20%。

次粉由糊粉层、外层胚乳和少量细麸皮组成，富含蛋白质、膳食纤维、维生素、矿物质，含有约 30%的淀粉，约占小麦总量的 4%。由于小麦加工面粉的加工工艺不同，出麸率不同，次粉的成分差异很大。

1. 小麦麸的营养特点

小麦麸中无氮浸出物含量较低（约 56%）。因小麦种皮中粗纤维含量较高，小麦麸粗纤维含量也较高（6.5%），因而可能影响其他营养物质的消化和吸收。小麦麸中粗蛋白质含量较高（15.7%），高于小麦，必需氨基酸含量少，如赖氨酸含量 0.35%，蛋氨酸含量 0.21%，因而蛋白质品质较差。

小麦麸中钙、磷比例极不平衡(1∶8),钙含量低(0.11%),磷含量高(0.91%),但多为植酸磷,有效磷含量仅为0.32%。小麦麸中微量元素铁(157.0～170.0 mg/kg)、锰(77.5～104.3 mg/kg)、锌(96.5～104.7 mg/kg)含量也较高。小麦麸中B族维生素含量也很高,如含核黄素3.5 mg/kg、硫胺素8.9 mg/kg,但维生素A、维生素D的含量少。小麦麸可为宠物提供丰富的微量元素和B族维生素,但在宠物食品中添加量不能过高,一般不高于10%。

2.次粉的营养特点

小麦次粉中蛋白质含量约占15.4%,由于小麦品种、面粉加工工艺等的不同,其含量存在一定的差异。小麦次粉蛋白质主要由清蛋白、球蛋白、麦胶蛋白、麦谷蛋白构成。次粉中含有多种必需氨基酸,赖氨酸(0.52%～0.59%)、蛋氨酸(0.16%～0.23%)、苏氨酸(0.50%)。次粉中含有的无氮浸出物较小麦麸高。

次粉中钙(0.08%)、非植酸磷(0.17%)含量较低,但微量元素铁(140.0 mg/kg)、锰(94.20 mg/kg)、锌(73.0 mg/kg)含量较高。

饲用小麦麸和次粉的质量标准分别由农业行业标准《饲料原料 小麦麸》(NY/T 119—2021)和《饲料用次粉》(NY/T 211—1992)规定,如表4-10所示。

(二)稻糠

稻糠是水稻加工成大米的副产品,可分为砻糠(rice hull)、米糠(rice bran)和统糠(rice mill by-product)。

表4-10 饲用小麦麸和次粉的质量标准

种类	质量指标	一级	二级	三级
小麦麸	粗蛋白质/%	≥17.0	≥15.0	
	粗纤维/%	≤12.0	≤12.0	
	粗灰分/%	≤6.0	≤6.0	
	水分/%	≤13.0	≤13.0	
次粉	粗蛋白质/%	≥14.0	≥12.0	≥10.0
	粗纤维/%	<3.5	<5.5	<7.5
	粗灰分/%	<2.0	<3.0	<4.0

注:小麦麸的各项指标含量除水分外均以88%干物质为基础计算,低于二级者为等外品;次粉各指标含量以87%干物质为基础计算,低于三级者为等外品。

砻糠是加工稻谷成糙米时的谷壳粉,其粗纤维含量在40%以上,且粗纤维中半数为木质素,含有仅3%的蛋白质,不作为宠物的饲料原料。

米糠是糙米(brown rice)加工精制成精米(polished rice)时的副产品,由种皮、糊粉层、胚和少量胚乳组成。米糠的成分与糙米精制程度相关,精制程度越高,米糠的营养成分越多,营养价值越高。

统糠是稻糠和米糠的混合物,根据加工工艺不同分为两种:一种是稻谷生产精米时分离出的砻糠、碎米(broken rice)和米糠混合物,这种统糠占稻谷的25%～30%,其营养价值介于砻糠与米糠之间;另一种是将加工分离出的米糠与砻糠混合而成,根据其混合比例的不同,又可分为一九统糠、二八统糠、三七统糠等。统糠的成分及营养价值取决于砻糠与米糠的比例,砻糠的比例越高,营养价值越差。

1.米糠的营养特点

米糠中无氮浸出物含量不高,在50%以下,但粗脂肪高达16.5%,脂肪酸多为不饱和脂肪酸,其中亚油酸占35.9%,亚麻酸占1.5%,因而米糠的有效能值较高,猪消化能值为12.64 MJ/kg,鸡代谢能值为11.21 MJ/kg,奶牛产奶净能值为7.45 MJ/kg。米糠中脂肪酶活性较高,不饱和脂肪酸易氧化酸败,长期储存易引起脂肪变质。米糠的粗纤维含量6.8%,粗蛋白质含量(14.5%)较高,赖氨酸含量为0.74%,蛋氨酸含量0.28%,苏氨酸含量0.57%,因而氨基酸组成合理。

米糠的粗灰分含量较高(7.6%),含有矿物质中钙少(0.05%),磷多(2.37%),但有效磷为0.35%,微量元素铁(304.0 mg/kg)、锰(175.9 mg/kg)、锌(50.3 mg/kg)含量丰富。所含维生素E和B族维生素丰富,如硫胺素19.6 mg/kg、烟酸303.0 mg/kg、泛酸25.8 mg/kg。另外,还含有核黄素2.6 μg/kg,但米糠中缺乏维生素A、维生素D、维生素C。米糠可为宠物提供丰富的微量元素和B族维生素,但在宠物食品中添加量不能过高。

米糠中植酸含量高,为9.5%～14.5%,且主要以植酸盐的形式存在,加入植酸酶可水解植酸盐,释放出植酸络合的氨基酸、多种金属离子等。

米糠中还含有胰蛋白酶抑制因子(trypsin inhibitor)和生长抑制因子,加热可使这两种因子失活,否则采食过多易造成蛋白质消化不良。另外,米糠中还含有阿拉伯木聚糖、果胶、β-葡聚糖等非淀粉多糖,畜禽食入后造成食糜黏度增加,饲料中添加阿拉伯木聚糖酶、果胶酶、葡聚糖酶可降解非淀粉多糖。

米糠的脂肪含量较高,不能久存,因此常对米糠进行脱脂处理,经压榨脱脂可制得米糠饼,经浸提脱脂可制得米糠粕。

2. 米糠的质量标准

饲用米糠、米糠饼、米糠粕的质量标准分别由《饲料用米糠》(NY/T 122—1989)、《饲料原料　米糠饼》(NY/T 123—2019)、《饲料原料　米糠粕》(NY/T 124—2019)规定,如表 4-11 所示。

表 4-11　饲用米糠、米糠饼、米糠粕的质量标准　%

种类	质量指标	一级	二级	三级
米糠	粗蛋白质	≥13.0	≥12.0	≥11.0
	粗纤维	<6.0	<7.0	<8.0
	粗灰分	<8.0	<9.0	<10.0
米糠饼	粗蛋白质	≥14.0	≥13.0	≥12.0
	粗纤维	≤8.0	≤10.0	≤12.0
	粗灰分	≤9.0	≤10.0	≤12.0
	粗脂肪		≤10.0	
	水分		≤12.0	
米糠粕	粗蛋白质	≥16.0	≥15.0	≥13.0
	粗纤维	≤8.0	≤10.0	≤11.0
	粗灰分	≤9.0	≤10.0	≤11.5
	水分		≤12.5	

注:米糠的各项指标含量以 87%干物质为基础计算,低于三级者为等外品。

三、块根块茎类

这类饲料主要包括木薯、马铃薯、甘薯等。此类饲料含有的水分较高,其干物质中无氮浸出物含量高,但粗蛋白质、粗脂肪、粗纤维、粗灰分等成分较少。

(一)木薯

木薯是大戟科木薯属多年生植物,具有容易栽培、高产和四季可收获等优良特性。木薯既作为粮食作物,也作为饲料作物广泛应用。

木薯干中无氮浸出物含量高,可达 80%,其中主要是淀粉,淀粉含量为 73%～83%。木薯淀粉中有支链和直链两种形式,其中直链淀粉约占 17%、支链淀粉占 83%。木薯干有效能值比玉米、小麦稍低,但粗蛋白质含量仅为 2.5%。

木薯干中,钾含量在 0.8% 左右,而钙(0.27%)、有效磷(0.03%)含量低。

木薯中主要抗营养因子为氢氰酸、单宁。氢氰酸有一定的毒性,生物组织细胞内酶的活性可被氢氰酸抑制,细胞色素氧化酶对氰化物最为敏感,最终会导致细胞缺氧。木薯块根去皮后水煮或去皮后切片后日光晒干或适宜温度烘干均是较为适宜的去除氢氰酸的方法。单宁没有毒性,与蛋白质结合生成难溶的络合物,使饲料中的蛋白质、动物体内蛋白酶等消化酶类钝化,从而抑制了机体对蛋白质等营养物质的消化吸收。单宁具有影响适口性、减少动物采食量的作用。饲料加工过程中可通过物理降解法、化学降解法和生物降解法降低乃至消除单宁的抗营养性。

(二)马铃薯

马铃薯(potato)俗名土豆、洋芋、山药等,为茄科茄属多年生草本植物。

马铃薯块茎含干物质 17%～26%,其中淀粉占干物质的 80%～85%,粗纤维含量较低(4.4%),粗蛋白质含量 9%且蛋白质生物学效价高。另外,马铃薯还含有丰富的维生素 C。

马铃薯含有一种称为龙葵素(solanine)的有毒物质,是一类结构类似、理化性质相近、有毒的甾体皂苷类生物碱,分为 α、β、γ 三种,毒性较强,人食入 0.2～0.4 g 即可引起中毒。龙葵素在马铃薯叶中含 0.25%,芽内含量 0.5%,成熟的块茎中含量很低(0.001%),可放心食用或用作饲料。若将马铃薯置于阳光直射下,变绿或发芽后,块茎内龙葵素含量急剧增加(0.08%～0.5%),且主要集中于表层,此时芽内龙葵素含量可增至 4.76%。

龙葵素对碱较为稳定,而在酸性溶液中加热情况下可水解龙葵素的糖苷键,将其分解为毒性降低的茄啶和糖。因此,发芽马铃薯在饲喂前必须将芽去掉,且加酸煮熟后饲喂。

四、液体能量饲料

(一)糖蜜

糖蜜(molasses)为制糖工业的副产品,制糖过程中糖液经浓缩析出结晶糖后,残留的棕褐色黏稠液体,味甜。根据原料不同,可分为甜菜糖蜜、甘蔗糖蜜、柑橘糖蜜、木糖蜜、玉米淀粉糖蜜、高粱糖蜜等。根据制糖原料、工艺的不同,糖蜜的化学成分、颜色、黏度等会产生很大差异。

糖蜜是糖液中不能结晶的残余成分,除可结晶的糖外,凡是原料根、茎中可溶于热水的物质都在糖蜜中,以粗蛋白质和无氮浸出物为主,无粗纤维和粗脂肪,属于高能饲料。几种常见糖蜜的营养成分如表 4-12 所示。

1. 糖蜜的营养特点

一般甘蔗糖蜜总含糖量约 48.0%,水分 23%~25%,甜菜糖蜜的总含糖量约 49.0%,粗蛋白质含量均很少,且多数为非蛋白氮。糖蜜含矿物质量较高,主要为钾、钠、氯、镁等,维生素含量低。糖蜜的有效能值高,甘蔗糖蜜的猪消化能值为 12.54 MJ/kg,鸡的代谢能值为 9.82 MJ/kg。甜菜糖蜜的猪消化能值为 10.62 MJ/kg,牛消化能值为 12.12 MJ/kg,羊消化能值为 11.70 MJ/kg。

2. 糖蜜的饲用价值和使用注意事项

糖蜜具有黏稠性,可减少饲料加工过程中的粉尘。糖蜜也是饲料工业中很好的黏结剂,可提高饲料的制粒效率和质量,改善制粒效果。糖蜜是一种富含快速发酵糖类的能量饲料,反刍动物饲料中添加糖蜜,尤其是泌乳奶牛 TMR 日粮中每天添加 2.5%的糖蜜,不但可以优化瘤胃微生物群的生长和代谢、刺激瘤胃消化能力,还可以提高其生产性能。糖蜜味甜,适口性好,动物喜食,可提高动物采食量,但糖蜜具有轻泻作用,且饲喂量过多易引起动物粪便变软。

饲用甘蔗糖蜜的质量标准由农业行业标准《饲用原料　甘蔗糖蜜》(NY/T 3476—2019)对总糖分、蔗糖、粗灰分等理化指标做出了规定(表 4-13)。

(二)油脂类饲料

油脂包括脂类、油类、蜡类及复合脂类。油脂中含有丰富的能量,是蛋白质和碳水化合物的 2.25 倍。在宠物饲料中,脂肪类饲料是重要的能量来源,一般占到全价宠物食品饲料的 9%~25%。要配制高能量饲粮,添加的脂肪的含量会大大提高。

1. 油脂的种类

(1)动物油脂　指从动物体组织(含内脏)提取的油脂,主要成分为甘油三酯,另含少量的非皂化物和不溶物。畜禽油脂中脂肪酸主要为饱和脂肪酸,但鱼类来源油脂含有大量不饱和脂肪酸。家禽油脂、牛油和鱼油在宠物食品中应用广泛,其他的油脂如羊油、猪油等也有应用。

(2)植物油脂　指从植物中提取的油脂,主要成分为甘油三酯。植物油脂的脂肪酸主要为不饱和脂肪酸。大豆油、菜籽油、棕榈油等在饲料工业中广泛应用。

(3)饲料级水解油脂　这类油脂是指食用油生产或肥皂生产中得到的副产品,主要成分为水解的脂肪酸。

表 4-12　常见糖蜜的营养成分含量　%

类型	DM	CP	EE	CF	Ash	Ca	P	Mg	K
甘蔗糖蜜	75	5.8	0.1	—	13.1	1.0	0.11	0.43	3.84
甜菜糖蜜	78	8.5	0.2	—	11.3	0.17	0.03	0.29	6.07
柑橘糖蜜	68	8.2	0.3	—	7.9	1.72	0.13	0.21	0.14
木糖蜜	76	0.7	0.4	1.0	4.1	0.83	0.12	—	—
甜菜渣	92	10.1	0.6	16.5	6.1	0.61	0.10	0.16	1.78

数据引自中国饲料数据库,第 31 版,2020。

DM: dry matter,干物质;CP: crude protein,粗蛋白质;EE: ether extract,粗脂肪;CF: crude fiber,粗纤维;Ash:粗灰分。

表 4-13　饲用甘蔗糖蜜的质量标准

项目	指标
水分/%	≤30.0
折射锤度/%	≥80.0
总糖分(蔗糖+还原糖)/%	≥48.0
蔗糖/%	≥30.0
粗灰分/%	≤12.0
纯度/%	≥60
细菌总数/(CFU/g)	≤5×10^5

(4)粉末油脂　指对油脂进行乳化、喷雾干燥等处理,使其成粉末状,主要目的是方便包装、运输和饲料添加使用。

2. 油脂的饲用价值

(1)油脂是最有效能量饲料　一般油脂可提供相当于碳水化合物2倍以上的能量。植物油脂的猪代谢能值为33.51～36.65 MJ/kg,鸡代谢能值为24.27～40.42 MJ/kg;动物油脂的猪代谢能值为33.47～35.65 MJ/kg,鸡代谢能值为32.55～39.16 MJ/kg。添加油脂可以较小的添加量提供较高的能量浓度满足部分动物对高能量的需求。

(2)油脂热增耗低　通过比较不同营养成分的热增耗可见,在饲料中添加脂肪可有效地降低热增耗,在夏季高温时减缓动物热应激。

(3)提供必需脂肪酸　油脂中所含的必需脂肪酸是动物所需脂肪酸的主要来源。油脂可提供必需脂肪酸(n-3系列及n-6系列),从而保证动物正常生长发育。

(4)促进营养物质吸收　油脂促进脂溶性维生素A、维生素D、维生素E、维生素K的吸收利用,促进胡萝卜素的吸收利用。

(5)改善饲料的适口性及外观　添加油脂可增强饲料适口性,改善饲料外观,防止饲料原料分级。

(6)生产特定的目标产品　通过对添加油脂种类的选择,可生产具有特定目标或功能的宠物食品,如饲喂含高n-3系列必需脂肪酸的宠物食品,促进犬猫皮毛的健康。

五、乳清粉

乳清粉(whey powder)是利用制造酪蛋白或奶酪的副产品乳清为原料干燥制成的。在奶酪的生产过程中鲜乳大部分的脂肪以及蛋白质总量80%的酪蛋白形成了奶酪凝块的基本构架,而乳清则是奶酪凝块以外的成分。乳清中含有的营养成分基本上都是可溶的,如乳清蛋白、磷脂、乳糖、矿物质以及维生素等。正常的乳清粉其色泽呈现白色至浅黄色,有奶香味。如果在加工过程中经过漂白处理,其产品呈现乳白色,如不经过漂白,则呈现白色至浅黄色不等,这是由于生产不同的奶酪得到的乳清颜色不同。

(一)乳清粉的营养特点

乳清粉含有大量的乳糖,一般含量高达70%以上,因此乳清粉的有效能值较高,其猪消化能值为14.60 MJ/kg,鸡代谢能值为11.42 MJ/kg。乳清粉根据蛋白质分离程度可分为高、中、低蛋白质乳清粉。乳清中的蛋白质占固体总量的10%,乳清蛋白是从乳清中分离的球状蛋白质的总称。乳清蛋白的主要成分为β-乳球蛋白(约65%)、α-乳白蛋白(约25%)、牛血清白蛋白(约8%),还有免疫球蛋白。

乳清粉中钙(0.62%)、磷(0.52%)含量高,且含有丰富的水溶性维生素,特别是B族维生素,如生物素含量30.4～34.6 mg/kg,泛酸3.7～4.0 mg/kg,钴胺素2.3～2.6 μg/kg。根据脱盐与否乳清粉可分为含盐乳清粉和脱盐乳清粉。含盐乳清粉中食盐含量较高,配制饲料时需计算乳清粉中的含盐量,动物采食过多会引起食盐中毒。

(二)乳清粉的饲用价值

乳清粉广泛用于幼龄动物(犬、猫)饲料中补充乳糖和优质蛋白质,但乳清粉中食盐含量较高,使用时需限制用量,防止食盐中毒,另外乳糖高,由于成年犬猫消化乳糖能力弱,因此使用中需注意添加量。

饲用乳清粉的质量标准由农业行业标准《饲料级　乳清粉》(NY/T 1563—2007)对乳糖、粗蛋白质、粗脂肪、水分等理化指标做出了规定(表4-14)。

表4-14　饲用乳清粉的质量标准

项目	指标
乳糖/%	≥61.0
粗蛋白质/%	≥2.0
粗脂肪/%	≤1.5
水分/%	≤5.0
粗灰分/%	≤8.0
细菌总数/(CFU/g)	≤15 000
大肠菌群/(MPN/100 g)	≤40
霉菌总数/(CFU/g)	≤50
沙门氏菌	不得检出

第三节 蛋白质饲料

蛋白质饲料是指干物质中粗蛋白质含量大于或等于20%，粗纤维含量低于18%的饲料原料。宠物饲料中使用的蛋白质饲料根据来源可分为动物性蛋白质饲料、植物性蛋白质饲料、单细胞蛋白质饲料。

一、动物性蛋白质饲料

动物性蛋白质饲料是指由畜禽加工副产品、乳品工业副产品、桑蚕业加工副产品、水产品及其加工副产品为原料制得的蛋白质饲料。该类饲料具有蛋白质含量高、碳水化合物含量低、不含粗纤维、粗灰分含量高、钙磷比例适宜、维生素含量丰富、脂肪含量高的特点。因脂肪含量变化较大，动物性蛋白质饲料有效能值变化较大，且易氧化酸败，脱脂后可延长动物性蛋白质饲料的储藏期。

(一)鱼粉

鱼粉(fish meal)是以新鲜的全鱼或鱼品加工过程中所得的鱼杂碎为原料，经或不经脱脂，加工制成的洁净、干燥和粉碎的产品。世界上主要的鱼粉生产国有秘鲁、智利、日本、挪威、丹麦、美国，出口最多的国家是南美洲的秘鲁和智利。国内鱼粉产量不高，主要产区集中在浙江、山东、河北、天津、福建、广西等省(自治区、直辖市)。2021年，国内鱼粉进口量182.3万t，从秘鲁进口占比55.92%；进口的非秘鲁鱼粉占比44.08%，其中前三位分别是越南、泰国、俄罗斯。

鱼粉按原料部位和组成可分为全鱼粉、普通鱼粉和粗鱼粉。以全鱼加工而成的即为普通鱼粉；将蒸煮全鱼时的汁液浓缩加工，添加到固形物中，进一步干燥粉碎得到的鱼粉称为全鱼粉。以鱼加工下脚料为原料加工制得的鱼粉为粗鱼粉。按照鱼肉颜色区分，鱼粉可分为白鱼粉和红鱼粉。

1. 鱼粉的营养特点

鱼粉的粗蛋白质含量高，含量为45%～67%，主要为真蛋白质，且品质好，消化率高，必需氨基酸含量高，比例平衡，与犬、猫等动物的氨基酸组成基本一致。

鱼粉的粗脂肪含量也较高，根据加工工艺差异，含量为4.0%～10%(表4-15)，且含有大量的不饱和脂肪酸，具有特殊的生理功能，但脂肪含量太高易氧化酸败，不能长时间储藏。

鱼粉的粗灰分含量根据原料不同差异较大，全鱼粉粗灰分含量低，粗鱼粉含量高，且原料中鱼骨越多粗灰分含量越高。鱼粉中钙、磷含量丰富，且比例适当，磷都是有效磷，利用率高。鱼粉矿物质含量丰富，其中铁含量80～337 mg/kg，锌含量80～102 mg/kg。B族维生素含量丰富，其中维生素 B_{12} 含量104～210 μg/kg，胆碱含量3 000～5 600 mg/kg。鱼粉中维生素A、维生素D、维生素E含量也丰富，另外含有未知生长因子，可刺激动物生长发育。

鱼粉是良好的宠物饲料原料，鱼粉的氨基酸组成近于宠物身体组成，消化利用率高，无不良作用。

表4-15 鱼粉的营养成分 %

项目	描述		
	进口，特级*	沿海产的海鱼粉，脱脂，12样平均值	沿海产的海鱼粉，脱脂，11样平均值
粗蛋白质	67.0	60.2	53.5
粗脂肪	8.4	4.9	10
粗灰分	16.4	12.8	20.8
钙	4.56	4.04	5.88
总磷	2.88	2.90	3.20
有效磷	2.88	2.90	3.20
组氨酸	2.01	1.71	1.29

续表 4-15

项目	描述		
	进口，特级*	沿海产的海鱼粉，脱脂，12 样平均值	沿海产的海鱼粉，脱脂，11 样平均值
亮氨酸	4.94	4.80	4.30
蛋氨酸	1.86	1.64	1.39
苯丙氨酸	2.61	2.35	2.22
苏氨酸	2.74	2.57	2.51
缬氨酸	3.11	3.17	2.77
精氨酸	3.93	3.57	3.24
异亮氨酸	2.61	2.68	2.30
赖氨酸	4.97	4.72	3.87
胱氨酸	0.60	0.52	0.49
酪氨酸	1.97	1.96	1.70
色氨酸	0.77	0.70	0.60

* 依据《鱼粉》(GB/T 19164—2003)。

2. 鱼粉的质量标准

鱼粉作为优良的动物蛋白质来源，价格较高，易出现掺假，掺入物质有羽毛粉、皮革粉、尿素、血粉、三聚氰胺、木屑等。购买鱼粉时要对鱼粉品质进行鉴别。

(1)色泽和气味　鱼粉颜色因原料与种类不同存在差异，淡黄色、淡褐色、红褐色、黄色、灰白色等都是鱼粉的正常颜色。蒸煮不透、含脂量较高的鱼粉颜色较深。鱼粉应具有鱼腥味，无异臭、无焦灼味、无油脂酸败味。质感上鱼粉应该较蓬松，纤维状组织明显或较明显，无生虫、无结块、无霉变。

(2)品质控制　鱼粉的水分含量一般约10%，过高不宜储藏，过低则可能加工过程中加热过度，导致氨基酸消化利用率降低。粗脂肪含量一般应小于12%，大于12%的鱼粉储藏时易发生酸败、出现异味。国家标准《饲料原料　鱼粉》(GB/T 19164—2021)对鱼粉的各项理化指标做了详细规定(表 4-16)。

表 4-16　鱼粉的质量标准

指标	红鱼粉				白鱼粉		鱼排粉	
	特级	一级	二级	三级(含鱼虾粉)	一级	二级	海洋捕捞渔	其他鱼
粗蛋白质/%	≥66.0	≥62.0	≥58.0	≥50.0	≥64.0	≥58.0	≥50.0	≥45.0
赖氨酸/%	≥5.0	≥4.5	≥4.0	≥3.0	≥5.0	≥4.2	≥3.2	
17 种氨基酸总量/粗蛋白质/%	≥87.0		≥85.0	≥83.0	≥90.0		≥85.0	
甘氨酸/17 种氨基酸总量/%	≤8.0			—	≤9.0		—	
DHA 与 EPA 占总脂肪酸比例之和/%	≥18.0							—
水分/%	≤10.0							
粗灰分/%	≤18.0	≤20.0	≤24.0	≤30.0	≤22.0	≤28.0	≤34.0	

续表 4-16

指标	红鱼粉				白鱼粉		鱼排粉	
	特级	一级	二级	三级(含鱼虾粉)	一级	二级	海洋捕捞渔	其他鱼
盐分(以 NaCl 计,%)	≤5.0				≤2.5		≤3.0	≤2.0
挥发性盐基氮/(mg/100 g)	≤100	≤130	≤160	≤200	≤70		≤150	≤80
组胺/(mg/kg)	≤300	≤500	≤1 000	≤1 500	≤25.0		≤300	
丙二醛(以所含粗脂肪为基础计)/(mg/kg)	≤10.0	≤20.0	≤30.0		≤10.0	≤20.0	≤10.0	

(二)肉粉和肉骨粉

肉粉(meat meal)是以分割可食用鲜猪肉、鸡肉等动物产品过程中余下的纯肉屑、碎肉为原料,经高温蒸煮、灭菌、脱脂、干燥、冷却、粉碎获得的产品。肉骨粉(meat and bone meal)是由洁净、新鲜的动物组织和骨骼(不得含排泄物、胃肠内容物及其他外来物质)经高温高压蒸煮灭菌、干燥、粉碎制成的产品。肉骨粉的营养价值随骨含量的增加而降低。骨粉作为动物的钙磷来源,其蛋白质营养价值很低。

1.肉粉及肉骨粉的营养特点

因原料组成和肉、骨的比例不同,肉骨粉的质量差异较大。肉骨粉和肉粉的粗蛋白质含量50%~54%,其中氨基酸比例平衡,多种必需氨基酸含量丰富,赖氨酸含量2.60%~3.07%、精氨酸含量3.35%~3.60%、亮氨酸含量3.20%~3.84%、缬氨酸含量2.25%~2.6%、蛋氨酸含量0.67%~0.80%。肉骨粉和肉粉的粗脂肪含量8.5%~12.0%;B族维生素含量也丰富,维生素B_{12}的含量80~100 μg/kg,胆碱含量2 000~2 077 mg/kg。肉骨粉和肉粉中粗灰分含量较高,达22.3%~31.7%,钙含量7.69%~9.2%,磷含量3.88%~4.7%,其中有效磷为3.61%~4.37%;微量元素含量也非常丰富,其中铁含量440~500 mg/kg,锌含量90~94 mg/kg。

2.肉粉、肉骨粉的质量标准

2006年颁布的国家标准《饲料用骨粉及肉骨粉》(GB/T 20193—2006)对肉骨粉的粗蛋白质含量、赖氨酸含量、胃蛋白酶消化率等质量标准及理化指标做出了明确规定。农业行业标准《饲料原料　鸡肉粉》(NY/T 3969—2021)对鸡肉粉的粗蛋白质、粗脂肪、粗灰分等指标也做出了规定(表4-17)。

肉粉和肉骨粉用于宠物饲料可改善饲料的适口性,但由于肉粉/肉骨粉含有骨、韧带、内脏、毛、皮、角、血等废弃物,品质变异很大。原料若有腐败,则品质更差。肉粉和肉骨粉的脂肪含量也较高,储藏不当会导致脂肪酸氧化酸败,影响其适口性和产品品质。肉粉和肉骨粉的原料很容易感染沙门氏菌,在加工过程中需要进行严格的消毒,

表 4-17　饲用肉粉、肉骨粉的质量标准

质量指标	一级	二级	三级
肉骨粉			
粗蛋白质/%	≥50	≥45	≥40
赖氨酸/%	≥2.4	≥2.0	≥1.6
胃蛋白酶消化率/%	≥88	≥86	≥84
酸价/(KOH)/(mg/g)	≤5	≤7	≤9
挥发性盐基氮/(mg/100 g)	≤130	≤150	≤170
粗灰分/%	≤33	≤38	43
鸡肉粉			
粗蛋白质/%	≥68.0	≥65.0	≥55.0
粗脂肪/%		≤15.0	
粗灰分/%	≤12.0	≤15.0	≤22.0
水分/%		≤10.0	
酸价/mg/g		≤7.0	
总磷/%	≤1.5	≤2.0	≤3.0
钙磷比		≤2.2	
赖氨酸/%	≥4.0	≥3.7	≥3.0
挥发性盐基氮/(mg/100 g)		≤100	
胃蛋白酶消化率/%		≥85.0	

但加工过程中加热过度则会导致产品的适口性和消化率下降。

(三)肉类

宠物营养学家在着手调控肉粉生产的同时，把目光聚焦到肉粉生产的原料——鲜肉和冷冻肉类，直接以肉类作为宠物饲料原料添加。冷鲜肉也称冷却肉、冷却排酸肉，本质上为可食用的新鲜肉，是指屠宰 24 h 内及时储藏于 0～4 ℃、湿度为 90%左右的条件下，最长保存期没超过 7 d 的新鲜胴体。目前应用于宠物食品的鲜肉一般均指冷鲜肉。宠物食品中添加冷鲜肉已成为一种高端流行趋势。

1. 肉类营养价值高

蛋白质含量高且品质好是鲜肉的显著特点，鲜肉的脂肪含量为 10%～30%，也含有丰富的维生素等物质。鲜肉经过冷却处理后，会经历一个自然熟化的过程，这一过程主要分为肌肉排酸软化、肌肉组织发生变化以及蛋白质的分解。大肌纤维束等大分子物质分解为小肌纤维束、纤维片，蛋白质在酶类的作用下分解为氨基酸，更有利于动物机体的消化吸收以及能够满足宠物对多种必需氨基酸的补充。冷鲜肉同肉粉相比，避免了加工过程的营养流失，营养价值较高，且质量稳定。

内脏器官或非横纹组织中必需氨基酸的比例要高于肌肉和结缔组织，如脾脏、肠道(不含消化的内容物)、肺、大多数肉食动物的心脏和胃比肌肉和结缔组织对犬和猫有更大的营养价值，因为它们含有更多的必需氨基酸。

2. 风味物质多

氨基酸是肉类鲜味最重要的来源。犬猫具有相应的鲜味感受器，因此，能够很好地感受到鲜味。正常情况下，加工处理过的肉粉氨基酸含量低，不能提供足够的“鲜”体验，而冷鲜肉经过冷却排酸后，分解出多种风味物质和具有鲜味的氨基酸，如谷氨酸、天门冬氨酸、丙氨酸、甘氨酸等，口感细腻，滋味鲜美，能够提高宠物食品适口性。

3. 产生新的食品安全问题

新鲜动物蛋白产品的质量在很大程度上取决于储存、处理以及屠宰后使用的速度。如果立即冷藏并迅速运到宠物食品厂，那么它们的质量可能和“供人食用”的肉类一样高。然而，屠宰场的鲜肉一般不是这样处理的，有些在送到宠物饲料公司之前可能会开始细菌腐烂和酶分解。这可能会影响蛋白质质量和脂肪质量，这两者都会影响成品的营养和适口性。

肉类在宠物饲料加工处理过程中容易受到污染。可采用挤压工艺、辐照杀菌技术控制沙门氏菌和其他病原体引起的污染问题。波长极短的电离射线辐射能杀死大多数物质上的微生物，它们会与环境中可能存在的任何病毒、霉菌孢子或细菌病原体发生反应，从而起到杀虫、消毒杀菌、防霉的效果。肉类由于原料成本高、储藏、冷链运输的成本较高，添加鲜肉的宠物饲料价格也相对昂贵。

(四)血粉

血粉(blood meal)是屠宰动物后流出的血液经过蒸煮、干燥、晾晒、发酵等加工处理后制成的产品。畜禽血液占活体重的 4%～9%，血液中固形物达 20%。2021 年我国出栏猪 6.7 亿头，以 100 kg 体重计算，每头猪的血粉产量为 0.5～0.6 kg，则猪血粉产量可达$(3.35\sim4.02)\times10^5$ t。

1. 血粉的营养特点

血粉是黑褐色的细粉状产品，水分含量为 5%～8%，粗蛋白质含量达 82.8%以上。血粉氨基酸含量也非常丰富，但组成不平衡，其赖氨酸含量达 6%～8%，居饲料原料之首，因而可以和其他缺乏赖氨酸的植物性蛋白质饲料配合使用。另外，色氨酸(1.11%)、亮氨酸(8.38%)、缬氨酸(6.08%)、组氨酸(4.40%)含量也高于其他动物性蛋白质饲料原料，但异亮氨酸(0.75%)、胱氨酸(0.98%)、蛋氨酸(0.74%)、精氨酸(2.99%)含量很低。血粉中含有多种微量元素，含铁量非常高，达到 2 800 mg/kg，但钙(0.29%)、磷(0.31%)含量较少。

血粉因具有腥味，适口性差，吸湿性和黏性很强，用量高会造成饲料加工过程中产生堵塞或黏附现象，也导致血粉易吸潮、结块、发霉、腐败，不宜长期保存。加工过程的干燥方法及温度是影响血粉营养价值的主要因素，蒸煮干燥血粉的消化率较低，喷雾干燥血粉和瞬间干燥血粉消化率较高，瞬间干燥血粉的赖氨酸生物活性可达 80%以上。

2. 血粉的质量标准

我国目前尚没有实行的饲用血粉国家标准和

农业行业标准，1994 年实施的商业标准《饲料用血粉》(LS/T 3407—1994)对血粉的各项质量指标做出规定：血粉应为干燥粉粒状物；具有本质品固有气味；无腐败变质气味；颜色为暗红色或褐色；能通过 2～3 mm 的孔筛；不含砂石等杂质。标准以粗蛋白质、粗纤维、水分、灰分为主要指标，对血粉进行明确分级(表 4-18)。

(五)血浆蛋白粉

血浆蛋白粉(plasma protein powder)是利用屠宰健康动物的无疫病且未变质的新鲜血液，除去血细胞后的血浆经灭菌、喷雾干燥而制成的高品质蛋白质饲料，所以又称为喷雾干燥血浆蛋白(spray dried plasma protein，SDPP)。按血液来源和加工方法可分为以下 4 类：猪血浆蛋白粉、低灰分猪血浆蛋白粉、母猪血浆蛋白粉和牛血浆蛋白粉，其中猪血浆蛋白粉较多。

1. 血浆蛋白粉的营养特点

动物血浆含蛋白质较多，主要为清蛋白、球蛋白和纤维蛋白原，清蛋白和球蛋白占蛋白质总量的 94%～96%，纤维蛋白原占 4%～6%。采用喷雾干燥法制得的血浆蛋白粉蛋白质含量可达 66%～76%，必需氨基酸含量也高，赖氨酸6.0%～7.0%、谷氨酸 9.0%～11.0%、亮氨酸 8.0%～9.0%、含硫氨基酸 1.5%～2.0%、苏氨酸 3.5%～4.0%、异亮氨酸 2.0%～2.8%。血浆蛋白粉中粗脂肪含量 0.5%～2.0%，是一种高能饲料原料；粗灰分含量 2.27%～12.44%，含有丰富的无机盐，钙含量 0.2%，磷含量 1.71%，铁含量为 78 mg/kg。血浆蛋白粉中含有丰富的免疫物质，包括白蛋白、免疫球蛋白，能有效提高动物被动免疫水平，因而是一种品质极佳的动物蛋白质饲料。

2. 血浆蛋白粉的质量指标

目前我国产量最大的是猪血浆蛋白粉。2018 年实施的国家标准《饲料原料　喷雾干燥猪血浆蛋白粉》(GB/T 33914—2017)要求饲用猪血浆蛋白粉是白色、淡黄色或淡粉色，色泽一致，具有动物血液制品固有气味、无腐败变质气味、无杂质、无块状物，不得含有猪血浆以外的其他成分，对其粗蛋白质、粗灰分、赖氨酸等各项指标也做出了明确规定(表 4-19)。

血浆蛋白粉中含有免疫球蛋白和未知生长因子等生物活性物质，对温度较为敏感，在实际生产中要注意膨化和制粒温度不能高于 80 ℃。

(六)昆虫蛋白

昆虫蛋白是从昆虫的卵、幼虫、成虫、蛹、蛾等生长阶段加工制成，具有较高的蛋白质含量且氨基酸比例平衡。目前在宠物饲料中应用的昆虫蛋白主要来源于黑水虻、黄粉虫、蚯蚓、美洲大蠊、家蝇、蟑螂等。

1. 昆虫蛋白的营养特点

昆虫体内粗蛋白质含量丰富，不同生长阶段昆虫的蛋白质含量虽有差异，但普遍高于大豆等植物源蛋白质饲料。蚯蚓体内粗蛋白质含量为 50.4%～66.6%，显著高于大豆、豆粕、菜粕的粗蛋白质含量。黄粉虫的幼虫、蛹、成虫的粗蛋白质含量分别为 54.0%、58.70%、64.8%，蝇蛆的粗蛋白含量 59.0%～65%，蚕的幼虫的蛋白质含量高达 69%，黑水虻幼虫粗蛋白质含量 30%～50%。

表 4-18　饲用血粉的质量标准　　%

项目指标	一级	二级
粗蛋白质	≥80	≥70
粗纤维	<1	<1
水分	≤10	≤10
灰分	≤14	≤6

表 4-19　饲用猪血浆蛋白粉的质量标准

项目	指标
粗蛋白质/%	≥70.0
粗灰分/%	≤14.0
水分/%	≤8.0
赖氨酸/%	≥5.5
IgG(占粗蛋白质百分数/%)	≥15.0
水可溶物/%	≥88
挥发性盐基氮/(mg/100g)	≤35
粒度[筛上物，60 目筛(孔径 0.3 mm)]	≤0.1
细菌总数/(CFU/g)	$\leq 2\times 10^5$
大肠菌群/(MPN/100g)	$\leq 1\times 10^3$
霉菌总数/(CFU/g)	$\leq 3\times 10^2$
沙门氏菌(25g 样品中)	不得检出
铅/(mg/kg)	≤0.5
总砷/(mg/kg)	≤0.5
β-受体激动剂	不得检出

2.昆虫蛋白的质量指标

昆虫蛋白质含量丰富，且氨基酸组成平衡，必需氨基酸的含量普遍较高，如蝇蛆、黄粉虫、黑水虻幼虫、蚕蛹、蚯蚓中含有赖氨酸分别为3.19%、2.60%、3.4%、3.65%、5.57%，蛋氨酸含量分别为0.97%、2.20%、0.90%、2.24%、0.92%，都明显高于豆粕中相关氨基酸的含量。蝇蛆、黄粉虫、黑水虻幼虫、蚕蛹、蚯蚓中总必需氨基酸含量分别达到18.52%、20.84%、18.2%、23.56%、30.66%，而豆粕和鱼粉的总必需氨基酸含量分别为19.74%和29.55%。昆虫的蛋白质构成与鱼粉、动物体组成相似，因此动物对昆虫蛋白的消化利用率显著高于豆粕。常见昆虫蛋白的营养成分见表4-20。

昆虫蛋白还含有多种生理活性功能成分：①抗菌肽。指昆虫体内经诱导而产生的一类具有抗菌活性的碱性多肽物质。昆虫在漫长过程中进化形成了自身特有的抗菌蛋白防疫体系。目前抗菌肽在畜禽养殖中的应用越来越广泛，在宠物中的报道较少。②凝集素。是昆虫的天然免疫识别受体，主要为C型凝集素，是一种钙依赖的糖结合蛋白。多种昆虫体内都已检测到凝集素。凝集素对多种细菌均有凝集作用，在体内外条件下均表现出较强的抗菌活性。同时凝集素具有抗癌、免疫调节等作用。③多酚氧化酶。是昆虫参与细胞免疫和体液免疫的天然免疫蛋白，病原微生物的入侵会激活昆虫的多酚氧化酶，以清除革兰氏阳性和阴性病原微生物。④甲壳素。是存在于昆虫、甲壳类动物、细菌、真菌中的多糖类物质。甲壳素具有抗病毒和抗肿瘤活性，同时能够调节机体的免疫应答反应。甲壳素不易被单胃动物消化，具有抗营养作用，但添加几丁质酶可降解甲壳素以提高饲料的利用率。

表4-20　常见昆虫蛋白的营养成分　%

项目	豆粕	蝇蛆	黄粉虫	大麦虫	黑水牤幼虫	蚕蛹	蚯蚓
干物质	89.0	95.46	92.31	96.20	—	81.1	—
粗蛋白质	44.2	45.62	50.20	45.08	42.1	48.7	60.4
粗脂肪	1.9	30.10	28.96	41.71	34.8	30.1	8.5
粗灰分	6.1	5.97	3.54	2.64	14.6	8.6	—
钙	0.33	0.50	0.05	0.06	0.50	0.158	0.011
磷	0.62	0.89	0.73	0.51	0.15	0.474	—
铜	0.002 40	0.001 17	0.001 49	0.000 83	—	0.000 15	0.000 04
铁	0.018 50	0.038 94	0.006 73	0.013 72	—	0.026	0.000 76
锌	0.004 64	0.008 98	0.010 51	0.008 60	—	0.023	0.000 3
锰	0.002 80	0.003 06	0.000 66	0.000 86	—	0.000 71	—
赖氨酸	2.68	3.19	2.60	2.38	3.4	3.65	5.57
蛋氨酸	0.59	0.97	2.20	0.43	0.9	2.24	0.92
苏氨酸	1.71	1.78	1.76	1.58	0.6	2.62	2.42
苯丙氨酸	2.21	2.71	1.89	1.70	2.2	2.48	1.86
缬氨酸	2.09	2.11	3.04	2.69	3.4	2.73	2.85
异亮氨酸	1.99	1.39	1.83	1.63	2.0	2.78	5.07
亮氨酸	3.35	2.90	3.64	3.02	3.5	4.04	4.49
精氨酸	3.38	2.31	2.47	2.20	2.2	1.36	3.40
组氨酸	1.17	1.16	1.41	1.20	—	1.22	4.08
色氨酸	0.57	—	—	—	—	0.44	—
总必需氨基酸	19.74	18.52	20.84	16.83	18.2	23.56	30.66

引自：动物营养学报，2020，32(6)：2491-2499。

目前昆虫蛋白在畜禽饲料、水产动物饲料中应用报道较多,在宠物饲料产业中实际应用也较多,但报道很少。

二、植物性蛋白质饲料

植物性蛋白质饲料主要包括豆类籽实和油料作物籽实及其加工副产品饼粕类,以及谷类籽实的工业副产品糟渣类。

植物性蛋白质饲料的粗蛋白质含量根据植物种类不同差异较大,为 20%～50%,赖氨酸和色氨酸的含量较低,蛋白质组成主要是球蛋白和清蛋白,蛋白质的可利用性和氨基酸组成优于谷物类含有的谷蛋白和醇溶蛋白。植物籽实内蛋白质与细胞壁多糖结合,有抗蛋白酶水解的作用,因而植物性蛋白质的消化率在 80%左右,低于优质的动物性蛋白质。植物性籽实中也存在多种抗营养因子,如蛋白酶抑制剂,妨碍蛋白酶对蛋白质的消化。

植物性蛋白质饲料中粗脂肪含量差异大,油料籽实的脂肪含量在 15%～30%,非油料籽实含量则在 1%左右。饼粕类饲料的脂肪含量则因加工工艺不同差异较大。

植物籽实普遍存在钙少磷多的特点,但磷多为植酸磷,有效磷含量低。各类籽实中 B 族维生素含量较丰富,维生素 A 和维生素 D 缺乏。

(一)大豆

大豆(soybean)是豆科大豆属的一年生草本植物。目前世界大豆产量约 3.53 亿 t,产量靠前的国家分别是美国、巴西、阿根廷等国,中国 2021 年大豆总产量 1 640 万 t,主要产区为北方地区,黑龙江省、吉林省产量最高。2021 年我国大豆进口量为 9 651 万 t,占世界大豆总出口量的 60%,其中进口大豆 60%来自巴西,33%来自美国。我国进口大豆经榨油后,大豆饼粕主要用作蛋白质饲料。

大豆按种皮颜色可分为黄色大豆、黑色大豆、青色大豆、其他大豆,其中黄色大豆最多。

1. 大豆的营养特点

大豆的粗蛋白质含量高,为 32%～42%,大豆蛋白质中约 90%属于水溶性蛋白。氨基酸组成较平衡,在植物蛋白质中缺乏的赖氨酸在大豆中含量较高,如全脂黄色大豆的赖氨酸含量为2.20%;大豆中含硫氨基酸含量低,蛋氨酸含量 0.56%、胱氨酸含量 0.70%(表 4-21)。大豆中脂肪含量高达 17%～20%,其中含有的不饱和脂肪酸较多,油酸 21.7%、亚油酸 53.1%、亚麻酸 7.4%,因此大豆的能值较高,如猪的消化能值为 16.61 MJ/kg、羊的消化能值为 16.36 MJ/kg。大豆的无氮浸出物含量(25.7%)低于谷实类(28%～62%),其中蔗糖(27%)、水苏糖(16%)、棉籽糖、阿拉伯木聚糖(18%)、半乳糖(22%)含量较高,淀粉含量少(2.6%),另外含有纤维素、半纤维素。

表 4-21　大豆营养成分　%

营养成分	含量	营养成分	含量
粗蛋白质	35.5	胱氨酸	0.70
粗脂肪	17.3	苏氨酸	1.41
粗纤维	4.3	异亮氨酸	1.28
无氮浸出物	25.7	亮氨酸	2.72
粗灰分	4.2	精氨酸	2.57
钙	0.27	缬氨酸	1.50
磷	0.48	组氨酸	0.59
有效磷	0.12	酪氨酸	0.64
赖氨酸	2.20	苯丙氨酸	1.42
蛋氨酸	0.56	色氨酸	0.45

数据引自:中国饲料数据库,第 31 版,2020

大豆中含有多种抗营养因子,包括胰蛋白酶抑制因子、血细胞凝集素、抗维生素因子、植酸十二钠、脲酶、皂苷、胃肠胀气因子、大豆抗原蛋白等,它们影响饲料的适口性、消化率,大豆抗原蛋白易引起动物肠道过敏、损伤,导致腹泻。但是这些有害成分中除了皂苷、胃肠胀气因子较为耐热外,其他抗营养因子经湿热加工可使其丧失活性,从而提高蛋白质的利用率。

大豆的加工方法包括焙炒、干式挤压法(干法膨化)、湿式挤压法(湿法膨化)、爆裂法、微波处理法等。不同方法加工后大豆营养价值也有差异,焙炒等方法加工后大豆具有烤香味,风味好,可提高适口性,但易出现加热不均现象,影响饲用价值;膨化产品的脂肪消化率、氨基酸生成率高,代谢能值较高。加热过程中一些不耐热氨基酸会分解。另外,加热过程中大豆中羰基化合物(还原糖类)和氨基化合物(氨基酸和蛋白质)间发生美拉德反应,经过复杂的历程最终生成棕色甚至是黑色的大分子物质类黑精或称拟黑素，导致多种氨基酸的利用率下降，因此加热的温度和时间控制非常重要。

2. 大豆的质量标准

目前我国饲用大豆的质量标准执行的是国家标准《饲料用大豆》(GB/T 20411—2006)。该标准要求饲用大豆色泽、气味正常，杂质含量≤1.0%，生霉粒≤2.0%，水分≤13%，并以粗蛋白质含量和不完善粒为主要指标分为3级(表4-22)。

(二)大豆饼粕

大豆饼粕是大豆提取油后的副产品，经压榨提油后的饼状副产品称大豆饼(soybean cake)，经浸提工艺提油后的碎片状副产品称大豆粕(soybean meal)。大豆饼粕是目前我国饲料业中使用量最多的蛋白质饲料。压榨法是经过前处理加工后施加机械压力使油分离出；浸提法则是利用有机溶剂提取油脂而得到豆粕。浸提法比压榨法可多提取油4%～5%，豆粕中残留的油脂也少于压榨法得到的豆饼中的油脂，易于保存。

1. 大豆饼粕的营养特点

大豆饼粕的粗蛋白质含量高，一般在41.8%～47.9%，其必需氨基酸含量高，组成合理。大豆饼粕中含赖氨酸2.43%～2.99%，异亮氨酸1.57%～1.99%，两者是饼粕类饲料中最高的，其精氨酸含量2.53%～3.43%，赖氨酸与精氨酸比约为1∶1.3，比例适当。大豆饼粕中蛋氨酸含量不足，需要与其他含蛋氨酸量高的蛋白质饲料搭配使用或额外补充蛋氨酸。无氮浸出物主要是蔗糖、水苏糖、棉籽糖等，淀粉含量低。粗纤维含量也低，主要来源于大豆皮，提取油脂前去除大豆皮则进一步降低大豆粕中粗纤维含量，也有利于提高宠物对大豆粕中蛋白质的消化率。矿物质中钙少(0.31%～0.34%)，磷多(0.5%～0.62%)，磷多为植酸磷，有效磷含量低(0.13%～0.24%)(表4-23)，铁含量185 mg/kg。维生素中烟酸(30.7～37 mg/kg)和泛酸(13.8～16.4 mg/kg)含量稍多，其他B族维生素和维生素A、维生素E含量低，胆碱含量可达到2 673～2 858 mg/kg。

2. 大豆饼粕的质量标准

大豆饼粕是目前饲料业中使用最多的蛋白质饲料，国家标准《饲料原料　豆粕》(GB/T 19541—2017)对大豆粕的各项指标做出了规定。饲用大豆粕应呈浅黄色或淡棕色或红褐色；不规则的碎片状或粗颗粒状或粗粉状；无发酵、霉变、虫害及异味异臭。根据粗蛋白质、粗纤维、赖氨酸水平为主要指标将豆粕分为4级(表4-24)。

大豆饼粕中存在来源于大豆的多种抗营养因子，大部分抗营养因子可在加热的条件下失活。胰蛋白酶抑制因子是豆饼粕中最主要的抗营养因子，所以测定胰蛋白酶抑制因子活性是评价大豆饼粕质量最为可靠的方法。但是，胰蛋白酶抑制因子测定用试剂昂贵，操作又耗时，所以一般

表4-22　饲用大豆的质量指标

等级	不完善粒/%		粗蛋白质/%
	合计	其中:热损伤粒	
1	≤5	≤0.5	≥36
2	≤15	≤1.0	≥35
3	≤30	≤3.0	≥34

表4-23　饲用大豆饼粕的营养成分　　%

营养成分	含量	营养成分	含量
粗蛋白质	41.8～47.9	胱氨酸	0.62～0.73
粗脂肪	1.5～5.8,1.9	苏氨酸	1.44～1.85
粗纤维	3.3～5.9	异亮氨酸	1.57～2.10
无氮浸出物	28.3～30.7	亮氨酸	2.75～3.57
粗灰分	185～187	精氨酸	2.53～3.43
钙	0.31～0.34	缬氨酸	1.70～2.26
磷	0.5～0.65	组氨酸	1.10～1.22
有效磷	0.13～0.24	酪氨酸	1.47～1.57
赖氨酸	2.43～2.99	苯丙氨酸	1.79～2.33
蛋氨酸	0.59～0.68	色氨酸	0.57～0.65

数据引自：中国饲料数据库，第31版，2020

表4-24　饲用大豆粕的质量标准

项目	等级			
	特级品	一级品	二级品	三级品
粗蛋白质/%	≥48.0	≥46.0	≥43.0	≥41.0
粗纤维/%	≤5.0	≤7.0	≤7.0	≤7.0
赖氨酸/%	≥2.50		≥2.30	
水分/%	≤12.5			
粗灰分/%	≤7.0			
尿素酶活性/(U/g)	≤0.30			
氢氧化钾蛋白质溶解度/%	≥73.0			

不常采用，而多采用测定尿素酶活性的方法。受热时尿素酶活性与抗胰蛋白酶活性以相似的速率变性，而且测定方法简单，因此被广泛采用。

(三)淀粉类干豆及其蛋白粉产品

大豆之外其他豆类也具有较高的蛋白质含量，常用在宠物饲料中。红豆、绿豆、蚕豆、豌豆、扁豆、鹰嘴豆等豆类与大豆相比，脂肪含量低(低于2%)，而淀粉含量较高(高达55%～60%)，因而这些豆类被称为淀粉类干豆。淀粉类干豆的粗蛋白质含量在20%左右，氨基酸构成与大豆蛋白的氨基酸组成相似，赖氨酸含量较高，但含硫氨基酸含量不足，可以与谷类配伍发挥营养互补作用。豆类中低聚糖含量高，其中主要是蔗糖、水苏糖和毛蕊花糖。淀粉类干豆的维生素与矿物质含量也比较高。鲜豆类和豆芽中除含有丰富的蛋白质和矿物质外，其维生素 B_1 和维生素 C 的含量较高；常被列入蔬菜类中。

由于淀粉含量高，淀粉类干豆主要用于生产淀粉产品，作为生产淀粉的副产品，豌豆蛋白、绿豆蛋白等具有很高的营养价值和很高的赖氨酸含量，这也是产生生物活性肽的良好来源。目前，豌豆蛋白粉、绿豆蛋白粉等在实际生产中广泛应用于宠物饲料中。代表性淀粉类干豆及其蛋白产品的营养成分见表4-25。

(四)花生(仁)饼粕

花生(仁)饼粕是花生经脱壳(或不脱壳)后经压榨或溶剂浸提制油后的副产品。我国是花生生产大国，主要产区为山东、河南、河北、江苏等省份。花生(仁)饼粕是重要的蛋白质饲料资源。随制油方法和脱壳程度不同，花生(仁)饼粕的营养成分含量差异也较大。脱壳的花生仁饼粕的代谢能很高，带壳的花生饼粕因纤维含量高，其他成分相对降低，不适合在能量需求较高的动物及不耐粗纤维的动物(如犬、猫)饲料中添加。

1. 花生仁饼粕的营养特点

花生仁饼粕的粗蛋白质含量很高，花生仁饼中含量为44.7%，花生仁粕中达47.8%。其蛋白质中约65%为球蛋白，不溶于水，可溶于水的白蛋白约占7%。氨基酸组成不佳，其赖氨酸和蛋氨酸含量较低，精氨酸含量4.60%～4.88%，是所有植物性饲料中最高的，因此可以和精氨酸含量低的菜籽饼粕、血粉等原料配合使用。无氮浸出物(25.1%～27.2%)主要为淀粉和戊聚糖。残余的脂肪根据制油工艺不同在1.4%～7.2%间变化，残余脂肪中不饱和脂肪酸占53%～78%，以油酸为主。

矿物质中钙少(0.25%～0.27%)，磷多(0.53%～0.56%)，且磷多为植酸磷，有效磷(0.16%～0.17%)少。维生素中B族维生素含量较丰富，其中烟酸含量高(166～173 mg/kg)，维生素A、维生素D含量低。

花生含有胰蛋白酶抑制因子，含量约为大豆含量的20%，可通过加热方式去除。

2. 花生仁饼粕的质量标准

花生仁饼粕因花生独有的香味，可改善饲料的适口性，提高动物的食欲。我国的农业行业标准《饲料原料　花生饼》(NY/T 132—2019)要求花生仁饼是小瓦片状或圆扁块状，黄褐色，色泽鲜艳一致，无酸败、霉变、虫蛀及异臭。标准根据粗蛋白质、粗纤维、粗灰分等主要指标将花生仁饼分为3级(表4-26)。

表4-25　淀粉类干豆及其蛋白产品的营养成分　　%

名称	水分	CP	EE	CF	Ash	NFE	Lys	Met+Cys	Ca	P
芸豆(干)	12.0	23.4	1.4	9.8	4.8	48.6	—	0.65	0.33	0.5
菜豆(干)	14.0	22.6	1.3	4.5	5	52.6	1.29	0.5	0.16	0.52
蚕豆(干)	12.0	24.9	1.4	7.48	3.34	50.87	1.21	0.42	0.15	0.40
绿色生豌豆	78.9	5.4	0.4	—	0.9	9	0.32	0.11	—	0.11
豌豆蛋白粉	6.2	75.7	0.1	—	5.3	12.7	4.48	1.54	—	—
绿豆蛋白粉	10.5	59.9	2	3.5	2.76	21.3	3.87	1.58	1.23	0.45
蚕豆蛋白粉	12.0	66.3	4.7	4.1	2.6	10.3	4.44	1.17	—	0.59

花生易感染黄曲霉，产生黄曲霉毒素，引起动物中毒，因此使用花生仁饼粕请需要检测黄曲霉毒素。我国《饲料卫生标准》中规定，花生(仁)饼粕中黄曲霉毒素 B_1 含量不得大于 0.05 mg/kg。

(五)玉米蛋白粉

玉米蛋白粉(corn gluten meal)又称为玉米筋蛋白、玉米面筋粉，是以玉米为原料加工生产淀粉时经脱胚、粉碎、去渣、提取淀粉后的黄浆水经浓缩、干燥得到的富含蛋白质的副产品。

1. 玉米蛋白粉的营养特点

因加工过程中离心程度不同玉米蛋白粉的粗蛋白质含量为 40%～60%。其氨基酸组成不平衡，蛋氨酸(1.04%～1.60%)和精氨酸(1.31%～2.01%)含量高，赖氨酸和色氨酸等重要氨基酸严重不足，其赖氨酸和精氨酸比值达 1∶(2～2.5)，与理想比值相差较远，因而玉米蛋白粉蛋白质质量相对较低。玉米蛋白粉中粗纤维含量低，易消化，粗蛋白质含量高于 60%时其粗纤维含量一般低于 2%，粗蛋白质含量 40%时粗纤维含量在 3%～6%，因此可依据粗纤维含量判断是否有其他植物性物质掺入。其代谢能值与玉米近似或高于玉米。矿物质含量较少，钙 0.04%～0.12%，磷0.44%～0.50%，有效磷含量低。维生素中 B 族维生素的含量均较低，胡萝卜素的含量稍高。另外含有丰富的色素，富含叶黄素和玉米黄质，叶黄素的含量 150～350 mg/kg，是玉米含量的 15～20 倍，是良好的着色剂。

2. 玉米蛋白粉的质量标准

我国的农业行业标准《饲料用玉米蛋白粉》(NY/T 685—2003)要求饲用玉米蛋白粉不含砂石等杂质；不得掺入非蛋白氮等物质，若加入抗氧化剂、防霉剂等添加剂时应在标签上做相应说明。根据粗蛋白质、粗脂肪、粗纤维、粗灰分将其分为 3 级(表 4-27)。

表 4-26　饲用花生仁饼的质量标准　　%

项目	等级		
	一级	二级	三级
粗蛋白质	≥48.0	≥40.0	≥36.0
粗纤维	≤7.0	≤9.0	≤11.0
粗灰分	≤6.0	≤7.0	≤8.0
粗脂肪		≥3.0	
赖氨酸		≥1.2	
水分		≤11.0	

注：各项指标均以 88%干物质基础计算。

三、单细胞蛋白质

单细胞蛋白质(single cell protein，SCP)是单细胞或具有简单构造的多细胞生物的菌体蛋白的统称。包括多种酵母、细菌、真菌、藻类 4 大类。

单细胞蛋白质因种类及生产工艺不同，营养成分变化较大，一般粉状制品中粗蛋白质含量在 50%以上，蛋白质生物学价值介于动物蛋白质和植物蛋白质之间，赖氨酸含量高，且氨基酸组成平衡。单细胞蛋白质同时富含多种酶、B 族维生素及铁、铜、锌等多种微量元素。宠物饲料中使用较多的是酵母制品，如啤酒酵母含粗蛋白质丰富，另外多种微量元素和 B 族维生素含量也很丰富，其中维生素 B_{12} 999.9 μg/kg，另外含有胆碱 3 984 mg/kg(表 4-28)。酵母培养物含有特殊的香味，可以改善饲料的适口性。

表 4-27　饲用玉米蛋白粉的质量标准　　%

项目	指标		
	一级	二级	三级
水分	≤12.0	≤12.0	≤12.0
粗蛋白质	≥60.0	≥55.0	≥50.0
粗脂肪	≤5.0	≤8.0	≤10.0
粗纤维	≤3.0	≤4.0	≤5.0
粗灰分	≤2.0	≤3.0	≤4.0

表 4-28　饲用啤酒酵母营养成分

营养成分	含量	营养成分	含量
粗蛋白质/%	52.4	组氨酸/%	1.11
粗脂肪/%	0.4	酪氨酸/%	0.12
粗纤维/%	0.6	苯丙氨酸/%	4.07
无氮浸出物/%	33.6	铁/(mg/kg)	248
粗灰分/%	4.7	铜/(mg/kg)	61.0
钙/%	0.16	锰/(mg/kg)	22.3
磷/%	1.02	锌/(mg/kg)	86.7
有效磷/%	0.46	硒/(mg/kg)	1.0
赖氨酸/%	3.38	硫胺素/(mg/kg)	91.8

续表 4-28

营养成分	含量	营养成分	含量
胱氨酸/%	0.50	核黄素/(mg/kg)	37.0
苏氨酸/%	2.33	烟酸/(mg/kg)	448.0
异亮氨酸/%	2.85	泛酸/(mg/kg)	109.0
亮氨酸/%	4.76	维生素 B_6/(mg/kg)	42.80
精氨酸/%	2.67	维生素 B_{12}(μg/kg)	999.9
缬氨酸/%	3.40	胆碱/(mg/kg)	3 984

数据引自:中国饲料数据库,第 31 版,2020

单细胞蛋白质饲料具有生长繁殖迅速的特点,在良好的发酵条件下 24～48 h 即可发酵一批次,生长速度比动物快约 2 000 倍。培养基原料来源广泛,如制糖工业副产品、纸浆废弃液、合成纤维工业副产品、天然气和石油加工业副产品等都可作为培养基原料被利用。

第四节　矿物质饲料

宠物饲料中常用的矿物质饲料主要以补充钙、磷、钠、氯等常量元素为主,微量元素主要通过添加剂的形式补充。

一、钙源饲料

常用的含钙矿物质饲料主要包括石粉、贝壳粉、蛋壳粉、骨粉等。

石粉是石灰岩矿开采、加工的产品,钙含量因成矿条件不同介于 34%～38%,一般 35%。石粉含有少量的镁、钾、钠等元素,同时含有锰、锌、铜、钴、铅、汞、氟等元素,使用前需检测各种重金属元素含量、防止重金属超标,特别是氟超标中毒。

贝壳粉是各种贝类外壳经加工粉碎而成的粉状或粒状产品,主要成分为碳酸钙。贝壳粉与石粉含钙量相似,在 34%～38%,二者在饲料配方中可互换。鲜贝壳含有一定的有机质,需加热处理,以免传播疾病。

蛋壳粉是由蛋品加工厂或大型孵化场收集的蛋壳,经加热灭菌、干燥、粉碎而成。蛋壳残有壳膜和一些蛋白(约占 4%),钙含量为 30%～35%,是理想的钙源,利用率高。蛋壳有残留蛋清、蛋壳内膜等,加工干燥时温度应超过 82 ℃,消除病原。

骨粉是动物骨为原料加工而成的矿物质饲料。骨粉中钙磷比例为 2∶1,是动物体内吸收钙磷的最佳比例。骨粉中的钙以羟基磷灰石晶体形式存在,该晶体与胶原纤维结合在一起,胶原纤维酶解后羟基磷灰石被解离,钙与氨基酸结合形成氨基酸钙,易被动物体吸收利用。骨粉也是饲料中补充磷的良好来源。

二、磷源饲料

常用的含磷矿物质饲料主要包括磷酸盐类、骨粉等。

饲料工业中常用的补充磷的物质是磷酸盐类,如磷酸氢二钠、磷酸二氢钠、磷酸氢二钾、磷酸二氢钾、磷酸氢钙、磷酸二氢钙等。使用磷酸钠盐时应考虑其中的钠改变饲料中钠的比例,磷酸钙盐类在补充磷的同时补充钙。骨粉中含磷 12%以上,是良好的磷源饲料。

三、食盐

饲料中钠和氯主要通过添加食盐(氯化钠)来补充。氯化钠在维持体液渗透压和酸碱平衡方面具有重要作用。宠物饲料中添加氯化钠可以改善饲料的适口性。

第五节　青绿饲料

青绿饲料是指天然水分含量在 60%以上的青绿牧草、饲用作物、非淀粉质的根茎、瓜果类。青绿饲料种类繁多,以富含叶绿素而得名。

宠物饲料用青绿饲料主要包括蔬菜和水果。蔬菜主要包括鲜绿植物的根、茎、叶、花、果实等,实际将海带、裙带菜、紫菜等藻类以及香菇、木耳等菌类也归为蔬菜。

一、蔬菜、水果的营养特点

新鲜蔬菜和水果的水分含量为 60%～90%,干物质含量少,能值较低。如以干物质计算,由于粗纤维含量较高,其能量值一般也低于常规的能量饲料。根类和地下茎类储藏器官的碳水化合物含量较高,如莲藕、山药、百合、水果玉米、甘薯等含有的可消化碳水化合物的量为 10%～20%;胡萝卜、南瓜、甜菜等含有可消化碳水化合物的量则可达6%～8%。蔬菜中含有较高的不可消化的碳水化合物，包括纤维素、半纤维素、果胶、低聚糖等。新鲜豆类中不可消化的碳水化合物占比1.5%～4.0%，绿叶菜类中含量为1.0%～2.2%，瓜果类中含量为0.2%～1.0%。菌类中的碳水化合物主要是多糖类，如香菇多糖、银耳多糖、木耳多糖，菌类多糖具有多种生理保健作用（如免疫作用）。藻类中也含有多种藻类多糖，如海藻酸、褐藻胶、卡拉胶、紫菜多糖等，藻类多糖可作为增稠剂、乳化剂、稳定剂、黏合剂、上浆剂等在食品工业中广泛使用。藻类多糖也可促进排出肠道内多余胆固醇和有毒物质等。蔬菜和水果中的膳食纤维（dietary fiber）在维持机体健康中具有重要意义。

新鲜蔬菜的蛋白质含量通常在3%以下。根类、瓜类蔬菜的蛋白质含量较低，如新鲜胡萝卜中为1.9%～2.0%、甜菜中0.88%～1.5%，南瓜中约1.3%；多种叶类蔬菜的蛋白质含量稍高，如大白菜中蛋白质含量为1.4%、甘蓝中2.6%、甘薯藤中2.2%、油菜中1.1%；新鲜豆类、菌类和深色野菜的蛋白质含量较高，如新鲜豇豆的蛋白质含量为2.9%、生豌豆中5.4%、蚕豆中7.92%、芸豆4.2%～4.83%、平菇中2.9%、香菇中2.41%、金针菇中2.66%。蔬菜和水果的蛋白质质量较佳，如豌豆、豇豆、菠菜、芦笋、苋菜等的赖氨酸较丰富、而含硫氨基酸（蛋氨酸＋胱氨酸）含量较低，因此蔬菜蛋白质可与谷类蛋白质营养互补。

蔬菜中的脂肪含量很低（低于1%），且主要以不饱和脂肪酸为主，如胡萝卜中粗脂肪含量仅为0.3%～0.4%、芜菁甘蓝中0.27%、南瓜中0.1%、甜菜中0.17%、猴头菇中0.26%、菠菜中0.39%、黄瓜中0.11%，蚕豆和欧芹中粗脂肪含量在蔬菜中含量较高，为0.73%、0.79%。

新鲜蔬菜和水果是人和动物所需维生素的重要来源。蔬菜中含有除维生素D和维生素B_{12}以外的多种维生素。蔬菜和水果满足机体对维生素C的需要。蔬菜中维生素C的含量为100～900 mg/kg，含量较高的蔬菜和水果主要有青椒/辣椒、花椰菜、菠菜苦瓜、黄瓜、西红柿、橘子、橙子等，菌类和藻类的维生素C含量较低。蔬菜和水果中胡萝卜素和类胡萝卜素的含量与颜色具有明显相关性，深绿色、橙色、紫色蔬菜中含量高，如胡萝卜中α-胡萝卜素含量是蔬菜中最高的，β-胡萝卜素含量也达41 mg/kg，甘薯叶中β-胡萝卜素含量也达59 mg/kg，南瓜、苋菜深色蔬菜中胡萝卜素含量也很高。浅色蔬菜、水果中胡萝卜素的含量则较低，如冬瓜中含量仅为0.8 mg/kg，竹笋、洋蓟中含量也很低。其他深色蔬菜如西红柿、玉米中还含有番茄红素、玉米黄素、叶黄素等类胡萝卜素，具有抗氧化、免疫调节、抗癌、延缓衰老等多种功效。新鲜蔬菜中叶酸含量与叶绿素含量呈正相关关系。如油菜和菠菜中含有叶酸量最高，绿叶菜、果实类蔬菜和根茎类蔬菜中叶酸含量分别为170～1 450 μg/kg、180～860 μg/kg和150～760 μg/kg；绿色叶菜维生素K的含量也与叶绿素密切相关，如菠菜中维生素K含量为3.8 g/kg，甘蓝为1.45 g/kg，黄瓜为0.2 g/kg，土豆仅为0.01 g/kg。

蔬菜中矿物质含量也较高，如绿叶蔬菜中铁含量可达20～30 mg/kg，芹菜中含量约80 mg/kg，但蔬菜中的铁为非血红素铁，吸收率不如动物性食品中血红素铁。蔬菜也是多种微量元素锰、锌、镁的重要来源。

二、蔬菜水果营养成分表

宠物饲料中常用蔬菜、水果的营养成分见表4-29。

各种水果、蔬菜经脱水后可直接饲喂宠物，也可加入干粮中。新鲜水果、蔬菜也可加入宠物湿粮中，为宠物提供丰富的矿物质和维生素。

表 4-29 常见蔬菜、水果的营养成分 %

名称	水分	CP	EE	CF	Ash	NFE	Lys	Met+Cys	Ca	P
胡萝卜	90.1	0.81	5.2	3.23	7.9	−7.24	0.075	0.063	0.36	0.34
甜菜	87.6	1.61	0.17	2.8	1.08	6.74	0.058	0.037	0.02	0.04
南瓜	91.6	1.0	0.1	0.5	0.8	6	0.054	0.014	0.021	0.044
菠菜	91.4	2.86	0.39	2.2	1.72	1.43	—	—	0.099	0.049
欧芹	87.7	2.97	0.79	3.3	2.2	3.04	0.181	0.056	0.14	0.06
青豆	93.6	1.04	0.39	—	0.89	4.08	—	—	0.036	0.023
蚕豆	72.6	7.92	0.73	7.5	1.12	—	—	—	0.04	0.13
香菇	88.6	2.41	0.2	—	0.62	8.17	—	—	0.001	0.076
白蘑菇	91.8	2.89	0.37	—	0.83	4.11	—	—	0.005	0.093
西红柿	94.7	0.7	0.42	1.0	0.31	2.87	—	—	0.01	0.019
越橘	90.7	0.4	0.1	—	0.1	8.7	—	—	0.02	—
香蕉	78.3	0.73	0.22	1.7	0.67	18.37	—	—	—	—
苹果	83.6	0.15	0.16	2.1	0.43	13.56	—	—	0.006	0.01
蓝莓	84.2	0.74	0.33	2.4	0.24	12.09	0.013	0.02	0.006	0.012

引自美国农业部食品数据中心

本章小结

选择合理的饲料原料是生产优质宠物配合饲料(宠物食品)的基础。国际饲料分类法中将饲料原料分为粗饲料、青绿饲料、青储饲料、能量饲料、蛋白质饲料、矿物质饲料、维生素饲料和饲料添加剂，宠物配合饲料中主要使用能量饲料、蛋白质饲料、矿物质饲料、维生素饲料和饲料添加剂。

能量饲料中主要使用玉米、小麦、稻米等谷物类籽实及其加工产品提供宠物所需的能量，这类饲料的适口性好，无氮浸出物含量高且主要为淀粉，粗纤维含量低，营养物质消化利用率高，在宠物饲料中可大量使用。

蛋白质饲料中以大豆和豆粕等代表的植物性蛋白质饲料和以鱼粉、肉粉等为动物性蛋白质饲料在宠物配合饲料中广泛使用。大豆、豆粕、花生粕、淀粉类干豆蛋白粉、玉米蛋白粉等植物性蛋白质饲料因蛋白质含量高，粗纤维含量低、消化利用率高在宠物饲料中广泛应用。应注意植物性蛋白质饲料多数含有各类抗营养因子，使用时要采取加热处理或限制用量等措施。饲料用鱼粉、肉粉(肉骨粉)等动物蛋白质饲料蛋白质含量高，品质好，氨基酸组成平衡，并含有促进动物生长的未知生长因子，碳水化合物含量低，不含粗纤维，钙磷含量高且比例合适，维生素含量高，是优质的蛋白质饲料来源。水解羽毛粉、皮革下脚料、蚕蛹等也作为蛋白质饲料，但因适口性较差，在宠物饲料中添加量受到限制。近年来，肉类、昆虫蛋白(如黑水虻、黄粉虫等)在宠物饲料中使用也有增加的趋势。

新鲜蔬菜、水果、藻类、菌类等水分含量较高，一般添加到湿粮、半湿粮中改善宠物食品营养，也可直接脱水干燥作为宠物零食。

复习思考题

一、名词解释

饲料　饲料原料　能量饲料　蛋白质饲料

二、问答题

1. 国际饲料分类法将饲料分为哪几类？各类饲料的特点是什么？
2. 宠物饲料中使用的主要能量饲料有哪几类？各有哪些代表性饲料？
3. 宠物饲料中使用的主要蛋白质饲料有哪几类？各有哪些代表性饲料？
4. 肉类和昆虫蛋白在宠物饲料中越来越广泛应用，各有什么营养特点和优势？

三、开放性讨论

1. 实际生产中如何选择合适的原料生产满足宠物营养需要又受欢迎的宠物饲料？
2. 宠物饲料中使用动物性蛋白质饲料是否一定优于植物性蛋白质饲料？

第五章 宠物食品添加剂

本章提要

本章首先阐述了饲料添加剂的概念和分类，然后介绍了不同类别的饲料添加剂的特点及其在宠物食品中的应用，包括氨基酸、氨基酸盐及其类似物、维生素及类维生素、矿物元素及其络(螯)合物、酶制剂、微生物、抗氧化剂、防腐剂、防霉剂和调节剂、调味和诱食物质、着色剂、黏结剂、抗结块剂、稳定剂和乳化剂、多糖和寡糖以及其他添加剂等，通过对本章的学习，对饲料添加剂的概念、分类及作用有一个全面的了解。

第一节 添加剂的概念及分类

宠物食品的制作不仅需要原料，还需要饲料添加剂。在采用各种原料制作全价宠物食品时，有些营养指标不能满足宠物需要，需要添加营养性饲料添加剂来满足，如氨基酸(赖氨酸、蛋氨酸和牛磺酸)、矿物质(铜、铁、锰、锌、碘、硒)、维生素等，还需要添加一些其他非营养性添加剂，如抗氧化剂、防霉剂等来保证宠物食品的卫生和安全。因此，饲料添加剂在保证宠物食品的全价性、安全性、功能性和货架期等方面起到重要的作用。

由中国农业农村部发布的《饲料添加剂品种目录》(分别是2013年第2045号公告、2014年第2134号公告、2018年第21号公告、2018年第53号公告)中列出了可用于宠物食品的添加剂的种类，只有被允许用于宠物食品的添加剂才可以使用，没有列在目录中的添加剂不能使用，并且有严格的使用规定。

中国农业农村部发布了《饲料添加剂安全使用规范》，对有些添加剂宠物食品有最高限量的要求，有些没有明确的规定。

一、添加剂的概念

按《饲料和饲料添加剂管理条例》的定义，饲料添加剂是指在饲料加工、制作、使用过程中添加的少量或者微量物质，包括营养性饲料添加剂和非营养性饲料添加剂。营养性添加剂是指为补充宠物食品营养成分而添入的少量物质，包括氨基酸类、维生素类和矿物元素类等。非营养性添加剂是指不提供基本营养成分，但可以实现特定生理功能的微量添加物质。营养性添加剂能为宠物提供营养素，非营养性添加剂可以帮助宠物食品实现某些具体的功能，包括改善胃肠道健康(益生菌、寡糖、酶制剂)、调节机体免疫力、抗氧化与抗衰老、促进毛发和关节健康等。不同的添加剂具有不同的功能，可以使宠物食品实现不同的功能诉求。

二、添加剂的分类

按照农业部的《饲料添加剂品种目录》，在宠物食品中可以使用的添加剂见表5-1。

表 5-1 宠物食品添加剂的分类

类别	通用名称
氨基酸、氨基酸盐及其类似物	*L*-赖氨酸、液体 *L*-赖氨酸(*L*-赖氨酸含量不低于 50%)、*L*-赖氨酸盐酸盐、*L*-赖氨酸硫酸盐及其发酵副产物(产自谷氨酸棒杆菌、乳糖发酵短杆菌,*L*-赖氨酸含量不低于 51%)、*DL*-蛋氨酸、*L*-苏氨酸、*L*-色氨酸、*L*-精氨酸、*L*-精氨酸盐酸盐、甘氨酸、*L*-酪氨酸、*L*-丙氨酸、天(门)冬氨酸、*L*-亮氨酸、异亮氨酸、*L*-脯氨酸、苯丙氨酸、丝氨酸、*L*-半胱氨酸、*L*-组氨酸、谷氨酸、谷氨酰胺、缬氨酸、胱氨酸、牛磺酸、*L*-半胱氨酸盐酸盐、蛋氨酸羟基类似物、蛋氨酸羟基类似物钙盐
维生素及类维生素	维生素 A、维生素 A 乙酸酯、维生素 A 棕榈酸酯、*β*-胡萝卜素、盐酸硫胺(维生素 B_1)、硝酸硫胺(维生素 B_1)、核黄素(维生素 B_2)、盐酸吡哆醇(维生素 B_6)、氰钴胺(维生养殖动物素 B_{12})、*L*-抗坏血酸(维生素 C)、*L*-抗坏血酸钙、*L*-抗坏血酸钠、*L*-抗坏血酸-2-磷酸酯、*L*-抗坏血酸-6-棕榈酸酯、维生素 D_2、维生素 D_3、天然维生素 E、*DL*-*α*-生育酚、*DL*-*α*-生育酚乙酸酯、维生素 K_1、亚硫酸氢钠甲萘醌(维生素 K_3)、二甲基嘧啶醇亚硫酸甲萘醌、亚硫酸氢烟酰胺甲萘醌、烟酸、烟酰胺、D-泛醇、D-泛酸钙、*DL*-泛酸钙、叶酸、D-生物素、氯化胆碱、肌醇、*L*-肉碱、*L*-肉碱盐酸盐、*L*-肉碱酒石酸盐、甜菜碱、甜菜碱盐酸盐、酒石酸氢胆碱
矿物元素及其络(螯)合物	氯化钠、硫酸钠、碳酸钠、碳酸氢钠、磷酸二氢钠、磷酸氢二钠、磷酸三钠、葡萄糖酸钠、乳酸钠、氯化钾、碳酸钾、磷酸二氢钾、磷酸氢二钾、氯化钙、硫酸镁、轻质碳酸钙、磷酸氢钙、磷酸二氢钙、磷酸三钙、乳酸钙、葡萄糖酸钙、甘氨酸钙、氯化镁、碳酸镁、氧化镁、氯化亚铁、氯化铁、硫酸亚铁、碳酸亚铁、乳酸亚铁、葡萄糖酸亚铁、焦磷酸铁、柠檬酸亚铁、富马酸亚铁、氯化铜、硫酸铜、碱式氯化铜、葡萄糖酸铜、氧化锌、氯化锌、硫酸锌、碳酸锌、乙酸锌、碱式氯化锌、葡萄糖酸锌、甘氨酸锌、乳酸锌(*α*-羟基丙酸锌)、氯化锰、氧化锰、硫酸锰、碳酸锰、磷酸氢锰、葡萄糖酸锰、碘化钾、碘化钠、碘酸钾、碘酸钙、二氢碘酸乙二胺(EDDI)、氯化钴、乙酸钴、硫酸钴、碳酸钴、烟酸铬、酵母铬、蛋氨酸铬、吡啶甲酸铬、丙酸铬、亚硒酸钠、钼酸钠、蛋氨酸铜络(螯)合物、蛋氨酸铁络(螯)合物、蛋氨酸锰络(螯)合物、蛋氨酸锌络(螯)合物、赖氨酸铜络(螯)合物、赖氨酸锌络(螯)合物、甘氨酸铜络(螯)合物、甘氨酸铁络(螯)合物、酵母铜、酵母铁、酵母锰、酵母硒、氨基酸铜络合物(氨基酸来源于水解植物蛋白)、氨基酸铁络合物(氨基酸来源于水解植物蛋白)、氨基酸锰络合物(氨基酸来源于水解植物蛋白)、氨基酸锌络合物(氨基酸来源于水解植物蛋白)、蛋白铜、蛋白铁、蛋白锌、蛋白锰
酶制剂	淀粉酶(产自黑曲霉、解淀粉芽孢杆菌、地衣芽孢杆菌、枯草芽孢杆菌、长柄木霉、米曲霉、大麦芽、酸解支链淀粉芽孢杆菌)、溶菌酶(源自鸡蛋清)、*α*-半乳糖苷酶(产自黑曲霉)、*β*-半乳糖苷酶(产自黑曲霉)、纤维素酶(产自长柄木霉 、黑曲霉、孤独腐质霉、绳状青霉)、*β*-葡聚糖酶(产自黑曲霉、枯草芽孢杆菌、长柄木霉、绳状青霉、解淀粉芽孢杆菌、棘孢曲霉)、葡萄糖氧化酶(产自特异青霉、黑曲霉)、脂肪酶(产自黑曲霉、米曲霉)、麦芽糖酶(产自枯草芽孢杆菌)、*β*-甘露聚糖酶(产自迟缓芽孢杆菌、黑曲霉、长柄木霉)、菠萝蛋白酶(源自菠萝)、木瓜蛋白酶(源自木瓜)、胃蛋白酶(源自猪、小牛、小羊、禽类的胃组织)、胰蛋白酶(源自猪或牛的胰腺)、果胶酶(产自黑曲霉、棘孢曲霉)、植酸酶(产自黑曲霉、米曲霉、长柄木霉、毕赤酵母)、蛋白酶(产自黑曲霉、米曲霉、枯草芽孢杆菌、长柄木霉)、角蛋白酶(产自地衣芽孢杆菌)、木聚糖酶(产自米曲霉、孤独腐质霉、长柄木霉、枯草芽孢杆菌、绳状青霉、黑曲霉、毕赤酵母)
微生物	地衣芽孢杆菌、枯草芽孢杆菌、两歧双歧杆菌、粪肠球菌、屎肠球菌、乳酸肠球菌、嗜酸乳杆菌、干酪乳杆菌、德式乳杆菌乳酸亚种(原名:乳酸乳杆菌)、植物乳杆菌、乳酸片球菌、戊糖片球菌、产朊假丝酵母、酿酒酵母、沼泽红假单胞菌、婴儿双歧杆菌、长双歧杆菌、短双歧杆菌、青春双歧杆菌、嗜热链球菌、罗伊氏乳杆菌、动物双歧杆菌、黑曲霉、米曲霉、迟缓芽孢杆菌、短小芽孢杆菌、纤维二糖乳杆菌、发酵乳杆菌、德氏乳杆菌保加利亚亚种(原名:保加利亚乳杆菌)、凝结芽孢杆菌

续表 5-1

类别	通用名称
抗氧化剂	乙氧基喹啉、丁基羟基茴香醚(BHA)、二丁基羟基甲苯(BHT)、没食子酸丙酯、特丁基对苯二酚(TBHQ)、茶多酚、维生素 E、*L*-抗坏血酸-6-棕榈酸酯、迷迭香提取物、硫代二丙酸二月桂酯、甘草抗氧化物、*D*-异抗坏血酸、*D*-异抗坏血酸钠、植酸(肌醇六磷酸)
防腐剂、防霉剂和调节剂	甲酸、甲酸铵、甲酸钙、乙酸、双乙酸钠、丙酸、丙酸铵、丙酸钠、丙酸钙、丁酸、丁酸钠、乳酸、苯甲酸、苯甲酸钠、山梨酸、山梨酸钠、山梨酸钾、富马酸、柠檬酸、柠檬酸钾、柠檬酸钠、柠檬酸钙、酒石酸、苹果酸、磷酸、氢氧化钠、碳酸氢钠、氯化钾、碳酸钠、焦磷酸钠、三聚磷酸钠、六偏磷酸钠、焦磷酸一氢三钠、焦亚硫酸钠、亚硝酸钠、氢氧化钙、乙二胺四乙酸二钠、乳酸链球菌素、ε-聚赖氨酸盐酸盐、脱氢乙酸、脱氢乙酸钠、琥珀酸、焦磷酸二氢二钠、谷氨酰胺转氨酶
着色剂	β-胡萝卜素、天然叶黄素(源自万寿菊)、虾青素、柠檬黄、日落黄、诱惑红、胭脂红、靛蓝、二氧化钛、焦糖色(亚硫酸铵法)、赤藓红、胭脂虫红、氧化铁红、高粱红、红曲红、红曲米、叶绿素铜钠(钾)盐、栀子蓝、栀子黄、新红、酸性红、萝卜红、番茄红素、苋菜红、亮蓝
调味和诱食物质	索马甜、海藻糖、琥珀酸二钠、甜菊糖苷、5′-呈味核苷酸二钠、糖精钠、山梨糖醇、食品用香料、牛至香酚、谷氨酸钠、5′-肌苷酸二钠、5′-鸟苷酸二钠、大蒜素
黏结剂、抗结块剂、稳定剂和乳化剂	α-淀粉、三氧化二铝、可食脂肪酸钙盐、可食用脂肪酸单/双甘油酯、硅酸钙、硅铝酸钠、硫酸钙、硬脂酸钙、甘油脂肪酸酯、聚丙烯酸树脂Ⅱ、山梨醇酐单硬脂酸酯、聚氧乙烯 20 山梨醇酐单油酸酯、丙二醇、二氧化硅(沉淀并经干燥的硅酸)、卵磷脂、海藻酸钠、海藻酸钾、海藻酸铵、琼脂、瓜尔胶、阿拉伯树胶、黄原胶、甘露糖醇、木质素磺酸盐、羧甲基纤维素钠、聚丙烯酸钠、山梨醇酐脂肪酸酯、蔗糖脂肪酸酯、焦磷酸二钠、单硬脂酸甘油酯、聚乙二醇 400、磷脂、聚乙二醇甘油蓖麻酸酯、丙三醇、硬脂酸、卡拉胶、决明胶、刺槐豆胶、果胶、微晶纤维素、羟丙基纤维素、羟丙基甲基纤维素、硬脂酸镁、不溶性聚乙烯聚吡咯烷酮(PVPP)、羧甲基淀粉钠、结冷胶、醋酸酯淀粉、葡萄糖酸-δ-内酯、羟丙基二淀粉磷酸酯、羟丙基淀粉、酪蛋白酸钠、丙二醇脂肪酸酯、中链甘油三酯、亚麻籽胶、乙酰化二淀粉磷酸酯、麦芽糖醇、可得然胶、聚葡萄糖、辛烯基琥珀酸淀粉钠
多糖和寡糖	低聚木糖(木寡糖)、低聚壳聚糖、果寡糖、甘露寡糖、低聚半乳糖、壳寡糖(寡聚 β-(1-4)-2-氨基-2-脱氧-*D*-葡萄糖)($n=2\sim10$)、β-1,3-*D*-葡聚糖(源自酿酒酵母)、低聚异麦芽糖
其他	天然类固醇萨洒皂角苷(源自丝兰)、天然三萜烯皂角苷(源自可来雅皂角树)、苜蓿提取物(有效成分为苜蓿多糖、苜蓿黄酮、苜蓿皂苷)、二十二碳六烯酸(DHA)、二十碳五烯酸(EPA)、共轭亚油酸、紫苏籽提取物(有效成分为 α-亚油酸、亚麻酸、黄酮)、硫酸软骨素、植物甾醇(源于大豆油/菜籽油,有效成分为 β-谷甾醇、菜油甾醇、豆甾醇)、透明质酸、透明质酸钠、乳铁蛋白、酪蛋白磷酸肽(CPP)、酪蛋白钙肽(CCP)、二甲基砜(MSM)、硫酸软骨素钠

第二节　氨基酸、氨基酸盐及其类似物

氨基酸是构成蛋白质的基本单位,蛋白质的营养实质就是氨基酸的营养,日粮中蛋白质的供应就是为满足机体对氨基酸的需要。氨基酸分为必需氨基酸和非必需氨基酸,非必需氨基酸可以由必需氨基酸合成,因此我们主要关注必需氨基酸。犬的必需氨基酸有 10 种,分别是赖氨酸、蛋氨酸、苏氨酸、色氨酸、亮氨酸、异亮氨酸、缬氨酸、苯丙氨酸、组氨酸、精氨酸。猫的必需氨基酸有 11 种,比犬仅多了牛磺酸。在犬猫的全价食品中,当原料提供的氨基酸不能满足需要时,一般会补充缺乏的氨基酸。常见的补充氨基酸为:赖氨酸、蛋氨酸、牛磺酸、甘氨酸和色氨酸。在宠物食品中,氨基酸类的添加形式包括游离氨基酸、氨基酸盐和氨基酸类似物(表 5-1)。

一、赖氨酸

赖氨酸(lysine)的化学名称为2，6-二氨基己酸，是碱性必需氨基酸。赖氨酸的主要生理功能包括：参与机体蛋白质的合成，参与能量代谢和调节机体免疫等。赖氨酸缺乏会导致犬猫采食量下降、体重降低和免疫力下降。赖氨酸在谷物中的含量较低，当饲喂以谷物为主、蛋白质含量低的日粮时，赖氨酸通常是第一限制性氨基酸，需要额外添加。在宠物食品加工过程中，尤其是热作用下赖氨酸与葡萄糖发生美拉德反应，会损失一部分赖氨酸，结合后的赖氨酸失去活性，因此需要重点关注热加工对赖氨酸活性的影响。在宠物食品配制过程中还要考虑氨基酸间的拮抗作用，赖氨酸主要与精氨酸发生拮抗。赖氨酸的添加形式包括：*L*-赖氨酸、液体*L*-赖氨酸(*L*-赖氨酸含量不低于50%)、*L*-赖氨酸盐酸盐、*L*-赖氨酸硫酸盐及其发酵副产物(产自谷氨酸棒杆菌、乳糖发酵短杆菌，*L*-赖氨酸含量不低于51%)。游离*L*-赖氨酸和赖氨酸盐的生产成本较低，因此常作为添加剂在宠物食品中应用。

二、蛋氨酸

蛋氨酸(methionine)的化学名称为2-氨基-4-甲巯基丁酸，是一种含硫氨基酸，也是犬猫的必需氨基酸。蛋氨酸是甲基供体，也是转甲基辅酶(S-腺苷甲硫氨酸)和许多蛋白质的重要组成部分，蛋氨酸缺乏会导致犬猫体重下降和多方面的代谢异常。蛋氨酸的添加形式包括*DL*-蛋氨酸、蛋氨酸羟基类似物和蛋氨酸羟基类似物钙盐。

蛋氨酸羟基类似物(methionine hydroxy anadogue，MHA)又称羟基蛋氨酸、液态羟基蛋氨酸，化学名称为*DL*-2-羟基4-甲硫基丁酸。MHA是*L*-蛋氨酸的前体物，可在动物体内酶的作用下合成蛋氨酸，是蛋氨酸的理想替代品。因MHA特殊的化学结构，不但具有抵抗营养物质之间干扰和缓解矿物质之间拮抗的作用，而且具有良好的生物化学稳定性，易被消化吸收，生物学利用度高，既能为宠物提供蛋氨酸的营养，还具有抗菌活性，可以作为酸化剂使用。蛋氨酸可以转化为胱氨酸，因此胱氨酸的需要可由蛋氨酸满足。

蛋氨酸羟基类似物钙盐(methionine hydroxy anadogue calcium，MHA-Ca)，又称羟基蛋氨酸钙盐，化学名称为*DL*-2-羟基4-甲硫基丁酸钙盐。MHA-Ca是用液态羟基蛋氨酸与氢氧化钙或氧化钙中和，经干燥、粉碎和筛分后制得。MHA-Ca作为蛋氨酸的替代品，其效果按质量比计，相当于蛋氨酸的65%～86%。

三、半胱氨酸

半胱氨酸(cysteine)是蛋氨酸的代谢产物，2个半胱氨酸通过二硫键形成胱氨酸，因而NRC宠物营养需要标准和AAFCO宠物食品标准里都提出了总含硫氨基酸(蛋氨酸+胱氨酸)含量的要求。半胱氨酸是合成谷胱甘肽和S-半胱氨酸的重要前体物质。谷胱甘肽是宠物体内重要的抗氧化剂，而S-半胱氨酸存在于猫的尿液中，与猫的信息素产生有关。

L-半胱氨酸盐酸盐(*L*-cysteine hydrochloride)是*L*-半胱氨酸的盐形式，可溶于水，在临床上用于治疗白细胞减少症，在宠物食品中可作为风味剂、营养增补剂、抗氧化剂和护色剂。

四、牛磺酸

牛磺酸(taurine)化学名称为β-氨基乙磺酸，也被称为牛黄酸、牛胆酸、牛胆碱、牛胆素，是一种含硫氨基酸。牛磺酸并不是蛋白质的组成成分，它是蛋氨酸和半胱氨酸的代谢产物。牛磺酸的生理功能包括：抗氧化作用，免疫调节作用，对视觉系统、生殖系统和心脏的保护作用。国家标准《全价宠物食品　猫粮》(GB/T 31217—2014)规定猫粮干粮中牛磺酸含量应不低于0.1%，湿粮中牛磺酸含量应不低于0.2%(均以干物质计)。

第三节　维生素及类维生素

维生素是动物维持生理机能所必需的一类小分子有机化合物，大多数维生素不能或不能完全由宠物机体合成，必须从饲粮中得以补充。维生素分为脂溶性维生素和水溶性维生素。在宠物食品生产过程中，维生素类通常以预混料的方式添加到宠物食品中。

一、脂溶性维生素

脂溶性维生素是不溶于水而溶于脂肪、乙醚及氯仿等非极性有机溶剂的一类维生素，包括维生素 A、维生素 D、维生素 E 和维生素 K。

（一）维生素 A

维生素 A 的添加形式包括维生素 A、维生素 A 乙酸酯、维生素 A 棕榈酸酯。胡萝卜素是维生素 A 的前体，分为 α-胡萝卜素、β-胡萝卜素、γ-胡萝卜素和隐黄素。犬可以在体内将 β-胡萝卜素转化成维生素 A，但是猫不能有效利用 β-胡萝卜素或其他类胡萝卜素。《饲料添加剂安全使用规范》没有对全价宠物食品中维生素 A 的最高限量进行规定，NRC、AAFCO 和 FEDIAF 对维生素 A 规定了最高限量，见第七章。

（二）维生素 D

维生素 D 与钙、磷代谢密切相关，幼龄犬猫维生素 D 缺乏时会出现佝偻病，成年犬猫则表现为软骨症。维生素 D 中最重要的两种形式是胆钙化醇（维生素 D_3）和麦角钙化醇（维生素 D_2）。维生素 D 在体内经过 2 步羟基化作用转化为有生物活性的类固醇激素才能发挥作用。根据《饲料添加剂安全使用规范》要求，对于除畜禽以外的其他动物维生素 D 的最高限量是 2 000 IU/kg，且维生素 D_2 与维生素 D_3 不得同时使用。NRC、AAFCO 和 FEDIAF 对维生素 D 规定了最高限量，见第七章。

（三）维生素 E

维生素 E 是重要的抗氧化剂，添加形式包括天然维生素 E、*DL*-α-生育酚、*DL*-α-生育酚乙酸酯，有液体和固体两种。液体维生素 E 由于安全天然、脂溶性强、便于喷涂阶段添加、抗氧化效果好等优点，在宠物食品中应用非常广泛。

（四）维生素 K

维生素 K 是 2-甲基-1，4-萘醌及其衍生物的总称，在宠物体内主要起凝血作用。维生素 K 包括维生素 K_1、维生素 K_2 和维生素 K_3。维生素 K_1 又称叶绿醌，化学名称为 2-甲基-3-植基-1，4-萘醌，是一种天然存在的维生素，广泛地分布于植物中。同为天然维生素的还有维生素 K_2，又称甲基苯醌，存在于动物组织和细菌中。维生素 K_3 又称甲萘醌，是人工合成的维生素，活性比维生素 K_1、维生素 K_2 都要高，商品维生素 K 多是维生素 K_3 制剂。维生素 K_3 的添加形式主要有亚硫酸氢钠甲萘醌（维生素 K_3）、二甲基嘧啶醇亚硫酸甲萘醌、亚硫酸氢烟酰胺甲萘醌，它们的性质更稳定，价格更低廉，在宠物食品中应用广泛。犬猫肠道中能生成维生素 K，一般不需添加。

二、水溶性维生素

水溶性维生素是可溶于水而不溶于非极性有机溶剂的一类维生素，包括 B 族维生素（维生素 B_1、维生素 B_2、维生素 B_3、维生素 B_5、维生素 B_6、维生素 B_{12}、叶酸、生物素）、胆碱和维生素 C。

（一）B 族维生素

B 族维生素种类较多，均属于水溶性维生素。维生素 B_1 又称硫胺素，添加形式有盐酸硫铵和硝酸硫铵。维生素 B_2 又称核黄素，有 80% 和 98% 含量的剂型，有粉剂也有包被的颗粒形式。维生素 B_3 又称烟酸，其添加形式有烟酸和烟酰胺。维生素 B_5 又称泛酸，其添加形式有 *D*-泛醇、*D*-泛酸钙、*DL*-泛酸钙。维生素 B_6 包括吡哆醇、吡哆醛、吡多胺及其磷酸化结构，常见的添加形式为盐酸吡哆醇。维生素 B_{12} 又称钴胺素，常见的添加形式为氰钴胺。叶酸、*D*-生物素也有添加。在添加 B 族维生素时，注意其添加的形式和含量，因加热能破坏维生素，因此宠物食品经过加工、储存以及售卖的过程中避免维生素的损失，保证在宠物吃到食品时能摄入足够的维生素。维生素 B_2 和叶酸是黄色，而维生素 B_{12} 是红色的，其他大部分是白色的。

（二）胆碱

胆碱（choline）不属于传统意义上的维生素，它是合成磷脂酰胆碱和鞘磷脂所必需的物质，同时胆碱也是重要的甲基供体，有时也归为 B 族维生素。缺乏胆碱会导致宠物采食下降、体重降低和脂肪在肝中沉积。胆碱的添加形式有氯化胆碱和酒石酸氢胆碱。酒石酸氢胆碱是一种营养增补剂和祛脂剂，能促进脂肪的代谢，防止脂肪在肝脏中的积累。

(三)维生素 C

维生素 C 又称抗坏血酸,是一种水溶性维生素,有较强的抗氧化活性,添加形式有 *L*-抗坏血酸、*L*-抗坏血酸钙、*L*-抗坏血酸钠、*L*-抗坏血酸-2-磷酸酯、*L*-抗坏血酸-6-棕榈酸酯。由于犬猫能够利用葡萄糖合成正常代谢所需要的维生素 C,一般不需要额外添加,所以维生素 C 在宠物食品中应用较少。

三、类维生素

类维生素是指一类具有非常类似维生素功能的生物活性物质,如肌醇、*L*-肉碱、*L*-肉碱盐酸盐、甜菜碱、甜菜碱盐酸盐、*L*-肉碱酒石酸盐、酒石酸氢胆碱等。

(一)肌醇

肌醇(inositol)又称环己六醇,广泛分布在动物和植物体内。在动物体内,肌醇主要以磷脂肌醇的形式存在。肌醇是磷脂的组成部分,对维护细胞膜功能有重要作用。肌醇有改善宠物脂质代谢和毛发健康的作用。

(二)肉碱

肉碱(carnitine)又称肉毒碱,是一种类维生素物质。肉碱的 *L* 型、*D* 型和 *DL* 型 3 种光学旋光体中,只有左旋肉碱(*L*-肉碱)具有生理活性,而 *D*-肉碱和 *DL*-肉碱则会竞争性地抑制肉碱乙酰转移酶(CAT)和肉碱脂肪酰转移酶(PTC)的活性,因此只有左旋肉碱可以用作宠物食品添加剂。左旋肉碱可以促使机体脂肪转化成能量,具有降脂减肥的作用,常用于犬、猫减肥粮中。*L*-肉碱酒石酸盐是以 *L*-肉碱和酒石酸为原料合成的宠物食品添加剂,是 *L*-肉碱的稳定形式,可以在宠物食品中广泛应用。根据《饲料添加剂安全使用规范》要求,*L*-肉碱酒石酸盐在全价宠物食品中的最高限量(以 *L*-肉碱计)为犬 660 mg/kg,成年猫(繁殖期除外)880 mg/kg。

(三)甜菜碱

甜菜碱又称三甲胺乙内酯,是一种生物碱,在机体内作为甲基供体,与胆碱、蛋氨酸、维生素 B_{12} 的功能类似,可替代一部分蛋氨酸。甜菜碱具有促进脂肪代谢和蛋白质合成、调节体内渗透压、缓和应激、提高瘦肉率的作用。甜菜碱盐酸盐是甜菜碱的盐形式,为白色至微黄色结晶性粉末,味呈酸涩,具吸潮性,易溶于水和乙醇,是甜菜碱的常见添加形式。

第四节　矿物元素及其络(螯)合物

矿物元素是宠物机体的重要组成成分,在宠物食品加工过程中主要以预混料的方式添加。矿物元素及其络(螯)合物包括钙、磷、钠、钾、氯、镁、硫等常量元素,铁、锌、锰、铜、钴、碘、硒、钼、氟、铬、硼等微量元素。矿物元素包括无机矿物元素和有机矿物元素。常见的无机矿物元素添加形式有盐酸盐、硫酸盐、碳酸盐、磷酸盐和焦磷酸盐。常见的有机矿物元素添加形式有乳酸盐、葡萄糖酸盐、氨基酸络(螯)合物、酵母培养产物。大多数矿物元素都有最大限量的要求,各矿物元素之间具有拮抗作用,因此需要注意矿物质之间的平衡。有些矿物元素过量会导致宠物中毒。无机矿物元素价格较低廉,有机矿物元素价格较贵,但是有机微量元素的吸收率较高。

一、常量元素

(一)钙和磷

钙(Ca)和磷(P)对宠物的骨骼发育关系密切。常用含钙的饲料原料有骨粉、蛋壳粉等,常用含钙的饲料添加剂有碳酸钙、氯化钙、乳酸钙、葡萄糖酸钙,常用含磷的饲料添加剂有磷酸氢钙、磷酸二氢钙和磷酸三钙。

(二) 钠和氯

钠(Na)和氯(Cl)最常用的添加形式是氯化钠,也称食盐。钠的添加形式还有碳酸氢钠、硫酸钠、磷酸二氢钠和磷酸氢二钠等。

(三) 镁

镁(Mg)主要参与骨骼和牙齿的形成,镁的常见添加形式有氯化镁、硫酸镁、碳酸镁和氧化镁。《饲料添加剂安全使用规范》并未对宠物食品中镁的最高限量进行规定,但是规定了畜禽动物饲料中镁的最高限量为 0.3%(猪和家禽)和 0.5%(牛和羊),可供参考。

二、微量元素

(一)铁

铁(Fe)是血红蛋白和肌红蛋白的重要成分，与造血机能和氧的运输过程关系密切。铁的常见添加形式有硫酸亚铁、氯化亚铁、碳酸亚铁、富马酸亚铁、乳酸亚铁、柠檬酸铁络合物和氨基酸螯合铁等。《饲料添加剂安全使用规范》对全价宠物食品中铁的最高限量为 1 250 mg/kg。

(二)铜

铜(Cu)在血红素合成和红细胞成熟过程中起重要作用。铜的常见添加形式有硫酸铜、氯化铜、碱式氯化铜、葡萄糖酸铜和蛋氨酸铜络(螯)合物等。《饲料添加剂安全使用规范》对全价宠物食品中铜的最高限量为 25 mg/kg。

(三)锌

锌(Zn)是许多酶的组分，参与宠物大脑神经发育，与宠物皮肤、毛发健康和繁殖机能关系密切。铜的常见添加形式有硫酸锌、氧化锌、葡萄糖酸锌和蛋氨酸锌络(螯)合物等。《饲料添加剂安全使用规范》对全价宠物食品中锌的最高限量为 200 mg/kg。

(四)锰

锰(Mn)是许多酶的组分，与宠物的生长、繁殖和骨骼发育有关。锰的常见添加形式有硫酸锰、碳酸锰、氯化锰和蛋氨酸锰络(螯)合物等。《饲料添加剂安全使用规范》对全价宠物食品中锌的最高限量为 150 mg/kg。

(五)硒

硒(Se)是谷胱甘肽过氧化物酶的组成成分，参与机体抗氧化作用。硒的常见添加形式有亚硒酸钠和酵母硒。酵母硒中有机硒主要以硒代氨基酸的形式存在。《饲料添加剂安全使用规范》对全价宠物食品中硒的最高限量为 0.5 mg/kg。

(六)碘

碘(I)是甲状腺激素的成分，与宠物的生长发育有关。碘的常见添加形式有碘化钾、碘酸钾、碘酸钙和二氢碘酸乙二胺(EDDI)。《饲料添加剂安全使用规范》对全价宠物食品中碘的最高限量为 10 mg/kg。

(七)钴

钴(Co)是维生素 B_{12} 的组成成分。钴的常见添加形式有氯化钴、硫酸钴、碳酸钴、乙酸钴和葡萄糖酸钴等。《饲料添加剂安全使用规范》对全价宠物食品中钴的最高限量为 2 mg/kg。一般在宠物食品中不添加钴，而是添加维生素 B_{12}。

(八)铬

铬(Cr)的常见添加形式有烟酸铬、酵母铬、蛋氨酸铬和吡啶甲酸铬。《饲料添加剂安全使用规范》对全价宠物食品中铬的最高限量为 0.2 mg/kg。

第五节　酶制剂

酶是一类具有生物催化作用的蛋白质。饲用酶制剂可以分为以助消化为目的的消化类酶制剂和以降解单一及多组分的抗营养因子为目的的功能性酶制剂。酶制剂可以减缓宠物食品中抗营养因子的影响，促进宠物肠道健康和营养吸收率，降低宠物腹泻风险，在宠物食品中有较大的应用潜力。

饲用酶制剂的生产方法可以分为两种：一种是从动、植物组织或汁液中提取分离酶；另一种是采用微生物发酵法生产酶。随着科学技术的发展，生物技术已用于酶制剂的生产，可提高酶制剂的生产效率，降低生产成本。饲用酶制剂可分为单一酶制剂和复合酶制剂。单一酶制剂均是采用微生物液态发酵法生产而成的纯酶制剂。复合酶制剂分为两种：一种是通过复配方法按照不同动物生长需求将单一酶制剂进行配制；另一种是通过固态发酵法将单菌株或混合菌接种在固态物料培养基上发酵获得。酶制剂根据其作用原理可以分为消化性酶制剂和功能性酶制剂。

一、消化性酶制剂

消化性酶可以帮助宠物将食物中大分子物质进行消化，提高宠物食品的利用率，包括淀粉酶、蛋白酶、脂肪酶、纤维素酶等。消化酶除了添加在宠物食品中帮助宠物消化，还可以用在原料预消化过程中。

蛋白酶是水解蛋白质肽链的一类酶的总称，常见的蛋白酶有木瓜蛋白酶、菠萝蛋白酶、胃蛋白酶、胰蛋白酶和碱性蛋白酶等。蛋白酶可以提高宠物对蛋白质的消化率,此外原料经蛋白酶水解后产生的多肽和氨基酸可以改善宠物食品的适口性。因此,蛋白酶常用于生产宠物饲料复合调味料(或口味增强剂)。

淀粉酶是可以水解淀粉的酶类总称。目前市场上的宠物食品以膨化粮为主,膨化生产工艺需要添加一定量的淀粉,而犬猫胰淀粉酶的含量和活性都较低,因此可以通过添加淀粉酶来提高宠物食品中淀粉的消化率。

二、功能性酶制剂

葡萄糖氧化酶是一种需氧脱氢酶,可以催化氧气和β-D-葡萄糖反应,生成葡萄糖酸和过氧化氢。添加葡萄糖氧化酶在动物肠道中生成的过氧化氢可以释放出氧自由基,具有广谱的抑菌作用,氧气消耗形成的厌氧环境利于益生菌的生长繁殖。葡萄糖酸的生成可以降低消化道的 pH,提高消化酶活性,改善动物肠道健康和消化能力。

植酸磷是植物中磷元素的主要储存方式,在谷物豆类原料中 60%～90%的磷以植酸磷的形式存在。植酸磷不能被宠物直接消化吸收,而植酸酶可以将植酸磷中的磷元素释放出来,提高饲料利用效率。

半乳糖苷酶又称半乳糖苷水解酶和乳糖酶,能催化乳糖水解为半乳糖和葡萄糖,常见的有α-半乳糖苷酶和β-半乳糖苷酶。成年犬猫机体乳糖酶活性降低,对乳糖不耐受,因此采食含乳糖日粮后,容易出现腹泻。用半乳糖苷酶水解乳制品中的乳糖可以解决犬猫因乳糖不耐受导致的消化问题。

溶菌酶(lysozyme)又称胞壁质酶或 N-乙酰胞壁质聚糖水解酶,是一种能水解细菌中黏多糖的碱性酶。溶菌酶主要通过破坏细胞壁中的 N-乙酰胞壁酸和 N-乙酰氨基葡萄糖之间的β-1,4 糖苷键,使细胞壁不溶性黏多糖分解成可溶性糖肽,导致细胞壁破裂内容物逸出而使细菌溶解。

第六节　益生菌和益生元

一、益生菌

微生物中益生菌是一类能够对肠道产生有益作用,改善宿主肠道微生态平衡的活性有益微生物。在宠物食品中,使用比较广泛的有植物乳杆菌、嗜热链球菌、粪肠球菌、双歧杆菌、凝结芽孢杆菌和枯草芽孢菌等。

在宠物益生菌的选择上需要考虑其安全性、稳定性和肠道定植能力。大部分益生菌不能耐高温,因此在宠物食品中往往通过后喷涂的方式添加。某些益生菌需要低温才能保持活性。益生菌也可以作为宠物营养补充剂,以粉剂、片剂、胶囊或液体等方式饲喂犬猫,使用的效果存在一定差异。尽管众多研究证明益生菌有益于宠物的肠道健康和免疫功能,但目前没有规定益生菌的适宜添加剂量。

二、益生元

益生元(寡糖)是可以选择性地刺激益生菌的生长与活性并可以作为膳食使用的补充剂,主要是低聚糖,包括低聚木糖、低聚半乳糖、低聚异麦芽糖等。益生菌和益生元二者组合制剂称作合生元。合生元可以通过益生元选择性地刺激肠道中一定种类益生菌群的生长,从而达到维持动物机体健康、增强机体活力的目的,比起单独使用益生元或益生菌效果更佳。后生元是指对宿主健康有益的灭活微生物及其代谢产物,成分包括维生素、有机酸、多糖、多肽和酶等。目前,益生菌和益生元等产品在宠物上的使用缺少相应的标准规范。

第七节　抗氧化剂

在宠物食品中,抗氧化剂主要有两个作用,一是防止脂肪和油出现脂质氧化而发生变质;二是防止自由基损伤宠物机体细胞及伤害机体生物功能。宠物食品中油脂的氧化不可避免,添加抗氧化剂可以减缓它的氧化速度。动物机体消化、运动甚至是呼吸,都会产生氧自由基,自由基一旦形成就会引发连锁反应,破坏健康细胞,进而引发多种疾病,抗氧化剂通过自身发生反应,替代机体发生自由基氧化损伤。

一、宠物食品的氧化作用

氧化是宠物食品在加工和储存过程中导致品

质下降的主要原因之一。容易发生氧化的物质包括油脂、维生素、色素、蛋白质。

(1)油脂　油脂经氧化过程营养价值下降，产生腐臭气味，降低产品的适口性；

(2)维生素　特别是脂溶性维生素(维生素A、维生素D、维生素E和维生素K)，在氧化过程中生物利用度降低，显著影响动物的健康和生长；

(3)类胡萝卜素等色素　虾青素、叶黄素或玉米黄质等色素一旦氧化，会褪色甚至颜色消失；

(4)蛋白质　氧化的油脂和脂肪可与氨基酸残基或肽链的侧链相互作用，导致蛋白质营养价值降低。宠物食品氧化带来的破坏如果不加以控制，会导致严重的营养缺乏，对宠物个体健康和福利产生负面影响。

二、常见的抗氧化剂

宠物饲粮中使用比较广泛的抗氧化剂包括迷迭香提取物、乙氧基喹啉(ethoxyquin，EMQ)、丁基羟基茴香醚(BHA)、二丁基羟基甲苯(BHT)、硫代二丙酸二月桂酯、甘草抗氧化物、*D*-异抗坏血酸及其纳盐、植酸。

(一)迷迭香提取物

迷迭香是一种多年生唇形科迷迭香属植物，原产于地中海地区。迷迭香中含有黄酮类、萜类(包括单萜、二萜、三萜)、多支链烷烃、氨基酸及有机酸等多种化合物。其中迷迭香中的二萜酚类是发挥抗氧化活性的主要成分，包括迷迭香酸、鼠尾草酸、迷迭香二醛、鼠尾草酚、迷迭香二酚、表迷迭香酚、异迷迭香酚等。这些抗氧化成分赋予了迷迭香较高的抗氧化活性。

迷迭香富含类异戊二烯醌，可作为自由基的链终止剂和活性氧(ROS)的螯合剂；迷迭香酸则可以与不饱和脂肪酸竞争，与自由基结合，防止过氧化的连锁反应，从而减缓脂质过氧化的速度。

近期，欧盟的一项研究论证了迷迭香提取物在宠物中使用的安全剂量，在犬和猫上分别是300 mg/kg和50 mg/kg。我国《饲料添加剂安全使用规范》对其含量规格进行了要求，脂溶性产品总抗氧化成分(以鼠尾草酸和鼠尾草酚计)大于等于10%，水溶性产品迷迭香酸含量大于等于5%。

(二)乙氧基喹啉

乙氧基喹啉(EMQ)是一种人工合成的抗氧化剂，是迄今为止在饲料工业中应用最为广泛的抗氧化剂，它从生产、运输、储存直到动物体内消化全过程都发挥抗氧化作用，尤其对脂溶性维生素的保护作用。但是，乙氧基喹啉对犬的安全性存在一定的争议。我国《饲料添加剂安全使用规范》中规定乙氧基喹啉在宠物食品中的最高限量为100 mg/kg。

(三)丁基羟基茴香醚和二丁基羟基甲苯

二丁基羟基甲苯(BHT)和丁基羟基茴香醚(BHA)也是常用的抗氧化剂，我国《饲料添加剂安全使用规范》中规定的最高限量均为150 mg/kg。

(四)硫代二丙酸二月桂酯

硫代二丙酸二月桂酯又称抗氧剂DLTP、硫代二丙酸双十二烷酯、抗氧剂DLTDP，属于有机二硫化物类助抗氧剂，常温下为白色鳞片状结晶或结晶性粉末。它能作为一种过氧化物分解剂分解油脂自动氧化链反应中产生的氢氧化物(ROOH)，起到中断链反应进行的目的，达到抗氧化、延长食品保质期的作用。硫代二丙酸能有效终止醛的过酸氧化和烯烃的环氧化，同时和酚类抗氧剂并用可产生协同效应，具有不污染、不着色、高温加工时不分解的特点，一般可由硫代二丙酸与月桂醇酯化制得。

(五)甘草抗氧化物

甘草属豆科甘草属，是多年生草本植物，是药食两用资源。甘草中的生理活性成分主要有三萜类化合物、黄酮类化合物及甘草多糖类化合物。其中，黄酮类成分普遍具有抗氧化活性，具有较强的清除自由基作用，尤其是对氧自由基的作用效果更强，因而可抑制油脂过氧化终产物丙二醛的生成，中断脂质的氧化反应链，从而抑制了油脂酸败。甘草抗氧化物的耐热性好，可有效地抑制高温炸油中羧基价的升高，能从低温到高温(250 ℃)范围内发挥其强抗氧化作用。同时，甘草抗氧物还可抑制油脂的光氧化作用。甘草的提取物作为抗氧化物剂，可以应用到油脂制品、肉制品、烘焙食品、膨化食品等宠物食品中。

(六)*D*-异抗坏血酸及其钠盐

D-异抗坏血酸又称赤藻糖酸钠，是人工合成的*L*-抗坏血酸(维生素C)的对应异构体。作为一种新型生物型食品抗氧、防腐保鲜助色剂，其钠

盐在国内外广泛使用，常用于葡萄酒或饮料、腌制品等的生产中，能防止腌制品中致癌物质亚硝胺的形成，根除食品饮料的变色、异味和浑浊等不良现象。*D*-异抗坏血酸可由淀粉经生物发酵和化学转化得到，可作为维生素 C 的替代品添加在宠物食品中。

（七）植酸

植酸（肌醇六磷酸）是一种天然抗氧化剂，存在于谷类、蔬菜、坚果和天然油脂中。植酸以盐的形式自然存在，如植酸 Na_2Mg_5、K_2Mg_5 和 Ca_2Mg_5。当所有 6 个碳都与磷酸基团相连时，这种化合物就被称为肌醇六磷酸。与常见的结合消耗活性氧的抗氧化剂不同，磷酸在 1、2 和 3 位的独特结构，使得它拥有与铁相对较高的结合力，抑制其催化羟基自由基的能力，使得植酸成为一种有效的抗氧化剂。

第八节　防腐剂

宠物食品的质量损失和变质是由一系列的物理、化学、酶和微生物反应引起的。防腐剂是用来防止产品在储存、配送、零售和消费过程中发生变质。食品一旦变质腐坏不仅会影响口感，导致营养流失，还会严重影响食用安全。腐坏发霉的食品中往往携带着大量的有害微生物，会对宠物的肠道健康造成十分不利的影响。为了保证产品品质，防止由于细菌和真菌的生长而使食物变质，延长宠物食品的货架期，减少经济损失，利用食品防腐剂、防霉剂和酸度调节剂来提升食品品质已经成为食品工业的共识，也是食品生产加工中必不可少的环节。

一、防腐剂的作用原理

许多防腐剂是多功能的，其可通过抑制氧化、褐变或酶促反应来延长保质期，通过抑制或杀死病原体和腐败微生物来确保微生物的安全；或通过调节食品的 pH，破坏微生物适宜繁殖的酸碱度环境，起到抑制霉菌、酵母及多数腐败菌生长繁殖的效果，同时对微生物细胞膜的通透性产生一定程度的抑制作用，从而进一步阻碍微生物的繁殖。

为特定的宠物食品选择合适的防腐剂时，必须考虑几个因素，包括微生物的类型（病原体或污染菌）、pH、成分、物理状态和产品的保质期等。更重要的是要考虑它们可能会影响产品的感官特性，如味道或颜色。

二、防腐剂的分类

宠物食品防腐剂可分为人工合成防腐剂和天然提取防腐剂。

（一）人工合成防腐剂

人工合成防腐剂是通过化学反应合成的，它具有高效、方便、低成本的特点，已成为我国应用最广泛的防腐剂。根据其化学成分不同，进一步可分为酸性防腐剂、酯类防腐剂和无机盐防腐剂。①酸性防腐剂通过调整酸碱度，破坏微生物适宜繁殖的酸碱度环境，起到抑制杂菌生长繁殖的效果；②酯类防腐剂则是先通过破坏微生物的细胞膜，使细胞内的蛋白质发生变性；同时抑制微生物细胞的呼吸酶系及电子传递酶系的活性。但其自身具有一定的涩味，一定程度上影响食品的风味，通常与其他防腐剂协同共用降低添加量；③无机盐防腐剂常见的有二氧化硫、亚硫酸盐及亚硝酸盐等。

1. 亚硝酸钠

亚硝酸钠为白色或淡黄色结晶、棒状或粉末，无臭，味微咸。亚硝酸盐和硝酸盐是肉毒杆菌的有效抑制剂，一般用于腌制肉食类食品，可有效预防肉毒杆菌中毒，并且可以防止鲜肉在空气中被逐步氧化成灰褐色的变性肌红蛋白，而使肉制品保持鲜红色。在饲料工业中，可作为防腐剂抑制微生物的繁殖。首先，亚硝酸钠与肌肉中的乳酸作用产生亚硝酸，亚硝酸不稳定分解成 NO 和 O_2，NO 与蛋白质结合形成复合物，阻止丙酮酸降解和 ATP 释放过程，破坏细菌的生长环境。其次，O_2 可以抑制厌氧肉毒梭菌在肉深层的繁殖，从而防止肉毒梭菌产生肉毒杆菌毒素引起的食物中毒，达到防腐的目的。亚硝酸钠仅限用于水分含量≥20%的宠物饲料，使用最高限量为 100 mg/kg。

2. 氢氧化钙

氢氧化钙是由石灰制成的白色粉末，传统上称为熟石灰，是一种无机化合物，有许多医疗和工业用途。氢氧化钙具备低毒性，食品级氢氧化钙可直接用于食品工业的生产中。氢氧化钙作为一种强碱溶液，常被用作 pH 的调节工具，是抗酸剂中最常见的成分。

3. 乙二胺四乙酸二钠

EDTA 二钠（又称乙二胺四乙酸二钠，disodium EDTA），是《食品安全国家标准　食品添加剂使用标准》（GB 2760—2014）允许使用的一种食品添加剂，可以阻止或延缓食品发生褪色、氧化、酸败、浑浊及风味改变等反应，对食品起到护色、稳定、抗氧化和防腐的作用。乙二胺四乙酸二钠又是化学中一种良好的配合剂，它有 6 个配位原子，形成的配合物称作螯合物，其能螯合溶液中的金属离子，防止金属引起的变色、变质、变浊和维生素 C 的氧化损失。由于油脂中的微量金属如铁、铜等有促进油脂氧化的作用，添加乙二胺四乙酸二钠螯合其中的金属离子可达到抗氧化的作用。

4. 乳酸钠和乳酸钙

乳酸是一种弱有机酸，可作为 pH 调节剂，其中乳酸盐具有防腐作用，能有效抑制病原微生物的生长，延长食品货架期。乳酸的大多数应用都与降低 pH 值的效果有关，改善各种食品的质量和控制微生物的生长。乳酸作为弱亲脂酸可以非离解形式穿过细胞膜，在细胞内离解并使细胞内部酸化。由于细胞的大部分能量被用来维持内部 pH，最终结果导致微生物的生长速度降低。研究表明，乳酸盐在较低的 pH 下比近中性值下有更高的抗菌活性，而且有机酸比无机酸的抑菌效果更有效。

5. 脱氢乙酸及其钠盐

脱氢乙酸别名 α,γ-二乙酰基乙酰乙酸、脱氢醋酸，呈白色或淡黄色结晶粉末状物，无臭、无味，难溶于水，其相应的钠盐为白色或近白色结晶性粉状物质，无臭，易溶于水，耐光、耐热性好。脱氢乙酸对酵母菌、霉菌有着极强的抑制作用，并且不会随着酸碱度和温度的改变使抑菌效果受到影响。脱氢乙酸及其钠盐是继苯甲酸及其钠盐、山梨酸及其钾盐和对羟基苯甲酸酯类及其钠盐后的新型宠物食品防霉防腐剂。

6. 琥珀酸

琥珀酸是一种脂肪族二元羧酸（二酸），天然存在于生物体中。琥珀酸能在人体所有细胞的线粒体内提供生物体所需的能量，因此参与各种重要的生物作用。在宠物食品生产中，琥珀酸广泛用作螯合剂和 pH 调节剂，同时还具备抗氧化特性，是一种安全的防腐剂。

7. 焦磷酸二氢二钠和磷酸三钠

磷酸盐具有 3 个基本功能，即螯合金属离子、缓冲控制 pH 和提供多价阴离子来增加溶液的离子强度。在含肉的产品中，磷酸盐可用于提高产品质量，通过增加水结合和肉结合，增强乳化，延缓氧化酸败和颜色变化。

焦磷酸二氢二钠是一种化学添加剂和防腐剂，又称二磷酸二氢二钠、二磷酸二钠、焦磷酸二钠，为无味的白色粉末，是一种被允许使用的食品防腐剂，其可以充当螯合剂与多价金属离子形成螯合物，延缓氧化腐败。同样地，磷酸三钠也具备提高食品的络合金属离子、pH、增加离子强度等的作用，在食品中起到防腐的作用。

（二）天然提取防腐剂

天然食物防腐剂是指从植物、动物和微生物体内或其代谢产物中分离提取的一类具有抗菌防腐作用的功能性物质，具有抗菌性强、安全性高、热稳定性好等优点。根据其来源可分为植物防腐剂、动物防腐剂和微生物防腐剂。

1. ε-聚赖氨酸盐酸盐

ε-聚赖氨酸（ε-PL）是一种天然生物防腐剂，是白色链霉菌以葡萄糖作为碳源发酵得到的代谢产物之一，由 25～35 个赖氨酸残基通过分子间羧基与氨基缩合形成酰胺键连接而成的 *L*-赖氨酸同型聚合物，对致病性病原体如枯草芽孢杆菌、大肠杆菌、乳酸菌、金黄色葡萄球菌、酵母和霉菌有抗菌活性。

2. 乳酸链球菌素

乳酸链球菌素是乳酸菌亚属某些菌株产生的一种细菌素，具有广谱效应。由 34 个氨基酸组成的多环抗菌肽，具有总正电荷和两亲性。它通过形成短暂的气孔破坏细胞膜的完整性，导致细胞物质（如氨基酸和三磷酸腺苷）从细菌中快速流出，从而破坏细胞。由于乳酸链球菌素的热稳定性和耐酸性，同时食用后可被体内的蛋白酶降解为氨基酸并被吸收，也不会对肠道菌群产生影响，因此被认为是一种天然、安全、高效的生物防腐剂。

第九节 着色剂

着色剂的添加可以改善饲料的色泽，改善动物的皮肤色泽。同时，动物的生命活动需要色素，其积累的色素大多为类胡萝卜素类化合物。动物不能自身合成色素，需由食物来补充。因此，在饲料中添加色素是十分必要的。

《饲料添加剂品种目录》中规定适合宠物食品食用的着色剂有β-胡萝卜素、天然叶黄素（源自万寿菊）、虾青素、柠檬黄、日落黄、诱惑红、胭脂红、靛蓝、二氧化钛、焦糖色（亚硫酸铵法）、赤藓红、胭脂虫红、氧化铁红、高粱红、红曲红、红曲米、叶绿素铜钠（钾）盐、栀子蓝、栀子黄、新红、酸性红、萝卜红、番茄红素、苋菜红、亮蓝。

一、着色剂的分类

按原料来源分类，食品天然着色剂可以分为植物（如各种花青素，类胡萝卜素）、动物（如脑脂虫红）、微生物（如红曲红）和矿物着色剂（如二氧化钛）等。根据色调可以分为红紫、黄橙和蓝绿色等种类，根据其化学成分，具体可以分为叶绿素、血红素、花青素和胡萝卜素等，目前，绝大多数天然着色剂都来自动植物组织。与化学合成着色剂相比，天然着色剂一般来源于可食动植物，安全性高，对人体无毒副作用，很多天然着色剂含有人体必需的营养物质或其本身就是维生素或具有维生素，甚至还可以起到保健作用。天然着色剂的颜色是自然形成的，部分着色剂还带有香气，可增加食品的风味；有的天然着色剂还可作为抗氧化剂和防腐剂。植物着色剂的提炼比较困难，一般情况下，其生产成本与合成着色剂相比相对较高，而且会受到植物的种类、产地和生长季节的影响。植物着色剂种类较多，性质内容极其复杂。有些与其他物质化合，还会产生异味。与化学合成着色剂比较，天然着色剂着色强度较低，而且着色很不均匀，而且容易受到光、热、氧、金属离子的影响。就天然着色剂来说，其专用性极强，并不是在所有宠物食品中都适用。

二、着色剂的稳定性与安全性

（一）着色剂的稳定性

从化学结构看，类胡萝卜素衍生物由于含有不饱和双键，它们的抗氧化性能较差，很不稳定，极易被氧化剂氧化而变质，降低着色效果。为保证着色剂衍生物着色性能，必须预处理，添加抗氧化剂衍生物后再应用喷雾法制成稳定的流动性能良好的着色剂微粉粒，以保证着色剂应有的着色效果。

（二）着色剂的安全性

着色剂的安全性一直受到人们的关注。经过几十年的实践和严格的安全性评定，我国允许使用的着色剂均安全可靠。由于国内外关于饲料添加剂的要求存在差异，进口宠物食品需提前办理检疫审批手续，且生产到出口周期较长，检验检疫部门提醒进口宠物食品企业提早应对、避免损失。另外，不同国家的规定存在差异，宠物饲料出口企业在着色剂使用上除了要符合我国《饲料添加剂安全使用规范》，还要符合对应输入国的要求。

第十节 调味剂

一、概念

调味剂又称诱食剂，指用于改善宠物食品适口性，增进宠物食欲的添加剂。调味剂是由刺激嗅觉的香气成分、刺激味觉成分和辅助制剂组成的，因宠物的生活环境、生理特点、感受器官及气味、味道的传播介质不同而有所区别。这些物质中有些是主要以香气味道为特征的，有些则只是使香气味道更为醇厚、柔和而已。

辅助制剂虽不是调味剂的有效成分，但对调味剂的效力有影响，它的品种选择和比重、粒度等理化性质不仅会影响香气的散发、吸附平衡和稳定性，还会影响在掺入饲料时的均匀程度。

二、调味剂的特性

调味剂的作用因宠物口味喜好常常相差甚远，感官对某一气味的生理阈值差别也很大。因此，在配制和选择应用时就必须遵循有效性标准、物理化学标准和安全标准。与其他添加剂相比，调味剂独特之处在于其物理化学上有一定的稳定性。香味剂既要散发“香气”，又要有一定的货架寿命。高温制料过程会促使风味物质水解和氧化酸败，饲料调味剂应经得住制料过程的高温破坏作用，以免饲料产生讨厌的风味和气味。调味剂与饲料成分的物理、化学配伍性，对其功效影响很大。铜、钾、尿素、氧化胆碱、鱼粉、颗粒黏结剂、防腐剂和药物等饲料组分对调味剂的功效和质量会产生不利影响；而脂肪、食盐、葡萄糖、某些氨基酸等饲料组分则有利于饲料香味的稳定，甚至产生增效作用。

三、调味剂的种类

《饲料添加剂品种目录》中规定宠物食品中可以使用的调味物质为：海藻糖、琥珀酸二钠、甜菊糖苷、5′-呈味核苷酸二钠、糖精钠、山梨糖醇、食品用香料、牛至香酚、谷氨酸钠、索马甜、大蒜素。猫对甜味不敏感，但是对酸味比较喜爱。

海藻糖是由两分子葡萄糖通过半缩醛羟基缩合以 α，α-1，1 糖苷键连接而成的非还原性二糖。海藻糖广泛存在于细菌、真菌、藻类、低等植物、昆虫及无脊椎动物等许多生物体中。

琥珀酸二钠（WSA），俗称干贝素，是近年来调味品中广泛应用的鲜味剂。琥珀酸二钠是我国食品添加剂标准唯一规定使用的有机酸类增味剂，分为晶体琥珀酸二钠和无水琥珀酸二钠。

甜菊糖苷是从甜菊叶类菊科植物中提取的天然非营养型甜味剂。大量的毒理学研究结果表明，其毒性极低，并未在实验中观察到生理危险性及基因突变的现象。

5′-呈味核苷酸二钠主要包括 5′-肌苷酸二钠和 5′-鸟苷酸二钠，具有呈味作用，对甜味和咸味有增效作用，对酸味、苦味、腥味、焦味等有抑制或消除作用。

第十一节　黏结剂、抗结块剂和乳化剂

在宠物食品加工过程中，为了改进原料的加工性能，提高产品质量，有利于成品的储存及颗粒饲料的成形与耐久性，根据不同的要求，需添加一些黏结剂、抗结块剂、乳化剂、吸附剂等辅助剂。

一、黏结剂的作用及种类

黏结剂有助于颗粒的形成，保证一定的颗粒硬度和耐久性，并且能减少加工过程中的粉尘。某些黏结剂对有些活性成分还有很好的稳定作用，可减少活性微量组分在加工、储存过程中的损失。

可作为黏结剂的物质很多，天然的及化学合成或半合成物质都可用于黏结剂。它们主要是一些高分子有机物，如糖类、动植物蛋白类等天然高分子有机物和含羧甲基、羟基、羧基等基团的化学合成或半合成高分子物质。如 α-淀粉、琼脂、阿拉伯胶、瓜尔胶、蚕豆胶、西黄蓍胶、膨润土、褐藻酸钠、羧甲基纤维素钠、羧甲基纤维素、聚丙烯酸钠等。

二、抗结块剂的作用及种类

对在饲料生产加工过程中易吸湿结块或黏滞性强、流动性差的原料，需添加少量流动性好的物质，以改善其流动性，防止结块，有利于配料的准确性和饲料的混合均匀。应用较普遍的防结块剂有二氧化硅及硅酸盐，如硅酸钙、硅酸铝钙、硅酸镁、硅酸铝钠、硅酸三钙等和一些天然矿物如膨润土及其钠盐、球土、高岭土、硅藻土、某些黏土等。此外，常用的还有硬脂酸钙、硬脂酸钾、硬脂酸钠等，其中二氧化硅最为常用。各种抗结块剂在配合饲料中一般不超过 2%。

三、乳化剂的作用及种类

为了改变添加剂的溶解性，使脂溶性物质在水中分散而形成稳定、均匀的乳浊液，需添加乳化剂或表面活性剂。乳化剂是含有亲水基团和亲脂基团，介于油与水之间的物质，多是些酯类。饲料中常用的有甘油脂肪酸酯、丙二醇脂肪酸酯、蔗糖脂肪酸酯、山梨醇脂肪酸酯、聚氧乙烯脂肪酸山梨糖醇酯、聚氧乙烯脂肪酸甘油酯等。其他食品用乳化剂也都可用做饲料乳化剂。乳化剂的添加量一般为油脂的1%～5%。

根据农业农村部第21号公告规定，将丙三醇、硬脂酸、羟丙基纤维素、羟丙基甲基纤维素、硬脂酸镁、不溶性聚乙烯聚吡咯烷酮(PVPP)等黏结剂、抗氧化剂和乳化剂扩大至犬猫。宠物食品中添加丙三醇可以使食品爽滑可口，刺激动物食欲，提高采食量，同时丙三醇也是作为一种调味品和色素的优良溶剂。

羟丙基纤维素(hydroxypropyl cellulose，HPC)是纤维素羟丙基化的产物。纤维素(cellulose)是葡萄糖以β-1,4糖苷键连接而成的大分子多糖，由于其不溶于水和一般的有机溶剂，这大大限制了其潜在的应用价值。羟丙基的引入使纤维素分子内和分子间的氢键结合力减弱，进而极大地改善了其水溶性。羟丙基纤维素具有良好的生物相容性、降解性、可食性和热塑性。HPC作为食品添加剂，可以改善食品口味和外观。

第十三节　其他添加剂

除了上文提到的宠物食品添加剂，还有一些重要的物质不属于上述某一类，但是在宠物食品生产中也扮演重要的角色。

一、苜蓿提取物

苜蓿是一种产量高、耐旱、耐寒、再生能力强、适口性好的多年生优质豆科牧草，苜蓿也是一种重要的饲料原料。苜蓿具有丰富的蛋白质、维生素、氨基酸、碳水化合物和矿物质成分，以及多糖、黄酮类、皂苷类、香豆素类、膳食纤维、有机酸和生物碱类等活性物质。

二、硫酸软骨素和硫酸软骨素钠

硫酸软骨素(chondroitin sulfate，CS)是一类主要存在于人和动物的软骨、韧带、肌腱和动脉血管壁等组织的基质中的糖胺聚糖。硫酸软骨素主要由β(1-3)连接N-乙酰氨基半乳糖(GalNAc)和葡糖醛酸(GlcA)组成的重复二糖单元构成。硫酸软骨素钠是硫酸软骨素的钠盐，结构稳定。在宠物食品中，硫酸软骨素常用于预防和缓解犬猫的关节炎症。

三、二甲基砜

二甲基砜(methylsulfonylmethane，MSM)，又称二甲砜，是一种含硫有机化合物，是自然界中硫循环中的一部分，并且广泛存在动物和人体中。动物和人体中85%的硫元素都是由二甲基砜及其相关化合物提供。二甲基砜是机体合成胶原蛋白的原料之一，常与葡萄糖胺、透明质酸和硫酸软骨素等其他营养素同时使用，改善犬猫关节健康。二甲基砜也是合成角蛋白的原料之一，可作为头发、皮肤和指甲的营养补充剂，有促进毛发生长和提高毛发质量的作用。

四、植物甾醇

植物甾醇(phytosterol，PS)是植物中天然存在的活性成分，主要以游离、酯化或糖苷等形式广泛存在于植物油、坚果、谷物、蔬菜和水果等食物中。植物甾醇的种类很多，已经报道过的甾醇超过250种，其中最常见的为β-谷甾醇、菜油甾醇和豆甾醇。此外，还有菜籽甾醇、菠菜甾醇、Δ^5-燕麦甾烯醇、谷甾烷醇和菜油甾烷醇等。

植物甾醇具有降低血清胆固醇、降血脂和预防心血管病、抗癌作用、抗炎活性和免疫调节活性等多种生物学功能。现有研究认为，植物甾醇在日常饮食模式或者较高摄入量(130 mg/kg体重)的情况下，均未发现明显的副作用，安全性高。

五、透明质酸和质酸钠

透明质酸(hyaluronic acid，HA)，俗称玻尿酸，是一种由*D*-葡萄糖醛酸和N-乙酰基氨基-*D*-葡萄糖的双糖单位重复交替连接组成的高分子质量线性大分子酸性黏多糖。透明质酸钠是透明质酸的钠盐形式，是透明质酸的羧基被中和的产物，提高水溶性，易于使用。

透明质酸是一种多功能基质，显示出多种重要的生理功能，如调节蛋白质，协助水、电解质的扩散及运转，润滑关节，调节血管壁的通透性，促进伤口愈合等等。透明质酸应用于护肤品有保湿、营养、修复、抗衰老等作用。在宠物食品中，主要起到滋养皮毛、保护关节、健康肠胃等多重功效，同时与葡萄糖胺和硫酸软骨素协同作用，对犬关节炎症具有明显的改善作用。

六、乳铁蛋白

乳铁蛋白（又称乳转铁蛋白，lactoferrin，LF）是一种分子质量约为 80 ku 的非血红素铁结合糖蛋白，与血清转铁蛋白、卵转铁蛋白、黑素转铁蛋白和碳酸酐酶抑制剂一起属于转铁蛋白家族。乳铁蛋白具有广谱的抗菌性，抗革兰氏阴性菌、抗革兰氏阳性菌以及耐酸耐乙醇菌如结核杆菌等。在宠物食品领域主要用于提升宠物的免疫力。

七、EPA 和 DHA

脂肪酸是构成脂肪和磷脂的主要成分。犬猫的必需脂肪酸有 3 种，分别是 α-亚麻酸、亚油酸、花生四烯酸，它们都属于多不饱和脂肪酸（polyunsaturated fatty acid，PUFA）。α-亚麻酸属于 ω-3 多不饱和脂肪酸，同为 ω-3 脂肪酸的还有二十碳五烯酸（EPA）和二十二碳六烯酸（DHA），亚油酸和花生四烯酸属于 ω-6 多不饱和脂肪酸。中链脂肪酸（C6-C12）会降低宠物食品的适口性。短链脂肪酸（C2-C5）对维持宠物的肠道健康有重要作用。

EPA 和 DHA 是犬猫的条件必需脂肪酸，在一些特定的生理条件下，如生长、繁殖或泌乳期，需要额外补充。EPA 和 DHA 可以通过鱼油补充，也可以游离脂肪酸的形式单独添加。

八、共轭亚油酸

共轭亚油酸（conjugated linoleic acid，CLA）是一类具有共轭双键的十八碳二烯酸的混合物，主要发挥调节机体免疫的作用，在反刍动物（如牛和羊）的肉和奶中含量较高，也可以通过单独添加来改善宠物健康。2018 年，农业农村部公告（第 21 号）将共轭亚油酸的适用范围扩大至犬猫。

九、α-亚麻酸

α-亚麻酸（α-linolenic acid，ALA）化学名称为全顺式-9，12，15-十八碳三烯酸，是犬猫的必需脂肪酸，它不在添加剂的范畴，但可以通过特殊的脂肪类原料添加。α-亚麻酸通常以油脂的形式补充，常见的有亚麻籽油、南瓜籽油、核桃油以及小麦胚芽油。此外，α-亚麻酸的添加方式还有紫苏籽提取物，其有效成分主要是不饱和脂肪酸和黄酮，其中以 α-亚麻酸为主的不饱和脂肪酸含量达到 90%以上。

十、丁酸

丁酸在添加剂中属于酸化剂的范畴，属于短链脂肪酸。丁酸与乙酸、丙酸、戊酸等同属于短链脂肪酸，是肠道微生物的代谢产物。丁酸是肠道主要的供能物质，对维护肠道健康非常重要。丁酸具有游离性和挥发性的特点，饲料生产中通常将其制成相对稳定的钠盐（丁酸钠）。

本章小结

本章主要讲述宠物食品添加剂的概念和分类，不同宠物食品添加剂的特点以及在宠物食品中的应用。宠物食品添加剂可以分为营养性添加剂（如氨基酸和维生素）和非营养性添加剂（如抗氧化剂和防腐剂）。根据农业部《饲料添加剂目录》，宠物食品添加剂可以分为氨基酸、氨基酸盐及其类似物、维生素及类维生素、矿物元素及其络（螯）合物、酶制剂、抗氧化剂、防腐剂、防霉剂和调节剂、调味和诱食物质、着色剂、黏结剂、抗结块剂、稳定剂和乳化剂、多糖和寡糖以及其他添加剂。其中维生素类包括脂溶性维生素、水溶性维生素和类维生素；矿物元素包括常量元素和微量元素；酶制剂包括消化性酶制剂和功能性酶制剂；防腐剂包括人工合成防腐剂和天然提取防腐剂等。其他添加剂主要为功能性添加剂，包括植物中提取的天然活性成分、功能性脂肪酸和功能性多肽等。宠物食品添加的使用需要符合农业部《饲料添加剂目录》和《饲料添加剂安全使用规范》

的要求。宠物食品添加剂的不同添加形式在安全性、稳定性、吸收效率以及生物活性上存在一定差异，需要根据宠物食品的特性进行选择。宠物食品添加剂的科学配置是宠物食品生产中的重要环节，根据不同宠物食品的特性选择合适的宠物食品添加剂种类以及适宜的添加剂量，对提升宠物食品品质有重要的意义。

复习思考题

一、名词解释

宠物食品添加剂　营养性添加剂　非营养性添加剂　抗氧化剂　防腐剂　调味剂　酶制剂　益生菌

二、问答题

1. 我国宠物食品添加剂相关的法律法规有哪些？
2. 宠物食品添加剂如何分类？
3. 宠物食品添加剂与饲料添加剂有何异同？

三、开放性讨论

如何验证宠物食品添加剂的安全性和有效性？

第六章

犬猫的营养需要量

本章提要

在配制全价宠物食品时，需要首先了解犬猫的营养需要量，在给单只的犬猫计算饲喂量时，也需要知道犬猫每天的能量和营养素的需要量。营养需要量一般是以数据表格的形式，给出犬猫不同生命阶段对能量和各种营养素的需要量数据，因此了解营养需要量对于配制宠物食品及进行宠物的健康管理都非常重要。

第一节　需要量的概念及指标体系

配制宠物食品，需要首先了解犬猫的营养需要量；进行犬猫的健康管理，需要根据体况评分进行能量和营养素需要量的测算。营养需要量一般是以数据表格的形式，给出犬猫不同生命阶段对能量和各种营养素的需要量数据。目前比较权威的营养需要量数据有 NRC 在 2006 年发布的《犬猫营养需要量》(*Nutrient Requirements of Dogs and Cats*)，美国饲料管理协会(AAFCO)发布的《犬猫营养需要量》(*Dog and Cat Food Nutrient Profiles*)，欧洲宠物食品工业联盟(FEDIAF)发布的《犬猫全价和补充宠物食品营养指南》(*Nutritional Guidelines for Complete and Complementary Pet Food for Cats and Dogs*)，以及中国在 2014 年发布的《全价宠物食品　犬粮》(GB/T 31216—2014)和《全价宠物食品　猫粮》(GB/T 31217—2014)。每个指标体系都给出了能量和各种营养素的需要量。

一、营养需要量

营养需要量(nutrient requirement)是指为了满足动物的生长代谢需要，必须供给动物的营养素的量。它实质反映的是一种营养素的最低平均摄入量，随着时间的推移，这种摄入量足以维持犬猫所需的生化或生理功能。在犬猫的营养需要量中有最低需要量、充足摄入量、推荐营养需要量、安全上限值和日粮。

1. 最低需要量(minimal requirement，MR)

MR 是指能够维持基本生理状态所需的某种可利用营养素含量或密度。最低需要量为可利用营养素的最低浓度或最小量，可用来维持特定的生理状态。

2. 充足摄入量(adequate intake，AI)

AI 是指食物中一种营养素的浓度或含量可以维持给定生命期的正常状态，并且不会低到 MR 的水平范围。当没有给出最低需要量时，充足摄入量是宠物所需要的营养素在日粮中的浓度或数量，假定它能够维持某特定的生理阶段。

3. 推荐需要量(recommended allowance，RA)

RA 指能够满足指定动物生理状态的配方食品中某种营养素的浓度或含量。推荐营养需要量是基于最低营养需要量，并且在实际应用中考虑到营养素生物利用率的不确定性，要考虑营养素的生物利用率。在无法确定最低需要量的情况下，推荐营养需要量是基于充足摄入量的。因此，推荐营养需要量是考虑了生物利用率后可直接进行日粮配制的量。

4. 安全上限值(safe upper limit，SUL)

SUL 是指犬猫日粮中某种营养素不会产生

副作用的最大浓度或最大量。安全上限不会对动物造成不良的影响。然而，很多营养素的安全上限值都未确定，尤其是矿物质和维生素。

5. 日粮(daily ration，DR)

DR指的是特定种类、年龄和生活方式或活动的宠物每天所需的特定宠物食品的平均总数量，以满足其所有能量和营养素需求。对于犬猫个体来说，它每天摄入的全部食物的总量即为它的日粮，包括全价宠物食品、宠物营养补充剂和宠物零食的数量总和。某一只犬或猫的日粮数量的确定是基于这只犬或猫的能量需要量和日粮中的能量浓度，用能量需要量除以日粮的能量浓度乘以这个能量浓度的质量，就可以得到饲喂量。

二、需要量的表示方法

有3种方式表示宠物营养素需要量，具体如下：

1. 干物质需要量

干物质(dry matter，DM)是指宠物日粮去掉水分剩下的物质，包含除水分之外的五大营养素。干物质需要量表示为日粮中每千克DM所含的营养素的量，前提是假定每千克DM含有4 000 kcal的代谢能(ME)。这种表示方式是以ME为4 000 kcal给出的各种营养素的最低需要量、推荐供给量和最高限量。一般设计配方时常用到这种表示方法。然而，用DM方式表示时，营养需求量会随着日粮能量浓度的变化而变化，需要根据实际的能量含量对其他营养素进行校正，如食品配方大于4 000 kcal ME/kg，应该根据能量密度校正营养素含量；食品配方小于4 000 kcal ME/kg，不应该做能量密度校正(AAFCO，2021；FEDIAF，2021)。另外，在配制日粮时，需要根据食品中的实际含水量进行营养素的校正，比如干宠物食品含水量在6%～10%，湿粮含水量在60%～90%，在实际配方时，需要把ME和各营养素指标校正成特定含水量下的营养素值，再进行配方的计算。

2. 以代谢能为基础的营养素含量

一般表示为每1 000 kcal ME日粮所含的营养素的量，这种表示方法使营养素与能量之间建立了直接的联系。比如，当干日粮的能量浓度是3 600 kcal ME/kg时，用每1 000 kcal ME所含营养素的量乘以3.6(3 600/1 000)，就得到3 600 kcal ME下的各营养素的指标。当湿粮代谢能的浓度为900 kcal ME/kg时，用每1 000 kcal ME所含的营养素的量乘以0.9(900/1 000)，就得到900 kcal ME下的各营养素的指标。对于配制干粮和半湿粮都比较方便。

3. 代谢体重所需的营养素量

当配制一种日粮时，表示成相对于DM和ME的营养素需要量是最方便的，它可以给出1 kg或100 g宠物食品中含有的能量和营养素的数值，但当我们需要计算出某一特定体重和年龄阶段犬猫的每日需要量时，就需要用每千克代谢体重的需要量进行计算，计算出特定体重下每日ME和营养素需要量。

一般表示为每千克代谢体重所需的营养素的量，犬的代谢体重为体重的0.75次幂($BW^{0.75}$)，猫的代谢体重为体重的0.67次幂($BW^{0.67}$)。可以根据犬猫的代谢体重换算出其需要的能量和各种营养素的量。这种表示方法对于单只犬或猫来讲更方便，宠物主人根据犬猫的体重带入公式就可以计算这只犬猫的能量及营养素的需要量。

三、需要量的指标体系

1. 能量

犬猫的能量体系为代谢能(ME)，NRC(2006)、AAFCO(2021)和FEDIAF(2021)都以犬猫的ME作为能量指标，其他营养素的含量都以ME为基础，其设定犬和猫日粮的能量浓度为每千克日粮DM中含4 000 kcal的ME，在此基础上给出其他营养素的需要量。因为ME决定了一只犬或猫为了维持体重和体况而应该摄入的食物量，即动物都有为能而食的特性，犬猫采食食物首先是为了满足能量的需要。犬的代谢体重为$BW^{0.75}$；猫的代谢体重为$BW^{0.67}$。代谢能值是宠物营养需要量数据的基础，只有精确测定代谢能，才能准确评价其他营养素的需要量。

2. 蛋白质和氨基酸

NRC(2006)营养需要量表格中给出了犬猫各个生命阶段的粗蛋白质和必需氨基酸的需要量，必需氨基酸包括：精氨酸、组氨酸、异亮氨酸、蛋氨酸、蛋氨酸+胱氨酸、亮氨酸、赖氨酸、苯丙氨酸、苯丙氨酸+酪氨酸、苏氨酸、色氨酸、缬氨酸，另外，猫的必需氨基酸还包括牛磺酸。牛磺酸在NRC(2006)营养需要中牛磺酸被列到氨基酸的类别中，而在AAFCO(2021)和FEDIAF(2021)营养需要中都被列到维生素类似物中。在NRC(2006)幼猫的需要量中给出了非必需氨基酸谷氨酸的安全上限值。

氨基酸需要量指标以必需氨基酸作为基础，但指标体系与必需氨基酸的种类又有些不同。胱氨酸是必需氨基酸，但指标中是以蛋氨酸+胱氨酸的形式出现，因为蛋氨酸在体内可以转化成胱氨酸，且蛋氨酸可以微生物发酵的蛋氨酸添加剂形式外源添加，但胱氨酸没有工业化的产品使用，因此，添加蛋氨酸来满足蛋氨酸+胱氨酸总需要量，就可以满足胱氨酸的需要。酪氨酸的需要量没有体现，以苯丙氨酸+酪氨酸总量出现，也是因为苯丙氨酸在体内可以转化成酪氨酸，总量满足需要就可以满足酪氨酸的需要。其他的非必需氨基酸可以从必需氨基酸中转化而来，因此，在满足粗蛋白质和必需氨基酸的情况下，非必需氨基酸可以得到满足。

3.脂肪和脂肪酸

宠物营养需要量指标体系中包括了总脂肪和一些必需脂肪酸的含量。总脂肪的指标在各营养需要量指标体系中没有差异，因为脂肪不仅提供给犬猫能量还提供必需脂肪酸。

必需脂肪酸的指标在各营养需要量体系中大体相同，略有差异。NRC(2006)营养需要的指标中包括亚油酸(linoleic acid，LA)、α-亚麻酸(alpha-linolenic acid，ALA)、花生四烯酸(arachidonic acid，AA)、二十碳五烯酸(eicosapentaenoic，EPA)+二十二碳六烯酸(docosahexaenoic acid，DHA)4个指标。AAFCO(2021)的指标中犬包含LA、ALA、EPA+DHA、(LA+AA)：(ALA+EPA+DHA)的比例(总ω-6脂肪酸与总ω-3脂肪酸的比例)，没有AA单独的指标，但以总ω-6脂肪酸的含量强调了总ω-6与总ω-3比例的重要性。FEDIAF(2021)的指标中包含LA、ALA、AA、EPA+DHA 4个指标，与NRC(2006)指标一致。

4.总纤维和粗纤维

NRC(2006)、AAFCO(2021)和FEDIAF(2021)都没有列出总纤维(total fiber，TF)和粗纤维(crude fiber，CF)的需要量。但在中国全价犬粮的标签标识中，一般需要列出粗纤维的含量，而粗纤维和总纤维的含量也用于进行ME的估算。TF就是可溶性纤维和不可溶性纤维的总和。

粗纤维的含量一般没有最低需要量要求，但有些国家需要以小于或等于的形式标出，中国的全价犬猫粮的标准中，都给出了纤维的最高值为9%。因为粗纤维会影响营养物质的消化率，犬猫对纤维的消化率低，因此对其含量进行限制。但粗纤维对肠道健康和粪便成型有一定的益处，一般在犬猫日粮中需要有一定的数量。

5.矿物质

矿物质指标包括几种必需的常量元素和微量元素。常量元素包括钙、磷、镁、钠、钾、氯6种；微量元素包括铁、铜、锌、锰、硒、碘6种。常量元素中的钙、磷、钠、钾、氯一般是缺乏的，需要额外添加；镁一般不会缺乏；微量元素铁、铜、锌、锰、硒、碘需要根据基础配方的含量进行额外的添加。

6.维生素

维生素包括维生素A、维生素D(胆钙化醇)、维生素E(α-生育酚)、维生素K(甲萘醌)、维生素B_1(硫胺素)、维生素B_2(核黄素)、维生素B_6(吡哆醇)、烟酸(维生素B_3)、泛酸(维生素B_5)、维生素B_{12}(钴胺素)、叶酸(维生素B_9)、生物素(维生素B_7)和胆碱。

维生素的最低推荐量是指犬猫日粮中所有可利用维生素的总和(包括原料成分和维生素预混料)。一些天然形式的维生素生物利用率很低，因此当维生素主要来源于维生素预混料时，推荐量才是适当的。但如果维生素主要来源于日粮成分，营养素需要量表中所列的最低需要量应该根据维生素的生物利用率进行修正。

第二节　犬的营养需要量

一、犬的能量需要

截至 2021 年 12 月，美国养犬俱乐部(American Kennel Club，AKC)认可的犬品种有 282 种，世界犬业联盟(Fédération Cynologique Internationale，FCI)认可的犬品种有 354 种。犬按体型分为小型、中型、大型和巨型，成年体重范围为 500 g～100 kg。犬生命阶段分幼年期、断奶前幼犬期、断奶后幼犬期、成年期、老年期、妊娠期、哺乳期等不同的生命阶段。对于如此多的品种和不同的生命阶段，确定犬的能量需要确实比较困难。即使饲养于同样条件下的犬群体，个体的能量需求差异相当大，这是由于动物个体间年龄、品种、体型大小、身体状况、活跃度、环境、毛被的隔离特性、体温、健康状况、集体状况和疾病等方面的差异导致的。同时，周围温度和窝舍条件等环境因素也可引起能量需求的差异。

犬在生命早期的生长速度非常快，不论犬的最终体型大小，在 5～6 个月大的时候都能达到成熟体型的 50%。然而，因为许多犬种的成年体重相差很大，所以性成熟年龄不同，玩赏犬 9～12 个月，大型犬种 18～24 个月。

从喂养单只犬来说，了解犬的能量需要是非常重要的。只有了解犬的能量需要，才能根据能量需要和犬粮中的能量浓度确定犬的日喂食量，满足它每日的能量需要，既不能因为饲喂量不足以满足其能量需求而导致瘦弱，也不能因为能量过剩而导致肥胖。

宠物在 24 h 内进行各种活动所需要的能量，即为能量需要量。宠物能量需要量主要包括维持能量需要量(maintenance energy requirement，MER)和用于生产活动的能量需要量。生产活动的能量需要量包括生长能量需要、繁殖和泌乳能量需要、工作犬的工作能量需要。

(一)幼犬的能量需要量评估

幼犬因为处于生长阶段，幼犬能量需要量(energy requirement of puppy)由维持能量需要和生长需要两部分组成。MER 是指一段时间内维持体内能量平衡的能量需求，包括绝食代谢的能量、体增热和随意活动增加的能量及抵抗不利气候和应激环境所需能量的总和。维持需要与代谢体重有关，生长需要与日增重有关。维持需要与基础代谢率、食物热增耗、自主的肌肉活动和维持体温有关。

基础代谢率(basic metabolic rate，BMR)指单位时间内动物基础代谢所消耗的能量。基础代谢率是指动物处于湿热适中的环境中，躺卧但清醒的生理状态下，为维持体内稳态所需的基础能量水平(非夜间的理想状态)，单位为：kJ/(kg・h)或 MJ/(kg・d)。

幼犬的能量需要量与代谢体重和日增重有关。维持需要与代谢体重有关，偏瘦犬的代谢体重为 $BW^{0.75}$，$ME=K\times BW^{0.75}$，根据活跃程度，K 值不同，幼犬的 K 值一般采用 130。日增重与当前的体重及成年后的体重有关，成年体重减去当前体重为总增重，总增重除以达到成年的天数即是日增重。因此，代谢能的计算必然与成年体重和当前体重有关。NRC(2006)对于处于生长中的幼犬的营养需要，以体重为 5.5 kg 幼犬每日消耗 1 000 kcal 代谢能为标准。因此，要知道成年后的理想体重，需要查品种信息，获得成年后的理想体重值。根据当前体重和成年后的理想体重，可以计算出幼犬断奶后的每日代谢能需要量，再根据犬粮的能量含量就可以计算每日的饲喂量。

新生幼犬每 100 g 体重需要 25 kcal 能量。FEDIAF(2021)给出新生和断奶后的幼犬能量需要(表 6-1)。

表 6-1　幼犬维持代谢能需要量

年龄	能量需要	
新生幼犬	25 kcal/100 g BW	105 kJ/100 g BW
8 周到 1 岁	(254.1－135.0×[当前 BW/成熟体重 BW])×当前 $BW^{0.75}$	(1 063－565×[当前 BW/成熟体重 BW])×当前 $BW^{0.75}$

引自：FEDIAF，2021.

处于生长期的犬每天能量的需要量是在维持能量需要量的基础上乘以一个系数，此系数与实际体重(BW)和预期的成熟体重的比值有关，框6-1是NRC(2006)推荐的计算幼犬能量的公式。

另一种估计幼犬能量需要的方法是用成年的维持需要的倍数进行估计，见表6-2，该方法根据断奶幼犬体重占成年体重的百分数，以及幼犬的活跃程度，选择不同的K值来计算代谢能需要。

(二)成年犬的能量需要量评估

成年犬因为处于维持状态，在体重没有变化的情况下，没有增重的需要，其能量的需要量主要是维持的能量需要(MER)。MER由基础代谢率(BMR)加上食物的摄入、消化和吸收总共消耗的能量组成，对于保持体重具有重要意义，还包括无意识活动(不可避免的)所需的热量和用来维持正常体温以防超过临界体温的能量。维持的能量需要受年龄、品种和个体、活跃度、体温、环境温度、毛被的隔离特性(如毛长和皮下脂肪)和社会环境等方面差异的影响，其中，又以"年龄和活跃度"对个体能量需求的影响尤为重要。NRC(2006)阐述的成年犬维持能量需要以体重为15 kg成年犬每日消耗1 000 kcal代谢能(ME)为标准。妊娠和哺乳期母犬的能量需要以哺乳8只幼犬体重为22 kg的母犬在泌乳高峰期每日消耗5 000 kcal代谢能为标准。

NRC(2006)给出了不同活动量下成年犬的能量需要量值(表6-3)。

FEDIAF(2021)推荐的犬每日平均的ME需要量为95 kcal/kg $BW^{0.75}$ (398 kJ/ kg $BW^{0.75}$)或110 kcal/kg $BW^{0.75}$ (460 kJ/kg $BW^{0.75}$)。FEDIAF(2021)推荐的需要量值接近于NRC(2006)的不活跃犬和稍活跃的犬。

框6-1 幼犬断奶后的每日代谢能需要量[a,b]

ME(kcal)＝维持能量需要量×3.2×$[e^{(-0.87p)}-0.1]$

ME(kcal)＝130×$BW_a^{0.75}$×3.2×$[e^{(-0.87p)}-0.1]$

其中：

$p=BW_a/BW_m$

BW_a＝评价时的实际体重(kg)

BW_m＝成年后理想体重(kg)

e≈2.718，自然对数的底

举例：

16周龄拉布拉多幼犬，17 kg BW，成年理想体重为35 kg

ME(kcal)＝130×$17^{0.75}$×3.2×$[e^{(-0.87\times17\div35)}-0.1]$＝1 934 kcal

[a]此表用于断奶后的幼犬。新生幼犬每100 g体重需要25 kcal能量。

[b]不活跃幼犬(如作为宠物，没有训练的要求和机会)的能量维持需要量会低10%～20%；而非常活跃的幼犬，如犬舍中的大丹幼犬，数值会高一些。

引自：NRC，2010.

表6-3 成年犬日维持能量需要量(ME)

类型	kcal×kg$BW^{0.75}$
平均需要量：	
实验犬舍中犬或活跃宠物犬[a]	130
超过平均需要量：	
年轻成年实验犬或年轻成年活跃宠物犬	140
成年实验大丹犬或活跃宠物大丹犬	200
成年实验梗犬或活跃宠物梗犬	180
低于平均需要量：	
不活跃宠物犬[b]	95
较老的实验犬、较老的活跃宠物犬或实验纽芬兰犬	105

[a]犬较多在家庭环境中运动，比如在乡下或家中有很大的院子

[b]犬较少在家庭环境中运动以及老犬或超重犬的能量需求可能比这个数值还小

引自：NRC，2010.

表6-2 幼犬维持代谢能需要量 kcal/d

体重(kg)	相对于维持的倍数	不活跃宠物犬 (95 kcal×kg $BW^{0.75}$)	活跃宠物犬 (130 kcal×kg $BW^{0.75}$)
断奶后	2×成年维持的ME^*	190 kcal×kg$BW^{0.75}$	260×kg$BW^{0.75}$
40%成年体重	1.6×成年维持的ME	152 kcal×kg $BW^{0.75}$	208×kg$BW^{0.75}$
80%成年体重	1.2×成年维持的ME	114 kcal×kg $BW^{0.75}$	156×kg$BW^{0.75}$

ME^*，体重相同的成年犬的维持需要。

引自：FEDIAF，2021.

年龄对犬的能量需要有很大影响，利用表6-4可计算出不同年龄犬的能量需要。

另外一个影响能量需要量的因素是活动量，可根据活动量进行能量估算(表 6-5)。

因此，可根据成年犬的体重推断其代谢能需要，再根据活动的程度选择不同系数进行计算。不同体重不同活动程度犬的日代谢能需要量见表 6-6。

表 6-4 不同年龄犬的能量需要量

年龄/岁	kcal ME /kg $BW^{0.75}$	kJ ME /kg $BW^{0.75}$
1～2	130(125～140)	550 (523～585)
3～7	110 (95～130)	460 (398～545)
>7(老年犬)	95 (80～120)	398 (335～500)

引自:FEDIAF，2021.

表 6-5 犬基于活动量的代谢能需要量

活动水平	kcal ME/kg $BW^{0.75}$	kJ ME/kg $BW^{0.75}$
低活动量(< 1 h/d)(如在路上行走)	95	398
中等活动量(1～3 h/d)(低冲击量强度的活动)	110	460
中等活动量(1～3 h/d)(高冲击量强度的活动)	125	523
高活动量(3～6 h/d)(工作犬，如牧羊犬)	150～175	628～732
在极端情况下的活动量(奔跑的雪橇犬，在极端寒冷的情况下 168 km/d)	860～1 240	3 600～5 190
有肥胖倾向的成年犬	<90	<377
品种差异		
大丹犬	200(200～250)	837(837～1 046)
纽芬兰犬	105(80～132)	439(335～550)

引自:FEDIAF，2021.

表 6-6 成年犬日代谢能需要量(kcal/d)

体重/kg	$BW^{0.75}$	不活跃宠物犬 (95 kcal×kg $BW^{0.75}$)	稍活跃宠物犬 (110 kcal×kg $BW^{0.75}$)	活跃宠物犬 (130 kcal×kg $BW^{0.75}$)	年轻成年活跃宠物犬 (140 cal×kg $BW^{0.75}$)
1.0	1.0	95.0	110.0	130.0	140.0
2.0	1.7	159.8	185.0	218.6	235.4
3.0	2.3	216.6	250.7	296.3	319.1
4.0	2.8	268.7	311.1	367.7	396.0
5.0	3.3	317.7	367.8	434.7	468.1
6.0	3.8	364.2	421.7	498.4	536.7
7.0	4.3	408.8	473.4	559.5	602.5
8.0	4.8	451.9	523.2	618.4	666.0
9.0	5.2	493.6	571.6	675.5	727.5
10.0	5.6	534.2	618.6	731.0	787.3
11.0	6.0	573.8	664.4	785.2	845.6
12.0	6.4	612.5	709.2	838.2	902.6
13.0	6.8	650.4	753.1	890.0	958.5
14.0	7.2	687.6	796.1	940.9	1 013.3
15.0	7.6	724.1	838.4	990.9	1 067.1
16.0	8.0	760.0	880.0	1 040.0	1 120.0
17.0	8.4	795.3	920.9	1 088.4	1 172.1
18.0	8.7	830.2	961.3	1 136.0	1 223.4

续表 6-6

体重/kg	$BW^{0.75}$	不活跃宠物犬（95 kcal×kg $BW^{0.75}$）	稍活跃宠物犬（110 kcal×kg $BW^{0.75}$）	活跃宠物犬（130 kcal×kg $BW^{0.75}$）	年轻成年活跃宠物犬（140 cal×kg $BW^{0.75}$）
19.0	9.1	864.5	1 001.0	1 183.1	1 274.1
20.0	9.5	898.5	1 040.3	1 229.5	1 324.0
25.0	11.2	1 062.1	1 229.8	1 453.4	1 565.2
30.0	12.8	1 217.8	1 410.0	1 666.4	1 794.6
35.0	14.4	1 367.0	1 582.9	1 870.7	2 014.6
40.0	15.9	1 511.0	1 749.6	2 067.7	2 226.8
45.0	17.4	1 650.6	1 911.2	2 258.7	2 432.4
50.0	18.8	1 786.3	2 068.3	2 444.4	2 632.4
55.0	20.2	1 918.6	2 221.6	2 625.5	2 827.5
60.0	21.6	2 048.0	2 371.4	2 802.6	3 018.1
65.0	22.9	2 174.7	2 518.1	2 976.0	3 204.9
70.0	24.2	2 299.0	2 662.0	3 146.1	3 388.1
75.0	25.5	2 421.1	2 803.4	3 313.1	3 568.0
80.0	26.7	2 541.2	2 942.5	3 477.4	3 744.9
85.0	28.0	2 659.4	3 079.3	3 639.2	3 919.1
90.0	29.2	2 775.9	3 214.2	3 798.6	4 090.8
95.0	30.4	2 890.8	3 347.2	3 955.8	4 260.1
100.0	31.6	3 004.2	3 478.5	4 111.0	4 427.2
105.0	32.8	3 116.1	3 608.2	4 264.2	4 592.2
110.0	34.0	3 226.8	3 736.3	4 415.6	4 755.2
115.0	35.1	3 336.2	3 862.9	4 565.3	4 916.5
120.0	36.3	3 444.4	3 988.2	4 713.3	5 075.9
125.0	37.4	3 551.5	4 112.2	4 859.9	5 233.7
130.0	38.5	3 657.5	4 235.0	5 005.0	5 390.0
135.0	39.6	3 762.5	4 356.6	5 148.7	5 544.7
140.0	40.7	3 866.5	4 477.0	5 291.0	5 698.0
145.0	41.8	3 969.6	4 596.4	5 432.1	5 850.0
150.0	42.9	4 071.9	4 714.8	5 572.0	6 000.6
155.0	43.9	4 173.2	4 832.2	5 710.7	6 150.0
160.0	45.0	4 273.8	4 948.6	5 848.3	6 298.2

根据表 6-6 可查出不同体重犬每日 ME 需要量。总之，应根据年龄、活动量、动物品种甚至环境温度进行能量的估算，但具体到某只犬计算出的每日能量需要仍然会有误差，在实际的喂养过程中应根据犬的体况评分进行校正。

(三)妊娠母犬的能量需要量评估

犬的妊娠期为 58～68 d，平均 62 d。妊娠母犬的能量需要，在妊娠前 3～4 周与维持需要一致，从妊娠第 4 周开始为满足胎儿生长的能量需要开始增加，妊娠母犬 4 周后的能量需要可按框 6-2 进行计算，主要与母犬的体重有关，妊娠的能量需要等于维持能量需要加上妊娠能量需要。

妊娠能量需要也可用维持能量需要进行估计，相当于维持能量需要的 1.25～1.5 倍。维持能量需要可参考成年犬的维持需要量计算。

FEDIAF(2021)给出了计算繁殖犬的能量公式，见表 6-7，K 值为 132，NRC 的 K 值为 130。

(四)哺乳母犬的能量需要量评估

哺乳期母犬的能量需要来源于维持能量需要和哺乳幼崽增长的能量需要,幼崽增长的能量需要与幼崽的数量有关。可按框6-3进行能量的估算。

框6-2　母犬在妊娠晚期的每日代谢能需要量(交配4周后到分娩)

ME(kcal)=维持能量需要+26 kcal×kg BW

平均维持能量需要量130 kcal×kg $BW^{0.75}$

ME(kcal)=130 kcal×kg $BW^{0.75}$+26 kcal×kg BW

举例:

母犬体重22 kg

维持能量需要量 $22^{0.75}$×130 kcal=10.16×130
=1 320 kcal

妊娠能量需要量26×22 kcal=572 kcal

总能量需要量1 320 kcal+572 kcal=1 892 kcal

引自:NRC, 2010.

表6-7　繁殖犬的平均能量需要量

母犬	繁育阶段	能量需要 kcal/d	能量需要 kJ
妊娠	妊娠前4周	132 kcal/kg $BW^{0.75}$	550 kJ/kg $BW^{0.75}$
	妊娠的最后5周	132 kcal/kg $BW^{0.75}$+26 kcal/kg BW	550 kJ/kg $BW^{0.75}$+110 kJ/kg BW

引自:FEDIAF, 2021.

哺乳期的能量需要也可根据维持能量需要进行估计,一般是维持能量需要的3倍。

FEDIAF(2021)对上面NRC(2006)营养需要的公式进行简化,参数基本一样(表6-8)。

框6-3　哺乳母犬每日代谢能需要量

哺乳能量需要量:

ME(kcal)=维持能量需要+BW×(24 n+12 m)×L

哺乳维持能量需要估计量:145 kcal×$BW^{0.75}$

ME(kcal)=145 kcal×$BW^{0.75}$+BW×(24 n+12 m)×L

其中:

BW=母犬体重(kg)

n=1~4,幼犬数目

m=5~8,幼犬数目(<5个幼犬则m=0)

L=哺乳期阶段修正因子:第1周,0.75;第2周,0.95;第3周,1.1;第4周,1.2

举例:

母犬体重22 kg,6只幼犬,哺乳第3周

维持能量需要量=$22^{0.75}$×145 kcal
=10.16×145 kcal=1 473 kcal

幼犬数=6:n=4,m=2

哺乳第三周阶段:L=1.1

哺乳能量需要量=22×(24×4+12×2)×1.1 kcal
=2 904 kcal

总能量需要量=1 473 kcal+2 904 kcal
=4 377 kcal

引自:NRC, 2010.

表6-8　繁殖犬的平均能量需要量

母犬	繁育阶段	能量需要 kcal	能量需要 kJ
哺乳(lactation)	哺乳期母犬(lactating bitch):		
	1~4只幼犬	145 kcal/kg$BW^{0.75}$+24 n×kg BW×L	607 kcal/kg$BW^{0.75}$+100 n×kg BW×L
	5~8只幼犬	145 kcal/kg$BW^{0.75}$+(96+12 n)×kg BW×L	607 kcal/kg$BW^{0.75}$+(400+50 n)×kg BW×L

引自:FEDIAF, 2021.

(五)工作犬和温度降低对能量需要的影响

体力活动和环境压力都会增加犬的能量需要量,定期的长期运动使能量的需要量增加到维持需要的2～4倍。在寒冷的温度下会增加犬的能量需要,相当于成年犬维持需要的1.2～1.8倍。

与应激小的环境相比,工作在潮湿高温环境下动物可能要增加50%～100%的能量需要。在－20 ℃的有风环境中,处于休息状态下的雪橇犬每天能量需要为:

$$ME(\mathrm{kJ/d})=900\ BW^{0.75}$$

在－35～－10 ℃环境中平均每小时行走7 km的雪橇犬每天能量需要为

$$ME(\mathrm{kJ/d})=4\ 200\ BW^{0.75}$$

二、犬的蛋白质和氨基酸需要

(一)按代谢体重计算犬的蛋白质和氨基酸需要

从饲养宠物的主人及犬粮制造商角度考虑,都需要知道不同年龄阶段、品种和体重的犬对蛋白质和氨基酸的需要量,需要根据代谢体重对蛋白质和氨基酸的需要量进行计算。NRC(2006)给出了按代谢体重计算营养物质需要量的方法(表6-9)。

表6-9中4～14周的幼犬以$BW^{0.75}$计算得到的蛋白质和氨基酸数值只用于成年理想体重为35 kg的5.5 kg幼犬;如果幼犬体重或理想体重与此不一致,则用代谢体重计算得到幼犬的能量需要量,然后乘以4 000 kcal ME(表6-9)中蛋白质和氨基酸数值,再除以4 000,就得到在此能量下的蛋白质和氨基酸的需要量。表6-9中有3个指标:最低营养需要量、推荐营养需要量和安全上限值。最低营养需要量为可利用的营养素的最低浓度或最小量,这里是指可被机体利用的量,日粮中营养素的含量不是可利用的量,是没有考虑消化率和利用率的总营养素含量。日粮中的蛋白质含量乘以消化率得到可消化蛋白质含量,乘以利用率得到可利用蛋白质含量,可利用蛋白质含量应该满足最低含量的要求。因为动物对蛋白质的消化率和利用率不可能为100%,因此,配制日粮

表6-9 根据代谢体重计算犬的蛋白质和氨基酸需要量 g/kg $BW^{0.75}$

营养素	4～14周成长中幼犬			14周及以上成长中幼犬			成年维持需要犬			母犬妊娠晚期和产乳高峰期		
	最低营养需要量	推荐营养需要量	安全上限值	最低营养需要量	推荐营养需要量	安全上限值	最低营养需要量	推荐营养需要量	安全上限值	充足摄入量	推荐营养需要量	安全上限值
粗蛋白质	12.5	15.7		9.7	12.2		2.62	3.28		24.6	24.6	
精氨酸	0.44	0.55		0.37	0.46		0.092	0.11		1.23	1.23	
组氨酸	0.22	0.27		0.14	0.17		0.048	0.062		0.54	0.54	
异亮氨酸	0.36	0.45		0.28	0.35		0.098	0.12		0.87	0.87	
蛋氨酸	0.19	0.24		0.15	0.18		0.085	0.11		0.38	0.38	
蛋氨酸＋胱氨酸	0.39	0.49		0.29	0.37		0.17	0.21		0.76	0.76	
亮氨酸	0.72	0.90		0.45	0.57		0.18	0.22		2.46	2.46	
赖氨酸	0.49	0.61	＞1.39	0.39	0.49	＞1.39	0.092	0.11		1.11	1.11	
苯丙氨酸	0.36	0.45		0.28	0.35		0.12	0.15		1.02	1.02	
苯丙氨酸＋酪氨酸	0.72	0.90		0.56	0.70		0.19	0.24		1.51	1.51	
苏氨酸	0.45	0.56		0.35	0.44		0.11	0.14		1.28	1.28	
色氨酸	0.13	0.16		0.10	0.13		0.036	0.046		0.15	0.15	
缬氨酸	0.38	0.47		0.31	0.39		0.13	0.16		1.60	1.60	

改编自:NRC,2010.

时不能以最低需要量配制，要以推荐需要量配制，推荐营养需要量是基于最低营养需要量，并且在实际应用中考虑到营养素生物利用率的不确定性，给出的可以满足可利用量的日粮中的供给量。AAFCO(2021)和 FEDIAF(2021)给出的数据都是推荐营养需要量，考虑了生物利用率的情况，因此可以直接用于配制日粮。安全上限值是超过这个值就会对犬产生不良影响的数值，表 6-9 没有给出蛋白质最高上限，因此，目前没有数据表明高蛋白会对健康犬产生有害的影响。对患有肾病和肝病的犬要考虑蛋白质的特殊需要。

不同生命阶段犬对蛋白质的需求有很大的差异，随着年龄的增加犬对蛋白质的需要逐渐下降，在成年维持阶段犬对蛋白质的需要量极大降低。成年维持以 $BW^{0.75}$ 计算的粗蛋白质推荐需要量是 4～14 周幼犬需要量的 21%，是 14 周以上幼犬的 27%。母犬妊娠晚期和产乳高峰期粗蛋白质需要量最高，是 4～14 周幼犬需要量的 157%，是 14 周以上幼犬的 202%，是成年维持的 750%。

犬对氨基酸的需要与蛋白质类似，随着年龄的增加逐渐下降。几种氨基酸有特殊功能，需要量可适当调整，如需毛色更黑亮，酪氨酸的需要量应为表 6-9 所列的 1.5～2 倍。精氨酸作为尿素循环的一个中间体，精氨酸的需求量会随蛋白质含量的增加而增加。当 4～14 周龄的幼犬粗蛋白质最低需要量和推荐量超过 180 g/kg DM 和 225 g/kg DM 时，每克粗蛋白质中需添加 0.01 g 精氨酸；当大于 14 周龄的犬粗蛋白质最低营养需要量和推荐营养需要量超过 140 g/kg DM 和 175 g/kg DM 时，每克粗蛋白质中需添加 0.01 g 精氨酸。另外，在幼犬阶段，赖氨酸有最高限量，当赖氨酸大于 1.39 g/kg $BW^{0.75}$ 会对幼犬造成伤害。赖氨酸和精氨酸都是碱性氨基酸，两者具有拮抗作用，赖氨酸含量高必然增加对精氨酸的需要。

(二)犬粮中的蛋白质和氨基酸需要

根据每千克 DM 中营养素的含量配制犬粮比较方便，表 6-10 是假定每千克 DM 中 ME 为 4 000 kcal 时蛋白质和氨基酸的需要量。如果要变为百分含量，除以 10 即可。

表 6-10　犬日粮中蛋白质和氨基酸的需要量　g/kg DM

营养素	4～14 周成长中幼犬			14 周及以上成长中幼犬			成年维持需要犬			母犬妊娠晚期和产乳高峰期		
	最低营养需要量	推荐营养需要量	安全上限值	最低营养需要量	推荐营养需要量	安全上限值	最低营养需要量	推荐营养需要量	安全上限值	充足摄入量	推荐营养需要量	安全上限值
粗蛋白质	180	225		140	175		80	100		200	200	
精氨酸	6.3	7.9		5.3	6.6		2.8	3.5		10.0	10.0	
组氨酸	3.1	3.9		2.0	2.5		1.5	1.9		4.4	4.4	
异亮氨酸	5.2	6.5		4.0	5.0		3.0	3.8		7.1	7.1	
蛋氨酸	2.8	3.5		2.1	2.6		2.6	3.3		3.1	3.1	
蛋氨酸+胱氨酸	5.6	7.0		4.2	5.3		5.2	6.5		6.2	6.2	
亮氨酸	10.3	12.9		6.5	8.2		5.4	6.8		20.0	20.0	
赖氨酸	7.0	8.8	>20	5.6	7.0	>20	2.8	3.5		9.0	9.0	
苯丙氨酸	5.2	6.5		4.0	5.0		3.6	4.5		8.3	8.3	
苯丙氨酸+酪氨酸	10.4	13.0		5.0	10.0		5.9	7.4		12.3	12.3	
苏氨酸	6.5	8.1		1.4	6.3		3.4	4.3		10.4	10.4	
色氨酸	1.8	2.3		4.5	1.8		1.1	1.4		1.2	1.2	
缬氨酸	5.4	6.8			5.6		3.9	4.9		13.0	13.0	

改编自：NRC，2010.

从推荐的蛋白质营养需要量数据看，从幼犬到成犬，蛋白质需要量逐渐下降，4～14 周为 22.5%，14 周以上幼犬为 17.5%，成年犬为 10%，妊娠哺乳犬为 20%，其中蛋白质需要量最高为幼犬，说明如果蛋白含量超过 22.5%，就可以满足犬所有生命阶段的蛋白质需要量。

表 6-10 中给出的是每千克 DM 中蛋白质和氨基酸的克数，不是百分含量，如换算成百分含量，在此数值基础上除以 10 就得到百分含量。在计算配方时，用百分含量进行计算比较方便。AAFCO(2021)是以百分数给出蛋白质和氨基酸需要量指标，而 FEDIAF(2021)按 100 g DM 中蛋白质和氨基酸的推荐量克数，与百分含量的数值一致。AAFCO(2021)和 FEDIAF(2021)推荐的蛋白质和氨基酸需要量见表 6-11。

AAFCO(2021)和 FEDIAF(2021)给出的都是最低推荐营养需要量。在生命阶段的划分上，FEDIAF(2021)更细化一些，幼犬分成两个阶段，与 NRC(2006)相似，把繁育犬的需要与小于 14 周的幼犬合并，这个阶段的幼犬粮与妊娠哺乳母犬粮可以使用一个标准，因此一款粮食可以适用于 2 个阶段的犬。AAFCO(2021)更简洁一些，幼犬与繁育犬合并成一个标准，成年犬一个标准，两个标准涵盖了犬所有生命阶段，这些营养需要量数值都是基于 100 g 干物质，如果按实际的饲喂基础(as feed，AF)进行日粮配制的话，需要根据含水量进行校正，给出具体的某一款粮食在实际含水量下的蛋白质和氨基酸的量。

不论 NRC(2006)、AAFCO(2021)还是 FEDIAF(2021)，幼犬和繁育犬日粮粗蛋白质含量最高为 25%，成犬日粮粗蛋白质含量为 21%就可以满足其对蛋白质的需要。目前市场上销售的犬粮蛋白质含量大部分在 25%以上，可以满足犬的营养需求。

蛋白质营养实际是氨基酸营养，在满足蛋白质需要的同时，还要满足各种氨基酸特别是必需氨基酸的需要，各种标准之间有差异，但差异不大。幼犬的赖氨酸需要量有一个上限，NRC(2006)营养需要中赖氨酸为 2.0%，FEDIAF(2021)营养需要中赖氨酸为 2.8%，超过这个值对幼犬的生长会造成损害。中国推荐的犬粮蛋白质需要量与 AAFCO(2021)的值一致，氨基酸只推荐了赖氨酸的需要量，没有推荐其他氨基酸需要，可以借鉴 AAFCO(2021)营养需要的推荐值。

表 6-11　犬日粮中蛋白质和氨基酸的最低推荐量　　g/100 g DM

营养素	FEDIAF(2021)						AAFCO(2021)	
	<14 周幼犬和繁育犬	>14 周及以上幼犬	安全上限值	成年维持需要犬			生长和繁育期	成犬维持期
				95 kcal/kg $BW^{0.75}$	110 kcal/kg $BW^{0.75}$	安全上限值		
粗蛋白质	25.00	21.00		21.00	18.00		22.50	18.00
精氨酸	0.82	0.74		0.60	0.52		1.0	0.51
组氨酸	0.39	0.25		0.27	0.23		0.44	0.19
异亮氨酸	0.65	0.50		0.53	0.46		0.71	0.38
蛋氨酸	1.29	0.80		0.95	0.82		1.29	0.68
蛋氨酸+胱氨酸	0.88	0.70		0.46	0.42		0.90	0.63
亮氨酸	0.35	0.26		0.46	0.40		0.35	0.33
赖氨酸	0.70	0.53	2.80	0.88	0.76		0.70	0.65
苯丙氨酸	0.65	0.50		0.63	0.54		0.83	0.45
苯丙氨酸+酪氨酸	1.30	1.00		1.03	0.89		1.30	0.74
苏氨酸	0.81	0.64		0.60	0.52		1.04	0.48
色氨酸	0.23	0.21		0.20	0.17		0.20	0.16
缬氨酸	0.68	0.56		0.68	0.59		0.68	0.49

编自：FEDIAF，2021；AAFCO，2021.

另外，建议犬粮精氨酸含量随粗蛋白质含量的增加而增加(表 6-12)。

三、犬的脂肪及脂肪酸需要量

(一)干物质表示的需要量

假定每千克 DM 中 ME 为 4 000 kcal 时，NRC(2006)、AAFCO(2021)和 FEDIAF(2021)给出的幼犬脂肪的推荐供给量(8.5%)和成犬脂肪的推荐供给量(5.5%)都是一致的(表 6-13)。NRC(2006)在犬的各生命阶段都限定了脂肪的最高含量为 33%。AAFCO(2021)和 FEDIAF(2021)没有给出脂肪的最高限量。AAFCO(2021)认为，尽管粗脂肪本身的真实需求量没有建立，其最低值是基于粗脂肪作为必需脂肪酸来源、脂溶性维生素的载体，增加适口性及提供充足的能量浓度。FEDIAF(2021)认为饲喂犬(如雪橇犬)含正常蛋白质水平的日粮，犬能够耐受非常高的脂肪含量，然而蛋白质水平很低的高脂肪食物会对犬产生不良影响。

各标准在幼犬和繁育犬上都推荐了亚油酸(LA)和 α-亚麻酸(ALA)的含量，推荐值相同，NRC(2006)和 FEDIAF(2021)给出了 LA 的最高限量为 6.5%，而 AAFCO(2021)并没有给出最高限量。FEDIAF(2021)指出，在犬的妊娠期和出生后的早期阶段，犬可利用 DHA 和花生四烯酸(AA)，使其在大脑和视网膜中选择性地积累，但是很难利用 ALA 和 LA，尽管非常小的幼犬能够将部分 ALA 转化成 DHA，但断奶后此项能力丧失，因此，在妊娠期和哺乳期补充 ALA 和 LA 对于增加奶水中 DHA 和 AA 含量无效。此外，视网膜电流图显示，幼犬在从母体内到断奶时一直

表 6-12　犬粮精氨酸随蛋白质变化的推荐量

蛋白含量/% DM	精氨酸推荐量/(g/100 g DM)		
	成年期	生长期	生长早期
18	0.52	—	—
20	0.54	0.69	—
22.5	0.57	0.72	0.79
25	0.59	0.74	0.82
30	0.64	0.79	0.87
35	0.69	0.84	0.92
40	0.74	0.89	0.97
45	0.79	0.94	1.02
50	0.84	0.99	1.07
55	0.89	1.04	1.12

引自：FEDIAF, 2021.

表 6-13　犬脂肪和脂肪酸的需要量　　g/100 g DM

营养素	NRC(2006)						AAFCO(2021)			FEDIAF (2021)			
	断奶后幼犬		成年犬		母犬妊娠晚期和产乳高峰期		生长和繁育期推荐营养需要量	成犬维持期最低值		<14 周幼犬和繁育犬	>14 周及以上幼犬		成年犬维持期
	推荐营养需要量	安全上限值	推荐营养需要量	安全上限值	推荐营养需要量	安全上限值		推荐营养需要量	安全上限值	推荐营养需要量	推荐营养需要量	安全上限值	推荐需要量
脂肪	8.5	33	5.5	33	8.5	33	8.5	5.5		8.5	8.5		5.5
亚油酸	1.3	6.5	1.1	6.5	1.3	6.5	1.3	1.1		1.3	1.3	6.5	
α-亚麻酸	0.08		0.044		0.08		0.08	0		0.08	0.08		
花生四烯酸	0.03				0.03					0.03	0.03		
二十碳五烯酸＋二十二碳六烯酸	0.05	1.1	0.044	1.1	0.05	1.1	0.05	0			0.05		
(亚油酸＋花生四烯酸)：(亚麻酸＋EPA＋DHA)									30:1				

引自：FEDIAF, 2021.

采食富含多不饱和长链脂肪酸的食物，能显著改善视力。因此，FEDIAF(2021)建议在未成年犬和繁殖期犬的食物中添加少量 DHA 或者 EPA 以满足新生幼犬的营养需要。NRC(2006)和 AAFCO(2021)营养需要给出了成年犬 LA 的含量为 1.1%，FEDIAF(2021)没有 LA 的建议值，NRC(2006)给出 LA 最高值为 6.5%。NRC(2006)认为 ALA 的需要量随日粮中 LA 含量不同而不同；LA 和 ALA 的比例应该在 2.6～16；注意 NRC(2006)给出的 ALA 为 0.08 g/100 g DM，与 AA 为 1.3 g/100 g DM 比较，比值接近 16，所以已经接近最小推荐量。AAFCO(2021)认为当最低需求量未确定时，ω-3 脂肪酸的充足量有必要符合 ω-6∶ω-3 脂肪酸比值的最大值，即 30∶1。ω-3 脂肪酸的作用大小取决于 ω-6 脂肪酸和 ω-3 脂肪酸的比例，相对过高的 ω-3 脂肪酸水平会降低细胞的免疫力，尤其是在 ω-6 脂肪酸含量很低时。NRC(2006)和 FEDIAF(2021)在幼犬上都给出了 AA 和 DHA＋EPA 含量，基本一致。NRC(2006)认为 DHA 应占 DHA＋EPA 总量的 50%～60%，EPA 占到 DHA＋EPA 总量的 40%～50%。AAFCO(2021)没有给出 AA 最低需求量，认为 ω-3 脂肪酸的充足量有必要符合 ω-6∶ω-3 脂肪酸比值的最大值，即 30∶1。因此，在必需脂肪酸的含量上，AA、ALA 和 DHA＋EPA 总量比较重要，而在比例上，ω-6∶ω-3 脂肪酸比值比较重要。成年犬脂肪酸的营养需要只要满足 AA 和 ω-6∶ω-3 脂肪酸比值就可以。

(二)按代谢体重计算的脂肪和脂肪酸需要量

按代谢体重计算的犬的脂肪和脂肪酸需要量见表 6-14。

四、犬的碳水化合物及纤维需要

NRC(2006)、AAFCO(2021)和 FEDIAF(2021)都没有给出犬对碳水化合物的最低需要量，在满足蛋白质和脂肪的需要后，剩余没有满足的能量就可以通过碳水化合物来满足，对粗纤维的需要没有最低值，也没有给出限量。中国的标准中给出犬粗纤维的最大值为 9%。

五、犬的矿物质需要

表 6-15 给出了幼犬的矿物质需要量，假定每千克代谢能中含有 4 000 kcal。矿物质最低需要量是排除各种影响消化吸收和利用的因素，最后可被犬利用的量，是日粮中的矿物质含量乘以利用率得到的，因此日粮中矿物质的量要高于这个量才能满足最低需要量的需求。最低需要量具有理论意义，是其他需要量的基础。充足摄入量是考虑了利用率的问题，日粮中按这个量提供就可以满足动物对该营养素的需要。推荐营养需要量是配制日粮时参考的量，按推荐营养需要量进行日粮的配制和供给，考虑了一定的保证系数。如果该营养素的含量大于最高限量，会对宠物造成危害。例如，幼犬钙的最低需要量为 0.8%，适宜供给量为 1.2%，最高限量为 1.8%，那么我们配制日粮的时候设定钙在 1.2%～1.8%比较合适。成年犬的矿物质需要量见表 6-16。

AAFCO(2021)(表 6-17)和 FEDIAF(2021)(表 6-18)都是从日粮配制的角度给出犬的矿物质推荐供给量，没有最低需要量，因此可以直接用于日粮配制。

表 6-14 根据代谢体重计算的犬的脂肪和脂肪酸需要量 g/kg $BW^{0.75}$

营养素	断奶后幼犬		成年犬		母犬妊娠晚期和产乳高峰期	
	推荐营养需要量	安全上限值	推荐营养需要量	安全上限值	推荐营养需要量	安全上限值
脂肪	5.9	23.0	1.8	10.8	10.5	40.6
亚油酸	0.8		0.36	2.1	1.6	8.0
α-亚麻酸	0.05	4.5			0.1	0
花生四烯酸	0.022		0.03		0	0
二十碳五烯酸＋二十二碳六烯酸	0.036	0.77	0.036	0.37	0.06	1.40

改编自：NRC，2010.

表 6-15　断奶后幼犬的矿物质需要量(ME=4 000 kcal/kg DM)

营养素	最低营养需要量			充足摄入量			推荐营养需要量			安全上限值		
	/kg DM	/1 000 kcal ME	/kg $BW^{0.75}$	/kg DM	/1 000 kcal ME	/kg $BW^{0.75}$	/kg DM	/1 000 kcal ME	/kg $BW^{0.75}$	/kg DM	/1 000 kcal ME	/kg $BW^{0.75}$
钙/g	8	2	0.56				12	3.0	0.68	18	4.5	1.25
磷/g				10	2.5	0.68	10	2.5	0.68			
镁/mg	180	45	12.5				400	100	27.4			
钠/mg				2 200	550	100	2 200	550	100			
钾/g				4.4	1.1	0.3	4.4	1.1	0.3			
氯/mg				2 900	720	200	2 900	720	200			
铁/mg	72	18	5				88	22	6.1			
铜/mg				11	2.7	0.76	11	2.7	0.76			
锌/mg	40	10	2.7				100	25	6.84			
锰/mg				5.6	1.4	0.38	5.6	1.4	0.38			
硒/μg	210	52.5	13.7				350	87.5	25.1			
碘/μg				880	220	61	880	220	61			

编自:NRC，2010.

表 6-16　成年犬的矿物质需要量(ME=4 000 kcal/kg DM)

营养素	最低营养需要量			充足摄入量			推荐营养需要量			安全上限值		
	/kg DM	/1 000 kcal ME	/kg $BW^{0.75}$	/kg DM	/1 000 kcal ME	/kg $BW^{0.75}$	/kg DM	/1 000 kcal ME	/kg $BW^{0.75}$	/kg DM	/1 000 kcal ME	/kg $BW^{0.75}$
钙/g	2	0.5	0.059				4	1	0.13			
磷/g				3	0.75	0.1	3	0.75	0.1			
镁/mg	180	45	5.91				600	150	19.7			
钠/mg	300	75	9.85				800	200	26.2	>15g		
钾/g				4	1	0.14	4	1	0.14			
氯/mg				1 200	300	40	1 200	300	40	23.5g		
铁/mg				30	7.5	1	30	7.5	1			
铜/mg				6	1.5	0.2	6	1.5	0.2			
锌/mg				60	15	2	60	15	2			
锰/mg				4.8	1.2	0.16	4.8	1.2	0.16			
硒/μg				350	87.5	11.8	350	87.5	11.8			
碘/μg	700	175	23.6				880	220	29.6	≥4 mg		

引自:NRC，2010.

表 6-17　AAFCO (2021)犬的矿物质需要量(ME=4 000 kcal/kg DM)

营养素	单位 (DM 基础)	生长和繁育期 最低值	成犬维持期 最低值	最高值
钙	%	1.2	0.5	2.5 (1.8)
磷	%	1	0.4	1.6
钙:磷		1:1	1:1	2:1
钾	%	0.6	0.6	
钠	%	0.3	0.08	
氯化物	%	0.45	0.12	
镁	%	0.06	0.06	
铁	mg/kg	88	40	
铜	mg/kg	12.4	7.3	

续表 6-17

营养素	单位 (DM 基础)	生长和繁育期 最低值	成犬维持期 最低值	最高值
锰	mg/kg	7.2	5	
锌	mg/kg	100	80	
碘	mg/kg	1	1	11
硒	mg/kg	0.35	0.35	2

引自：AAFCO，2021.

表 6-18　每 100 g DM 中犬的矿物质最低建议添加水平(ME=4 000 kcal/kg DM)

养分	单位	成年犬(基于维持能量需要 MER) 95 kcal/kg $BW^{0.75}$	成年犬(基于维持能量需要 MER) 110 kcal/kg $BW^{0.75}$	幼犬早期(<14 周龄)&繁殖犬	幼犬后期(≥14 周龄)	最大添加水平 (L)=法定上限 (N)=营养上限
钙	g	0.58	0.5	1	0.8[a]　1.00[b]	成年犬:2.5(N);幼年犬早期:1.6(N);幼年犬后期:1.8(N)
磷	g	0.46	0.4	0.9	0.7	成年犬:1.6(N)
钙:磷			1∶1			成年犬:2∶1 幼年犬早期:1.6∶1 幼年犬后期:1.8∶1 或 1.6∶1
钾	g	0.58	0.5	0.44	0.44	—
纳	g	0.12	0.1	0.22	0.22	
氯化物	g	0.17	0.15	0.33	0.33	
镁	g	0.08	0.07	0.04	0.04	—
微量元素	—		—	—	—	—
铜	mg	0.83	0.72	1.1	1.1	2.8 (L)
碘	mg	0.12	0.11	0.15	0.15	1.1 (L)
铁	mg	4.17	3.6	8.8	8.8	68.18 (L)
锰	mg	0.67	0.58	0.56	0.56	17.0 (L)
硒(湿粮)	μg	27	23	40	40	56.8 (L)
硒(干粮)	μg	22	18	40	40	56.8 (L)
锌	mg	8.34	7.2	10	10	22.7(L)

引自：FEDIAF，2021.

a. 犬猫全价和补充宠物食品营养指南对于成年体重达到 15 kg 的犬，在整个生长后期(>14 周)，钙的含量为 0.8 g/100 g DM。

b. 对于成年犬体重大于 15 kg 的幼犬，至 6 个月左右，钙的含量保持在 1.0%，在此之后，钙含量可降至 0.8 g/100 g DM (2 g/1 000 kcal 或 0.48 g/MJ)，钙磷比可提高至 1.8∶1。

钙的最大值 1.8%DM 适用于大型犬幼犬(成犬体重达 31.75 kg 或以上)的食品配方，对于其他生命时期，包括非大型犬生长期，钙的最大值为 2.5%DM。钙磷需要量还需要考虑钙∶磷，范围为(1～2)∶1。微量元素需要量主要考虑基础日粮中的含量和利用率，以及额外以添加剂形式添加的物质的利用率。

FEDIAF(2021)给出法定上限(L)是强制性的，营养上限(N)是不应造成任何有害影响的最高水平，除非指明生命阶段，否则它适用于所有生命阶段。科学数据表明，钠含量高达 1.5% DM 和氯含量高达 2.35% DM 对健康犬是安全的。更高的水平可能仍然是安全的，但没有科学数据支持。

微量元素都给出了上限值，因此需要注意添加量，既不能不足，又不能过量。需要更多的研究来了解不同来源矿物质的利用率和矿物质之间的相互作用。

六、犬的维生素需要

NRC(2006)没有给出犬维生素最低需要量，而直接给出了充足摄入量、推荐营养需要量和安全上限(表 6-19，表 6-20)。NRC(2006)中维生素 A 的需要量用视黄醇当量(retinol equivalents，RE)表示，1 RE=1 μg 全反式视黄醇，1 IU 维生素 A=0.3 RE，安全上限值用 μg 视黄醇表示。而 AAFCO(2021)(表 6-21)和 FEDIAF(2021)(表 6-22)中维生素用 IU 表示。因维生素 A 和维生素 D 过量会对犬造成伤害，因此设定了上限值。NRC(2006)给出的幼犬和成犬的维生素 A 的最低需要量为 5 050 IU/kg DM，幼犬安全上限为 50 000 IU/kg DM，成犬的安全上限为 213 333 IU/kg DM；AAFCO(2021)幼犬和成犬的维生素 A 的最低需要量为 5 000 IU/kg DM，安全上限为 250 000 IU/kg DM；FEDIAF(2021)幼犬维生素 A 最低需要量为 5 000 IU/kg DM，成犬在维持需要为 110 kcal/kg $BW^{0.75}$ 情况下的最低需要量为 6 060 IU/kg DM，安全上限为 400 000 IU/kg DM，远高于 NRC(2006)和 AAFCO(2021)推荐量。维生素 D 的单位，NRC(2006)用 μg 表示，1 μg胆钙化醇=40 IU 维生素 D_3。NRC(2006)幼犬和成犬的维生素 D 的最低需要量为 13.8 μg/kg DM，相当于 552 IU/kg DM，安全上限为 3 200 IU/kg DM；FEDIAF(2021)和 AAFCO(2021)幼犬和成犬都推荐维生素 D 为 3 000 IU/kg DM，与 NRC(2006)基本一致。犬对维生素 K 有代谢需要，如果饲喂天然食物时，需求量未知，肠道细菌合成的维生素 K 可满足犬的需要，维生素 K 允许量用其前体物质甲萘醌表示。

AAFCO(2021)推荐的维生素 E 国际单位与多不饱和脂肪酸(PUFA)克数的比值＞0.6∶1。食物中维生素 E 的含量若为 50 IU，则 PUFA 应少于 83 g；食物中含有超过 83 g 的 PUFA，则应增加超出每克 0.6 IU 的维生素 E。

表 6-19　断奶后幼犬的维生素需要量(ME=4 000 kcal/kg DM)

营养素	充足摄入量			推荐营养需要量			安全上限值		
	/kg DM	/1 000 kcal ME	/kg $BW^{0.75}$	/kg DM	/1 000 kcal ME	/kg $BW^{0.75}$	/kg DM	/1 000 kcal ME	/kg $BW^{0.75}$
维生素 A(RE)	1 212	303	84	1 515	379	105	15 000	3 750	1 044
胆钙化醇/μg	11	2.75	0.76	13.8	3.4	0.96	80	20	5.6
维生素 E(α-生育酚)/mg	24	6	1.7	30	7.5	2.1			
维生素 K(甲萘醌)/mg	1.3	0.33	0.09	1.64	0.41	0.11			
硫胺素/mg	1.08	0.27	0.075	1.38	0.34	0.096			
核黄素/mg	4.2	1.05	0.27	5.25	1.32	0.37			
吡哆醇/mg	1.2	0.3	0.084	1.5	0.375	0.1			
烟酸/mg	13.6	3.4	0.94	17	4.25	1.18			
泛酸/mg	12	3	0.84	15	3.75	1.04			
钴胺素/μg	28	7	1.95	35	8.75	2.4			
叶酸/μg	216	54	15	270	68	18.8			
生物素									

引自：NRC，2010.

表 6-20　成犬的维生素需要量(ME=4 000 kcal/kg DM)

营养素	充足摄入量			推荐营养需要量			安全上限值		
	/kg DM	/1 000 kcal ME	/kg $BW^{0.75}$	/kg DM	/1 000 kcal ME	/kg $BW^{0.75}$	/kg DM	/1 000 kcal ME	/kg $BW^{0.75}$
维生素 A(RE)	1 212	303	40	1 515	379	50	64 000	16 000	2 099
胆钙化醇/μg	11	2.75	0.36	13.8	3.4	0.45	80	20	2.6
维生素 E(α-生育酚)/mg	24	6	0.8	30	7.5	1			
维生素 K(甲萘醌)/mg	1.3	0.33	0.043	1.63	0.41	0.054			
硫胺素/mg	1.8	0.45	0.059	2.25	0.56	0.074			
核黄素/mg				5.25	1.3	0.171			
吡哆醇/mg	1.2	0.3	0.04	1.5	0.375	0.049			
烟酸/mg	13.6	3.4	0.45	17	4.25	0.57			
泛酸/mg	12	3	0.39	15	3.75	0.49			
钴胺素/μg	28	7	0.92	35	8.75	1.15			
叶酸/μg	216	54	7.1	270	67.5	8.9			
生物素									

引自:NRC,2010.

表 6-21　犬的维生素需要量(ME=4 000 kcal/kg DM)

营养素	单位(以干物质计)	生长和繁育期最低值	成犬维持期 最低值	最高值
维生素 A	IU/kg	5 000	5 000	250 000
维生素 D	IU/kg	500	500	3 000
维生素 E	IU/kg	50	50	
维生素 B_1	mg/kg	2.25	2.25	
维生素 B_2	mg/kg	5.2	5.2	
维生素 B_5(泛酸)	mg/kg	12	12	
维生素 B_3(烟酸)	mg/kg	13.6	13.6	
维生素 B_6	mg/kg	1.5	1.5	
维生素 B_9(叶酸)	mg/kg	0.216	0.216	
维生素 B_{12}	mg/kg	0.028	0.028	
胆碱	mg/kg	1 360	1 360	

引自:AAFCO,2021.

表 6-22　犬的维生素最低建议添加水平(ME=4 000 kcal/kg DM)

养分	单位(以 100 g 干物质计)	成年犬(基于维持能量需要 MER)		幼犬早期(<14 周龄)& 繁殖犬	幼犬后期(≥14 周龄)	最大添加水平 (L)=法定上限 (N)=营养上限
		95 kcal/kg $BW^{0.75}$	110 kcal/kg $BW^{0.75}$			
维生素 A	IU	702	606	500	500	40 000 (N)
维生素 D	IU	63.9	55.2	55.2	50	227 (L) 320 (N)
维生素 E	IU	4.17	3.6	5	5	
维生素 B_1(硫胺素)	mg	0.25	0.21	0.18	0.18	
维生素 B_2(核黄素)	mg	0.69	0.6	0.42	0.42	

续表 6-22

养分	单位（以 100 g 干物质计）	成年犬（基于维持能量需要 MER）		幼犬早期（<14 周龄）& 繁殖犬	幼犬后期（≥14 周龄）	最大添加水平 (L)＝法定上限 (N)＝营养上限
		95 kcal/kg $BW^{0.75}$	110 kcal/kg $BW^{0.75}$			
维生素 B_5（泛酸）	mg	1.64	1.42	1.2	1.2	
维生素 B_6（吡哆醇）	mg	0.17	0.15	0.12	0.12	
维生素 B_{12}	μg	3.87	3.35	2.8	2.8	
维生素 B_3（烟酸）	mg	1.89	1.64	1.36	1.36	
维生素 B_9（叶酸）	μg	29.9	25.80	21.6	21.6	
维生素 B_7（生物素）	μg	—	—	—	—	
胆碱	mg	189	164	170	170	—
维生素 K	μg	—	—	—	—	

编自：FEDIAF，2021。

研究维生素的需要量需要考虑加工和储存对维生素的影响，不同的加工工艺对维生素活性的影响不同。犬粮的保质期一般在 1 年以上，也要充分考虑储存对维生素的影响，保证在犬摄入食物的时候，其中的维生素含量能满足需要。

七、中国犬粮标准

《全价宠物食品　犬粮》（GB/T 31216—2014）给出了全价犬粮的营养指标（表 6-23）。

中国全价犬粮的营养标准给出了常规营养指标的含量，规定了粗灰分和粗纤维的上限值，同时给出赖氨酸的含量。

表 6-23　中国犬粮营养指标

项目	指标（以干物质计）		试验方法
	幼（年）犬粮、妊娠期、哺乳期犬粮	成（年）犬粮	
粗蛋白质	≥22.0	≥18.0	GB/T 6432
粗脂肪	≥8.0	≥5.0	GB/T 6433
粗灰分	≤10.0	≤10.0	GB/T 6438
粗纤维	≤9.0	≤9.0	GB/T 6434
钙	≥1.0	≥0.6	GB/T 6436
总磷	≥0.8	≥0.5	GB/T 6437
水溶性氯化物（以 Cl^- 计）	≥0.45	≥0.09	GB/T 6439
赖氨酸	≥0.77	≥0.63	GB/T 18246

引自：《全价宠物食品　犬粮》（GB/T 31216—2014）。

第三节　猫的营养需要量

美国爱猫者协会（cat fanciers' association，CFA）在 2021 年认可的纯种猫品种有 45 种，比犬的品种少很多。猫分家猫和野猫、纯种猫和杂种猫、长毛猫和短毛猫。猫的一生分为：幼年期、成年期和老年期等不同的生命阶段，还有妊娠期和哺乳期等不同的生理阶段。各生命阶段有不同的生理特点和营养需求。另外，猫会优先利用蛋白质而不是碳水化合物和脂肪作为能量，因此猫日粮的配制首先需要了解不同生命阶段猫的营养需要。

一、猫的能量需要

生长期幼猫的能量需要以 800 g 幼猫每日消耗 180 kcal ME 为标准。成年猫维持能量需要以体重为 4 kg 成年猫每日消耗 250 kcal ME 为标准。妊娠和哺乳期母猫的能量需要以哺乳 4 只幼猫的 4 kg 母猫泌乳高峰期每日消耗 540 kcal ME 为标准。这些能量需要量是基于体重为 2.5～7 kg 并已达到体成熟的家养猫得到的数据；对于处于维持状态并且体况得分等于 5 或小于 5（9 分级）的猫，每天的能量需要量用每千克代谢体重（$BW^{0.67}$）来表示；而对于得分超过 5 的猫用每千克代谢体重（$BW^{0.4}$）来表示。对于妊娠期的母猫，用 $BW^{0.67}$ 来表示；对于处于泌乳期的母猫，能量的需要量与单位代谢体重（$BW^{0.75}$）和哺乳的猫崽数都有关系；处于生长期的猫每天的能量需要量是在维持需要的基础上乘以实际体重与预期成熟体重的比值。

（一）幼猫的能量需要

NRC(2006)规定幼猫的能量需要通过框 6-4 公式进行计算。

幼猫的代谢能需要量与当前的体重和成年后的理想体重有关，因此需要知道猫成年后的理想体重再进行计算，这个公式相对比较复杂。FEDAIF(2021)用维持需要的倍数来计算幼猫的能量需要，相对比较简单(表 6-24)。

（二）成年猫的能量需要

成年猫的能量需要与其体重及体况评分有关，NRC(2006)给出了成年猫的代谢能需要量(表 6-25)。FEDIF(2021)按已绝育和室内猫、活跃猫给出新的能量需要量参数(表 6-26)，系数比NRC(2006)的要低一些。

框 6-4　断奶幼猫日代谢能需要量

$ME(\text{kcal}) = \text{维持需要} \times 6.7 \times [e^{(-0.189p)} - 0.66]$

$ME(\text{kcal}) = 100 \times BW_a^{0.67} \times 6.7 \times [e^{(-0.189p)} - 0.66]$

其中：

$p = BW_a / BW_m$

BW_a = 评价时的实际体重(kg)

BW_m = 成年后理想体重(kg)

$e \approx 2.718$，自然对数的底

举例：

幼猫，$BW_a = 1$ kg，$BW_m = 4$ kg

$ME(\text{kcal}) = 100 \times 1^{0.67} \times 6.732 \times [e^{(-0.189 \times 1/4)} - 0.66]$

$= 198$ kcal

引自：NRC，2010。

根据表 6-27，可以计算出不同类型猫在不同体重下的日能量需要量，根据体重就可以查出猫每日的能量需求。

表 6-24　断奶幼猫日代谢能需要量

年龄	维持需要(MER)的倍数
4 月龄前	2.0～2.5
4～9 月龄	1.75～2.0
9～12 月龄	1.5

引自：FEDIAF，2021。

表 6-25　成年猫日维持代谢能需要量

类型	代谢能需要量
家猫，瘦[b]	100 kcal×kg $BW^{0.67}$
家猫，超重[c]	130 kcal×kg $BW^{0.4}$
外来品种猫	55～240 kcal×kg $BW^{0.75}$

[a]个体差异允许上下浮动 50%；[b]体况评分≤5(9 分评价标准)；[c]体况评分>5(9 分评价标准)。

引自：NRC，2010。

表 6-26　成年猫日维持代谢能需要量

性别/年龄	kcal ME /kg $BW^{0.67}$	kcal ME /kg BW(4 kg)	kJ ME /kg $BW^{0.67}$	kJ ME /kg BW
已绝育猫和室内猫	52～75	35～45	215～314	145～190
活跃的猫	100	60～65	418	250～270

引自：FEDIAF，2021。

表 6-27　成年猫日代谢能维持需要量(kcal/d)

体重/kg	$BW^{0.67}$	已绝育猫和室内猫 (52 kcal×kg $BW^{0.67}$)	已绝育猫和室内猫 (75 kcal×kg $BW^{0.67}$)	活跃的猫 (100 kcal×kg $BW^{0.67}$)
1	1	52	75	100
2	1.59	82.68	119.25	159
3	2.09	108.68	156.75	209
4	2.53	131.56	189.75	253
5	2.94	152.88	220.5	294
6	3.32	172.64	249	332
7	3.68	191.36	276	368
8	4.03	209.56	302.25	403
9	4.36	226.72	327	436

续表 6-27

体重(kg)	$BW^{0.67}$	已绝育猫和室内猫 (52 kcal×kg $BW^{0.67}$)	已绝育猫和室内猫 (75 kcal×kg $BW^{0.67}$)	活跃的猫 (100 kcal×kg $BW^{0.67}$)
10	4.68	243.36	351	468
11	4.99	259.272	373.95	498.6
12	5.29	274.82	396.38	528.5
13	5.58	290.16	418.5	558
14	5.86	304.72	439.5	586
15	6.14	319.28	460.5	614

根据这个日能量需要量与日粮中的能量浓度，就可以算出猫的日采食量。例如，一只体重 5 kg 的活跃猫，日代谢能的需要量为 294 kcal，如膨化干成猫粮的 ME 为 3 860 kcal/kg，则需要猫粮数量为 76.16 g(计算过程：294/3 860×1 000 =76.16)。

(三)哺乳母猫的能量需要量

NRC(2006)根据哺乳母猫的体重和幼猫数计算哺乳母猫的能量需要量，见表 6-28。

FEDIAF(2021)给出哺乳母猫的日代谢能需要量，见表 6-29。

二、猫的蛋白质和氨基酸需要

(一)按代谢体重计算的猫的蛋白质和氨基酸需要

可按代谢体重计算出幼猫、成猫和妊娠后期及泌乳期猫的蛋白质、氨基酸的需要量(表 6-30)。

表 6-28 哺乳母猫日代谢能需要量

幼猫数	能量需要量(kcal)
<3	ME kcal=维持需要+18×BW×L
	ME kcal=100×$BW^{0.67}$+18×BW×L
3～4	ME kcal=维持需要+60×BW×L
	ME kcal=100×$BW^{0.67}$+60×BW×L
>4	ME kcal=维持需要+70×BW×L
	ME kcal=100×$BW^{0.67}$+70×BW×L

L=哺乳期的 1～7 周，各阶段的因子：0.9，0.9，1.2，1.2，1.1，1.0，0.8

举例：雌性家猫，3.5 kg BW(发情期)，泌乳高峰期(第 3 周)，有 3～4 个幼崽。

ME kcal=100×$3.5^{0.67}$+(60×3.5×1.2)=231+252=483 kcal

引自：NRC，2010。

表 6-29 哺乳母猫日代谢能需要量

母猫		繁殖阶段	
妊娠期		140 kcal/kg $BW^{0.67}$	585 kJ/kg $BW^{0.67}$
哺乳期	<3 只幼崽	100 kcal/kg $BW^{0.67}$+18×kg BW×L	418 kJ/kg $BW^{0.67}$+75×kg BW×L
	3～4 只幼崽	100 kcal/kg $BW^{0.67}$+60×kg BW×L	418 kJ/kg $BW^{0.67}$+250×kg BW×L
	>4 只幼崽	100 kcal/kg $BW^{0.67}$+70×kg BW×L	418 kJ/kg $BW^{0.67}$+293×kg BW×L

L=0.9，在哺乳期的前 1～2 周；L=1.2，在第 3～4 周；L=1.1，在第 5 周；L=1，在第 6 周；L=0.8，在第 7 周

引自：FEDIAF，2021。

表 6-30 根据代谢体重计算的猫的蛋白质和氨基酸需要量(g/kg $BW^{0.67}$)

营养素	NRC (2006)								FEDIAF (2021)
	幼猫			成猫			母猫妊娠后期	母猫泌乳期	成猫
	最低营养需要量	推荐营养需要量	安全上限值	最低营养需要量	充足摄入量	推荐营养需要量	推荐营养需要量	推荐营养需要量	推荐营养需要量
粗蛋白质	9.4	11.8		3.97		4.96	7.4	16.1	6.25
精氨酸	0.4	0.5	1.83		0.19	0.19	0.52	0.81	0.25
组氨酸	0.14	0.17	>1.15		0.064	0.064	0.15	0.39	0.08
异亮氨酸	0.23	0.29	>4.54		0.11	0.11	0.27	0.64	0.12
蛋氨酸	0.18	0.23	0.68	0.033		0.042	0.17	0.32	0.29
蛋氨酸+胱氨酸	0.37	0.46		0.067		0.084	0.31	0.56	0.09
亮氨酸	0.53	0.67	>4.54		0.25	0.25	0.63	1.07	0.04
赖氨酸	0.35	0.44	>3.03	0.067		0.084	0.38	0.75	0.09
苯丙氨酸	0.21	0.27	>1.51		0.099	0.099			0.12
苯丙氨酸+酪氨酸	0.8	1	3.55		0.38	0.38	0.66	1.03	0.44
苏氨酸	0.27	0.33	>2.66		0.13	0.13	0.31	0.58	0.15
色氨酸	0.069	0.084	0.89		0.032	0.032	0.066	0.1	0.04
缬氨酸	0.27	0.33	>4.54		0.13	0.13	0.35	0.64	0.15
谷氨酸			3.92						
牛磺酸	0.017	0.021	>0.46	0.007 9		0.009 9	0.018	0.018	0.05(湿粮) 0.03(干粮)

引自:NRC, 2010;FEDIAF, 2021。

猫是肉食动物,对蛋白质需要比犬高,NRC(2006)对猫各生命阶段蛋白质都没有给出安全上限值。一般来说,高蛋白对健康猫没有害处。猫对牛磺酸和精氨酸有特殊的需求,AAFCO(2021)和FEDIAF(2021)分别给出了湿粮和干粮中牛磺酸的需要量,精氨酸需要根据蛋白含量的变化而变化。对于幼猫,各必需氨基酸都给出了最高限量,并且给出了非必需氨基酸谷氨酸的最高限量,因此,在配制幼猫日粮时要注意氨基酸平衡及最高限量。成猫和繁育猫没有给出必需氨基酸的上限值。

(二)猫粮中蛋白质和氨基酸的需要量

配制猫粮时,以每千克干物质(DM)中含有的营养素含量或百分含量进行计算比较方便(表6-31)。

NRC(2006)给出的猫蛋白质和氨基酸含量是每千克 DM 中的克数,如果变成百分含量,需要除以 10,才能与 FEDIAF(2021)(表 6-32)和 AAFCO(2021)(表 6-33)猫的蛋白质和氨基酸需要量有可比性。

对于幼猫蛋白质需要量,NRC(2006)推荐为 22.5%;AAFCO(2021)推荐为 30%;FEDIAF(2021)推荐为 28%和 30%,对应 2 个精氨酸的含量;中国猫粮标准推荐为 28%。对于成猫蛋白质需要量,NRC(2006)推荐为 20%;AAFCO(2021)推荐为 26%;FEDIAF(2021)推荐在能量需要为 100 kcal/kg $BW^{0.67}$ 的情况下为 25%;中国猫粮标准推荐为 25%。NRC(2006)推荐妊娠猫蛋白质需要量为 21.3%,哺乳猫为 30%;AAFCO(2021)推荐繁殖期与幼猫相同为 30%;FEDIAF(2021)推荐妊娠猫为 28%,哺乳猫为 30%。对于蛋白质无论哪个生命阶段的猫都没有给出安全上限。

表 6-31　猫粮中蛋白质和氨基酸的需要量[g/kg DM(ME=4 000 kcal)]

营养素	幼猫			成猫			母猫妊娠期			母猫泌乳期		
	最低营养需要量	推荐营养需要量	安全上限值	最低营养需要量	充足摄入量	推荐营养需要量	最低营养需要量	充足摄入量	推荐营养需要量	最低营养需要量	充足摄入量	推荐营养需要量
粗蛋白质	180	225		160		200	170		213	240		300
精氨酸	7.7	9.6	35		7.7	7.7		15	15		15	
组氨酸	2.6	3.3	>22		2.6	2.6		4.3	4.3		7.1	15
异亮氨酸	4.3	5.4	>87		4.3	4.3		7.7	7.7		12	7.1
蛋氨酸	3.5	4.4	13			1.7		5	5		6	12
蛋氨酸+胱氨酸	7	8.8		1.35		3.4		9	9		10	6
亮氨酸	10.2	12.8	>87	2.7	10.2	10.2		18	18		20	10.4
赖氨酸	6.8	8.5	>58			3.4		11	11		14	20
苯丙氨酸	4	5	>29	2.7	4	4						14
苯丙氨酸+酪氨酸	15.3	19.1	68		15.3	15.3			19.1	15.3	0.82	
苏氨酸	5.2	6.5	>51		5.2	5.2		8.9	8.9		10.8	19.1
色氨酸	1.3	1.6	17		1.3	1.3		1.9	1.9		1.9	10.8
缬氨酸	5.1	6.4	>87		5.1	5.1		10	10		12	1.9
谷氨酸			75									12
牛磺酸	0.32	0.4	>8.9	0.32		0.4			0.53	0.42		0.53

编自：NRC，2010。

表 6-32　猫粮蛋白质和氨基酸最低建议添加水平(g/100 g 干物质)

营养成分最低添加水平	单位	成年猫(基于维持能量需要，MER)		幼猫 & 繁殖猫	最大添加水平(*L*)=法定上限(*N*)=营养上限
		75 kcal/kg $BW^{0.67}$	100 kcal/kg $BW^{0.67}$		
蛋白质	g	33.3	25	28.00/30.00	
精氨酸	g	1.3	1	1.07/1.11	幼猫：3.5(N)
组氨酸	g	0.35	0.26	0.33	
异亮氨酸	g	0.57	0.43	0.54	
亮氨酸	g	1.36	1.02	1.28	
赖氨酸	g	0.45	0.34	0.85	
蛋氨酸	g	0.23	0.17	0.44	幼猫：1.3(N)
蛋氨酸+胱氨酸	g	0.45	0.34	0.88	
苯丙氨酸	g	0.53	0.4	0.5	
苯丙氨酸+酪氨酸	g	2.04	1.53	1.91	
苏氨酸	g	0.69	0.52	0.65	

续表 6-32

营养成分 最低添加水平	单位	成年猫(基于维持能量需要,MER)		幼猫 & 繁殖猫	最大添加水平 (*L*)=法定上限 (*N*)=营养上限
		75 kcal/kg $BW^{0.67}$	100 kcal/kg $BW^{0.67}$		
色氨酸	g	0.17	0.13	0.16	幼猫:1.7(N)
缬氨酸	g	0.68	0.51	0.64	
牛磺酸(罐头食品)	g	0.27	0.2	0.25	
牛磺酸(干饲料)	g	0.13	0.1	0.1	

引自:FEDIAF, 2021。

表 6-33 AAFCO(2021)猫粮蛋白质和氨基酸营养成分表,干物质基础(DM)

营养成分	单位(基于干物质)	成长期和繁殖期最小值	成年维持期最小值	最大值
粗蛋白质	%	30	26	
精氨酸	%	1.24	1.04	
组氨酸	%	0.33	0.31	
异亮氨酸	%	0.56	0.52	
亮氨酸	%	1.28	1.24	
赖氨酸	%	1.20	0.83	
蛋氨酸	%	0.62	0.20	1.5
蛋氨酸+胱氨酸	%	1.10	0.40	
苯丙氨酸	%	0.52	0.42	
苯丙氨酸+酪氨酸	%	1.92	1.53	
苏氨酸	%	0.73	0.73	
色氨酸	%	0.25	0.16	1.7
缬氨酸	%	0.64	0.62	
牛磺酸(挤压食品)	%	0.10	0.10	
牛磺酸(罐装食品)	%	0.20	0.20	

引自:AAFCO, 2021。

对于幼猫氨基酸需要量,NRC(2006)给出各种必需氨基酸的安全上限,另外,还给出了非必需氨基酸谷氨酸的安全上限。因此,在配制幼猫日粮时注意各氨基酸的值是否超过了上限值。AAFCO(2021)和 FEDIAF(2021)给出个别氨基酸的安全上限值。

牛磺酸是猫特别需要的氨基酸,NRC(2006)给出了猫牛磺酸的推荐需要量。幼猫和成猫牛磺酸推荐量为 0.04%,妊娠和哺乳猫为 0.053%。对于高消化率的纯化日粮来说,牛磺酸的推荐量为 0.4 g/kg 日粮,对于干粮和罐装日粮牛磺酸推荐量分别为 1.0 g/kg DM 和 1.7 g/kg DM。FEDIAF(2021)推荐幼猫和繁育猫罐头食品牛磺酸含量为 0.25%,干猫粮为 0.10%。AAFCO(2021)推荐幼猫和繁育猫及成猫的湿宠物食品牛磺酸含量为 0.20%,干猫粮为 0.10%。

猫对精氨酸缺乏敏感,当蛋白质营养需要量超过 200 g/kg DM 时,每增加 1 g 粗蛋白质应加入 0.02 g 精氨酸(NRC,2006)。FEDIAF(2021)建议随日粮蛋白质含量的增加,同步增加精氨酸含量。如需使毛色更黑亮，酪氨酸的需要量应为推荐量的 1.5～2 倍。

FEDIAF(2021)给出了随蛋白质含量变化的精氨酸需要量(表 6-34)。

三、猫的脂肪和必需脂肪酸需要

成年猫对脂肪和脂肪酸的需要量见表 6-35。猫对粗脂肪的实际需求量目前尚未建立标准，在设定粗脂肪的最低浓度值时，将粗脂肪作为提供必需脂肪酸的来源，以及作为脂溶性维生素的载体，脂肪还可以提高猫粮的适口性并提供足够的能量。NRC(2006)、AAFCO(2021)和 FEDIAF(2021)给出的猫脂肪推荐供给量是一致的，幼猫和成猫均为 9%。NRC(2006)对猫各生命阶段都限定了脂肪的最高含量为 33%。而 AAFCO(2021)和 FEDIAF(2021)没有给出猫脂肪和脂肪酸的最高限量。

表 6-34　猫粮随粗蛋白质含量变化的精氨酸推荐量

蛋白质/(% DM)	精氨酸/(g/100 g DM)
25	1.00
28	1.06
30	1.10
35	1.20
40	1.30
45	1.40
50	1.50
55	1.60
60	1.70

引自：FEDIAF，2021。

四、猫的碳水化合物和纤维需要

NRC(2006)、AAFCO(2021)和 FEDIAF(2021)营养需要没有给出猫对碳水化合物的最低需要量。在满足蛋白质和脂肪的需要后，剩余没有满足的能量可通过碳水化合物来满足。猫对粗纤维的需要没有最低值，但在配制猫粮时会考虑粗纤维的含量，因粗纤维对肠道和粪便的形成有好处。中国《全价宠物食品　猫粮》(GB/T 31217—2014)给出猫粮粗纤维上限值为 9%。

五、猫的矿物质需要

在自由喂食的条件下，如果尿液的平均 pH 不低于 6.4，则随猫粮中镁含量的增加，患上鸟粪石尿结石的风险也会随之增加。当猫粮中添加了

表 6-35　猫脂肪和脂肪酸的需要量(ME＝4 000 kcal/kg DM)　　g/100 g DM

来源	NRC(2006)				AAFCO(2021)				FEDIAF (2021)	
营养素	幼猫		成年猫	妊娠后期和泌乳期	生长和繁育期最低值		成猫维持期最低值	幼猫 & 繁殖猫	成猫 75 kcal/kg $BW^{0.67}$	成猫 100 kcal/kg $BW^{0.67}$
	推荐营养需要量	安全上限值	推荐营养需要量	安全上限值	推荐营养需要量	安全上限值	推荐营养需要量	推荐营养需要量	推荐营养需要量	推荐营养需要量
脂肪	9.0	33	9.0	33	9.0	33	9.0	9.0	9.0	9.0
亚油酸	0.55	5.5	0.55	5.5	0.55	5.5	0.6	0.55	0.67	0.5
α-亚麻酸	0.02				0.02		ND	20	8.0	6.0
花生四烯酸	0.01		0.006	0.2	0.02		0.02	0.02		
二十碳五烯酸＋二十二碳六烯酸(g)	0.05	1.1	0.01		0.01		ND	0.01		

编自：NRC，2010；FEDIAF，2021；AAFCO，2021。

ND：无数据。

碳酸盐或氧化物时，由于碳酸盐或氧化物中铁的生物利用率低，在确定猫粮铁的最低营养浓度时，不计入碳酸盐或氧化物中所含的铁。表 6-36 给出了幼猫的矿物质需要量（NRC，2006）。幼猫钙的最低需要量为 0.52%，适宜供给量为0.8%，没有给出最高限量。钠的上限值为1.0%，微量元素没有给出上限值。

成猫对钙的最低需要量为 0.16%，推荐营养需要量为 0.29%，没有上限值（表 6-37）。不同形式的微量元素利用率不同，因此，在配制猫粮时要考虑微量元素的添加形式。

表 6-36　NRC(2006)幼猫的矿物质需要量(ME=4 000 kcal/kg DM)

营养素	最低营养需要量			充足摄入量			推荐营养需要量			安全上限值		
	/kg DM	/1 000 kcal ME	/kg $BW^{0.67}$	/kg DM	/1 000 kcal ME	/kg $BW^{0.67}$	/kg DM	/1 000 kcal ME	/kg $BW^{0.67}$	/kg DM	/1 000 kcal ME	/kg $BW^{0.67}$
钙/g	5.2	1.3	0.274				8	2	0.41			
磷/g	4.8	1.2	0.251				7.2	1.8	0.372			
镁/mg	160	40	8.3				400	100	20			
钠/mg	1 240	310	65				1 400	350	74	>10g		
钾/g	2.68	0.67	0.14				4	1	0.209			
氯/mg	760	190	42				900	225	46.5			
铁/mg	70	17	3.2				80	20	4.2			
铜/mg	4.5	1.1	0.23				8.4	2.1	0.44			
锌/mg	50	12.5	2.6				75	18.5	3.9			
锰/mg				4.8	1.2	0.25	4.8	1.2	0.25			
硒/μg	120	30	6.23				300	75	15.8			
碘/μg				1 800	450	93	1 800	450	93			

引自：NRC，2010。

表 6-37　NRC(2006)成年猫的矿物质需要量(ME=4 000 kcal/kg DM)

营养素	最低营养需要量			充足摄入量			推荐营养需要量			安全上限值		
	/kg DM	/1 000 kcal ME	/kg $BW^{0.67}$	/kg DM	/1 000 kcal ME	/kg $BW^{0.67}$	/kg DM	/1 000 kcal ME	/kg $BW^{0.67}$	/kg DM	/1 000 kcal ME	/kg $BW^{0.67}$
钙/g	1.6	0.4	0.04				2.9	0.72	0.071			
磷/g	1.4	0.35	0.035				2.6	0.64	0.063			
镁/mg	200	50	4.9				400	100	9.5			
钠/mg	650	160	16				680	170	16.7	>15 g		
钾/g				5.2	1.3	0.13	5.2	1.3	0.13			
氯/mg				960	240	23.7	960	240	23.7			
铁/mg				80	20	1.98	80	20	1.98			
铜/mg				5	1.2	0.119	5	1.2	0.119			
锌/mg				74	18.5	1.9	74	18.5	1.9	>600		
锰/mg				4.8	1.2	0.119	4.8	1.2	0.119			
硒/μg				300	75	6.95	300	75	6.95			
碘/μg	1 300	320	31.6				1 400	350	35			

引自：NRC，2010。

AAFCO(2021)和 FEDIAF(2021)都是从日粮配制的角度给出猫矿物质的推荐供给量，没有最低需要量，因此可以直接用于日粮配制(表 6-38、表 6-39)，碘给出了最高值。

FEDIAF(2021)与 AAFCO(2021)给出了猫粮钙磷含量、钙磷比以及微量元素建议添加量和上限值。

表 6-38 AAFCO(2021)猫的矿物质需要量(ME=4 000 kcal/kg DM)

营养素	单位(干物质)	生长和繁育期最低值	成犬维持期最低值	最高值
钙	%	1	0.6	
磷	%	0.8	0.5	
钾	%	0.6	0.6	
钠	%	0.2	0.2	
氯化物	%	0.3	0.3	
镁	%	0.08	0.04	
铁	mg/kg	80	80	
铜(干粮)	mg/kg	15	5	
铜(罐装)	mg/kg	8.4	5	
锰	mg/kg	7.6	7.6	
锌	mg/kg	75	75	
碘	mg/kg	1.8	0.6	9
硒	mg/kg	0.3	0.3	

引自：AAFCO，2021。

表 6-39 每 100 g DM 中猫的矿物质最低建议添加水平(ME=4 000 kcal/kg DM)

养分	单位	成年猫（基于维持能量需要 MER）		幼猫 & 繁殖猫	最大添加水平
		75 kcal/kg $BW^{0.67}$	100 kcal/kg $BW^{0.67}$		(L)=安全上限 (N)=营养上限
常量矿物质					
钙	g	0.53	0.4	1	
磷	g	0.35	0.26	0.84	
钙/磷	g		1:1		幼猫:1.5/1(N)成猫 2/1(N)
钾	g	0.8	0.6	0.6	
纳	g	0.1	0.08	0.16	成年猫 0.80 (N)
氯化物	g	0.15	0.11	0.24	
镁	g	0.05	0.04	0.05	
微量元素					
铜	mg	0.67	0.5	1	2.80 (L)
碘	mg	0.17	0.13	0.18	1.10 (L)
铁	mg	10.7	8	8	68.18 (L)
锰	mg	0.67	0.5	1	17.00 (L)
硒(湿粮)	μg	35	26	30	56.80 (L)
硒(干粮)	μg	28	21	30	56.80 (L)
锌	mg	10	7.5	7.5	22.70 (L)

引自:FEDIAF，2021。

六、猫的维生素需要

猫需要所有的脂溶性和水溶性维生素，需要量见表 6-40 至表 6-44。猫自身不能把 β-胡萝卜素转化为维生素 A，必须在日粮中提供一定量的维生素 A 的活性形式来满足猫的需要。猫也不能把色氨酸转化为烟酸，因此日粮添加烟酸对猫也非常重要。维生素 A 和维生素 D 过量会对猫造成伤害，因此设定了上限值。NRC(2006)推荐幼猫和成猫的维生素 A 的最低需要量为 3 333 IU/kg DM，幼猫安全上限为266 667 IU/kg DM，成猫的安全上限为 333 333 IU/kg DM；AAFCO(2021)推荐幼猫维生素 A 最低需要量为 6 668 IU/kg DM，成猫维生素 A 最低需要量为 3 332 IU/kg DM，安全上限为 333 300 IU/kg DM，安全上限高于 NRC(2006)；FEDIAF(2021)推荐幼猫维生素 A 最低需要量为9 000 IU/kg DM，成猫在维持需要为 100 kcal/kg $BW^{0.67}$ 情况下的维生素 A 最低需要量为 3 330 IU/kg DM，安全上限非繁殖期为 400 000 IU/kg DM，繁殖期为 333 330 IU/kg DM。维生素 D 的单位，NRC(2006)用 μg 表示，1 μg 胆钙化醇＝40 IU 维生素 D_3。NRC(2006)推荐幼猫和成猫的维生素 D 最低需要量为5.6 μg/kg DM，相当于 224 IU/kg DM，安全上限为 30 000 IU/kg DM；AAFCO(2021)推荐幼猫和成猫维生素 D 需要量为 280 IU/kg DM，安全上限为 3 080 IU/kg DM；FEDIAF(2021)推荐幼猫维生素 D 为 280 IU/kg DM，成猫在维持需要为 100 kcal/kg $BW^{0.67}$ 情况下维生素 D 的最低需要量为 250 IU/kg DM，法规安全上限为 2 270 IU/kg DM，营养上限(N)为 3 000 IU/kg DM。其他维生素没有安全上限(表 6-40)。

表 6-40　幼猫的维生素需要量(ME＝4 000 kcal/kg DM)

营养素	最低营养需要量			充足摄入量			推荐营养需要量			安全上限值		
	/kg DM	/1 000 kcal ME	/kg $BW^{0.67}$	/kg DM	/1 000 kcal ME	/kg $BW^{0.67}$	/kg DM	/1 000 kcal ME	/kg $BW^{0.67}$	/kg DM	/1 000 kcal ME	/kg $BW^{0.67}$
维生素 A (μg 视黄醇)				800	200	42	1 000	250	52	80 000	20 000	4 180
胆钙化醇 /μg	2.78	0.7	0.14				5.6	1.4	0.29	750	188	39
维生素 E (α-生育酚) /mg				30	7.5	1.6	38	9.4	2			
维生素 K (甲萘醌)/mg				1	0.25	0.05	1	0.25	0.05			
硫胺素/mg	4.4	1.1	0.23				5.5	1.4	0.29			
核黄素/mg				3.2	0.8	0.17	4	1	0.21			
吡哆醇/mg	2	0.5	0.1				2.5	0.625	0.13			
烟酸/mg				32	8	1.7	40	10	2.1			
泛酸/mg	4.6	1.15	0.24				5.7	1.43	0.3			
钴胺素/μg				18	4.5	0.9	22.5	5.6	1.18			
叶酸/μg	600	150	31				750	188	39			
生物素/μg				60	15	3.1	75	18.75	3.9			
胆碱/mg	2 040	510	107				2 550	637	133			

编自：NRC，2010。

表 6-41　成猫的维生素需要量(ME=4 000 kcal/kg DM)

营养素	最低营养需要量			充足摄入量			推荐营养需要量			安全上限值		
	/kg DM	/1 000 kcal ME	/kg $BW^{0.67}$	/kg DM	/1 000 kcal ME	/kg $BW^{0.67}$	/kg DM	/1 000 kcal MEb	/kg $BW^{0.67}$	/kg DM	/1 000 kcal ME	/kg $BW^{0.67}$
维生素 A (μg 视黄醇)				800	200	19.8	1 000	250	24.7	100 000	25 000	2 469
胆钙化醇/μg				5.6	1.4	0.14	7	1.75	0.17	750	188	19
维生素 E (α-生育酚)/mg				30	7.5	0.74	38	10	0.94			
维生素 K (甲萘醌)/mg				1	0.25	0.025	1	0.25	0.025			
硫胺素/mg				4.4	1.1	0.11	5.6	1.4	0.14			
核黄素/mg				3.2	0.8	0.079	4	1	0.099			
吡哆醇/mg	2	0.5	0.05				2.5	0.625	0.06			
烟酸/mg				32	8	0.79	40	10	0.99			
泛酸/mg	4.6	1.15	0.11				5.75	1.44	0.14			
钴胺素/μg				18	4.5	0.44	22.5	5.6	0.56			
叶酸/μg	600	150	15				750	188	19			
生物素/μg				60	15	1.5	75	18.75	1.9			
胆碱/mg	2 040	510	50				2 550	637	63			

编自:NRC，2010。

表 6-42　妊娠哺乳猫的维生素需要量(ME=4 000 kcal/kg DM)

营养素	最低营养需要量			充足摄入量			推荐营养需要量			安全上限值		
	/kg DM	/1 000 kcal ME	/kg $BW^{0.67}$	/kg DM	/1 000 kcal ME	/kg $BW^{0.67}$	/kg DM	/1 000 kcal MEb	/kg $BW^{0.67}$	/kg DM	/1 000 kcal ME	/kg $BW^{0.67}$
维生素 A (μg 视黄醇)				1 600	400	85	2 000	500	107	100 000	25 000	5 333
胆钙化醇/μg				5.6	1.4	0.3	7	1.75	0.37	750	188	40
维生素 E (α-生育酚)/mg				30	7.5	1.6	31	7.8	1.67			
维生素 K (甲萘醌)/mg				1	0.25	0.18	1	0.25	0.18			
硫胺素/mg				5	1.25	0.27	6.3	1.56	0.32			
核黄素/mg				3.2	0.8	0.17	4	1	0.21			
吡哆醇/mg	2	0.5	0.1				2.5	0.625	0.11			
烟酸/mg				32	8	1.71	40	10	2.1			
泛酸/mg	4.6	1.15	0.25				5.75	0.19	0.31			
钴胺素/μg				18	4.5	0.8	22.5	5.6	1			
叶酸/μg	600	150	27				750	187	33			
生物素/μg				60	15	2.7	75	18.75	3.3			
胆碱/mg	2 040	510	91				2 550	637	113			

编自:NRC，2010。

表 6-43 猫的维生素需要量(ME=4 000 kcal/kg DM)

营养素	单位	生长和繁育期最低值	成猫维持期最低值	最高值
维生素 A	IU/kg	6 668	3 332	333 300
维生素 D	IU/kg	280	280	3 080
维生素 E	IU/kg	40	40	
维生素 K	mg/kg	0.1	0.1	
硫胺素	mg/kg	5.6	5.6	
核黄素	mg/kg	4	4	
泛酸	mg/kg	5.75	5.75	
烟酸	mg/kg	60	60	
吡哆醇	mg/kg	4	4	
叶酸	mg/kg	0.8	0.8	
生物素 K	mg/kg	0.07	0.07	

引自：AAFCO，2021。

表 6-44 猫的维生素最低建议添加水平(单位/100 g 干物质)(ME=4 000 kcal/kg DM)

养分	单位	成年犬(基于维持能量需要 MER)		幼猫 & 繁殖猫	最大添加水平 (L)=法定上限 (N)=营养上限
		75 cal/kg $BW^{0.67}$	100 kcal/kg $BW^{0.67}$		
维生素 A	IU	444	333	900	非繁殖期:40 000(N) 繁殖期:33 333(N)
维生素 D	IU	33.3	25	28	227(L)3 000(N)
维生素 E	IU	5.07	3.8	3.8	
硫胺素	mg	0.59	0.44	0.55	
核黄素	mg	0.42	0.32	0.32	
泛酸	mg	0.77	0.58	0.57	
维生素 B_6(吡哆醇)	mg	0.33	0.25	0.25	
维生素 B_{12}	μg	2.35	1.76	1.8	
烟酸	mg	4.21	3.2	3.2	
叶酸	μg	101	75	75	
生物素	μg	8	6	7	
胆碱	mg	320	240	240	
维生素 K	μg	—	—	—	

引自：FEDIAF，2021。

每千克猫粮中每多 1 g 鱼油，应在最低浓度基础上额外添加 10 IU 的维生素 E。除非猫粮中含有 25%以上(以干物质计算)的鱼类成分，否则没有必要添加维生素 K。加工处理会导致维生素 B_1(硫胺素)流失，最高流失量可达 90%，因此，应保证加工后的猫粮配方满足最低营养浓度标准。除非猫粮中添加了抗生素或抗维生素成分，否则没有必要添加生物素。

七、中国猫粮标准

《全价宠物食品 猫粮》(GB/T 31217—2014)给出了全价猫粮的营养指标(表 6-45)。

表 6-45 中国猫粮营养指标

项目	指标(以干物质计)/%		试验方法
	幼(年)猫粮、妊娠期、哺乳期猫粮	成(年)猫粮	
粗蛋白质	≥28	≥25	GB/T 6432—2018
粗脂肪	≥9.0	≥9.0	GB/T 6433—2006
粗灰分	≤10.0	≤10.0	GB/T 6438—2007
粗纤维	≤9.0	≤9.0	GB/T 6434—2006
钙	≥1.0	≥0.6	GB/T 6436—2018
总磷	≥0.8	≥0.5	GB/T 6437—2018
水溶性氯化物(以 Cl^- 计)	≥0.3	≥0.3	GB/T 6439—2007
牛磺酸	≥0.1 ≥0.2(湿粮)	≥0.1 ≥0.2(湿粮)	GB/T 18246—2019

中国猫粮的营养标准给出了常规营养指标的含量,规定了粗灰分和粗纤维的上限值,并给出了干粮和湿粮的牛磺酸推荐量。

第四节　犬猫粮中代谢能的估测

一、犬猫食品的能量浓度

犬猫食品的能量浓度,又称能量密度,指一定重量或体积的食物所提供的能量值,一般以代谢能值(ME)表示。NRC(2006)、AAFCO(2021)和FEDIAF(2021)设定犬猫粮中的 ME 浓度假定为 4 000 kcal ME/kg DM。在此 ME 基础上,给出各种营养素的需要量。但对于具体的某一犬粮来说,我们需要知道每千克食物中 ME 含量,即使在 ME 都是 4 000 kcal(干物质基础上)的情况下,具体到某一种犬猫粮由于水分含量不同,比如干粮的水分为 8%,那么在饲喂基础每千克干粮的代谢能就变为3 680 kcal/kg(4 000×92%);如果是湿粮,当水分是 75%时,每千克湿粮的代谢能就变为1 000 kcal/kg(4 000×25%)。因此,在实际饲喂犬猫时,我们需要算出每千克食物在饲喂基础下具体的代谢能值。

二、每日食物推荐量

在明确了一只犬或猫具体能量需要的情况下,就可以根据犬猫的能量需要和食物中的能量浓度来推荐犬猫每天的日粮饲喂量。比如,体重为 5.5 kg 幼犬每天消耗 1 000 kcal 代谢能,其每天需要的干粮的数量为 271.74 g(每千克干粮的代谢能为 3 680 kcal/kg),需要湿粮的数量为 1 000 g(每千克湿粮的代谢能为 1 000 kcal/kg)。体重为 5 kg 的成年犬,不活跃犬需要 317.7 kcal ME,稍活跃犬需要 367.7 kcal,活跃犬需要 434.7 kcal,年轻活跃犬为 468.1 kcal,其每天需要的干粮的数量分别为 86.33 g、99.91 g、118.1 g、127.2 g(每千克干粮的代谢能为 3 680 kcal/kg),可见活动水平对犬 ME 需要影响很大。

因没有一个单一的公式能够计算出所有犬或猫的能量需求,而且每个公式只能预测特定动物群体的理论平均值,因此,给出某个单只犬猫的食物推荐量仍然是非常困难的,需要根据实际情况进行校正。

三、日粮代谢能的测定

测定日粮中代谢能的方法主要有动物试验法、营养成分预测法和预测方程。AAFCO(2021)和 FEDIAF(2021)营养需要都给出了测定犬猫粮代谢能的试验方法。

(一)动物试验法

ME=GE－FE－UE。GE,日粮总能量;FE,粪便所含的能量;UE,尿中所含的能量。通常通过动物试验收集粪便测量消化能,通过减去在尿液中损失的能量(尿总量),确定代谢能。尿液中损失的能量有 2 种测定方法:如果收集了尿液,可直接测定尿液中能量;如果没有收集尿液,尿能可利用可消化蛋白质(DCP)进行估测,对于犬用 1.25 kcal/g DCP(即 5.23 kJ/g DCP)估测尿能;对于猫用 0.86 kcal/g DCP(即 3.76 kJ/g DCP)估测尿能。

(二)营养成分 ME 估算法

犬猫食品所含能量可通过分析宠物食品中营养素含量或查阅原料营养成分表能量值根据配方计算得到。

1.根据原料 ME 值进行犬猫粮 ME 估算

对于用常规原料制作的宠物食物,可以从原料营养成分表中查到各种原料的 DE 或者 ME 数据及营养素含量，但目前中国发布的饲料营养成分表中并没有犬猫的 ME 值，美国 NRC(2006)营养需要给出了一些常规饲料的 ME 值。根据配方中各原料的比例，把各种原料的 DE 或 ME 相加就能得到食物总的 DE 或 ME。这种评估方法并没有考虑营养物质之间的相互作用和加工处理对消化代谢的影响，能很好地应用于家制和半纯合的试验日粮。不推荐将这种方法应用于配制好的宠物食品，因为从消费者的角度，饲料配方是未知的(配方只有生产商知道)，也不清楚具体饲料原料的配比，且没有考虑加工过程对消化率的影响，因此很难准确计算出 ME。但对于宠物食品生产厂家来说，进行饲料配方时，用这种方法可以比较方便地计算出成品代谢能值。

2. 根据可消化成分含量进行估算

根据可消化营养成分的能量含量(即养分的燃烧热乘以消化率)计算得到 DE，再通过可消化蛋白质的能量校正因子计算尿能，DE 减去尿能就可计算出 ME。这个推算公式需要知道消化率的数值，才能计算出 DE。

(三)预测方程 ME 评估法

1. 利用阿特沃特系数进行预测

(1)阿特沃特系数(Atwater)　利用宠物食品中营养成分含量、总能、消化率以及尿中蛋白质与尿能损失的相关性，通过预测方程进行宠物食品中代谢能的评估。常用 Atwater 系数进行预测。

Atwater 系数是根据已知的总能值(4.1 kcal/g 碳水化合物、9.4 kcal/g 脂肪、5.7 kcal/g 蛋白质)和尿能损失计算系数(犬用 1.25 kcal/g DCP，猫用 0.86 kcal/g DCP)，再按照碳水化合物消化率为 98%，脂肪消化率为 96%和蛋白质消化率为 90%而得出的预测方程(表 6-46)。预测方程中每个营养成分前的预测系数称为 Atwater(阿特沃特)系数，该系数最早由 Atwater(1902)修订，它以 4 kcal/g 蛋白质、9 kcal/g 脂肪和 4 kcal/g 碳水化合物(无氮浸出物，NFE)能量作为预测犬粮代谢能的系数。三大营养物质能量消化率和转换系数见表 6-46。

表 6-46　三大营养物质能量消化率和转换系数

营养成分	能量消化率/%	转换系数/(kJ/g)
碳水化合物	98	16.72
	85	14.63
蛋白质	90	16.72
	80	13.38
脂肪	96	37.62
	90	35.53

犬粮 ME(kcal)＝ 4×蛋白质含量＋9×脂肪含量＋4×NFE 含量

当待测食物的消化率接近于得出这些方程的食物的消化率时，这些方程就能很准确地预测代谢能。Atwater 系数适用于用如下原料制作的宠物食品，如肉、动物下脚料(除去骨和骨粉)、家禽、鱼、高度纯化的淀粉产品、奶制品甚至巧克力，在这些食物中，无氮浸出物(NFE)大部分为糖或淀粉；也可用于高消化率的产品，如奶替代品和有利于肠营养的液体。当公式用于非淀粉多糖含量较高的食物(如豆类、色拉、水果或高纤维谷类产品)时，就会产生差异。Atwater 系数不能很好地用于猫粮，因为猫对脂肪的消化率通常低于犬。如果是煮熟的淀粉食物，可用碳水化合物系数(4 kcal/g 碳水化合物)、蛋白质系数(4 kcal/g 蛋白质)和脂肪系数(8.5 kcal/g 脂肪)来预测猫粮 ME。

猫粮 ME(kcal)＝ 4×蛋白质含量＋8.5×脂肪含量＋4×NFE 含量

(2)校正的 Atwater 系数　当 Atwater 系数应用于加工过的标准犬猫粮时，会高估犬猫粮的代谢能含量。因此，把犬粮和猫粮的 Atwater 系数调整为 3.5 kcal/g 蛋白质、8.5 kcal/g 脂肪和 3.5 kcal/g 碳水化合物。校正的 Atwater 系数适用于 20 世纪 80 年代早期市场上的典型标准犬粮，也可用于预测干性和半湿性宠物食品的能量。

目前市场上宠物配方食品的能量消化率差异很大，从小于 70%到大于 90%，因此同一个公式、同一套系数不适用所有的宠物配方食品的能量计算。另外，不同类型的产品(干的、湿的、半湿的)消化率也存在很大的变异性，因此，即使同一种产品的不同类型采用不同的公式也不能准确预测所有常量营养物质的能量。一般而言，预测公式利用总能量或者纤维含量(粗纤维、总膳食纤维或总纤维)来预测能量消化率,使用粗纤维含量来预测能量消化率适用于大部分商品犬粮和猫粮。

NRC(1985)提出犬对食物中蛋白质、脂肪和无氮浸出物的消化率分别为80%、90%和85%,代谢能估测值为:

ME(kcal/100 g)=3.5 CP+8.5 EF+3.5 NFE

或 ME(kJ/100 g)=14.63 CP+35.53 EF+14.63 NFE

这个预测方程与校正的 Atwater 系数一致。

2.根据标签标识值计算商品犬猫粮的能量含量

宠物食品的标签中都会标出水分、粗蛋白质、粗脂肪、粗灰分、粗纤维的含量,根据标签标识含量可计算出 DE 或 ME 值。

例如:一袋犬干粮(100 g)上的成分分析保证值如下:粗蛋白质不低于28%,粗脂肪不低于15%,粗纤维不高于3%,灰分5%～8%,平均7%,水分不高于10%,计算其 ME 含量。

(1)估计无氮浸出物含量

无氮浸出物(NFE)%

=100%－粗蛋白质%－粗脂肪%－粗纤维%－粗灰分%－水分%

=100%－28%－15%－3%－7%－10%

=37%

(2)计算 ME

ME(kcal/100 g)= 3.5×蛋白质含量+8.5×脂肪含量+ 3.5×NFE 含量

ME(kcal/100 g)

=3.5 CP+8.5 EF+3.5 NFE

=3.5×28 + 8.5×15 +3.5×37

=355 kcal/100 g

这袋(100 g)犬粮中 ME 为 355 kcal,或者每千克食品提供 3 550 kcal ME。

用宠物的每日能量需要量除以日粮的能量浓度,就能估计出需提供的食物量。

例如,如果一只成年犬需要 ME 1 100 kcal/d,饲喂的犬粮的 ME 为 3 550 kcal/kg。那么每日应饲喂的食物量为309.9 g。实际饲喂时还应根据每只犬猫的个体情况,调整宠物的每日需要量,使幼年犬猫获得最佳生长状态,成年犬猫保持健康的体重和体况。

(3)利用纤维含量进行预测　鉴于目前市场上宠物食品的能量消化率差异很大,从小于70%到大于90%。NRC(2006)提出利用总能量和纤维含量(粗纤维、总膳食纤维或总纤维)来预测能量消化率。先用粗纤维含量来预测能量消化率(表6-47和表6-48),然后再计算 ME 值。

犬粮的能量计算公式如下:

GE(kcal/g)=5.7×蛋白质质量+9.4×脂肪质量+4.1×(NFE+纤维质量)

DE(kcal/g)=总能×能量消化率/100

ME(kcal/g)=消化能－1.04×蛋白质质量

表6-47　犬粮代谢能预测

应用	公式
未加工的或者人类的食物,如肉、动物下脚料、奶产品、煮熟的淀粉食物;高消化的特殊产品,如奶替代品或者用于肠内营养的食物	ME(kcal)=4×蛋白质质量+9×脂肪质量+4×NFE 质量
商品犬粮	第一步:用氧弹式测热器测定总能或用下面的公式计算总能 GE(kcal)=(5.7×蛋白质质量)+(9.4×脂肪质量)+[4.1×(NFE+纤维质量)] 第二步:能量消化率(%)=91.2－(1.43×干物质中粗纤维百分含量) 第三步:DE(kcal)=(GE×能量消化率/100) 第四步:ME(kcal)=DE－(1.04×蛋白质质量) 示例: 食物组成为:80%水分、7%蛋白质、4%脂肪、3%灰分、1%粗纤维和5%NFE 第一步:GE(kcal)=5.7×0.07+9.4×0.04+4.1×(0.01+0.05)=1.02 第二步:能量消化率(%)=91.2－(1.43×1/20×100)=84.05% 第三步:DE(kcal)=1.02×84.05/100=0.86 第四步:ME(kcal)=0.86－1.04×0.07=0.79

引自:NRC,2010.

表 6-48　猫粮代谢能预测

应用	公式
未加工的或者人类的食物，如肉、动物下脚料、奶产品、煮熟的淀粉食物；高消化的特殊产品，如奶替代品或者用于肠内营养的食物	ME(kcal)＝4×蛋白质质量＋9×脂肪质量＋4×NFE 质量
商品猫粮	第一步：用氧弹式测热器测定总能或用下面的公式计算总能 GE(kcal)＝(5.7×蛋白质质量)＋(9.4×脂肪质量)＋4.1×(NFE＋纤维质量) 第二步：能量消化率(%)＝87.9－(0.88×干物质中粗纤维百分含量) 第三步：DE(kcal)＝(GE×能量消化率/100) 第四步：ME(kcal)＝DE－(0.77×蛋白质质量) 示例： 食物组成为 80%水分、7%蛋白质、4%脂肪、3%灰分、1%粗纤维和 5%NFE 第一步：GE(kcal)＝5.7×0.07＋9.4×0.04＋4.1×(0.01＋0.05)＝1.02 第二步：能量消化率(%)＝87.9－(0.88×1/20×100)＝83.5% 第三步：DE(kcal)＝1.02×83.5/100＝0.85 第四步：ME(kcal)＝0.85－0.77×0.07＝0.80

引自：NRC，2010.

表 6-48 计算出猫粮的能量单位为 kcal/g，如果换算成每千克含量，0.80 kcal/g 就变为 800 kcal/kg，一般宠物食品用 kcal/kg 或 kJ/kg 作为单位比较方便。

当利用粗纤维和总纤维含量来预测能量消化率时，在犬猫食品粗纤维含量大于 8%时，预测方程会出现很大的误差，所以，犬猫食品或原料中粗纤维含量大于 8%时不适用本方程，需要进行动物试验测定 ME。

利用动物消化试验测定犬猫粮的代谢能是最准确的方法，但代谢试验耗时、耗力、耗钱，如果能建立一个精确的预测 ME 的方程，是获得犬猫粮 ME 值的一个最好的途径。

本章小结

无论进行犬猫日粮的配制还是进行犬猫的健康管理都要求我们了解犬猫对能量及营养素的需要。营养需要量一般是以数据表格的形式，给出不同生命阶段犬猫对能量和各种营养素的需要量数据。不同机构发布的营养素需要量的表示形式不同，但基本内容大致相同。目前比较权威的犬猫营养需要量数据有美国国家研究委员会(NRC)在 2006 年发布的《犬猫营养需要量》，美国饲料管理协会(AAFCO)发布的犬猫营养需要量，欧洲宠物食品工业联盟(FEDIAF)发布的犬猫全价和补充宠物食品营养指南，还有中国在 2014 年发布的《全价宠物食品　犬粮》和《全价宠物食品　猫粮》。犬猫的需要量是以代谢能作为基础，以 4 000 kcal/kg DM 的 ME 为基础给出了各种营养素的需要量，包括蛋白质、各种必需氨基酸、脂肪、脂肪酸、常量矿物质、微量矿物质及脂溶性和水溶性维生素的量。犬猫的需要量有最低需要量、充足采食量、推荐营养需要量和安全上限，一般配制犬猫粮按推荐营养需要量，因为它考虑了消化率和利用率的因素。犬猫粮中代谢能的测定方法包括动物试验法、根据原料营养成分和配方进行估算、利用预测方程进行预测，不同类型的犬猫粮需要选用合适的代谢能测定方法。

复习思考题

一、名词解释

营养需要量(nutrient requirement)　最低需要量(minimal requirement,MR)　充足摄入量(adequate intake,AI)　推荐营养需要量(recommended allowance,RA)　安全上限值(safe upper limit,SUL)　日粮(daily ration)　干物质(dry matter,DM)　代谢体重

二、简答题

1. 犬猫蛋白质的需求有何区别?高蛋白对犬猫有害吗?
2. 如何进行成年犬猫的能量评估?
3. 猫的营养需要与犬相比,有哪些不同?

三、扩展题

如何进行犬猫代谢能的估测?

第七章
宠物食品配方

本章提要

本章主要介绍了宠物食品配方的原则及制作宠物食品配方需要考虑的问题；并介绍了最低成本配方、固定成分配方、可变成分配方的优缺点；阐述了制作宠物食品配方的方法（手工计算方法、线性规划程序法）及步骤，并介绍了如何进行全价干宠物食品、湿宠物食品的配方制作。通过本章的介绍，旨在让读者全面了解如何进行宠物食品配方。

制作宠物食品的目的是提供满足犬猫营养需要的均衡营养素的集合（能量、蛋白质、脂肪、钙、磷、氨基酸、维生素、微量元素等），因为没有单一成分（如鲜肉、肉粉、大米、小麦、马铃薯粉等）能满足宠物所有营养素的需要量，所以需要将几种原料组合在一起满足宠物营养需要。

不论制作哪种宠物食品——全价宠物食品、添加剂预混合饲料（营养补充剂、补充性宠物食品）和其他宠物食品（宠物零食），都需要制作宠物食品配方，给出各种原料和添加剂的配比，并按配方进行宠物食品的生产。

第一节　宠物食品配方的原则

一、宠物食品配方的概念

（一）宠物食品配方

宠物食品配方是指根据宠物的营养需要量、饲料原料的营养价值、宠物食品的功能特性、原料的供应情况和价格等条件，合理地确定各种饲料原料的配合比例，这种饲料的配合比例称为宠物食品配方。制作宠物食品需要用到饲料原料和饲料添加剂。在中国，宠物食品原料是指在《饲料原料目录》和《饲料原料补充目录》中的原料；列在目录中的所有原料都可以应用到宠物食品中；饲料添加剂包括《饲料添加剂品种目录》和《饲料添加剂品种补充目录》中可用于宠物食品的饲料添加剂。

（二）宠物日粮

宠物日粮是指一昼夜1只犬（猫或其他宠物）所能采食的食物量。比如，一只5 kg体重的成年猫，一天吃70～80 g的宠物干猫粮，没有采食其他食物，那它的日粮就是70～80 g的宠物干粮。另外，如果它1天吃了60 g干粮、10 g罐头，这也是它一天的日粮。

日粮可以理解为宠物一昼夜吃的食物总量。宠物食品是指具体的食物，包括全价宠物食品、宠物营养补充剂和宠物零食。

（三）优质全价宠物食品的特点

不论是宠物主人还是生产宠物食品的公司，都希望制作符合宠物营养需求的优质宠物食品。全价宠物食品应该从营养指标上满足宠物的营养需求，如中国的犬猫粮标准、AAFCO、NRC和FEDIAF的全价宠物食品的营养素含量，另外还应该具备一些其他的特点：

（1）从供给的量上可以满足犬猫对营养物质

的需求。根据不同的生命阶段对营养物质的需要特点，来满足其营养需求，如幼犬粮和幼猫粮能满足其生长和免疫的需要；成年犬猫粮能满足其维持和免疫的需要。

(2)营养物质之间的最适比例。要注意能量与蛋白质、氨基酸与氨基酸、氨基酸与维生素、氨基酸与矿物质、维生素与维生素、常量元素与微量元素之间的平衡。

(3)没有营养物质的缺乏。如营养物质缺乏会导致缺乏症。

(4)没有过度超量的营养物质。如营养物质过剩会导致肥胖和某些中毒症状。

(5)具有维持和改善消化道生理机能的成分。作为全价的宠物食品，应满足“全价和均衡”的标准，即从量上满足需要，各营养素之间要维持一定的比例，营养素既不缺乏也不过量，而且易于消化，同时维护消化道的功能。因此，一款优质的宠物食品既要满足宠物的营养需求，又要促进其健康和长寿。

二、宠物食品配方的原则

制作一款宠物食品，需要考虑很多方面：营养(全价和均衡)、工艺(工艺实现的可能性及工艺参数的确定)、卫生指标、适口性、消化率及饲喂效果。制作宠物食品配方是生产产品的一个重要环节，但宠物食品配方的制作，不仅考虑营养需求，还需要考虑其他因素(如工艺设备、适口性等)来实现产品的生产。

对于营养补充剂和宠物零食，需要对产品的特点进行描述，然后确定产品的具体营养参数和特征，再制作产品配方。

(一)配方基本原则

设计宠物食品配方是一个技术性和实践性很强的工作，要求设计者不仅具有一定的宠物营养和饲料科学方面的知识，还要有一定的饲养和实践经验，了解宠物的饲养特点，同时还需要了解与宠物食品相关的法律法规。

做任何一种宠物食品，都需要考虑以下几个方面：

1.动物种类和年龄

首先考虑所做食品是给什么动物吃的，是犬还是猫，或犬猫通用，或是其他的宠物品种。对于犬猫以外的其他宠物的营养需要量，官方发布的数据较少，因此，本节主要专注犬猫的食品配方。在确定宠物的种类之后，我们需要了解该品种宠物的相关知识，如品种、生命阶段划分、生理生化特性、营养需求特点等，然后针对这些特点制作饲料配方。

2.食品种类

首先确定做什么种类的宠物食品，是全价宠物食品，还是营养补充剂、零食；其次需要考虑水分含量，是干宠物食品，还是半干或湿的宠物食品，对宠物食品所属的种类进行定性。

3.产品特点

宠物食品的特点是制作宠物配方前必须了解的重要元素。2018 年农业农村部第 20 号公告规定了宠物食品特点必须要有支撑的依据。因此做配方前需要明确该配方的特点，对其特点进行描述，比如是什么配方(如鸡肉三文鱼配方)，有哪些特点(如呵护关节)，突出哪些原料(如鸡肉、牛肉)，用到哪些饲料添加剂等。如，全价成犬滋养毛发无谷三文鱼配方，根据产品特点确定所使用的原料和添加剂的种类，以体现滋养毛发、无谷和三文鱼的特点。

4.确定营养标准

根据这款产品的宠物特点和产品特性，确定这款产品的具体营养指标。根据中国发布的犬猫粮标准、AAFCO、NRC 和 FEDIAF 的营养需要量数据，还需要根据市场需要和公司的产品定位，来综合确定其营养指标。另外，饲养标准中各种养分需要量的数据是若干试验的平均数，不可能完全符合某一个体的需要。

5.确定饲料原料

需要确定制作本产品用什么原料，为什么选用这些原料，原料的营养成分含量是多少。营养成分可通过查数据库获得，还可通过实验室测定来获得，无论如何，都需要获得原料中的营养指标含量，才能进行饲料配方。

饲料原料的营养成分和含量要准确。正确的做法是将各种原料按规定进行抽样分析测定，取得准确数据。但实际生产中不可能对每项指标都进行实测，切实可行的方法是参照常用饲料营养成分与营养价值表，结合产地取其具有代表性的平均数值。对于个别原料成分不清的，需要进行实测。但在产品实际的生产中，需要对每批原料进行营养指标的检测。

6. 生产设备

需要了解用什么样的设备来制作本产品，或制作本产品需要哪些设备。一个已经建成的工厂如果存在成套的设备，需要了解设备的功能是否支持本产品的生产；如果是一个新工厂，需要了解用什么设备来完成这个产品的制作。另外，还需要了解生产线上的每个设备的性能，每个关键的设备具有什么样的特性，能实现什么样的生产流程和工艺参数。另外，设备和流程对原料有什么要求，制作的配方是否可以生产出来。比如，生产设备是否可以实现鲜肉的添加，能添加多少。提前了解生产设备以帮助我们进行原料选择和制作饲料配方。

7. 生产工艺

需要确定生产本产品的工艺流程，研究出适合本产品的工艺参数，特别是每个关键生产节点的生产参数，并了解在这样的工艺流程下，对配方有什么样的支持和限制的作用。

8. 质量控制

在生产的过程中，需要进行质量控制。从原材料、生产过程、成品进行质量检测，以达成最后的合格产品。在储存和运输的过程中也要进行质量控制，保证宠物吃到产品时所有的指标都符合要求。同时，需要用最终产品的营养指标对产品配方营养含量进行验证，并根据实际测定的结果对配方进行校正。

质量控制的指标包括：营养指标、卫生指标和加工指标。卫生指标必须符合宠物饲料卫生标准的要求，这是强制性指标。

9. 适口性验证

宠物食品的适口性是一个非常重要的指标。做出的宠物食品需要经过适口性的验证。如适口性未达到预期，也需要进行配方的调整。

10. 消化率

对本产品消化率的期望值是多少，需要测定消化率进行验证。如果消化率没有达到预期，需要对配方进行调整，以满足产品对消化率的要求。

11. 营养适当性的验证和功能性的验证

对于全价宠物食品，生产出来的产品是否符合全价和均衡营养的标准，需要进行验证，可参考AAFCO对“全价和均衡”食品验证的试验流程。对于营养保健品，需要对其功能性进行验证。对于宠物零食，需要对其宣传的特点进行验证。

12. 食品抗逆性

宠物食品的抗逆性表现在三个方面：一是能增强犬猫的抗病力；二是能保持各营养素的稳定性；三是能防止自身的霉变。因宠物食品的保质期比较长（全价膨化宠物食品是18～24个月），对宠物食品在储藏和售卖过程中的品质保证要求较高，因此要保证在整个货架期的产品质量。

13. 合规性

在任何一个国家生产的宠物食品都要受当地宠物食品法规的监管。在中国生产的宠物食品要符合中国的法规要求。出口到国外，要符合目的国的法规要求。

（二）最低成本原则

最低成本配方是大多数宠物食品公司首选的配方方式。利用线性模拟程序进行最低成本配方的计算，需要两套数据：一是原料成分表，里面包含原料的能量和营养素含量；同时需要配方人员了解每种原料的特点、用量的限定、消化率及利用率数据；二是犬猫的营养需要量，根据犬猫的营养需要量确定你要进行配方的产品的营养成分分析保证值，在配方软件中生成该产品的营养成分值。有了这两套数据，同时明确了本产品的功能述求和对原料种类的设定，就可以利用计算机配方软件进行产品配方了。目前，应用计算机配方软件可以快速准确地设计饲料配方，并且可以同时计算和平衡多种营养指标。但计算机软件毕竟只是一种运算工具，它必须在人的指令和规定的约束条件下才能进行快速准确的逻辑分析和计算。因此，约束值的设定至关重要。

宠物食品配方中最低成本配方不是首要原则。宠物食品配方，首先要关注产品的定位和特点，以及确定要使用哪种原料和饲料添加剂，来体现配方的特点。这些原料不论其成本如何，都需要用到配方里面。其他未强调的因素，可以采用最低成本配方来满足。所以，配方师的职责就是：在满足营养需要及产品特点的情况下，选用体现本产品特点的特定原料和添加剂，达成最低成本的配方。

犬猫是伴侣动物，养犬或养猫不是出于经济目的，犬猫主人主要注重犬猫的健康和长寿，以及一些医疗保健方面的功能，而不是最低成本。以最低成本开发的配方，一般是对一个适用群体营养需要量的一个平均配方，以防止营养不足，但有时它不是营养最优的配方，对个别的犬猫来说会存在营养的不足或过剩。满足最佳健康、福利、长寿和性能为目的的食物，应该是制作宠物食物的重点，因此最低成本不是唯一考虑的因素。

(三)固定成分配方

替代最低成本配方是基于最佳营养的固定配方。固定配方就是采用固定营养素需要量和原料配比的配方，不会因市场原料成本的变化而时时调整。固定成分配方最大的问题是如何应对原料的变异带来的影响。另外，固定配方一定是满足犬猫营养需要的配方，能促进幼犬猫的生长和成年犬猫的维持需要和健康。

(四)可变成分配方

可变成分配方在确定营养指标及满足标签关于原料用量宣传的情况下，可以根据饲料原料的价格进行配方的适度调整，但并不影响标签中关于产品特点和原料顺序的宣传。

三、宠物食品配方的方法

(一)手工计算方法

手工计算配方，是指不利用饲料配方软件，只考虑包括原料成分和营养两方面的非常有限的因素。在多数情况中，配方者只考虑主要的营养成分，如蛋白质、钙、磷和能量。除此之外，也仅能使用少量的饲料原料来进行配制。

试差法首先根据经验拟出各种饲料原料的大致比例，然后用各自的比例去乘以该种原料所含的各种营养成分的百分含量，再将各种原料的同种营养成分之积相加，即得该配方的每种营养成分的总量。将所得结果与饲养标准比较，如有任一营养成分不足或超过，可通过增减相应的原料进行调整和重新计算，直到相对接近设定的标准为止。

此法简单易学，不需要特殊的计算工具和程序，因而使用较为广泛。缺点是计算量大、盲目性较大、不易筛选出最佳的配方，成本可能较高。

计算配方的步骤：①设定宠物食品的营养标准；②选出可能使用的饲料原料，并查出营养成分和单价；③草拟配方；④按照营养需要补充常量矿物质饲料（如钙、磷和食盐）；⑤按照需要补充氨基酸添加剂（如赖氨酸、蛋氨酸和牛磺酸）；⑥微量元素和维生素的添加，一般按照营养标准和原料中的含量计算需要额外的添加量，使总量能满足犬猫的需要。

(二)线性规划程序来设计配方

现在几乎所有的商业公司都采用以计算机为基础的线性规划程序来设计配方。线性规划的价值主要体现在，能在几秒钟内处理由原料成分、营养需要和限制性因素构成的各种排列组合。能够以最低成本作为缺省限制条件来进行配方设计。

线性规划法又简称 LP 法，是最早采用运筹学的有关数学原理来进行饲料配方优化设计的一种方法。该方法将饲料配方中的有关因素和限制条件转化为线性数学函数，求解一定条件下的目标值（最小值和最大值）。

1.线性规划法的基本条件

采用线性规划法解决饲料配方设计问题时一般要求如下情况成立：

(1)饲料原料的价格、营养成分数据是相对固定的，基本决策变量（x）为饲料配方中各种饲料原料的用量，饲料原料用量可以在指定的用量范围内波动。

(2)因饲料原料的营养成分和营养价值数据具有可加性，但规划过程不考虑各种营养成分或化学成分之间的相互作用关系，因此不会考虑加工过程带来的影响，也不会考虑加工工艺是否可以实现配方的生产。

(3)特定情况下动物对各种养分需要量为基本约束条件，并可转化为决策变量的线性函数，每一线性函数为一个约束条件，所有线性函数构成线性规划的约束条件集。

(4)只有一个目标函数，一般指配方成本的极小值，也可以是配方收益的最大值。目标函数是决策变量的线性函数，各种原料所提供的成分与其使用量成正比例。

(5)最优化配方为不破坏约束条件的最低成本配方或最大收益配方。

2. 线性规划在宠物食品配方中的应用

线性规划配方在畜禽产品上应用非常广泛，但因为宠物食品的加工过程比较复杂，经过多次的加工过程，特别是水分在加工过程中不断变化，终产品的营养成分也会受到影响，因此多步骤配方是解决宠物食品配方的最终解决方案，这无疑对计算机的单一配方是一种挑战。

在整个配方过程中，原料是根据公司的库存原料种类或市场部门或销售部门指定的特殊原料来进行确定的，这些原料是定义产品的特点所必需的，如成猫无谷三文鱼皮毛护理配方，三文鱼就是一个必需的原料，并且含量要大于 26%，不添加谷物也是必需的选项。另外，需要具有养护皮毛功能的原料来支持皮毛护理。因此，技术部门要对满足营养、制造和适口性标准所需的原料成分和加工参数进行确定，然后输入配方软件进行饲料配方。

经过配方运算得到的产品配方，如果满足产品设计的目的和功能，经市场、销售等部门对配方特点确认，即实现了设定的“产品承诺”或“产品功能”，并对配方提出改进方案；如果配方营养指标和功能支持达到设计的要求，那配方就基本完成了。

营养和配方是宠物食品管理决策的关键点，其中涉及很多影响宠物食品生产成本和节省成本的复杂因素。例如，在无须改变配方目标营养成分的前体下，可以基于最新的原料价格重新进行配方计算，以降低成本。

依据配方生产出来的产品，会进行试验测试（适口性、消化试验）和市场测试，在最终产品上市前会对原料或加工技术进行调整，以形成满足市场需要和公司定位的产品配方。

四、宠物食品配方的步骤

1. 确定产品的特点

（1）确定整个公司产品的定位　根据公司整个产品的理念来确定整个产品线的原料和功能特点。每个公司都有其对产品的总体定位，如某些公司以天然无谷鲜肉作为公司产品的定位；有些公司以“科学精准营养，量身定制”为特点；有些公司以“高消化，易吸收”为特点。因此不同的产品定位对原料及营养标准的要求都会不同，它是选择配方营养和原料及添加剂种类的前提条件。

（2）确定某一个系列或某一个产品的定位　公司会有一个总的产品定位，在这样的一个产品定位之下，会有不同特点的产品系列，不同的系列会有不同的特点，具体到某一个产品也会有本产品的特点。因此，在做配方前，首先需要确定此产品的具体特点，根据农业农村部第 20 号公告关于产品功能宣传的规定，选择要达成宣传的营养标准、原料及添加剂，以满足农业农村部的要求。如无谷系列、海洋鱼系列、处方系列、低能量系列等。

（3）确定产品的特点　具体到某一个产品，需要确定该产品适用的动物种类、年龄阶段，功能宣传需要哪些具体的原料和添加剂来满足这样的宣传。如幼年期犬鸡肉米饭配方、成年期猫三文鱼紫薯配方等。

根据年龄阶段的划分，确定该产品是适用于幼年期、成年期、老年期、妊娠期、哺乳期还是全生命阶段；是适用于全品种，还是某一个品种。如波斯猫全期鸡肉配方，比格犬老年期羊肉米饭配方等。

2. 选择原料

根据产品特点确定原料的排列顺序，按中国及国外的法规要求，在标签上需要按原料含量从多到少的顺序排列。因此，为体现产品特点，在做配方前就要根据产品的特点，确定体现产品特点的原料顺序，以及需要使用的添加剂的品种和顺序。然后确定被选定原料和添加剂的营养成分及价格。如需要确定用几种原料，明确各原料的特性、营养成分、价格、卫生指标等，以及确定原料添加的最大值和最小值，也就是确定原料限定值。

3. 确定宠物食品的营养成分分析保证值

目前可直接用于饲料配方的营养标准是中国的犬猫粮标准，NRC、AAFCO 和 FEDIAF 的营养需要量，这些标准不是针对某一个特定品种的，而是适用于全品种。这些营养指标一般是最低营养需要量，某个具体产品的营养指标一般会大于或等于这些指标，根据该产品的特点确定其具体的营养指标。如宠物食品公司想对某个品种（如金毛犬、吉娃娃），或某些品类，如小型犬、中型犬、大型犬进行更加精细的配方，就可以为每个品种建立营养标准，主要根据其研究的成果来设定其具体的营养需要量，然后再进行配方。这样做的必要性来源于科学研究的数据、市场的需求、公司产品的细化和特点，以及由此带来的经济回报。

4.通过计算机软件计算配方

计算配方需要两套数据：产品的营养成分分析保证值和饲料原料的营养成分值及价格，通过计算机配方软件进行饲料配方计算。

计算机配方的实质是利用线性规划来满足符合条件的各种原料的组合。随着可用原料的数量增加，每种原料具有不同的营养成分和成本，从满足营养成分的角度而言，成千上万种可能的原料组合都是可以接受的。用产品配方师的语言，这些原料(或配方)的可接受组合中的每一种都是“可行的”，因为可以满足所有规定的营养要求。但是，由于每种原料很可能具有不同的成本，因此每种组合在成品的成本上都会有所不同。需要确定成本最低的成分组合中的一种，即成本最低的配方。

计算机配方软件可以通过以下一种或多种方法来处理宠物食品配方：

(1)单一产品配方　单一产品配方是满足所有营养要求的各种成分的一种组合，从而使配方的成本降至最低。在设计配方时，将所需要原料可以一次性混合的情况下，可进行单一产品配方。最基本的配方软件都可进行单一产品配方。单一产品配方的实现工艺比较简单，混合后的原料成分不会因为加工工艺而造成变化，特别是水分。比如，如果需要混合的原料都一次性加入混合机中，不再有后续的加工和变化的过程，那单一配方就可以达到目的。比如，一个宠物食品的配方，是几种原料的简单混合，后续不再需要喷涂油脂和调味的汁和粉，那这个配方就是一个单一的配方。但如果在原始的混合物中添加高含水量的原料，比如肉泥、蔬菜水果等，使混合物的水分发生很大的变化，再经过膨化加热后变成水分含量很低的终产品，单一配方就不能解决问题。

最低成本单一配方无法解决进一步加工过程可能导致最终产品含水量发生变化的状况，如膨化宠物食品，混合后的粉料水分为11.5%，加了肉浆后水分变为20%，经过膨化机压入蒸汽和加水，在膨化前水分达到26%，膨化后的产品经过烘干水分达到5%，然后喷涂油脂和调味汁，水分达到7%，每一个步骤都伴随水分的变化。因水分的变化会导致其他营养成分的变化，因此单一产品配方不能解决所有的加工步骤而带来的水分问题。

(2)单一配方的改进配方——干物质基础配方　因为生产过程中水分的变化，可以采用“干物质”为基础来表示终产品营养素的数据。如果我们制定了终产品的水分和营养素的指标，就可以计算出干物质基础的营养指标，因此在配方时可以显示出饲喂基础和干物质基础的指标，在有肉泥等物质加入时，虽然因食糜的加入，混合物的水分与终产品差异大，但以干物质体现营养指标时，如果与终产品的干物质指标相同，也可以预测出加入肉泥后配方的营养指标是否满足需要。因此，它将计算出配方并计算出干物质基础的成本和养分含量，再根据终产品的含水量计算出实际的营养指标和成本。

(3)“渐进式”宠物食品配方　由于宠物食品的制造工艺(如膨化工艺和烘焙工艺)比较复杂，在加工的过程中在不同的工序需要添加不同的原料，如二次混合需要加入小料，需要喷油、喷汁和拌粉，同时还伴随着水分的变化，如膨化工艺加入水分，烘干工艺去除水分，在喷汁环节又加入水分，在冷却环节又失去水分，水分的加入和流失也受到很多因素的影响，因此一次性的以成本最低为目标的单一配方不能满足需要，需要根据加工环节的变化反复试验和重新制定配方。根据多次配方的成本和最终产品的营养指标，选出符合需要的配方。另外，还需要考虑加工工艺对最终产品中营养物质消化率和预混料成分最终浓度的影响。因此将需要更多的重复，直到获得可接受的配方。

(4)多步骤配方模型　使用传统的单产品配方工具来配制复杂的经多步骤加工生产的产品是困难且费时的。采用多步骤配方和制造模型可以解决这个问题。很少以单批次生产宠物食品，一般需要一系列连续的制造步骤，如膨化宠物食品，生产中涉及一系列原料的投入过程(如干原料配制、预混料投配、肉类投配、外用喷涂油脂和调味的汁和调味粉料等)，而其中的一些步骤涉及水分的变化，导致从产品中添加(膨化机、喷涂机)或去除水分(烘干机、冷却器)。

另外，通常需要在生产过程的中间阶段以及成品阶段控制水分和营养成分含量。并且，必须控制最终产品中原料的总量顺序,以保持与标签声明的一致性。

一旦定义了制造过程,并说明了所有要求,便创建并求解了一个数学模型。该模型的输出提供了每个混合步骤所需的成分数量以及每个处理步骤的流速和设定点,从而满足所有规定的要求,同时将最终成品的单位成本降至最低。

膨化宠物食品最终产品将按3个步骤的顺序进行制造,步骤1(原始干原料混合物)代表散装成分和预混合物的混合;步骤2(干燥)代表对步骤1的输出的处理,水分需要达到一定的含量。步骤3(喷涂油脂和调味汁)将外部涂料施加到步骤2的输出,形成最终的产品。

5.进行配方的营养指标及特点分析

根据计算机算出的配方,进行可行性分析。先按照农业农村部第20号公告中《宠物饲料相关规定及管理》进行水分的校正,营养标准是否达到了设定的要求,原料的顺序是否满足功能特点的要求,然后根据水分校正后的结果和原料顺序,判断其是否满足设定的原料功能和顺序,再进行配方的校正,使其满足设定的标准。

6.调整配方

必须在实际生产前检查、调整配方,避免产品缺陷,判断其是否满足营养需要量,并检查是否体现产品宣传的特点。计算机计算的配方有些指标设定为大于或等于,如钙、磷,因原料便宜,在遵循最低成本配方原则的基础上,可能配方钙和磷的需要量超过了我们设定的量,因此需要对配方再进行调整,以满足营养素及特殊功能的需求,对于有些指标需要设定上限值。

没有任何一个饲料配方是一次完成的,初次完成的配方需要检查。有时为了满足其他高价格原料添加,对低成本的原料没有作添加量的限制,如盐、碳酸钙,即使所有参数都已确定下来,还得从加工方面对配方做进一步检查,如现有加工设备和工艺是否可以实现?如果添加了20%油脂,工艺是否可以处理?油脂是采用混合机内添加还是外喷涂,各自的添加量的上限是多少,是否可以喷涂均匀?粉碎机可一次处理大量的肉粉吗?是一次混合还是二次混合,是先混合还是先粉碎?这些问题都需要在了解设备和工艺的基础上,给出答案。还需要了解宠物食品生产车间能否实现配方生产,因此需要深入车间实地考察设备和工艺,然后给出在设备和工艺上可以实现的配方。

7.配方输出

一旦配方达到了设定的营养指标,各方面都满足了配方的要求,就可以输出可以用于生产的配方。

8.水分校正,并根据校正后的原料配比进行配方宣传

根据农业农村部第20号公告的附件关于水分校正的部分,进行配方水分的校正,根据校正后的水分,进行原料顺序的排列。如想宣传鸡肉配方,那么水分校正后鸡肉的占比应大于或等于26%。经过水分校正后,配方里面的原料和添加剂是否支撑配方的功能就可以进行判断了。

9.终产品测试

一旦产品的目的确定了,市场、销售和研究都提供了改进的思路,"产品承诺"确定了,配方就基本完成了。如果配方已经满足营养、制造和适口性的要求,可进行产品的生产。根据各公司的产品测试的要求,可能会进行适口性试验、动物试验、市场测试或临床试验(处方食品),在最终产品上市前可能会对成分或加工技术再进行调整。

但产品问题不等于配方问题,配方只是保证产品的营养和价格。产品问题可能是市场或销售问题,而不是真正的产品问题。产品问题也可能来源于不正确的竞争,受市场和销售策略的影响,而导致市场销售不畅。也有可能是"产品承诺"的定义不准确、不明确。在上述任何一种情况下,需要分析产品存在的问题。通过故障处理,通常可以发现问题。它可能与配方无关,也可能不在任何部门的管辖范围之内。

在营养或加工失败的情况下,有时可能是供应商的问题,而不是内部的故障。即使已经尽了一切努力来选择"最好的"供应商,也有可能是供应商出现了加工或产品故障而没有向公司报告。因产品保质期长,产品酸败是一个经典的问题,无论有什么质量控制或质量保证程序,都不可能足够快地确定不同质量的原料所带来的问题,尽量在产品制造中使用不易氧化酸败的原料。因此,从配方到产品需要经过很多过程,

配方只是在现有的原料和营养指标的情况下，给出了一个理论上可行的配比，最后是否形成一个合格的产品受S原料、加工、质量控制等多方面因素的影响。

第二节　全价干宠物食品配方

干宠物食品的配方步骤如下：①选择配方标准；②选择用于配方的原料；③进行计算机线性计算；④算出配方；⑤分析配方，对配方进行微调；⑥输出配方。

一、干宠物食品的特点

水分含量＜14%的为固态宠物饲料，也称为干性宠物食品或干粮(dry pet food)。干宠物食品含有6%～12%的水分。干宠物食品最具代表性的是膨化干宠物食品。

二、干宠物食品的营养指标

任何一款干的全价宠物食品的营养指标都是基于本产品的功能和特点，参考AAFCO、FEDIAF和中国发布的《全价宠物食品　犬粮》和《全价宠物食品　猫粮》的含量，来设定本款产品的营养指标，原则上要符合全价宠物食品的营养要求。

三、干宠物食品的原料

农业部发布的《饲料原料目录》和《饲料原料目录补充目录》中的原料都可以应用到宠物中，原料的种类众多，共分为13类。每一类中都包含常用于宠物食品的饲料原料，不同的宠物食品公司会根据公司产品的定位和产品的特点来选择用于宠物食品配方的原料，基于库存和管理的需求，一般每个公司的原料的种类不会太多，不会超过30种原料，这些原料也基于产品的种类和数量。各宠物食品公司会根据自己常用的原料来建立自己的原料数据库，并不断完善数据库的营养成分表。

四、干宠物食品的计算机配方

以一个例子来阐述膨化干宠物食品的配方，如设计一款全价成年期养护皮毛犬粮的配方。

(一)分析产品的特点

首先分析这个配方的特点：①动物品种：犬；②生命阶段：成年期，③特点：养护皮毛，④产品类型：全价宠物食品。

(二)确定产品的标准

根据中国的犬猫粮标准，参考NRC、AAFCO及FEDIAF的标准及产品的定位，制定本产品的营养标准(表7-1)。

氨基酸的指标可参考AAFCO成年犬的指标进行设定。把这个标准输入配方软件的营养需要量中，变成该产品的营养指标。

(三)选择配方需要的原料

根据配方的定位(如成年犬美毛鸡肉大米配方)，进行原料选择。首先，分析其宣传的特点：①功能性的宣传：美毛，需要选择具有美毛特点的原料和添加剂；②原料的宣传：鸡肉大米配方，因此鸡肉粉或鸡肉、大米是必需的原料；其次，检查中国法规：按农业农村部第20号公告关于产品宣传的要求，如何选择原料和添加剂，才能支撑产品的特点定位。

按农业农村部第20号公告的规定，所有宣传应当注意以下几点：①证明材料包括公开发表的出版物、教科书、配方组成、检测数据或者试验报告等。宠物饲料如宣传使用某种饲料原料，应当

表7-1　全价成年期犬粮产品成分分析保证值

营养指标	干物质基础	饲喂基础
水分	0	≤10.0%
代谢能(ME)	4 000 cal/kg DM	3 600 cal/kg DM
粗蛋白质	≥24.0%	≥21.6%
粗脂肪	≥10.0%	≥9.0%
粗纤维	≤4.5%	≤4.05%
粗灰分	≤9.9%	≤8.91%
钙	≥0.7%	≥0.63%
总磷	≥0.6%	≥0.54%
水溶性氯化物(以Cl^-计)	≥0.3%	≥0.27%
赖氨酸	≥0.83%	≥0.75%
蛋氨酸+胱氨酸	≥0.72%	≥0.64%
亚油酸	≥1.3%	≥1.17%

在饲料原料组成中标识其名称，并在名称后标识其添加量。②经脱水处理的饲料原料，可以依据水分还原后其在产品中的含量进行宣传。③宣传“××配方”时，产品中的“××”饲料原料应当达到产品总重的26%以上；如对两种或者两种以上饲料原料进行组合宣传，其中至少一种饲料原料应当达到产品总重的26%以上，其余每种饲料原料均应当达到产品总重的3%以上，宣传应当按原料的重量百分比降序排列。因此，本鸡肉米饭配方，鸡肉的含量需要大于26%，大米的含量需要大于3%。

关于养护美毛的特点，需要有依据，根据目前认可的营养科学知识，蛋白质、蛋氨酸、胱氨酸、不饱和脂肪酸、微量元素铁和铜、维生素（维生素A、维生素E及B族维生素）；特殊添加剂（卵磷脂）等都具有呵护皮毛的作用。

（四）计算机进行配方

在配方软件中，先选择本配方的营养标准，然后选择用于本配方的原料，配方结果见表7-2。

从配方营养指标与标准的差值看，本配方满足了设定的指标（表7-3）。

（五）水分校正

对配方的水分进行校正，确定其是否满足鸡肉米饭配方的宣传（表7-4）。

从表7-4看，原料进行水分校正后，鸡肉的占比为46.92%，大于26%，大米的占比为37.20%，大于3%，因此符合鸡肉大米配方的宣传。

从以下几点可以支持皮毛护理的宣传，亚油酸为1.14%，主要来源于鱼油和菜籽油，亚油酸有健康皮毛的作用；含硫氨基酸为0.74%，超过需要量，含硫氨基酸是皮毛中的主要氨基酸；可在预混料中添加呵护皮毛的微量元素，如锌、铜，在标签中标识出其添加量，因锌和铜对皮毛的健康有促进作用，如果有试验证明该添加量可以起到呵护皮毛的作用，是更好的支撑证据。另外，通过添加B族维生素及卵磷脂来支持呵护皮毛的特点。维生素、微量元素及添加剂的添加通过预混料的配方设计完成，并在原料组成和添加剂组成中标出其添加量或在营养成分表中列出其含量。

表7-2 成犬美毛鸡肉米饭配方原料配比

编号	原料名称	原料价格/(元/kg)	原料配比/%
725	鸡肉粉	7.8	23
47	鸡肉骨粉	4.8	5
530	大米	4.8	62
403	鸡油	9	5
404	鱼油	15	1
405	菜籽油	12	1
519	啤酒酵母	8	1
510	预混料	25	2
合计			100

表7-3 成犬美毛鸡肉米饭配方营养指标

营养素名称	单位	配方营养	标准最小值	标准最大值	与标准相差
干物质	%	90.60	90	—	0.6
犬代谢能	kcal/kg	3 686.9	3 600	—	86.9
粗蛋白质	%	22.45	21.6	—	0.85
精氨酸	%	1.38	0.51	—	0.87
赖氨酸	%	1.33	0.75	1.5	0.58
蛋氨酸	%	0.45	0.33	—	0.12
蛋氨酸+胱氨酸	%	0.74	0.64	—	0.10
粗脂肪	%	10.36	9.0	—	1.36
亚油酸	%	1.41	1.17	—	0.24
粗灰分	%	5.71	0	8.91	—
粗纤维	%	1.09	0	4.05	—
钙	%	0.99	0.63		0.36
总磷	%	0.59	0.54		0.05
钙/磷	%	1.678	1∶1	2∶1	—
钠	%	0.22	—	—	—
氯	%	0.26	—	—	—
可溶性氯化物	%	0.43	0.27	—	0.16

表 7-4　成犬美毛鸡肉米饭配方水分校正后原料配比

原料编号	原料名称	原料配比	原料水分含量/%	原料干物质含量	还原后原料水分含量/%	还原后配方组成/kg	还原后原料配比/%
725	鸡肉粉	23	10	20.7	75	82.80	46.92
47	鸡肉骨粉	5	10	4.5	75	18	10.20
530	大米	62	10	55.8	15	65.65	37.20
403	鸡油	5	0	5	0	5	2.84
404	鱼油	1	0	1	0	1	0.57
405	菜籽油	1	0	1	0	1	0.57
519	啤酒酵母	1	5	0.95	5	1	0.57
510	预混料	2	0	2	0	2	1.13
合计		100				176.45	100

第三节　湿宠物食品配方

一、湿宠物食品的特点

水分含量≥60%的为液态宠物配合饲料，也称为湿宠物食品或湿粮(moisture pet food)。典型的湿宠物食品为罐头食品，有慕斯状、肉泥、肉块或带汤水的肉块、火腿肠等产品。湿宠物食品既可以做成全价的湿宠物食品，也可以是不全价的宠物零食。因水分含量高，因此需要特殊的工艺来保证其保质期。一般采用冷冻和热杀菌处理的加工工艺，保质期在18～24个月。其他的产品类型有新鲜或冷藏的产品，根据加工工艺的不同，保质期也不同，新鲜或冷藏会降低其保质期。

制作湿宠物食品时需要考虑以下因素：配方特点、营养、成本、适口性、外观和包装样式。这些需要提前确定，根据这些确定的因素再选择营养指标、原料等进行配方的制作。

湿宠物食品一般含有较高的蛋白和脂肪，碳水化合物的含量相对较低或没有。

二、湿宠物食品的原料

湿宠物食品一般含有比较高比例的肉类，通常所用的原料是肉和肉的副产品，肉的副产品即那些超出人类食品需求量的原料或人类食品中不需要的那些原料，但目前高品质肉类占的比例越来越大，如禽肉、牛肉、猪肉、羊肉、鱼肉、贝类及其他的一些不常见的肉类(鹿肉、袋鼠肉、鸸鹋肉、火鸡、鸵鸟、驴肉)，还会有内脏类，如肝脏、心脏、肾、脾脏、胃、肠等，另外还添加油脂，加或不加碳水化合物类以及一些矿物质、维生素等，使其营养满足全价和均衡的标准。原料的使用需要考虑水分、营养、适口性和加工特性，采用不同的原料来实现不同特点湿粮的加工生产。

湿宠物食品蛋白质的主要来源是动物原料。经常用到的动物原料是肉和肉的副产品，可能是新鲜的、冷冻的或是干的动物蛋白粉。这些经常用到的原料种类包括：肉、肝、肺、脾、胃、磨碎的骨头、血、鸡架、鱼粉、肉粉、鱼、贝类等。原料不仅提供了营养成分，有些对适口性有益，比如肝脏；有些可促进物料凝固，动物副产品中有些含有天然可热凝的物质，但有时也需要加入其他物质促进凝固，如经常使用喷雾干燥的血液和血浆，但谷物蛋白(如大豆分离物和面筋)的使用也很常见。能量来源于谷物和薯类，典型谷物包括面粉、玉米、稻谷、大米、燕麦等；薯类包括马铃薯、红薯、紫薯、木薯等；豆类包括大豆、豌豆、菜豆等；还使用一些蔬菜和水果(如南瓜、胡萝卜、西蓝花、菠菜、苹果、梨、蓝莓等)。全价的宠物食品还需要添加一些矿物质、维生素和某些饲料添加剂(如黏合剂、着色剂和调味剂等)等。湿宠物食品中原料需要经受额外的加热灭菌过程，要求加热过程不会导致自身的降解。

胶凝剂和增稠剂通常用于肉冻类产品中。对

于肉冻类产品，最常用的是角豆树胶（刺槐豆胶）和角叉菜胶（海藻提取物）的组合。其他组合包括黄原胶和类似的微生物胶。对于肉汁系列产品，通常使用瓜尔豆胶和改性淀粉。当使用基于淀粉的产品体系时，要确保在添加淀粉原料之前，动物材料中的任何淀粉酶活性都完全失活，否则会影响淀粉的效果。

宠物没有对颜色的偏爱，因此使用着色剂是为了让购买者更容易接受。焦糖、赤藓氨酸、酒石黄和二氧化钛是常见的色素，亚硝酸钠的使用也很常见，许多消费者对合成色素的使用感到担忧。目前，在完全没有合成色素的情况下使用天然着色物质已变得普遍。在欧盟，所有添加剂（包括颜色和胶凝剂在内）的使用均受添加剂指令（70/524/EC）的管制。在中国这些添加剂都需要在可用于宠物食品的添加剂的范围之内，不在此范围内的不能使用。

湿宠物食品的特点因不像膨化那样需要限制水分的含量，因此可以添加更多的肉类及副产品，水也作为一个成分添加进去，来满足产品对水分含量的设定。在标签上营养成分分析保证值上常会有水分含量体现，一般以小于或等于的形式体现，在原料成分表中水分也常作为一个原料出现。但水分会对产品外观产生影响，太高的水量会使外观过于柔软（太稀）而失去吸引力，因此水分含量的设定非常重要。另外，因原料的水分含量及处理原料而引起的水分变化，对终产品含水量的控制也是一个挑战。

黏度问题必须作为配方和原料成分选择的一部分进行讨论，因为它对营养物密度具有非常重要的影响。将游离水或“足以进行加工的水”添加到肉糜中，以降低黏度并使肉糊更易流动，同时水使产品在填充罐时在罐头之间干净地释放，避免罐头的表面被污染。但在新产品设计的早期阶段，确定理想的水量通常是要经过反复试验，以满足各方面的要求。

三、湿宠物食品的营养指标

湿宠物食品的特点主要体现在水分含量上，水分在75%左右，高的水分含量可达到88%，甚至90%，低的水分含量可达到60%。

从营养指标的角度，全价的湿宠物食品需要达到全价的要求，在干物质基础上要满足全价的需求，可以干物质基础来表示，也可以饲喂基础来表示。

市场上常见的湿宠物食品的营养指标范围见表7-5。

零食湿宠物食品因对能量及营养指标没有全价（全营养）要求，因此其配方的灵活性很大，可以根据产品特点进行配方设计，对矿物质、维生素的添加比较自由，可以不添加也可以根据产品的特点进行添加，零食湿宠物食品主要考虑原料的特点，如牛肉零食罐头、鸡肉零食罐头、三文鱼零食罐头等。

表7-5　犬猫半湿宠物食品和湿宠物食品的主要营养成分

宠物食品类型	营养指标	饲喂基础(as-fed basis)	干物质基础(DM basis)
半湿食品	水分/%	15～30	0
	粗脂肪/%	7～10	8～14
	粗蛋白质/%	17～20	20～28
	碳水化合物/%	40～60	58～72
	代谢能/(kcal/kg)	2 550～2 880	3 000～4 000
湿食品	水分/%	60～90	0
	粗脂肪/%	5～11	20～32
	粗蛋白质/%	6～16	28～55
	碳水化合物/%	4～15	18～57
	代谢能/(kcal/kg)	855～1 350	3 500～5 000

四、湿宠物食品的计算机配方

一般的配方遵循最低成本配方（LCF）的原则。但 LCF 技术配制湿宠物食品时出现了一个基本问题，LCF 基于通过算法链接的一系列数据库，需要输入营养物浓度、原料成分和成本数据，却无法明确单个原料成分在最终产品中发挥的功能特性，如黏合强度、对外观的影响、对质地和适口性的增强作用等，因此计算机做出的配方往往在营养上可以满足需要，但可能不满足其他方面的需求。LCF 技术在湿宠物食品配方中还存在需要改进的地方。因此，湿粮配方仍然依赖于之前配制产品的经验，遵循产品的营养特点和加工特点。

下面以一个特定的产品为例来阐述湿粮的配方过程。如配制一款全价成年猫鸡肉三文鱼无谷罐头配方。

（一）确定产品的特点和原料种类

根据名称，原料主要为鸡肉和三文鱼，根据农业农村部第 20 号公告文件的要求，鸡肉的占比要大于 26%，三文鱼肉的配比要大于 3%。无谷，就不能添加谷类（如大米、小麦、燕麦等），可以加一些薯类、蔬菜和水果。

（二）确定产品的营养指标

根据全价犬猫粮的营养需要量以及罐头产品的特点，确定本产品干物质基础的营养指标和饲喂基础的营养指标。本产品的水分设定为 75%，根据水分含量设定本配方湿粮的营养指标（表 7-6）。

把湿宠物食品配方的营养指标（AF）输入计算机程序中，生成本配方的标准。

（三）计算机线性规划配方

在计算机程序中，运算计算配方选项，计算机根据本产品猫湿宠物食品的营养指标和选择的原料计算出本产品的配方（表 7-7 和表 7-8）。

表 7-6　全价成年猫鸡肉三文鱼无谷罐头产品营养成分分析保证值

标准名称	AAFCO 成年猫（DM）	AAFCO 成年猫（AF）	本标准（DM）	本标准（AF）
水分含量/%	0	75	0	75
代谢能（猫）kcal/kg	4 000	1 000	≥4 000	≥1 000
粗蛋白质/%	26	6.5	≥45	≥11.25
精氨酸 Arg/%	1.04	0.26	≥1.40	≥0.35
组氨酸 His/%	0.31	0.08	≥0.31	≥0.08
异亮氨酸 Ile/%	0.52	0.13	≥0.52	≥0.13
亮氨酸 Leu/%	1.24	0.31	≥1.24	≥0.31
赖氨酸 Lys/%	0.83	0.21	≥0.83	≥0.21
蛋氨酸 Met/%	0.2，<1.5	0.05，<0.375	≥0.2	≥0.05
蛋氨酸+胱氨酸 Met+Cys/%	0.4	0.1	≥0.4	≥0.1
苯丙氨酸 Phe/%	0.42	0.105	≥0.42	≥0.105
苯丙氨酸+酪氨酸 Phe+Tyr/%	1.53	0.38	≥1.53	≥0.38
苏氨酸 Thr/%	0.73	0.18	≥0.73	≥0.18
色氨酸 Trp/%	0.16，<1.7	0.04，<0.425	≥0.16，<1.7	≥0.04，<0.425
缬氨酸 Val/%	0.62	0.155	≥0.62	≥0.155
牛磺酸 Tau（罐装食品）/%	0.2	0.05	≥0.2	≥0.05
粗脂肪/%	9.0	2.25	≥18.0	≥4.5
亚油酸/%	0.6	0.15	≥0.6	≥0.15
α-亚麻酸/%	0.02	0.005	≥0.02	≥0.005
花生四烯酸/%	0.02	0.005	≥0.02	≥0.005

续表 7-6

标准名称	AAFCO 成年猫(DM)	AAFCO 成年猫(AF)	本标准(DM)	本标准(AF)
粗纤维 CF/%	—	—	≤9.0	≤2.25
粗灰分 Ash/%	—	—	≤10.0	≤2.5
钙/%	0.6	0.15	≥0.6	≥0.15
磷/%	0.5	0.125	≥0.5	≥0.125
钾/%	0.6	0.15	≥0.6	≥0.15
钠/%	0.2	0.05	≥0.2	≥0.05
氯化物/%	0.3	0.075	≥0.3	≥0.075
镁/%	0.04	0.01	≥0.04	≥0.01
铁/(mg/kg)	80	20	≥80	≥20
铜(干粮)/(mg/kg)	5	1.25	≥5	≥1.25
铜(罐装)/(mg/kg)	5	1.25	≥5	≥1.25
锰/(mg/kg)	7.6	1.9	≥7.6	≥1.9
锌/ (mg/kg)	75	18.75	≥75	≥18.75
碘/ (mg/kg)	0.6	0.15	≥0.6	≥0.15
硒/ (mg/kg)	0.3	0.075	≥0.3	≥0.075
维生素 A/(IU/kg)	3332	833	≥3332	≥833
胆钙化醇/(IU/kg)	280	70	≥280	≥70
维生素 E(α-生育酚)/(IU/kg)	40	10	≥40	≥10
维生素 K(甲萘醌)/(mg/kg)	0.1	0.025	≥0.1	≥0.025
硫胺素/(mg/kg)	5.6	1.4	≥5.6	≥1.4
核黄素/(mg/kg)	4	1	≥4	≥1
泛酸/(mg/kg)	5.75	1.44	≥5.75	≥1.44
烟酸/(mg/kg)	60	15	≥60	≥15
吡哆醇/(mg/kg)	4	1	≥4	≥1
叶酸/(mg/kg)	0.8	0.2	≥0.8	≥0.2
生物素 k/(mg/kg)	0.07	0.175	≥0.07	≥0.175

注:FEDIAF(2021)推荐的精氨酸的含量根据蛋白含量进行了调整

表 7-7　全价成年猫鸡肉三文鱼无谷罐头产品配方及营养指标

原料名称	原料价格/(元/kg)	原料配比/%	原料名称	原料价格/(元/kg)	原料配比/%
鸡胸肉	13	39.8	纤维	56	1.0
带皮鸡肉	10	23.0	海藻粉	26	2.0
三文鱼	20	10.0	轻质碳酸钙	0.5	0.5
鸡肝脏	3.0	5.0	氯化钠	1.2	0.2
鱼油	20	0.5	水	0.1	7.0
生鲜胡萝卜	4	5.0	预混料 1%	35	1.0
生鲜南瓜	5	5.0	合计	11.62	100.0

表 7-8 全价成年猫鸡肉三文鱼无谷罐头产品营养指标

营养素指标	配方营养值(DM)	配方营养值(AF)	配方能量校正后的值(DM)	产品标准值(DM)	产品标准值(AF)
水分含量/%	0	73	0	0	≤75
代谢能(猫)/(kcal/kg)	4 640	1 250	4 000	≥4 000	≥1 000
粗蛋白质/%	53.73	14.55	46.30	≥45	≥11.25
精氨酸 Arg/%	3.32	0.89	2.86	≥1.40	≥0.35
组氨酸 His/%	1.53	0.41	1.32	≥0.31	≥0.08
异亮氨酸 Ile/%	2.64	0.71	2.28	≥0.52	≥0.13
亮氨酸 Leu/%	3.99	1.08	3.44	≥1.24	≥0.31
赖氨酸 Lys/%	4.40	1.19	3.79	≥0.83	≥0.21
蛋氨酸 Met/%	1.44	0.39	1.24	≥0.2	≥0.05
蛋氨酸+胱氨酸 Met+Cys/%	2.12	0.58	1.82	≥0.4	≥0.1
苯丙氨酸 Phe/%	2.10	0.57	1.81	≥0.42	≥0.105
苯丙氨酸+酪氨酸 Phe+Tyr/%	3.92	1.06	3.37	≥1.53	≥0.38
苏氨酸 Thr/%	2.25	0.61	0.86	≥0.73	≥0.18
色氨酸 Trp/%	0.62	0.17	1.20	≥0.16,<1.7	≥0.04,<0.425
缬氨酸 Val/%	2.66	0.72	2.29	≥0.62	≥0.155
牛磺酸 Tau(罐装食品)/%	0.25	0.06	0.22	≥0.2	≥0.05
粗脂肪/%	23.7	6.40	20.42	≥18.0	≥4.5
亚油酸/%	0.81	0.22	0.70	≥0.6	≥0.15
α-亚麻酸/%	0.056	0.015	0.048	≥0.02	≥0.005
花生四烯酸/%				≥0.02	≥0.005
粗纤维 CF/%	3.26	0.88	2.81	≤9.0	≤2.25
粗灰分 Ash/%	8.75	2.40	7.54	≤10.0	≤2.5
钙/%	0.76	0.21	0.66	≥0.6	≥0.15
磷/%	0.59	0.16	0.51	≥0.5	≥0.125
钾/%	0.88	0.24	0.76	≥0.6	≥0.15
钠/%	0.68	0.18	0.58	≥0.2	≥0.05
氯化物/%	1.01	0.28	0.86	≥0.3	≥0.075
镁/%	0.12	0.034	0.10	≥0.04	≥0.01

将配方营养值(DM)和配方营养值(AF)与目标值相比,都达到了目标值,因而此配方满足产品的设定。维生素和微量元素的添加根据原料中的含量以及与标准值的差值,以预混料的形式进行补充。

本章小结

宠物食品配方是指根据宠物的营养需要、饲料原料的营养价值、宠物食品的功能特性、原料的供应情况和价格等条件，合理地确定各种饲料原料的配合比例，这种饲料的配合比例称为宠物食品配方。不论制作哪种宠物食品——全价宠物食品、添加剂预混合饲料（营养补充剂、补充性宠物食品）和其他宠物食品（宠物零食），都需要制作宠物食品配方，给出各种原料和添加剂的配比，并按配方进行宠物食品的生产。

制作一款宠物食品，需要考虑很多方面：营养（全价和均衡）、工艺（工艺实现的可能性及工艺参数的确定）、卫生指标、适口性、消化率及饲喂效果。制作宠物食品配方，是生产产品的一个重要环节，但宠物食品配方的制作，不仅考虑营养需求，还需要考虑其他因素（如工艺设备、适口性等）来最后实现产品的生产。

最低成本配方是大多数宠物食品公司首选的配方方式。为了利用线性模拟程序进行最低成本配方的计算，需要两套数据：一是原料成分表，需要对每个原料的特点以及用量的限定有一个非常明确的认知；了解每个原料的消化率及利用率，因为犬猫需要的是可以消化和利用的营养素；二是营养成分分析保证值。有了这两套数据，同时明确了本产品的功能诉求和对原料种类的设定，就可以利用配方软件进行产品配方了。目前，应用计算机可以快速准确设计饲料配方，并且可以同时计算和平衡多种营养指标。但电子计算机毕竟只是一种运算工具，它必须在人的指令和规定约束条件下才能进行快速准确的逻辑分析和计算。因此，约束值的设定至关重要。

宠物食品配方中最低成本配方不是首要原则。宠物食品配方，首先要关注产品的定位和特点，以及确定要使用哪种原料和饲料添加剂，来体现配方的特点，这些原料不论其成本如何，都需要用到配方里面。其他未强调的因素，可以采用最低成本配方来满足。所以，配方师的职责就是：在满足营养需要及产品特点的情况下，选用体现本产品特点的特定原料和添加剂，达成最低成本的配方。

替代最低成本配方的是基于最佳营养的固定配方。固定配方就是采用固定营养素需要量和原料配比的配方，不会因市场原料成本的变化而时时调整。可变成分配方在确定营养指标的情况及满足标签关于原料用量宣传的情况下，可以根据饲料原料的价格进行配方的适度调整。线性规划的价值主要体现在，能在几秒钟内处理由原料成分、营养需要和限制性因素构成的各种排列组合。能够以最低成本作为缺省限制条件来进行配方设计。

影响标签中关于产品特点和原料顺序的宣传。依据配方生产出来的产品，可能会进行试验测试（适口性、消化试验）和市场测试，在最终产品上市前可能会对原料或加工技术进行调整，以形成满足市场需要和公司定位的产品配方。

干宠物食品的配方一般步骤如下：①选择配方标准；②选择用于配方的原料；③进行计算机线性计算；④算出配方；⑤分析配方，对配方进行微调；⑥输出配方。任何一款干的全价宠物食品的营养指标都是基于本产品的功能和特点，参考AAFCO、FEDIAF和中国发布的《全价宠物食品　犬粮》和《全价宠物食品　猫粮》的含量，来设定本款产品的营养指标，原则上要符合全价宠物食品的营养要求。

水分含量≥60%的为液态宠物配合饲料，也称为湿粮。湿粮一般含有高比例的肉类，所用的动物原料是肉和肉的副产品。从营养指标的角度，全价湿粮需要达到全价的要求，在干物质的基础上要满足全价的需求。

复习思考题

一、名词解释

宠物食品配方　宠物日粮

二、问答题

1. 优质的全价宠物食品应具备哪些优点？

2. 制作宠物食品配方需要考虑哪些方面的内容？

3. 制作宠物食品配方的步骤有哪些？

三、开放性讨论

1. 如何设计制定一个干全价宠物食品的配方。

2. 根据目前市场上湿粮的特点，设计一款湿粮配方。

第八章

宠物食品包装

本章提要

本章主要阐述宠物食品包装的概念、属性，详细介绍了不同产品的包装形式和材质，包装充填设备及封袋和封罐/管设备及工艺，国内外包装的相关法规情况；并阐述了包装与宠物食品品质的关系，包装对储运和销售的要求及包装对宠物食品适口性影响等。

第一节　包装概述

一、包装的概念

包装是指为在流通过程中保护产品、方便运输、促进销售，按一定的技术方法而采用的容器、材料及辅助物等的总体名称[《包装术语　第1部分：基础》(GB/T 4122.1—2008)]，也指为了达到上述目的而采用容器、材料和辅助物的过程中施加一定技术方法等的操作活动。

宠物食品包装是指用于包装各类宠物食品的包装及进行宠物食品包装的活动。

二、包装所具备的属性

(一)经济性

宠物食品包装的目的是保护宠物食品的外观和质量，保持一定的货架期，进而给厂家带来一定的经济效益。包装材料应考虑经济性，针对宠物食品的特性、品质、货架期和市场定位，综合考虑包装材料、包装类型、包装设计、环保等因素，在确保宠物食品保持质量稳定的情况下使包装成本最低，因此在进行包装设计和选择材料时，需要综合考虑各种因素，选择最合适的包装。

(二)外观

宠物食品包装设计首先强调外观的设计，实用、创意新颖的包装外观越来越受到宠物主人特别是年轻养宠人的青睐。为保护外观的独特性，品牌商会注册包装外观专利。

包装是链接产品与养宠主人和宠物的纽带，因此包装设计也强调宠物主人与爱宠、产品之间的情感链接。厂家可通过分析市场上比较成功的品牌案例，根据自身产品的品牌理念、产品用途、产品特点及品牌视觉识别(visual identity，VI)等因素，进行产品的外观设计，以此来激发宠物主人的某种情感，让产品外观成为连接宠物主人与产品及爱宠之间的纽带。同时应考虑该产品的外观设计是否会受顾客的欢迎，通过色彩、标志、造型、排版等一系列的视觉元素的有机结合，使人与宠物在情感互动中找到共鸣，这将会对售卖产品产生帮助。

(三)提供信息

宠物食品包装是产品的信息载体之一，包装上的各种标识和文字说明，起到产品说明、宣传商品、强化信任、指导使用的作用。包装上的标签信息应符合农业农村部第20号公告附件3《宠物饲料标签规定》的要求。宠物饲料标签是指以文字、符号、数字、图形等方式粘贴、印刷或者附着在产品包装上用以表示产品信息说明物的总称，其中对宠物食品标签中文字、符号、数字、图形、宣传内容等都有相应要求和规定。

(四)便利性

商品包装的便利功能是指包装应该能够为商品从生产领域向流通领域和消费领域转移提供一切方便。其内容主要包括方便保存、运输、装卸、分发、销售、识别、携带、开启、使用、回收、处理等。包装是宠物食品流通的容器和载体，如袋装全价犬猫粮、瓶装犬猫营养补充剂、罐装营养补充剂、马口铁及盒装的宠物湿粮、纸盒装的零食及干粮、管装的营养膏剂以及其他包装形式的产品等，这些包装的袋、瓶、罐、盒、管既是包装容器，又是标签信息的载体，同时也是宠物食品流通和销售的依据，它给宠物食品流通带来了极大的方便。

(五)容纳性

容纳功能是包装最基本的功能，许多宠物食品本身没有一定的形态，如液体、肉泥、膏状、粉状等，包装有利于产品组成标准单元，便于提供喂食剂量，同时组成较大包装，保障产品运输、储存、销售和饲喂；块状或者片剂等容易受潮、不抗压的产品，选择合适的包装，防止产品受潮和挤压；包装的容纳功能不仅有利于商品流通、运输、储存和销售，还能提高商品价值，保护产品在运输过程中的稳定和卫生安全。

(六)兼容性

宠物食品因品种、水分含量、功能的不同，所需要达到保护的效果也不同，而宠物食品包装承载着抵御外部环境带来的各种风险因素的作用，如保温、遮光、防潮、防霉、防窜味及密封等。选择适宜的包装材料，来保证包材适用于不同产品的不同特性以及流通环节中的不同运输条件。例如，膨化粮和粉类宠物食品的包材要求密封性高；高温杀菌的宠物食品需要选用耐高温的材料。选用包材时，要了解包装材料中的添加剂等成分向宠物食品迁移的可能性以及宠物食品某些组分向包装材料渗透和被吸附的情况等，另外还要考虑不同国家、不同民族、不同地区对于包装的不同要求，以适应市场和客户的需求。

第二节　包装的形式和材质

一、包装的形式

宠物食品按照包装层次分为内包装和外包装。内包装指直接与宠物食品接触的包装。内包装能保证宠物食品在生产、运输、储藏及使用过程中的质量。外包装指内包装以外的包装，由里向外分为中包装和大包装。外包装主要起美化产品外观、展示、提供产品信息、仓储和运输等作用。

因不同种类的宠物食品具有不同的生产工艺、产品定位、产品特性及在流通过程中可能发生的质变和其他影响因素，所以需要选择适当的包装材料。根据宠物食品包装形式的不同，包装可分为袋、泡罩、罐、瓶、包、盒、箱等；按包装方式分为罐藏、瓶装、包封、袋装、裹包等；按产品层次可分为内包装、二级包装、三级包装……外包装等；按技术方法分为防潮包装、防水包装、防霉包装、保鲜包装、速冻包装、透气包装、微波杀菌包装、无菌包装、充气包装、真空包装、脱氧包装、泡罩包装、贴体包装、拉伸包装、蒸煮袋包装等。上述各种包装皆由不同复合材料制成，其包装特性对应不同宠物食品的要求，能有效地保护食品品质。

二、包装材质

宠物食品包装可按包装材料分为纸质、玻璃、塑料、金属、其他复合材料等。

(一)纸质包装材料

纸是以纤维素纤维为原料所制成材料的通称，是一种古老又传统的包装材料。纸在国内外都属于重要包装材料。纸的来源广泛，价格便宜，成本低，内包装既可以不被污染，又能保持内包装货物的呼吸，因此，绿色包装的兴起引起了很多制造商的关注。

纸质食品包装材料的发展方向是研制和生产多功能性纸制品，表现为防潮、保鲜、感温、感水、杀菌、防腐、抗氧化、耐水、耐酸、耐油、除臭等功能。常用的纸质材料包括瓦楞纸、特种加工纸、牛皮纸、耐湿纸、玻璃纸、复合纸等，其中瓦楞纸占据纸类包装材料和制品的主导地位，由多种材料复合而成的复合纸和特种加工纸已经被广泛应用，并将部分取代塑料包装材料，以解决塑料包装所造成的环境污染问题。

纸质包装材料的优点：①轻便，具有适宜的强度、耐压力和耐摩擦性，缓冲性能好；②容易达到卫生要求，无毒，无异味；③加工简便，具有良好的折叠性和成型性，适用于机械化和自动化生产；④适合印刷，具有良好的吸墨能力，印刷效果好，便于介绍和美化产品；⑤原料充足，成本低且重量轻，储藏和运输方便，能提高使用效率；⑥可重复回收利用和再生，减少环境污染，节约资源。

1. 纸盒

宠物食品中，纸盒是常见的包装形式，纸盒包装在很大程度上以其精美造型和装潢来宣传美化商品，提高商品的竞争性（图 8-1）。纸盒的造型和结构设计往往受被包装商品的形状特点所影响，故其样式和类型很多，一般分为折叠式和固定式；按照样式有长方形、正方形、多边形、异型纸盒、圆筒形等。宠物饼干、宠物营养膏、宠物益生菌等常用这类包装形式。

2. 纸罐

纸罐从材质上分为全纸纸罐和复合纸罐，可以装各种形状的产品。全纸纸罐全部由纸张制作而成，上盖以及下底采用卷边工艺，时尚美观，物理性能优良；但密封性相对较差，适用于有内袋包装的宠物食品使用。复合纸罐由纸张和铝箔或者淋膜复合材料制作而成，内壁附有一层铝箔或者淋膜，具有高阻隔性，密封性优良，可起到防水、防潮的作用，应用非常广泛，除常用于盛固体宠物食品，如宠物羊奶粉、营养粉、关节保护粉、冻干食品、宠物饼干等各种产品外，还可以用于液体奶等液体类的包装，现在的利乐包多为 7 层材料，5 层和 7 层均可用于超高温灭菌乳。纸罐包装示例如图 8-2。

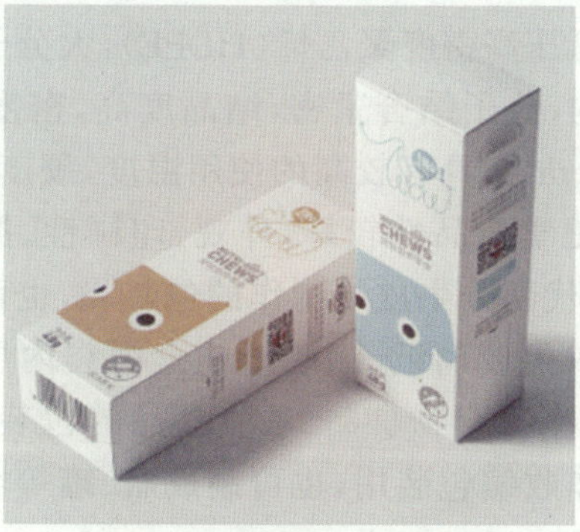

图 8-1　宠物食品纸盒包装

3. 瓦楞纸箱

瓦楞纸箱是由瓦楞纸板制作而成，是使用最广泛的包装形式，瓦楞纸板结构分为 U 型、V 型和 UV 型瓦楞，具有良好的缓冲减震性能，大量用于运输包装。根据结构层数，瓦楞纸板可分为双层瓦楞、3 层瓦楞、5 层瓦楞、7 层瓦楞；按照用途可分为内包装瓦楞纸板和外包装瓦楞纸板。

纸箱的选用以保护商品要求为目的，并符合包装车间的要求及适合机械化包装，符合装箱方便、便于搬运、码垛、货架陈列等，并满足商品包装标识的要求。纸箱原料选用经济合理，外观设计符合包装标准及宠物食品标签的规定（图 8-3）。

《运输包装用单瓦楞纸箱和双瓦楞纸箱》（GB/T 6543—2008）适用于运输用瓦楞纸箱，《包装容器　重型瓦楞纸箱》（GB/T 16717—2013），瓦楞纸箱需要符合产品所对应的标准和技术要求或者供需双方的约定。为保证瓦楞纸箱在运输过程中可以起到相应的保护作用，瓦楞纸箱需要进行抗压强度、耐破强度、减震性能测试，装入商品后进行破坏模拟实验、跌落试验、回转试验等。

图 8-2　宠物食品纸罐包装

图 8-3　宠物食品瓦楞纸箱包装

(二)玻璃包装材料

玻璃包装材料是很常用的包装容器之一,以瓶子、罐等形状居多,特别是在液体、奶制品包装方面应用广泛。玻璃材料的优点:①化学稳定性好,有良好的耐腐蚀和耐酸蚀能力,并且具有耐热、耐压、耐清洗的优点,既可高温杀菌,又可低温储藏,无毒无味,卫生安全;②玻璃材料具有良好的阻隔性能,可以很好地阻止氧气等气体对内装物的侵袭,具有不透湿、屏蔽紫外线的性能,还有一定的强度,能有效地保护内装物;③透明性好,易于造型,具有特殊的宣传和美化商品的效果;④原料来源丰富,且价格低廉;⑤易于回收,可循环利用,降低包装成本。

玻璃材料缺点:①抗冲击强度低,容易破碎;②包装运输费用高;③不能承受温度的急剧变化;④玻璃的生产耗能大。

玻璃主要用来制造销售包装容器,如玻璃瓶、玻璃罐等,广泛运用于营养液、饮料、液体奶等销售包装容器。

玻璃瓶(图 8-4)是以不同形状模具成型制造的产品,特点是价格低廉、强度高。管制瓶是用易拉成型的各类玻璃管二次加工成型制造的产品,特点是质量轻、壁薄均匀、外观透明度好、价格较高,易破碎。

玻璃瓶按颜色不同进行分类,分为透明色、棕色、白色、绿色、蓝色瓶等。按用途不同进行分类,分为药用玻璃瓶、化工玻璃瓶、试剂瓶、电镀玻璃瓶、保健酒瓶、香水瓶、精油瓶、奶瓶、化妆品瓶、罐头瓶等。按其瓶型分类,分为圆形瓶、方形瓶、曲线形瓶、葫芦瓶等。

(三)塑料包装材料

塑料是可塑性高分子材料的简称,塑料的主要成分是树脂,再配以填料、增塑剂、着色剂、润滑剂、抗老化剂、固化剂、抗静电剂等组成。树脂包括

图 8-4 宠物食品玻璃瓶包装

天然树脂(植物或动物分泌的脂质)和合成树脂,后者价廉易取,性能优越,已经成为基本的原料。

塑料按照化学组成分为 PE、PP、PA、PVC、PS、PET、EVOH 等;按照用途分为袋、罐、瓶、桶、管、薄膜类等。

1. 塑料材质

(1)聚乙烯(PE)

①高压低密度聚乙烯(LDPE):具有分支较多的线型大分子结构,结晶度较低,结晶度为 45%～65%,密度也低,为 0.91～0.94 g/cm^3,是聚乙烯树脂中最轻的品种。特点是可塑性高,抗撕裂性和耐冲击性好,透明度高,热封性和加工性好。可用挤出技术形成薄膜或吹气技术制成塑料容器,耐寒、耐低温和高温,较厚的薄膜可以承受 90 ℃热水浸泡杀菌。在室温下无法溶于水,但对油脂、有机体、氧气的阻隔性不好,不适合一氧化碳及香气挥发食品包装,具有柔软性、透明、防水、不易印刷、熔点低、热收缩等特点,可用作积层材料内层,以便加热封口。聚乙烯可用于包装要求较低的产品,特别是有防潮要求的产品,不适合用于有隔氧要求的产品,大量用于犬咬胶、犬猫干零食等各类食品的包装。

②线型低密度聚乙烯(LLDPE):大分子支链长度和数量均介于 LDPE 和 HDPE 之间,密度为 0.918～0.935 g/cm^3。它与 LDPE 相比,具有较高的软化温度和熔融温度,有强度大、韧性好、刚性大、耐热、耐寒性好等优点,还具有良好的耐环境应力开裂性、耐冲击强度、耐撕裂强度等性能,并可耐酸、碱、有机溶剂等,其抗击强度、坚硬性、耐老化、张性都比 PE 好,但阻气性差,不能满足长时间保质要求,主要用于制成薄膜,用于包装肉类、冷冻食品。

③低压高密度聚乙烯(HDPE):大分子呈直链线型结构,分子结合紧密,结晶度高,密度 0.94～0.96 g/cm^3。具有较高的使用温度,硬度、力学强度和耐化学药品性较好,外观、印刷性、撕裂性较好,能取代部分牛皮纸制作的包装袋,也可在点心食品上取代玻璃纸、涂蜡纸或盒中袋内层。可用于主粮、冷冻宠物食品、油脂食品的包装,一般宠物食品作收缩包装用,也可制成瓶、罐等容器盛装宠物食品。

(2)聚丙烯(PP) 主要成分是聚丙烯树脂,线

型结构，密度是 0.89～0.91 g/cm^3，阻隔性优于 PE，水蒸气和氧气透过率与 HDPE 相似，阻气性较差，耐高温，可以在 100～120 ℃使用，耐低温比 PE 差，－17 ℃变脆，应用 BOPP、OPP 等热收缩包装。

（3）聚酰胺（PA） 聚酰胺最突出的优点就是耐磨性比其他纤维产品都要高，比棉花高 10 倍，比羊毛高 20 倍。气体水分阻隔性好，印刷容易，容易受到强酸的腐蚀，能耐受－6～130 ℃，最高可到 200 ℃，可与 PP 和 PE 复合，用作蒸煮、冷冻包装。

（4）聚氯乙烯（PVC） 曾经是世界上产量最大的通用塑料，具有较大的多分散性，分子质量随聚合温度的降低而增加，无固定的熔点，耐热差，加热 140～180 ℃开始转为黏流状，一般作为拉伸膜和热收缩膜，多用于宠物日用品。

（5）聚苯乙烯（PS） 阻湿、阻气性能差，机械力学性能好，较高刚性，脆性大，耐冲击性差，耐酸、碱、盐、有机酸，水溶性能好，但易受有机溶剂融化。通常以真空形成盘碗杯容器。

（6）聚酯（PET） 能耐受－70～150 ℃，防止香气与氧气的透过性好，抗油脂，防水透过性中，在冷冻温度则完全不透水气，耐热差。目前 PET 瓶是宠物饮用水和宠物营养液体等包装的最主流材料。

（7）乙烯-乙烯醇共聚物（EVOH） 制备方法为：首先乙烯和醋酸乙烯共聚，然后水解共聚物得到乙烯-乙烯醇，EVOH 是高度结晶体。EVOH 树脂是所有商用强阻隔树脂中，热稳定性最高的树脂，最显著特点是其对气体的阻隔作用，另外透明性、光泽性、机械强度、伸缩性、耐磨性、耐寒性和表面强度都非常优异。它被用在包装结构中，通过防止氧气的渗入来提高香味和质量的保留程度。在使用充气包装技术中，EVOH 树脂有效地保留了用来保护产品的二氧化碳或氮气。EVOH 作为一个无毒的环保型材料，不仅可以提高包装质量，也对环境保护起着重要作用。在宠物食品包装方面，EVOH 的塑料容器完全可以替代玻璃和金属容器，用于无菌包装制品。

2. 塑料包装袋

宠物干粮、宠物烘干零食和宠物冻干零食，比较干燥，水分含量少，一般采用塑料包装袋。塑料材质具有阻隔性、耐热性、密封性好的特点，能够延缓食品氧化变质。塑料袋性价比高，使用方便，印刷性强，一般选用多层塑料复合。常见的宠物食品包装袋的材料有：PET/PE、共挤 PE 膜、NY/PE、PP/PE、PE/PE 两层复合，PET/AL/PE、PET/MPET/P、PET/NY/PE 三层复合，PET/AL/PET/PE、PET/NY/AL/PE、PET/NY/AL/RCPP 四层复合袋等，可以加拉链、吸嘴、手提扣等设计。

PET/NY/AL/RCPP 是高温蒸煮袋，适用于湿粮、半湿粮或软罐头包装。

像罐头类的宠物食品有汤汁，成品有黏性，一般采用铝箔包装袋。塑料复合共挤膜中，都会用复合铝箔，铝箔包装袋具有良好的阻隔性，能阻隔空气、阳光、油脂、水分，密封性好，大部分宠物零食包装都会用到铝箔。

宠物食品常用袋型有：三边封袋、四边封袋、八边封袋、自立袋、异形袋等。

（1）三边封袋 是最简单常见的包装形式，具有良好的气密性，保湿和密封性能也极佳；透氧、透湿程度极低；防止潮湿霉变能力强，工艺简单，性价比高，空间利用率高，适用于小包装规格的猫粮、犬粮。

（2）四边封袋 通常使用一整张膜等分为两半的相对包装，属于先整体热封制袋后进行单袋裁剪的方式，生产时只需要控制一条边对齐即可获得较好的包装效果，因此具有极高的包材/设备适应性和包装运行稳定性，同时由于每条边都经过均匀的热封，成袋后的产品密封性较好，具有很高的适应性和稳定性，呈立方体，包装效果好。四边封袋的缺点是对大体积物料的包装适应性不足，难以装入大体积物料，袋内空间利用率相对较低。

（3）八边封袋 是宠物零食常见袋型，有利于产品货架展示，边封袋底部跟传统的直立袋、自立袋或站立袋完全不一样，差异的地方就是平底袋底部是非常平整且不带任何热封边，将文字或图案平整地展示出来；八边封袋子容量大，承重力强，适合重量较大、体积较大的产品包装，像宠物干粮、宠物零食一般用八边封包装等。

（4）自立袋 是底部有水平支撑结构的软包装袋，不依靠支撑及无论开袋与否均可自行站立，可分为普通自立袋、带吸嘴自立袋、带拉链自立袋、异形自立袋等。根据包装的产品可以增加隔氧保护层，延长产品货架期寿命。自立袋主要用于宠物干粮、液态零食、宠物湿粮等产品的包装。

(5)异型袋　设计成宠物卡通形状，增加产品趣味性。除了袋外形变化外，还可以增加很多应用功能，比如加手提孔、加拉链、加嘴等多种方式。与普通包装相比，异型袋有更强的吸引力，更容易和宠物主人建立情感联系。

图 8-5 为宠物食品塑料包装示例。

3. 塑料瓶

塑料瓶有很多种材质，但最为常用的材料为 PET 料或 HDPE、PP、PEX。在工艺上又分为一步法和两步法：一步法是直接注塑胚管吹塑成型；两步法是先将塑料原料经注塑机注射成管状型坯，然后再把型坯移入吹塑模具中经拉伸吹注成型。塑料瓶选材，首先必须符合无毒、无异味等要求，一般片剂选用高密度聚乙烯、聚丙烯，如需要透明度，可选用聚酯瓶(PET 瓶)，如需要阻隔性能更高，且阻光、不透明，则选用棕色 PET 瓶，液体剂型产品一般选用聚丙烯瓶或聚酯瓶作为主原料。目前国内的宠物营养品和宠物食品的包装瓶主要是用 PET 料、PP 或 PE，做瓶盖则用 PP 料。

4. 塑料桶

塑料桶多用于宠物食品或者原料的包装，具有不易碎、不生锈、质轻、密封性好、耐油等特点，多用于需要保温、防潮、耐压、抗腐蚀的产品包装。塑料桶的材料多采用聚乙烯、聚丙烯、聚酯等塑料吹塑、注塑、吸塑、滚塑而成，多用于盛装冻干、烘干、宠物营养片、营养颗粒等宠物食品及液态宠物风味剂、液态糖浆、液态磷脂等原料产品。规格有 0.25～220 L 开闭口塑料桶及 1 000 L 集装塑料桶，可用于物品盛放或者运输周转。有些产品可用于热灌装，一般温度应不超过 60 ℃。热灌装后，应等盛装物充分冷却并降到室温后才能关紧盖子和堆码。

图 8-6 为宠物食品塑料桶包装示例。

5. 软管

软管有铝塑复合管和全塑管，全塑管根据工艺分为：①一次成型的吹塑软管；②拉管后注塑头部再焊接；③拉片材后圈成软管，然后再注塑头部进行焊接。其中一次成型的软管有更好的多层高阻隔效果。铝塑管主要是由两层塑料片材，中间夹层铝箔，片材、管头均采用焊接工艺制成。

软管一般的材质为 LDPE，制作出来的管身比较柔软，有很好的挤压效果，广泛用于半固态宠物食品中，也可用于黏稠的膏剂、糖浆剂、肉酱、宠物牙膏等产品。

图 8-7 为宠物食品塑料管包装示例。

(四)金属包装材料

金属包装主要是以薄钢板、马口铁、镀锌铁皮、铝及铝合金等金属材料加工制作而成的包装物。金属包装容器具有坚固性强、密封性好、强度大、耐压等优点。

1. 马口铁罐、盒

马口铁罐就是用马口铁做成的罐子，其特点是：有一定的强度，易加工成型，易焊接，易涂饰和印刷，耐腐蚀性较强，基本无毒无害。按照形状分

图 8-5　宠物食品塑料包装

图 8-6　宠物食品塑料桶包装

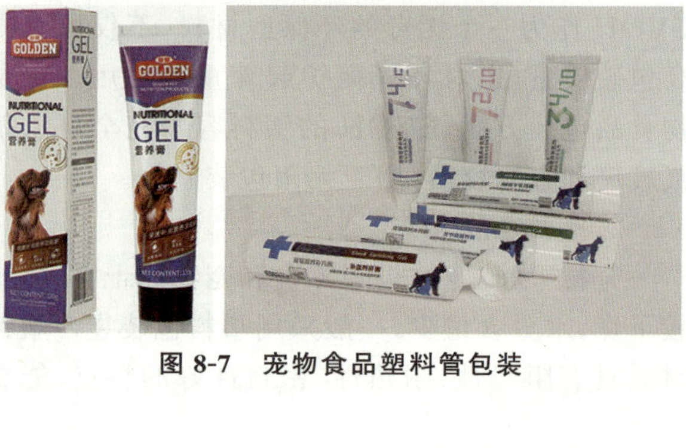

图 8-7　宠物食品塑料管包装

类分为圆形罐、长方形罐、正方形罐、手推盒、异形罐(心形/椭圆形/汽车形/卡通动物形)等;按照加工方式分为两片罐和三片罐,在两片罐和三片罐中以马口铁为罐身,铝合金的封口盖成为目前宠物食品生产企业选择的一个方向,既保留了铁罐的强度不易变形的特点,也降低开启的难度,宠物主人在开启罐头喂饲时有更好的体验感,可用于各种宠物罐头、主食罐头、宠物饼干、宠物液体奶、宠物奶粉及营养粉等各种宠物食品。

图 8-8 为宠物食品马口铁包装示例。

2. 金属桶

金属桶是用镀锌铁皮、铝合金、不锈钢、马口铁等制作的桶型包装容器,其特点是:强度高、密封性好、能适应恶劣的运输环境、满足特殊包装要求。金属桶适合于盛装液体、半固体、粉末等商品,如羊奶粉、营养粉、宠物奶等(图 8-9)。

3. 铝管

铝管是由铝制管体和塑料管帽两部分组成,铝制管体材料选用铝含量不低于 99.7%的纯铝。其特点是开启方便、重量轻、不生锈,易于控制量,具有良好的阻隔性及重复密闭性能,对于宠物食品具有良好的保护作用。金属软管比塑料软管的阻隔性要好,挤出后金属软管变瘪,防止空气回吸,起到保护产品不被污染、氧化的作用。但是金属软管容易变形,运输和生产过程注意避免挤压。金属软管需要加入树脂内壁涂层来增加化学稳定性,主要用于营养膏管、牙膏管等。

图 8-10 是宠物食品铝管包装示例。

(五)其他复合材料

1. 泡罩

泡罩是指将宠物食品封合在用透明塑料薄片形成的泡罩与底板(用纸板、塑料薄膜或薄片、铝箔或它们的复合材料制成)之间的一种包装方法。主要由两个构件组成:①刚性或半刚性的塑料透明罩壳;②用塑料、铝箔或纸板作为原料的底板。罩壳和底板之间可用粘接、热合、钉装等方式的组合。泡罩包装重量轻,运输携带方便;包装后,宠物食品固定在泡罩中,适用于怕压易碎的产品;具有较好阻气性、防潮性、防尘性;适用于定量喂食的包装,包装可以自动化生产。适用于宠物营养片剂、胶囊、功能性颗粒、冻干肉粒等产品。

图 8-11 为宠物食品泡罩包装示例。

2. 窄条

窄条包装(图 8-12)是单包装低含量的一种形式。具有易撕、携带方便、良好的防潮、空气阻隔性等优点,能够保护产品在保质期内稳定。适用于益生菌粉、营养粉、猫条、肉条的包装。

图 8-8　宠物食品马口铁包装

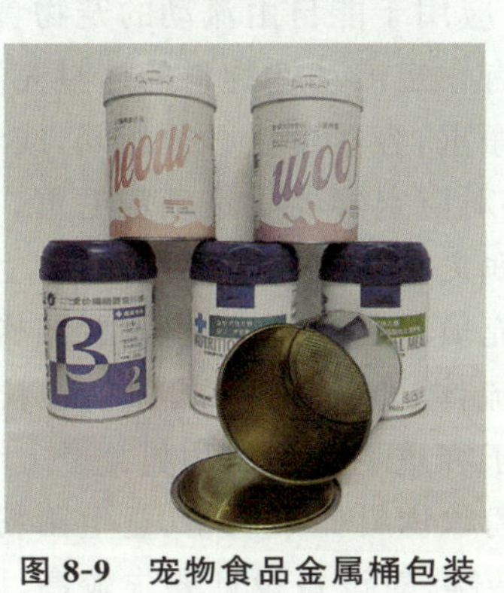

图 8-9　宠物食品金属桶包装

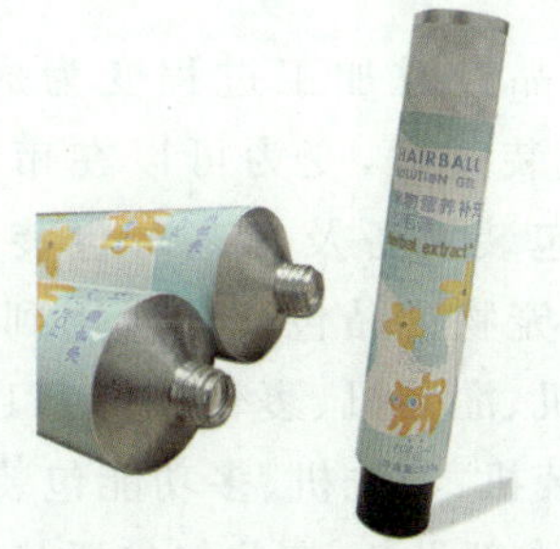

图 8-10　宠物食品铝管包装

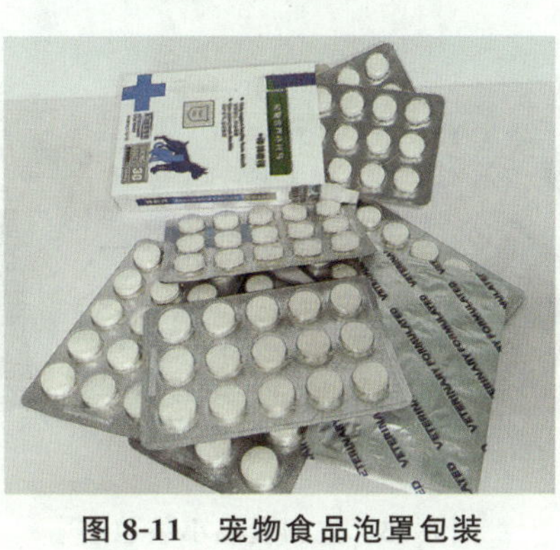

图 8-11　宠物食品泡罩包装

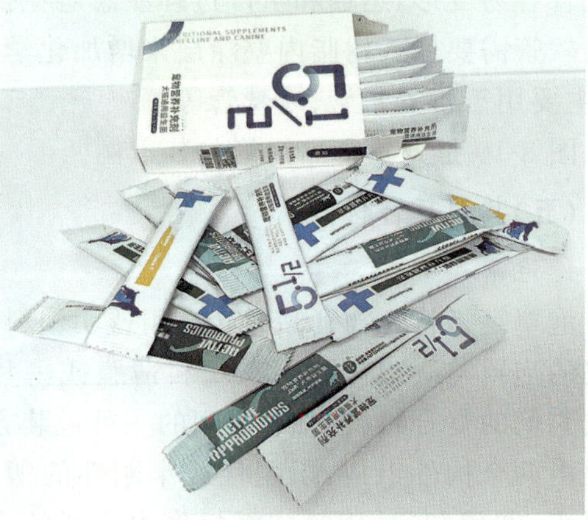

图 8-12　宠物食品窄条包装

3. 小袋包装

包括三边封袋、背封袋、四边封袋等多种不同的样式，简单理解，三边封袋就是把包装袋三条边进行封口，从最上面的封口装入东西，而背封袋是从中间对塑料包装进行封装。生产背封袋和三边封袋是采用不同的设备进行生产，但是也有三边封和中封两用的机械设备。适用于宠物粮、奶粉、益生菌粉、营养粉等的包装。

图 8-13 为宠物食品小袋包装示例。

第三节　包装设备及工艺

宠物食品经过加工过程变为成品，成品经过最后的包装过程，变为可以在市场上售卖的商品，因此包装设备及工艺对包装的质量有很大的影响。宠物食品包装线所用到的设备一般包括：充填机、灌装机、裹包机、封口机、贴标机、打印机、集装机、清洗机、多功能包装机等。有些包装线包括全部设备，有些仅包括其中的一部分，有些连接成自动包装线，有些是半自动，有些是手动包装。

图 8-13　宠物食品小袋包装

一、包装设备分类

宠物食品的品种繁多，形状也多种多样，包装方式千差万别，包装设备也种类众多。包装设备从功能划分，可以分为内包装机械和外包装机械两类。内包装机械一般完成分装和封罐（袋、管）等操作；外包装设备是在完成内包装后再进行贴标、装箱、封箱、捆扎等操作。本节主要介绍内包装设备。

（一）固体装料机

固体物料的形状和性质比较多样，一般有颗粒状、块状、片状、粉状等，包装形式也多种多样。固体装料机因物料的形状不同采用不同的定量方法，大多采用称量定量法和容积定量法，颗粒物料和片剂有时采用计数法。

1. 称重定量装置

称重计量充填法适用于易吸潮、易结块、粒度不均匀、容重不稳定的物料计量。常用的称量装置有杠杆秤、弹簧秤、液压秤、电子秤。

（1）净重充填法　即先将物料称量后再充入包装容器中。进料器由螺旋送料器或皮带输送机等构成，用电子秤或机械秤控制称量。由于称量结果不受容器皮重变化的影响，因此称重精度很高，所以净重称量广泛地应用于要求高精度计量的自由流动固体物料，如奶粉、粉状营养补充剂等干宠物食品，也可用于不适于容积充填法包装的宠物食品，如膨化宠物食品等。

（2）毛重充填法　与净重充填法的区别在于：没有计量斗，将包装容器放在秤上进行充填，达到规定质量时停止进料，称得的质量为毛重。其计量精度受容器质量变化影响很大，计量精度不高，因此，除可应用于能自由流动的宠物食品物料外，还可用于有一定流动性物料的计量充填。为了得到精确的净重，容器重量必须相同，或者先把空容器称量，再对应空容器重量确定毛重。

2. 容积定量装置

容积充填法工作效率高，装置结构简单，广泛用于计量流体、半流体、粉状和小颗粒宠物食品，但不适用于容重不稳定的物料。

对于粉状物料如羊奶粉、益生菌粉、蛋白粉等进行定量装罐，对设备设计要求较高，因为粉状物料密度不稳定,易黏结、吸潮、不容易流动。容积充填法是通过控制宠物食品物料的容积来进行计量充填的,它要求被充填物料的体积质量稳定,否则会产生较大的计量误差,精度一般为±(1.0%～2.0%),比称重充填要低。因此,在进行充填时多采用振动、搅拌、抽真空等方法使被充填物料压实而保持稳定的体积质量。

容积充填的方法很多,但从计量原理上可分为两类,即控制充填物料的流量和时间及利用一定规格的计量筒来计量充填。

(1)计时振动充填法　储料斗下部连接着一个震荡托盘进料器,进料器按规定时间振动,将物料直接充填到容器中,计量由振动时间控制。此法装置结果最简单,但计量精度最低。

(2)螺旋充填法　当送料螺旋轴旋转时,储料斗内搅拌器将物料拌匀,螺旋面将物料挤实到要求的密度,每转一圈就能输出一定的物料,由离合器控制选择圈数即可达到计量的目的。如果充填小袋,可在螺旋进料器下部安装一转盘用以截断密实的物料然后将空气与之混合,形成可自由流动的物料,充填后再振动小袋及压实松散的物料。螺旋充填法可获得较高的充填计量精度。

(3)重力-计量筒充填法　储料斗下部装有两个或多个计量筒,均匀分布在回转的水平圆板上;计量筒上部有伸缩腔,使之上下伸缩而调整容积。计量筒选择到供料桶下面时,物料靠自重落入计量筒内,当计量筒转位到排料口时,物料通过排料管进入包装容器内。为了使物料迅速流入容器,有时要对容器加以振动。

(4)真空计量充填法　储料斗下面装有一个带可调容积的计量筒转轮;计量筒沿转轮径向均匀分布,并通过管子与转轮中心连接;转轮中心有一个圆环真空空气总管,用来抽真空和进空气。物料从储料斗落于计量筒中,经过抽真空后密实均匀,运输带不断将容器送入转轮下方,当转轮转到容器上方时,空气把物料吹入容器内。真空计量充填法常用来充填大小瓶、大小袋、罐头等,充填容量范围从5 mg至几千克,一般的计量精度为±1%。

3.计数充填法

计数充填法是将宠物食品通过计数定量后充入包装容器的一种充填方法,常用于颗粒状宠物食品和条、块、片状宠物食品的计量充填,要求单个宠物食品的自身规格一致。计数充填法的设备和操作工艺简单,可手动、半自动和自动化操作,适用于多种包装方法,如热收缩包装、泡罩包装、瓶装等。从计数的量来分,有单个包装、集合包装两种包装方法。目前生产常用的是通过光电计数仪完成计数;对于胶囊、片剂、圆形宠物零食等计数定量包装,转盘计数装置比较常用。

(二)自动制袋装填包装机

装填包装机所采用的材料是卷筒式包装材料,在一台机器上实现自动制袋、装填、封口、切断等全部包装工序。这种设备适用于粉体、颗粒、块状、膏体、肉泥等物料的包装,特别是猫条、益生菌粉的包装应用最为广泛。包装材料可以是塑料单膜、复合薄膜等。对于不同的袋型,包装机的结构也有所不同,但是主要构件及工作原理都是相似的。自动制袋装填包装按照布局分为立式和卧式,按照控制袋运动形式分为连续式和间歇式。

(三)液体物料包装机

液体包装机也称液体灌装机,广泛应用于宠物液体奶、营养液、营养膏、饮料等产品的灌装。按照包装容器的输送方式可以分为旋转型灌装机和直线型灌装机两大类。旋转型灌装机一般采用连续式灌注方式,工作效率高。直线型灌装机普遍是间歇工作机型,包装容器运行至灌注部位有一个停歇动作,等待灌注,效率低,但灌装平稳,不易溢出。

灌装机按照灌装形式分为常压灌装、等压灌装、真空灌装和加压灌装等多种机型。牛奶、营养液等不含气体的液体物料灌装,常采用常压灌装和真空灌装。

常压灌装是指在常压下,直接依靠灌装液料的自重流进包装容器内的灌装方法,主要适用于低黏度不含气体的液体。真空灌装是在低于大气压条件下进行灌装的方法,该法有两种方式:一种是差压真空式,即储液箱处于常压,只对包装容器抽气使之形成一定真空,液料依靠储液箱和待灌装容器间的压差作用流入容器中;另一种是真空重力式,即储液箱处于一定的负压状态,包装容器首先抽气使之压力与储液箱中空气压力相等,随后料液依靠自重流进包装容器中。

二、宠物食品封装设备及工艺

宠物食品分装以后，属于袋装的要进行封口，瓶装、罐装的要进行封盖，目的是保护产品不受污染和损坏，有利于宠物食品的储存、流通和消费。封袋和封罐/管一般都是专用设备，其结构应满足宠物食品种类、包装容器的工艺要求。

（一）封袋设备

袋装包装主要指各种塑料薄膜、复合薄膜及塑料片材质制成的袋、盒、筒状容器，这类包材的封合方法主要是热压封合和铝丝结扎封合两大类。

1. 热压封合法

热压封合是用某种方式加热容器开口部分材料，使其达到黏流状态后加压使之粘封，一般用热压封口机完成。热封头是热压封合的执行部分，通过调节装置可调整热封头的温度和压力以满足不同材料容器的封合要求。根据热封头的结构形式和加热方法不同，热压封口法可以分为如下几种：

（1）普通热压封合法　普通热压封合法包括平板热封、圆盘热封、带封和滑动夹封等多种形式，具有封口强度高、结构和操作简单的特点。

（2）熔断封合法　这种热封是用加热刀将薄膜加热到熔融状态后加压封合，同时将已封合的容器与其余部分切断分离。熔断封口占用包材材料少，但封口强度低。

（3）脉冲封合法　镍铬合金线压住待封薄膜后，瞬间通过大电流，使镍铬合金线发热，从而使薄膜受热封合，冷却后放开加热加压合金线。这种封合方法获得的封口质量好，封口强度高，适用于易变形薄膜的封接，但热封结构复杂，封合速度较慢。

（4）超声波封合法　用振荡器发生超声波，经振动头传递到待封薄膜上，使之振动摩擦放热而熔接。这种方法使薄膜从内部向外发热，因而适用于易变形薄膜的连续封合。对于被水、油、糖浸渍的薄膜也能良好黏结。

（5）高频热封合法　这种热封方法是通过高频电流的电极板压住待封薄膜，同时使薄膜质量由内向外达到热熔状态后加压封合。高频热封不易使薄膜过热，适于温度范围较窄的薄膜及易变形的薄膜封口封合。

2. 铝丝结扎封合法

各种宠物火腿肠塑料膜或复合薄膜筒装宠物食品的端口常采用铝丝结扎封口。铝丝作为辅助封合材料，具有一定直径和硬度要求，应表面光滑无刺，以免结扎时刺破薄膜。铝丝的选择是根据被结扎的薄膜材料特性、厚度及筒装直径等因素决定，结扎应有适当紧度。铝丝结扎封口通常与香肠自动定量填充结扎机联为一体，完成火腿肠充填后，随即进行结扎。

3. 封口机

常见的塑料袋封口机有真空包装机、真空充气包装机。

（1）真空包装机　真空包装机是将物料装于气密性塑料袋中，在容器密封之前抽去袋中空气，使薄膜紧贴物料。防止宠物食品氧化，抑制细菌繁殖从而延长保质期。

（2）真空充气包装机　真空充气包装机是将包装物内的空气排除后，立即充入惰性气体（如氮气、二氧化碳），然后进行封口。既能有效保全产品质量，又能使包装袋内压力平衡以保持包装美观。

（二）封罐/管工艺及设备

（1）卷边封　将翻边的罐身与涂有密封填料的罐盖内侧周边互相钩合、卷曲并压紧而使容器密封。这种封口形式主要用于马口铁罐、铝罐等金属容器以及新近开发的复合罐。

（2）压盖封　将内侧涂有密封填料的外盖压紧并咬住瓶身或罐身而使其密封。这种封口形式多用于玻璃瓶与金属盖组合的容器，如瓶装饮料、瓶装罐头等。

（3）旋盖封　将螺纹盖旋紧容器口而使其密封。这种封口形式主要用于盖子为塑料或金属件，而罐身为玻璃、陶瓷、塑料或金属件组合的容器，如瓶装奶粉、营养膏管等。螺旋盖容易开启和密封，并能重复使用，应用相当广泛。

（4）压塞封　将内塞压在容器口内而使其密封。这种封口形式主要用于塑料塞与玻璃瓶密封的容器，如瓶装饮料、营养液、瓶装营养粉等。因内塞难以达到完全密封，通常还要辅以旋盖封或压盖封。

(5)折叠封　将包装容器的开口处压扁再进行多次折叠而使其密封。这种封口形式主要用于半刚性容器,如装填营养膏状物料的铝管等。通常折叠封口后常需压痕,以增强其密封效果。

第四节　包装质量标准

一、中国食品包装规范及质量标准

宠物食品是供宠物直接食用的特殊商品,用于宠物食品的包装,其卫生和安全性直接影响宠物的健康与安全。因此宠物食品包装既要符合一般商品包装的标准和法规,又要符合与宠物食品卫生与安全性有关的标准与法规。宠物食品包装标准是对包装材料、包装方式、包装标志及技术要求等的规定。

根据农业农村部第20号公告的规定,宠物食品隶属于动物饲料,要遵守《饲料质量管理规范》等法规的要求,特别是在生产及销售的各环节对包装有一定的要求。该公告发布了《宠物饲料标签规定》和《宠物饲料卫生规定》,对在中华人民共和国境内生产及销售的宠物食品标签信息和卫生标准进行规定。

《食品包装容器及材料分类》(GB/T 23509—2009)对与食品直接接触的以及预期与食品直接接触的食品包装容器及材料进行分类。根据《食品安全法》和《食品安全国家标准管理办法》规定,经食品安全国家标准审评委员会审查通过,发布《食品接触材料及制品通用安全要求》(GB 4806.1—2016)等53项食品安全国家标准。其中包括搪瓷制品、玻璃制品、食品接触用塑料树脂、食品接触用塑料材料及制品、食品接触用纸和纸板材料及制品、食品接触用金属材料及制品、食品接触用涂料及涂层、食品接触用橡胶材料及制品等材料和容器的卫生标准及分析检测方法标准(表8-1)。

表 8-1　中国食品包装标准

编号	食品安全国家标准名称
GB 4789.15—2016	食品微生物学检验　霉菌和酵母计数
GB 4806.1—2016	食品接触材料及制品通用安全要求
GB 4806.3—2016	搪瓷制品
GB 4806.4—2016	陶瓷制品
GB 4806.5—2016	玻璃制品
GB 4806.6—2016	食品接触用塑料树脂
GB 4806.7—2016	食品接触用塑料材料及制品
GB 4806.8—2016	食品接触用纸和纸板材料及制品
GB 4806.9—2016	食品接触用金属材料及制品
GB 4806.10—2016	食品接触用涂料及涂层
GB 4806.11—2016	食品接触用橡胶材料及制品
GB 5009.156—2016	食品接触材料及制品迁移试验预处理方法通则
GB 9685—2016	食品接触材料及制品用添加剂使用标准
GB 14934—2016	消毒餐(饮)具
GB 31604.11—2016	食品接触材料及制品 1,3-苯二甲胺迁移量的测定
GB 31604.12—2016	食品接触材料及制品 1,3-丁二烯的测定和迁移量的测定
GB 31604.13—2016	食品接触材料及制品 11-氨基十一酸迁移量的测定
GB 31604.14—2016	食品接触材料及制品 1-辛烯和四氢呋喃迁移量的测定
GB 31604.15—2016	食品接触材料及制品 2,4,6-三氨基-1,3,5-三嗪(三聚氰胺)迁移量的测定

续表 8-1

编号	食品安全国家标准名称
GB 31604.16—2016	食品接触材料及制品　苯乙烯和乙苯的测定
GB 31604.17—2016	食品接触材料及制品　丙烯腈的测定和迁移量的测定
GB 31604.18—2016	食品接触材料及制品　丙烯酰胺迁移量的测定
GB 31604.19—2016	食品接触材料及制品　己内酰胺的测定和迁移量的测定
GB 31604.20—2016	食品接触材料及制品　醋酸乙烯酯迁移量的测定
GB 31604.21—2016	食品接触材料及制品　对苯二甲酸迁移量的测定
GB 31604.22—2016	食品接触材料及制品　发泡聚苯乙烯成型品中二氟二氯甲烷的测定
GB 31604.23—2016	食品接触材料及制品　复合食品接触材料中二氨基甲苯的测定
GB 31604.24—2016	食品接触材料及制品　镉迁移量的测定
GB 31604.25—2016	食品接触材料及制品　铬迁移量的测定
GB 31604.26—2016	食品接触材料及制品　环氧氯丙烷的测定和迁移量的测定
GB 31604.27—2016	食品接触材料及制品　塑料中环氧乙烷和环氧丙烷的测定
GB 31604.28—2016	食品接触材料及制品　己二酸二(2-乙基)己酯的测定和迁移量的测定
GB 31604.29—2016	食品接触材料及制品　甲基丙烯酸甲酯迁移量的测定
GB 31604.30—2016	食品接触材料及制品　邻苯二甲酸酯的测定和迁移量的测定
GB 31604.31—2016	食品接触材料及制品　氯乙烯的测定和迁移量的测定
GB 31604.32—2016	食品接触材料及制品　木质材料中二氧化硫的测定
GB 31604.33—2016	食品接触材料及制品　镍迁移量的测定
GB 31604.34—2016	食品接触材料及制品　铅的测定和迁移量的测定
GB 31604.35—2016	食品接触材料及制品　全氟辛烷磺酸(PFOS)和全氟辛酸(PFOA)的测定
GB 31604.36—2016	食品接触材料及制品　软木中杂酚油的测定
GB 31604.37—2016	食品接触材料及制品　三乙胺和三正丁胺的测定
GB 31604.38—2016	食品接触材料及制品　砷的测定和迁移量的测定
GB 31604.39—2016	食品接触材料及制品　食品接触用纸中多氯联苯的测定
GB 31604.40—2016	食品接触材料及制品　顺丁烯二酸及其酸酐迁移量的测定
GB 31604.41—2016	食品接触材料及制品　锑迁移量的测定
GB 31604.42—2016	食品接触材料及制品　锌迁移量的测定
GB 31604.43—2016	食品接触材料及制品　乙二胺和己二胺迁移量的测定
GB 31604.44—2016	食品接触材料及制品　乙二醇和二甘醇迁移量的测定
GB 31604.45—2016	食品接触材料及制品　异氰酸酯的测定
GB 31604.46—2016	食品接触材料及制品　游离酚的测定和迁移量的测定
GB 31604.47—2016	食品接触材料及制品　纸、纸板及纸制品中荧光增白剂的测定
GB 31604.48—2016	食品接触材料及制品　甲醛迁移量的测定
GB 31604.49—2016	食品接触材料及制品　砷、镉、铬、铅的测定和砷、镉、铬、镍、铅、锑、锌迁移量的测定

二、欧盟食品包装法规

欧盟法规是指约束全部欧盟成员国各方面事项的法规，如果成员国的法规与该法规冲突，则欧盟法规优先。欧盟法规的形式为：规章(regulations)、指令(directives)、决定(decisions)、建议和意见(recommendations and advice)，其中建议和意见没有约束力。

欧盟有关食品接触材料的立法始于 19 世纪 70 年代中期，最早的指令是 76/893/EEC，该指令是一项框架性指令，目的是协调各成员国在该领域的立法，使各国的强制性技术要求趋向一致。现行的法规是欧盟 2004 年 11 月 13 日颁布的一项欧洲议会和欧盟理事会通过的有《关于拟与食品接触的材料和制品暨废除 80/590EEC 和 89/109/EEC 指令》(EC No. 1935/2004)和《关于拟与食品接触的材料和制品的良好生产规范》(EC No. 2023/2006)，是欧盟目前有关各种食品接触材料的主导性规章，欧盟各成员国都有权监督该框架法规的实施。EC No. 1935/2004 规定了对与食品接触类产品不同材料的化学测试要求。截至目前，欧盟涉及食品接触材料和制品的指令或法规累计有 30 多项(表 8-2)。

表 8-2 欧盟食品包装法规

材质类型	法规	测试项目
塑料	EU10/2011	全面迁移 可溶性重金属 特殊迁移，甲醛迁移[针对美耐皿(Melamine)]
有机涂层	AP(2004)1	全面迁移 可溶性重金属 特殊迁移，如环氧衍生物特殊迁移(针对环氧涂层) 全氟辛烷磺酸盐特殊迁移(针对聚四氟乙烯涂层)
硅胶	AP(2004)5	全面迁移 挥发性有机物
橡胶	AP(2004)4&93/11/EEC	全面迁移 亚硝胺和亚硝基化合物 初级芳香胺特殊迁移
纸制品	AP(2002)1	可溶性重金属 五氯苯酚 防腐效应 二苯甲酮和 4-甲基二苯甲酮特殊迁移 颜色迁移(仅针对有颜色的纸)
金属	Regulation(EC)No. 1935/2004&CM/RES(2013)9	可溶性重金属(银，铝，铜，铬，钴，铁，锰，钼，镍，锡，钒，锌，砷，钡，铍，镉，汞，锂，铅，锑，铊)
木制品	Regulation(EC) No. 1935/2004	甲醛 五氯苯酚
陶瓷，玻璃，搪瓷	2005/31/EC (84/500/EEC)	可溶性铅，镉

三、美国食品包装材料法规与标准

美国对间接食品添加剂(即食品包装材料)的管理主要通过联邦法规来进行规范。美国联邦法规(Code of Federal Regulations)第 21 部分主要规范食品和药品的管理，其中第 170—186 节规范了食品包装的管理方法。对美国出口的食品包装或用于食品包装的材料，必须通过符合 FDA 标准的严格检测。

在美国，食品包装材料属于食品添加剂管理的范围，其管理方式可分为以下 3 种：

(1)免于法规管理　迁移到食品中的量低于某一限值，不是已知的致癌物，其作为包装材料或者作为包装材料的一种成分的物质，适用于免于管理的方式。

(2)食品添加剂审批　如果某种物质通过食

品包装过程迁移到食品中，且不是通常认为安全的物质，则需要对其按照食品添加剂的评价程序进行评价和审批。

(3)食品接触物质通报　食品接触物质是指用于食品加工、包装、储藏、运输等过程中与食品接触但不会对食品产生技术影响的物质或作为该物质的一种成分。食品接触物质通报要求申请者向FDA提供充分的材料，证明该物质在特定使用条件下不会影响食品安全。该证明材料包括：化学特性、加工过程、质量规格、使用要求、迁移数据、膳食暴露、毒理学信息、环境评价等内容。

四、包装与产品质量的关系

宠物食品包装是用来包装各种宠物食品的。宠物食品从原材料经过加工变为成品，再到消费的整个流通环节，会受到生物性和化学性的污染，受到流通过程中出现的诸如光、氧气、水分、温度和微生物等各种环境因素的影响。宠物食品包装技术水平直接影响着宠物食品包装的质量和效果，影响着被包装宠物食品的储运和销售。

(一)影响宠物食品品质的因素

1. 光照

光照具有很高的能量，它能促进对光敏感的成分发生化学反应，导致食品变质。光照可以加速宠物食品中维生素(如维生素A、维生素E、维生素C及B族维生素等)、脂肪等营养成分的分解，减低维生素的活性，促使油脂氧化酸败，引起色素及天然色素发生化学变化及变色等。脂肪的种类不同，挥发的气味也不相同，如来源于动物副产品的脂肪，很容易氧化产生过氧化物、乙醛和甲酮，产生腐臭味，降低适口性。所以宠物食品应根据产品和包装的特性，选择合适的包装，避免光照对品质的影响。

2. 氧气

氧气能使油脂发生氧化，特别是不饱和脂肪酸丰富的油脂(鱼油、磷虾油等)，氧化产生过氧化物、哈喇味及有毒物质；氧气还能使维生素及氨基酸失去营养价值，产品褐变及色素氧化褪色；宠物食品中的需氧微生物，会繁殖产气，造成产品腐败变质。根据产品的属性，采用合适的包材，确保包装有很好的密封阻隔作用，或者在包装里面采用放置脱氧剂、抗氧化剂、充氮气或者抽真空等方法，以防止宠物食品因氧化造成品质降低或者变质。

3. 水分

宠物食品都含有不同程度的水分，水分的含量随产品的特性、加热或灭菌方式、包装方式及其他加工工艺(烘干、喷涂、冷却)的不同而有所差异，水分含量在3%～90%。另外，环境因素也会导致产品水分含量的变化，而影响产品的质量。干粮会因受潮失去脆性和香味；水分会促使微生物大量增殖，引起变质，带来食品安全隐患；湿度大能使粉体结块，影响状态。因此控制包装的环境湿度及包装的防潮是保证产品的品质关键。

4. 温度

温度过高会引起维生素的分解及宠物食品成分发生美拉德反应，加速产品的变质；温度过低会引起食品结构破坏，影响产品的适口性及风味；所以存储过程中，适宜的温度会保证产品的品质及适口性不会降低。

5. 微生物

生产加工过程中灭菌不彻底，或分装操作中生产环境卫生控制差，会造成产品的二次污染；包装材料本身是否洁净，包装操作时空气中细菌、真菌或包装容器制造存储过程中受到污染，也会造成货架期产品变质。所以应注意生产、包装过程中的卫生控制，并注意包装储存环境的卫生情况以及包装物的清洁与消毒，以避免微生物污染。

6. 包装污染

霉变的纸张可能会产生大量的霉菌和致病菌，回收来的废纸张中有铅、镉、多氯联苯等有害物质，造纸过程需要在纸浆中加一些添加剂，如施胶剂、漂白剂、染色剂、荧光增白剂等污染，都会存在一定安全隐患；树脂本身无毒，但其单体、降解后的产物及老化产生的有毒物质对宠物食品安全影响较大，塑料包装材料对宠物食品的影响主要包括树脂本身、添加剂等；非涂层类金属包装容器有毒有害的重金属溶出会影响产品质量，涂层类包装容器，表面涂覆的涂料中游离酚、游离甲醛及有毒单体的溶出影响宠物食品安全；玻璃包装容器的有毒物质较为单一，主要是铅、砷、锑，而且通常其向宠物食品中迁移量很低，危害比较小。

（二）仓储、搬运和运输对包装的要求

1. 仓储

在宠物食品的流通中，运输包装件可能储存于不同条件的仓库。包装对储存也提出了一些要求，如环境要求：自然通风条件好，温、湿度条件良好，不漏雨，灰尘少，离墙离地等。如果仓库潮湿高温，瓦楞纸板容易发霉，强度下降，金属容易腐蚀。码垛是仓储的一种基本方式。码垛的基本要求是合理、牢固、定量、整齐、方便。如果为了充分利用库容而不考虑包装的抗压能力将商品无限堆高，造成坍塌倾倒及底层的物品被压坏、变形，这是不可取的。

湿度和阳光直射对纸包装容器强度及寿命的影响是很大的。将纸包装容器或者箱胚等露天存放或堆放在库房外的屋檐下是极不合适的。宠物食品必须按照先进先出的原则，防止在库内长期积压，造成产品技术指标下降或者过期导致产品报废。

如仓库内混合存放的不同种类商品，内外包装应分区储存，妥善保管，避免不同类别商品的交叉污染。检查包装容器的强度是否可靠，有无破损或变形；标志是否清晰；封口、捆扎带是否牢固；包装物码垛要便利，不易塌垛；容器抗压强度要适宜；耐高层码垛，节省仓储空间，延长商品储存寿命。

2. 搬运

产品经过包装后，可以为装卸作业提供方便，提高搬运效率。首先包装必须考虑搬运的形式，如果是人工装卸，按照人力承受重力去包装；如果使用机械装卸，无须包装成小单位，尽可能包装成大单位。其次，包装尺寸要标准化，为集合包装提供条件。

3. 运输

运输的主要方式是公路运输，其造成损害的主要原因有冲击，如路面高低不平、车辆的启动、变速、转向、刹车都会使货物改变速度。当货物松散时，它与车厢、相邻货物发生碰撞等。还有振动，如水泥路面的接缝引发发动机的振动，车轮不平衡等因素产生的震动和周期性的上下颠簸和左右摇晃，这容易使产品在精度上、结构上、饰件外表等受到伤害而产生经济上和功能上的损失。针对上述特点，找出一些相应的防护办法，制定一些相关措施，以降低产品在物流过程中的经济损失，是完全必要的。

（三）包装对适口性的影响

犬猫的嗅觉非常灵敏，食物的气味、组成成分、成分来源、各组成成分的品质都是影响食物适口性的因素。食物的气味对犬猫选择何种食品有重要影响，改变食品的气味就能改变宠物选择食品的优先性和食品的采食量。犬虽是杂食动物，但其祖先是肉食动物，猫是肉食动物，它们舌头上都分布着对氨基酸非常敏感的嗅觉传感器，使它们能够区分气味上有微小差异的不同来源或不同品质的肉类。除此之外，食品的形状、颜色也会影响宠物食品的可接受性。

宠物食品在存储过程中受光照、氧气、水分、温度和微生物等的影响，会影响宠物食品的气味及品质，进而间接影响宠物食品的适口性。好的宠物食品包装能够避免空气、光照、水分、微生物、尘埃杂物、虫、蝇等有害物对宠物食品的污染，在运输和销售的过程中可避免外界各种因素的直接接触，对宠物食品的适口性起到保护作用。

本章小结

宠物食品包装是指用于包装各类宠物食品的包装及进行宠物食品包装的活动。包装具有经济性、外观、识别及提供信息、便利性、容纳性、兼容性的特点。

宠物食品包装材质分为纸质、塑料、玻璃、金属、复合材料等。常见纸质包装有纸盒、纸罐、纸筒、纸箱等；玻璃有各种各样的玻璃瓶等；塑料树脂包装材料又分为多种不同的材质，常见包装形式有塑料包装袋、塑料瓶、塑料桶、软管等；金属材质常见有马口铁罐/盒、金属桶、铝管、其他形式复合材料包装有泡罩、窄条、小袋包装等。

因宠物食品的形态不同，具有不同的包装设备及工艺。包装设备分为内包装设备和外包装设备；宠物食品包装线一般包括：充填、灌装、裹包、封口、贴标、打印、集装、清洗等，包装的方式有自动、半自动和手动等形式。

包装与宠物食品质量关系密切，宠物食品品质易受光照、氧气、水分、温度、微生物的影响。宠物食品的包装直接影响宠物食品的质量和效果，影响包装食品储运和销售。包装对于宠物食品的适口性也有一定的影响，好的产品包装会延长宠物食品的品质，保护适口性。

复习思考题

一、名词解释

包装　PET　净重充填法　真空灌装　折叠封

二、问答题

1. 宠物食品包装所具备的属性？
2. 塑料材质包装有哪些？都有什么包装形式？
3. 固体包装机有几种充填方式？
4. 影响宠物食品品质的因素有哪些？

三、开放性讨论

1. 查阅相关资料，讨论宠物食品和人类食品包装方式的共同点和区别？
2. 在进行宠物食品的包装时，应注意宠物食品有哪些方面的特点？
3. 影响宠物食品品质的因素还有哪些？讨论在生产过程中还可以采取哪些措施提高宠物食品的品质？

第九章

宠物食品工厂设计

本章提要

本章阐述了宠物食品工厂的类型、组成、设计的总原则，讲述了宠物食品工厂的建设程序、总平设计、工艺设计，包含项目建议书、可行性研究、厂址选择等，并阐述了宠物食品工厂工艺设计的基本原则、内容以及膨化干宠物食品和半湿宠物食品的工艺流程设计。

第一节 概述

一、宠物食品厂的类型

宠物食品厂根据所生产的宠物食品的类别分为：全价干宠物食品厂、湿宠物食品厂、宠物营养补充剂厂和宠物零食厂。有些工厂可能在一个厂区同时生产几种不同品类的产品；有些工厂只生产一类产品，因此应根据生产产品种类的不同，进行工厂的设计。

1. 全价干宠物食品厂

全价干宠物食品厂目前最常见的工艺是膨化工艺，进行膨化全价宠物食品的生产。全价干宠物食品还有其他生产工艺，如冷冻干燥工艺、低温烘焙工艺等。

2. 湿宠物食品厂

湿宠物食品厂主要生产全价的湿宠物食品罐头或零食罐头，采用常规的罐头加工工艺进行生产。

3. 宠物营养补充剂厂

宠物营养补充剂厂主要是生产添加剂预混合饲料，可用于生产直接用于宠物食用的营养补充剂，也可生产添加到宠物食品中的粉状预混料产品。

宠物营养补充剂因为剂型繁多，有粉剂、颗粒剂、片剂、膏剂、胶囊剂、水剂、酶解制剂等，不同的剂型对生产设备、工艺及工厂的布局都有不同的要求。

4. 宠物零食厂

宠物零食厂主要是生产宠物零食，因宠物零食的种类多，如肉干、肉条、罐头、冻干肉类、烘焙类、咬胶类、饼干、营养膏、饮料等，因品类繁多，对设备、工艺和工厂的布局也有不同的要求。

二、宠物食品厂的组成

宠物食品厂企业系统的功能，是通过建筑物和构筑物来表现的，可划分为 3 个区：生产区、附属生产区和生活区，各区的主要建筑物和构筑物如下：

1. 生产区

生产区的主要建筑物及构筑物包括：饲料加工间、打包间、地磅房、卸料房或卸料坑、原料库（简仓）、副料库（副料处理间）、冷库、低温小料库、危险品库、成品库、变电室、锅炉房、水泵房、空压机房、水塔或水池、消防泵房、预处理室、化验室、机修间、包装库、器材库、露天堆场、水码头或铁路专线等。

2. 附属生产区

附属生产区的建筑物及构筑物包括：行政办公楼（综合楼）、传达室（门卫室）、自行车棚、汽车库、围墙、消毒池、宣传栏、庭院建筑等。

3. 生活区

生活区主要建筑物包括：食堂、宿舍、浴室、公厕、托儿所、娱乐室、球场等。

上述建筑物与构筑物并不是每一个饲料厂都具备，而是视各厂规模、产品类型及厂房具体结构不同而有不同的组合。

三、宠物食品厂设计的总原则

工厂设计是细致、严谨的工作，设计质量好坏不仅影响到基本建设投资费用，还直接影响投产后产品的质量和各项技术经济指标，因此在工厂设计中必须遵守一些设计总原则。

1. 节约用地

新建厂从厂址选择、工程设计到施工的每个环节都必须贯彻节约用地原则。老企业的改建和扩建应充分利用原有场地，不应任意扩大用地面积。

2. 采用新工艺、新技术、新设备

新建、改建、扩建、老厂技术改造，应尽量采用新工艺、新技术、新设备，使工厂在投产后能获得较好的技术经济指标和较高的经济效益。

3. 减少基本建设投资

在保证产品质量的前提下，应尽量减少原材料消耗，节约设备费用，缩短施工周期，减少基本建设投资。

4. 缩短设计时间

在条件允许的情况下，要尽量采用通用设计和标准图纸，以简化设计工作，缩短设计时间。

5. 充分考虑环保问题

设计中要充分考虑工人的劳动环境和安全保护问题。对车间的粉尘、噪声、防震和防火等，要符合国家有关标准和规范。

6. 各项设计相互配合

工艺设计必须同土建、动力、给排水等设计相互配合进行，“三废”治理设施与主体工程同时设计，使整个设计成为一个整体，避免因互相脱节而造成设计缺陷，进而影响今后产品质量、经济效益和生产管理。

第二节　宠物食品厂的建设程序

目前，我国基本建设程序包括如下内容：项目建议书阶段、可行性研究报告阶段、设计文件阶段、建设准备阶段和竣工验收阶段。

其建设阶段的顺序如下：①提出项目建议书；②编制可行性研究报告；③进行项目评估；④编制设计文件；⑤施工前准备工作；⑥组织施工；⑦交付使用。

一、项目建议书

一个项目从提出设想、开发、建设、施工到开始使用，这个过程一般称为项目发展周期，这个周期的工作分为 3 个阶段：投资前阶段、投资阶段、使用阶段。投资前阶段是指从提出项目建议书到批准可行性研究报告这一过程，包括提出项目建议书、编制可行性研究报告、项目评估和决策等工作内容。

项目建议书是项目发展周期中的最初阶段，它是对建设项目提出的一个轮廓设想，主要从宏观上来考察项目建设的必要性，作为国家选择建设项目的依据，项目建议书批准后即为立项。批准立项的项目，方可列入前期工作计划，开展可行性研究。

项目建议书的具体内容如下：

（1）建设项目提出的必要性和依据　说明项目提出的背景、拟建地点，提出与项目有关的长远规划、行业规划、地区规划等资料，论述项目的必要性。对扩建项目须说明现有企业概况。引进技术和进口设备的项目，还要说明国内外技术差距和概况及进口的理由。

（2）拟建规模和建设地点的初步设想　分析项目建设地点的自然条件和社会条件，建设地点是否符合地区总体布局的要求。

（3）资源情况、建设条件、协作关系　说明拟利用原材料资源供应的可能性及可靠性，分析项目拟建地点水电及其他共用设施、地方材料的供应情况，分析社会对产品的需求及销售情况；如引进设备，尚须对引进国别、厂商进行初步分析。

（4）投资估算和资金筹措设想　对项目的投

资进行估算，对资金的来源加以说明。利用外资项目要说明利用外资的可能性，以及偿还贷款能力的概算。

(5)项目进度安排　写出项目进展的时间表，从项目开始到项目结束各阶段的具体时间规划。

(6)经济效益和社会效益分析初步估算。

二、可行性研究

可行性研究是对建设工程进行技术、经济等综合研究的方法，其目的是摸清拟建工程在技术上是否可行，经济上是否有利，尽量避免投资失误。即在建设之前，必须对各种有关因素进行综合分析，从而判定该项工程是否可行。可行性研究是编制设计任务书的依据，是确定工程项目的基础。因此，可行性研究就成为建设前研究中最关键步骤之一。

可行性研究必须对投资项目的生产规模、品种、厂址、工艺、设备、建筑、水电及组织机构的建立，进行相互关系、循环反复研究，以达到投资最少，经济效益最高。若计算数据显示，这项投资在经济上不合算，则要求对生产规模、品种、工艺、设备的选择等进行调整，直到得出最佳方案。如经过反复调整仍达不到经济效果，则这项投资计划为不可行。

可行性研究主要用来决定一项工程的投资计划，它是以市场为出发点，以原料来源为基础，以经济评价为结果，亦即可行性研究首先必须研究产品能否以有利的价值卖出去，同时有无最经济合理的原料供应，最终核心是能否获得经济效果，实质是进行技术和经济论证的阶段。

可行性研究的基本内容包括以下方面：

(1)总论　包括工程概况，项目提出的背景，投资的必要性和经济意义，调查研究的主要依据，工作范围，研究结果概要，存在问题及建议等。

(2)市场需求情况和拟建规模　国内外市场近期需求情况；国内和本地区现有饲料厂的生产能力；销售预测，价格分析；产品竞争能力，打入国际市场的前景；拟建项目规模，产品类型和比例以及发展动向。

(3)饲料资源、原料及主要协作条件　资源的储量、质量、成分及产地；各种原料种类、供应地点、数量，签订合同情况；所需动力、燃料等的供应方式、数量及签订协议和合同情况。

(4)建厂条件和厂址方案　建厂地区的地理位置，与原料产地和市场的距离，地区经济条件，选择理由；厂址的位置、气候、水文、地形、地质等条件，交通运输及水、电、蒸汽等供应现状和规划，现有企业情况及可利用的可能性，生活设施条件；厂址占地面积和范围，厂区布置方案，地价、拆迁情况及其他工程费用。

(5)项目设计方案　项目的构成和范围，包括车间组成，厂内外主体工程和各项公用辅助工程不同方案的论证和比较；工艺流程和设备选型方案的比较和论述，主要设备型号、规格和数量，设备的来源；土建工程布置方案的选择，场地整理和开拓；主要建筑物、构筑物的安排；厂外工程；全厂总体布置方案的比较和选择；厂内外运输方式的比较和选择；设计方案用文字说明，用平面布置图和表格表示。

(6)生产组织、劳动定员和人员培训　全厂生产管理体制和机构设置，劳动定员的配备方案，人员培训规划和费用预算。

(7)环境保护　“三废”对工人和环境影响程度和范围，治理方案的选择，防止措施，回收利用可能性。

(8)项目实施计划和进度要求　勘察设计、设备购置和制造、工程施工、试生产及整个工程的实施计划和进度要求。

(9)财务评价　各项基本建设费用和流动资金估算；资金来源、筹措方式、各项资金数量、所占比例和利率；总生产成本和单位生产成本计算；简单收益率、投资收回期、收支平衡点分析以及国民经济评价。

(10)评价结论　运用各项数据从技术、财务、经济等方面论述建设项目的可行性，存在问题和建议。对小的工程项目，技术条件不太复杂，协作关系较简单，可行性研究与设计任务书可以合并为一个阶段。

第三节　宠物食品厂总平设计

工厂总平面设计，就是对厂区内各种生产和生活用建筑物和构筑物(包括今后规划中拟扩建的部分)、铁路专用线、码头、道路、工程管线和绿化设施等，按照一定原则，进行全面、科学和合理的布局。

总平设计首先应先根据当地规划部门提供的规划设计条件来决定建筑物退让红线的距离、绿地率、容积率等指标。了解厂区内高、低压线路布置情况，根据提供的规划条件退让距离。

一、厂址选择

厂址选择应按照工农结合、城乡结合、有利生产、方便生活的原则，应尽量接近原料产地比较集中的地区。并符合下列要求：

(1)厂址选择必须与当地的城镇规划结合起来，并符合原料流向和工业布局。

(2)应避开易燃、易爆和排放有害气体、有害粉尘的工厂，并处在全年最大频率风向的上风向、居民区的下风向。

(3)优先选取便于利用已有公路、水路、铁路和公用水、电等设施比较完备的地区，以利于原料和成品运输，并尽量缩短原料运输的距离，节省搬运费用和仓容。

(4)宜选择地形平坦、地质坚实、地下水位较低的场地。应避开可能受洪水淹灌发生塌方、滑坡的地段，以及岩溶发育较强和地基处理复杂的地段。如有坡度，其倾斜度应以 0.4%～0.5%为宜，且方向应有利于地面水向厂外排泄。厂址应有良好的地质条件，土壤耐压力最好不低于 20 t/m^2，一般厂房耐压力最好不低于 15 t/m^2。地下水位最好低于拟建的地下室、地坑和地槽底的深度，否则会增加防水处理费用。

(5)应注意节约用地，少占或不占耕地，厂区以矩形为宜。厂址所需的面积，应根据设计任务书规定的工厂规模和仓容量来决定。如设计任务书批准有工厂发展的远景规划时，应保证有扩展的余地。

厂址选择应结合当地城市建设规划要求，选择几个场地，根据地形、地质、厂区布置、施工、交通运输、给排水及动力、房屋迁移、资源开发利用、环境与环境保护等条件进行技术经济比较后确定厂址。

二、总平面图设计

厂址确定后，即可进行工厂总平面图设计。总平面图是将厂区范围内各项建筑物总布置在水平面上的投影图。根据饲料厂的生产性质、规模和生产工艺流程等要求，所有厂区所设置的一定数量的生产车间、辅助设施和生活用房等建筑物、道路、绿化的布置情况，以及相邻地区街道交通联系等进行科学的全面布局，这个过程称为工厂总平面图的设计。

(一)总平设计要求

总平设计应符合下列要求：设计任务书和城市建设规划部门对已选定厂址的要求；主、辅建筑布局合理，生产作业线最短，各区域联系最方便；在满足生产要求前提下，应注意节约用地，减少土石方工程量；对建筑布局、运输、竖向、道路、供电线路、上下水和工业管道、消防、绿化、环保等进行综合考虑，应立足近期工程，兼顾扩建项目，但平面规划应一次完成。

1. 建筑布局

建筑物之间距离，应满足防火要求；建筑物的朝向有利于在夏季获得良好的自然通风；应当防止或减少生产车间噪声和粉尘对其他建筑物的影响；分区布局按生产流程及功能，宜划分为行政服务区、装卸作业区和生产区。每个区域既有紧密联系又须适当分隔，互不干扰。

2. 道路

厂区通道应有两个以上的安全出入口；长度超过 35 m 的尽端式车行道，应设回车场或转盘池，其回转半径不小于 9 m；装卸作业区及行政服务区的干道旁，宜另设宽度不小于 0.75 m 的人行道；厂区内道路边缘至相邻有或无出入口的建筑物的外墙的净距分别不应小于 3.0 m 或 1.5 m，大、中型厂厂内主干道宽度应设计为 6～7 m。厂区内应有排水设施并与城市排水系统或沟、渠、池塘、河流等相连接。预留出将来扩大生产所需要的生产线空间。

3. 库房

原料库房要考虑主要的原料种类，原料的存储容量和储存形式(库房、筒仓或配料仓、冷库)，卫生分区的要求，以及原料性质；矿物质和预混料的容重和性质；原料的腐蚀性、吸湿性等；原料的接收方式(船、火车、卡车、吨袋、小包)；投料的方式(数量、形式、物料尺寸和投料产量)。原料库房的要求储存时间(天)，配料仓要求储存时间(小时)

等。成品库房要求考虑运出的方式(散料、船、火车或卡车)、吨袋或小包装,储存时间,成品周转率等。

4. 当地的法规/要求

要考虑到地区管制,包括建筑物的高度、容积率、入口限制等;对安全的要求,包括从业人员、防爆;对排放物(如噪音、臭气、污水等环境)的要求;热源种类,气体、油、煤(重污染)、蒸汽管道等;对安装限制(施工许可,工作时间等)。

宠物食品工厂实例见图 9-1。

图 9-1 宠物食品工厂实例

(二)保证宠物食品卫生安全的关键点

1. 工厂的分区设计

宠物食品厂的设计要求比畜禽及水产饲料工厂更加严格,生产商需要理解满足相关条例规范的要求及商业风险。工艺及设备分区布局基于卫生原则(杀菌前、杀菌区、杀菌后),分离工厂车间入口、通道、更衣室、洗手间、休息室,从而进行分区卫生清理程序,设置人员及设备通道用来处理废料、垃圾、回料,在进入杀菌区及杀菌后区域时,设置过渡区进行人员及设备的清洁消毒。一般使用不同的颜色来区分不同区域的卫生级别(图 9-2)。

宠物食品生产车间实例见图 9-3。

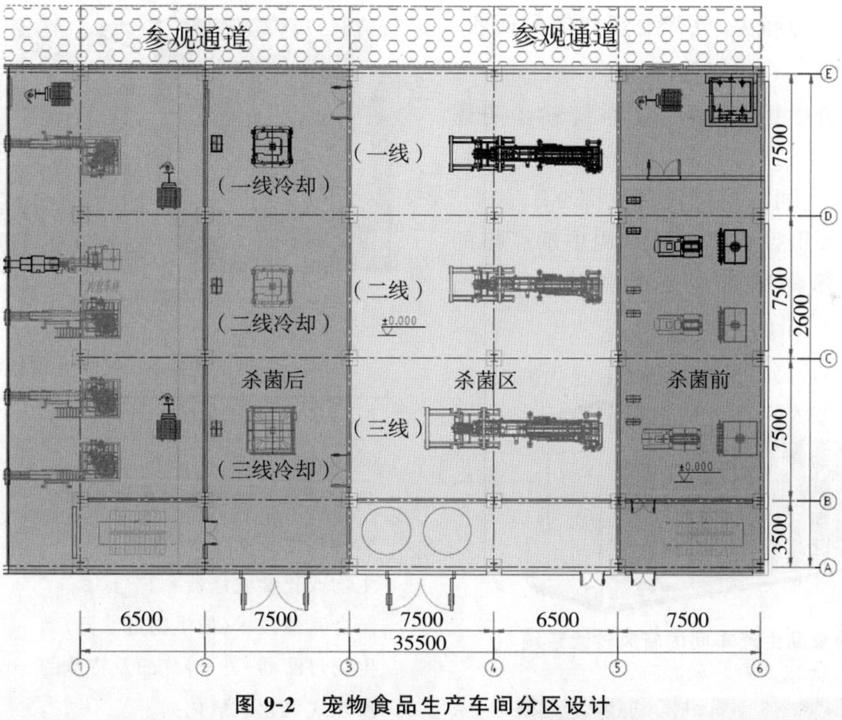

图 9-2 宠物食品生产车间分区设计

图 9-3 宠物食品生产车间实例

2. 空气过滤系统

工厂使用经过滤的补风系统并控制气流流向，需要考虑膨化机风送、烘干机、冷却器、人员用通风、热量移除风量。需要计算风量平衡从而确保为杀菌区及杀菌后区域提供过量补风来保证区域的持续正压，从而使气流流向杀菌前区域。图9-4为生产车间的新风过滤系统。

3. 高风险区域防止再污染

因为微生物必须要有水才能生长，因此在储存鲜肉的区域注意卫生清洁，鲜肉处理避免微生物的污染。生产过程避免产生冷凝水，地上避免有水，清理尽量不用水，杀菌区及杀菌后区域避免有水或产生冷凝水；膨化机风送及烘干机进口，烘干机和冷却器出口之间的设备；尽量使用不锈钢以及没有缝隙及间隔的连接表面，设备可进入进行检修、清理及清洁。

(三)宠物工厂的除尘、气味处理和能量回收

1. 除尘

粉尘防爆符合中国《饲料加工系统粉尘防爆安全规程》(GB 19081—2008)，可采用除尘投料坑、倒车方式节约空间。防爆设备见图9-5。

针对小包装人工投料区域可采用更加严格的除尘标准，所有粉料输送设备配备除尘器(图9-6)，以保证传送回路的负压条件。

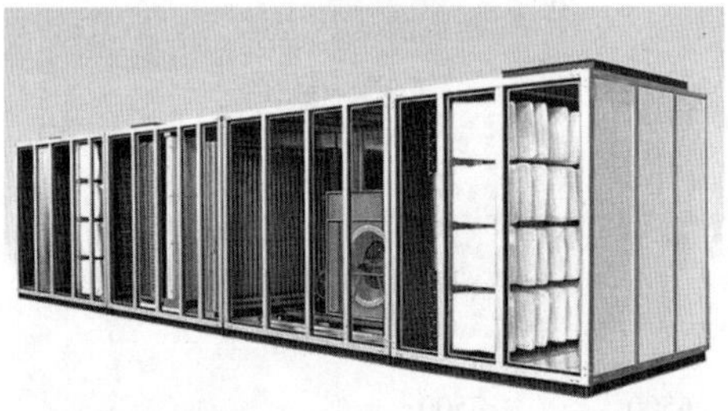

图 9-4 宠物食品生产车间的新风过滤系统

图 9-5 粉尘防爆设备

减少随口漏出将减少仓内或设备内过压的风险，也就减少了因此产生的灰尘泄露，所有粉碎系统的除尘——可配备小于150 mg/m^{3}吸风量的除尘系统，安装方面考虑省去加工区域内的人工小料或预混料的添加，采用更为合理的系统。

2. 气味处理

气味处理系统在很多国家是强制执行的标准，这一点在设计工艺的时候一定要考虑到，表9-1是几种处理气味的途径。

3. 能量回收系统

目前生产所用能源都是不可再生能源，能源价格会一直增高，能源回收再利用具有战略性的重要意义。降低能源成本相当于提高竞争力。能源再利用系统可以提高加工工艺和产品质量，可降低设备温度，改善加工环境，提高生产效率。宠物食品工厂能耗分布见表9-2。

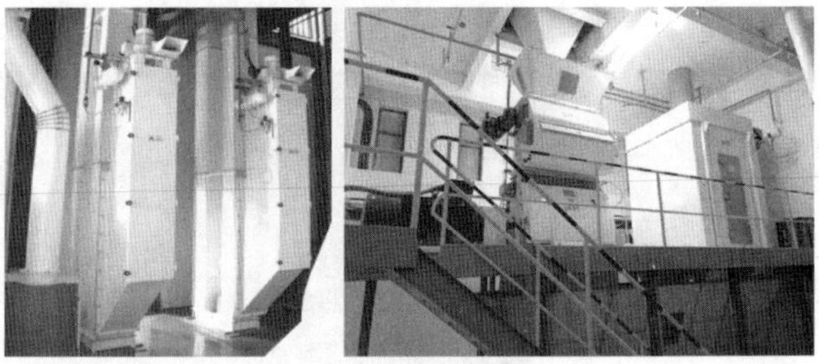

图 9-6 除尘器

表 9-1 气味处理途径

解决方案	清理效率
Chimney 烟囱	0(仅有稀释功能)
臭氧反应器或等离子体反应器	70%～85%
结合其他技术(如洗涤器)	70%～95%
生物或化学洗涤器	70%～90%
结合其他技术(如生物过滤器)	70%～99%
生物过滤器——传统的及特殊的	70%～99%
蓄热式氧化炉氧化	90%～99%
再流通或冷凝，包含煤过滤和生物过滤	98%～99%

表 9-2 宠物食品工厂能耗分布

设备	能耗
总电耗	90～100 kWh/T
膨化机	30 kWh/T
粉碎/烘干/冷却等设备	60～70 kWh/T

续表 9-2

设备	能耗
蒸汽损耗	280～420 kg/T
膨化机	80～90 kg/T
烘干机	200～330 kg/T
水耗	100～200 kg/T

宠物粮生产使用蒸汽和水耗能占总能耗的25%，烘干环节耗能40%，用电耗能约35%，整个过程中会有大量的能量损耗，高效的能量再利用包括冷却器的气体、烘干机排出的气体以及气力输送和闪蒸的气体再利用。通过能量的回收再利用，每年可以节约很大一笔费用。

第四节　宠物食品厂工艺设计

宠物食品厂工艺设计范围主要包括生产车间(主、副料加工车间)、立筒库、副料库、冷库、成品库等直接和间接生产部分的工艺设计。工艺设计是一项全面的综合性工作，不仅技术性、经济性强，而且还是一项艺术性很强的工作。工艺设计因具体条件的不同而不同，但其设计的基本原则相同。

一、工艺设计基本原则

(1)工艺设计要求实用、可靠，尽可能采用先进的工艺流程和工艺设备。既要满足产品的质量和产量要求，又要节约成本、提高劳动生产率。

(2)工艺设计应具有较好的灵活性和适应性，以满足各类配方产品的生产。

(3)工艺设计中设备的选用尽量选用系列化、标准化和零部件通用的设备，要保证流量平衡，后道输送设备的生产能力必须大于前道输送设备的生产能力5%～10%。另外，为确保达到实际生产能力，设计的生产能力应比实际能力大15%～20%。

(4)工艺设计中要充分考虑员工的工作环境，符合环保及消防要求，确保安全、文明生产。

(5)工艺设计既要适应当地的生产技术水平，又要兼顾近期及远期的发展规划。

(6)工艺布置应根据厂房结构形式的具体条件，使整体工艺排布合理，设备排布整齐、美观。在保证操作、维修方便的前提下，尽量减少建筑面积。

二、工艺设计内容

宠物食品厂工艺设计的任务是编写工艺设计文件和工艺设计图纸。

(一)工艺设计文件

工艺设计文件包括以下几种：

(1)产品种类和产量的概述，主副料原料种类、质量和年用说明。

(2)各生产部分联系的说明。

(3)工艺流程说明(附流程框图)。

(4)工艺设备的选择计算和设备一览表。

(5)水、电、汽、煤(油)等的需要量计算。

(6)设备、材料、动力费用概算表。

(7)工厂车间及库房等劳动组织和工作制度概述。

(二)工艺设计图纸

工艺设计图纸包括以下几种：

(1)工艺流程图。

(2)主车间、立筒库、副料库，设备平面布置图，纵、横剖面图。

(3)设备安装楼层的预埋与预留地脚孔洞图。

(4)设备大样安装图。

(5)通风除尘风网。

(6)生产用蒸汽、压缩空气和液态添加系统图。

(7)工艺设备各类配套用非标和引用标准设备图。

(三)工艺设计的依据和需掌握的材料

工艺设计的依据和需掌握的材料如下：

(1)宠物食品厂的拟建规模。

(2)产品的品种和规格及发展的要求。

(3)宠物食品配方和常用宠物食品原料的品种、物理性质。

(4)原料和成品的集散方式。

(5)投资规模和实施的步骤。

(6)工艺设计指标与拟建厂的人员素质。

(7)国内外同等规模宠物食品厂的综合概况。

(8)国内外相关加工工艺及设备的技术水平、使用性能与报价。

(四)工艺设备的选择

工艺设备的选择原则：选择设备应满足工艺

的要求，工作安全可靠、使用维修方便、节能高效、符合环保要求。尽可能选用标准化、系列化及零部件通用化设备。宠物食品工厂粉碎系统、烘干系统和喷涂系统配置见表 9-3、表 9-4 和表 9-5。

(五)宠物食品车间的工艺设备布置

1. 设备布置原则

设备布置的原则首先应保证生产工艺流程畅通，其次是便于安装、维修和操作，保证安全和经济合理。一般大中型宠物食品厂建设，宜采用多层建筑，结构可以是钢结构形式，也可以是钢筋混凝土结构形式。

表 9-3　宠物食品工厂粉碎系统配置

指标	产量	
	3～4(t/h)	5～8(t/h)
叶轮式喂料器	SWLY60F	SWLY100F
冠军王锤片式粉碎机	SFSP72X60F 90/110kW	SFSP72×100F 160kW
脉冲除尘器	TBLMFa48	TBLMFa81
风机	6-30-5A	6-30-8C
料封绞龙	SWLL20	SWLL25
斗式提升机	TDTG36/28	TDTG36/28
永磁筒	TCXT20	TCXT25
抽屉筛	SFSC90×150	SFSC110×170

表 9-4　宠物食品工厂膨化烘干系统配置

指标	产量	
	2～3(t/h)	5～6(t/h)
待膨化仓	8 m^3	15 m^3
出仓机	TLSUw25	TLSUw32
破拱喂料仓	WLT1200	WLT1200
螺旋喂料器	SWLD14	SWLD18
调质器	STZD400+STZY280	STZD400+STZY330/390
宠物食品专用膨化机	SPHS100×2	SPHS125×2
带式环流干燥机	SHWZ/T220×2-3	SHWZ/T220×2-4
烘干风机	4-72-5C	4-72-6C

表 9-5　宠物食品工厂喷涂冷却系统配置

指标	产量	
	2～3(t/h)	5～6(t/h)
待喷涂仓	0.8 m^3×2	1.5 m^3×2
间歇式喷涂系统	CYPW500	CYPW1000
冷却器进口蝶阀	DN300	DN400
翻板逆流式冷却器	CLNF16×16	CLNF19×19/22×22
冷却风机	4-72-5A	4-72-5.5A

(1)保证生产工艺流程畅通

①设备的排布应按工艺流程顺序进行，尽可能利用建筑高度，使物料自流，减少提升次数，节省占地和建筑面积。

②相同的设备应集中布置，便于管理。

③清理工段的磁选设备置于初清筛后，粉碎机、制粒机和膨化挤压机等关键设备前配置磁选设备。

④配料仓排布合理，有利于出仓喂料机的排列。配料仓的布置形式可以是矩形、扇形或圆形，配料仓应配置排气设施；出仓喂料机的出口距配料秤盖板的距离应不大于 0.5 m，以减少空中落差，保证配料精度。

⑤粉碎机等震动和噪声大的设备，可将其布置于一楼或地下室，在一楼或其他层面放置时应设隔音房。

⑥配料秤周围不宜布置振动较大的设备，中心控制室应有隔音和空调设施，以确保配料精度。

⑦混合机应排在配料秤下方，混合机下缓冲斗的容积应根据混合机类型配置，但至少能存放一批物料；混合机与成品仓之间的输送距离不宜过长。

⑧颗粒机、膨化机和挤压机的回料管，必须连接在喂料机进口头部，确保流程的畅通。冷却、干燥机和分级筛宜直接布置在下道，各类物料方便地进入各自的流程。

⑨成品仓高度大于 5 m 时，仓内应设防止分级装置，颗粒成品仓高度不宜超过 5 m，以减少颗粒破碎。

⑩设备布置要保证溜管的角度，一般物料不应小于 50°～60°；同时也要保证设备出料斗、仓斗的料流角度，一般不小于 45°～50°，以防止出现分级和自流不畅的现象。

⑪除尘风网的组合要根据同质合并的原则，除尘风网和冷却风网合理布置，应尽量减少风管的长度和弯头等，以减少阻力、降低能耗。对噪声较高的风机应采取隔音、消音等措施。在风机的进口安装蝶阀。除尘设备、除杂设备的集灰管落差要低，应避免粉尘循环。

设于露天场地的输送设备，地坪的标高应比

场地标高高 0.15 m。

(2)便于安装维修

①设备应布置整齐,并留有足够的安全走道和操作维修距离。一般走道宽度为 1～1.2 m,主走道宽度为 1.2～1.5 m,设备之间横向走道为 0.6～0.8 m,设备的非操作面与墙的距离为 0.35～0.5 m。在布置圆筒初清筛、振动分级筛、锤片粉碎机、挤压膨化机等设备时应特别注意留有足够的更换零件和操作的空间。

②大型设备的上方要设置维修吊钩,吊钩的荷重和高度应按设备的最大荷重和最低吊离要求定。

③多层厂房的各层楼面要设吊物孔,上下各层对齐。孔的大小和孔顶吊钩荷重,按设备的最大部件定。孔上要铺盖板或设栏杆。

④设备或管道上的法兰,不得布置在穿越楼板或墙壁的孔洞内,以免影响维修,预留洞孔应有足够的操作空间。

⑤易磨损的溜管、三通、分配盘和料斗等需设置耐磨板,同时考虑检修门,搭设检修平台。

⑥圆筒仓及大型宠物食品厂的配料仓、过渡斗、成品仓,仓内要设爬梯。

⑦凡电动机均需设置底座或地脚活轨,便于维修。

(3)方便操作、确保安全

①设备的操作点,如闸门的手轮、翻板的扳手、各种按钮以及加油点等,在布置时均应将其置于人手所及并便于操作的范围内。如有困难,则要调整安装高度、增设操作平台或踏步。对过高的闸门可以用手拉链条链轮来代替手轮。

②要重视车间通道的通行方便,楼梯的走道不能过陡过窄;楼梯尽量放在室内,尽量少用爬梯,对经常取样的部位要便于通行。

③楼梯、走道及上人的屋面、库房顶及操作平台的边缘,都要设置安全栏杆。

④凡转动的设备部件,如联轴器、皮带轮及传动皮带、链轮及链传动等都要设防护罩。

⑤凡有一定重量的管子、风网、过渡斗等,均应设置支撑和固定用的支架或吊架,不能将其重量直接压在相关设备上。

⑥图中标注的设备荷重,必须完整正确。计算设备荷重时不可漏掉工作状态中的料重以及设备上保温材料的重量等。

⑦基础螺栓孔孔边距基础尺寸,一般不应小于 0.1～0.15 m,螺栓直径小、长度短时取下限,反之取上限,以保证地脚螺栓的安装质量,并有利于土建施工。

2. 工艺设计图的表示方法

(1)平面图表示法　平面图用以表示厂房各层楼面(必要时应画出地下层和屋顶平面图)机械设备的平面布置,在平面图内有下列内容和尺寸:

①厂房结构形式,包括墙身轮廓、门窗、楼梯、梁柱等位置。

②绘出厂房纵向中心线、开间(梁距)轴线、墙身轴线,标注外墙轴线间距离尺寸、梁距尺寸。

③绘出机械设备的平面图形和设备中心线。标注定位尺寸(应以厂房纵向中心线和梁距轴线为基准)、料仓的平面尺寸和定位尺寸。

④标出剖切位置符号的投影方向。

(2)纵横剖视图表示法　纵横剖视图用以表示厂房各层楼面机械设备的立面布置图,在纵剖视和横剖视图内应有以下内容和尺寸:

①与平面图相同的厂房立面结构形式。

②绘出厂房开间轴线、墙身轴线、每层楼楼面线,标注外墙轴引间距尺寸、每层楼面的高度尺寸。

③绘出机械设备的立面图形(正视和侧视图),标注各种设备所需的安装高度,如风管、传动轴、螺旋输送机、机架、工作平台、料仓高度和地坑深度等。

④一般高度尺寸在纵剖视图和横剖视图上只标注一次。

现代计算机软件可以大大提高工程设计能力。相对二维图纸,三维设计更直观更容易观察。图 9-7 为三维工厂的设计图。

三、工艺流程设计

(一)膨化干宠物食品加工工艺

膨化干宠物食品的加工工艺和挤压膨化水产饲料的加工工艺基本一致。但宠物食品中使用淀粉量较高,蛋白质原料主要采用动物蛋白(鲜肉、肉粉和肉骨粉)和植物蛋白,加工工艺流程参见图 9-8。

图 9-7　三维工厂的设计图

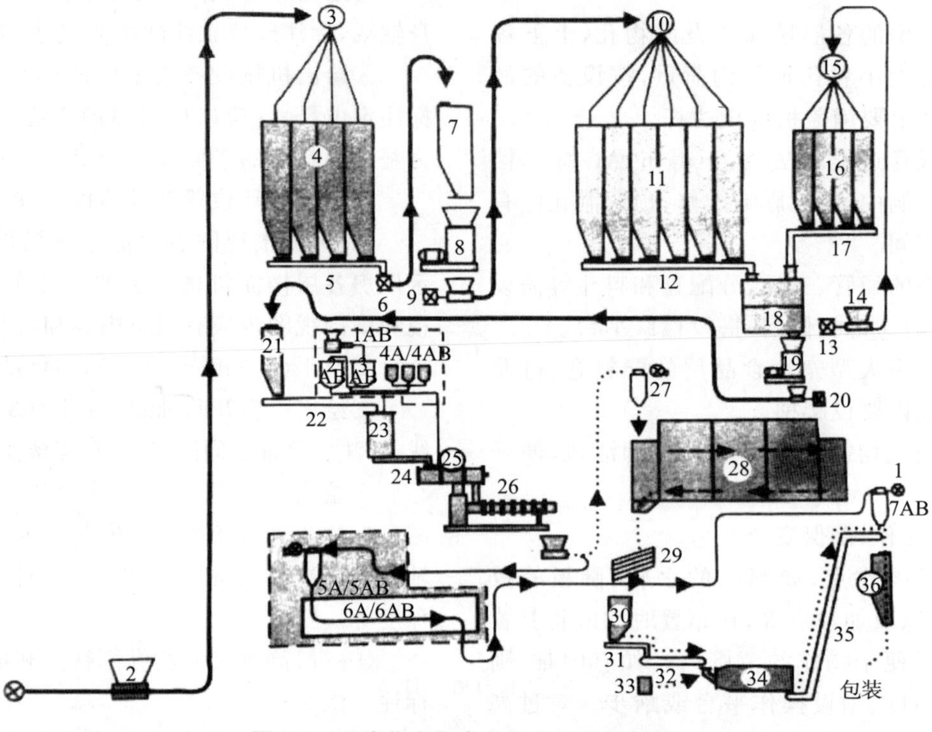

图 9-8　干膨化宠物食品加工工艺流程图

1.风机　2.投料口　3.分配器　4.原料仓　5.螺旋输送机 6.风机　7.待粉碎仓　8.粉碎机　9.风机　10.分配器　11.配料仓
12.螺旋输送机　13.风机　14.拆袋投料口　15.分配器　16.微量原料仓　17.螺旋输送机　18.称量混合机和缓冲仓
19.粉碎机　20.风机　21.待膨化仓　22.螺旋输送机　23.破拱喂料仓　24.螺旋喂料器　25.预调质器
26.挤压膨化机　27.集尘器　28.干燥机/冷却器　29.振动筛　30.缓冲仓　31.螺旋输送机
32.皮带秤　33.油脂、浆料罐　34.后喷涂机　35.冷却输送带　36.成品料仓
半湿宠物食品生产所需附加设备：1AB.绞肉机　2AB.接收罐与泵
3AB.浆液料罐与泵　4AB.液态添加剂罐与泵
5AB.集尘器　6AB.冷却器　7AB.集尘器

(二)半湿宠物食品加工工艺

半湿宠物食品的水分达到 25%～35%，主要使用肉浆、大豆、糖和湿润剂的混合物。半湿宠物食品中大量使用新鲜的湿加工动物副产品已成为趋势，但在加工过程中必须采取以下步骤。

1. *磨碎*

使用绞肉机，模板孔径为 3 mm，对湿而新鲜的副产品进行初步加工。其目的是减小粒径，使其分布更均匀，并减小骨头及其他硬质颗粒的粒度。

2. 加热

将绞碎的物料在蒸汽夹套容器中加热到 60 ℃左右。达到此温度有 3 个目的。第一，保证所有混合物都被加热，从而消除加工温度的任何变异；第二，杀死在成品中生长的沙门氏菌或其他微生物。但是在 60 ℃左右蛋白质开始变性，因此不可超过该温度；第三，加热到此温度同时也为了熬出部分油脂，并降低混合物黏度，从而更有利于泵送。通常这些混合物含有 60%～85%的水分，其脂肪、蛋白质及纤维的含量各不相同。通过内脏中天然酶的作用也可降低混合物的黏度。

植物性蛋白质对宠物食品产品的结构与营养特性有很大的影响。肉类可用作配合宠物食品的蛋白质来源，或直接加工成干的或罐装的肉类宠物食品产品，其加工工艺流程见图 9-9。在加工工艺中肉浆可直接添加在调质器或挤压膨化机中，防霉剂、防腐剂、糖浆等直接添加在配料混合系统。调质前的加工工艺与膨化干宠物食品基本一致。

工艺流程是单个设备和装置按一定的生产程序和技术要求排列组合而成。宠物食品的种类较多，针对不同类型的产品、原料种类和生产设备，生产工艺也不同。在工艺流程设计时，应综合考虑多种因素（如产品类型、生产能力、投资限额等）确定最佳方案。合理的工艺流程需要先进的工艺设备才能实现。工艺设备包括作业机械、输送设备、各种料仓及附属设备。这些机器设备在后面章节将详细论述。

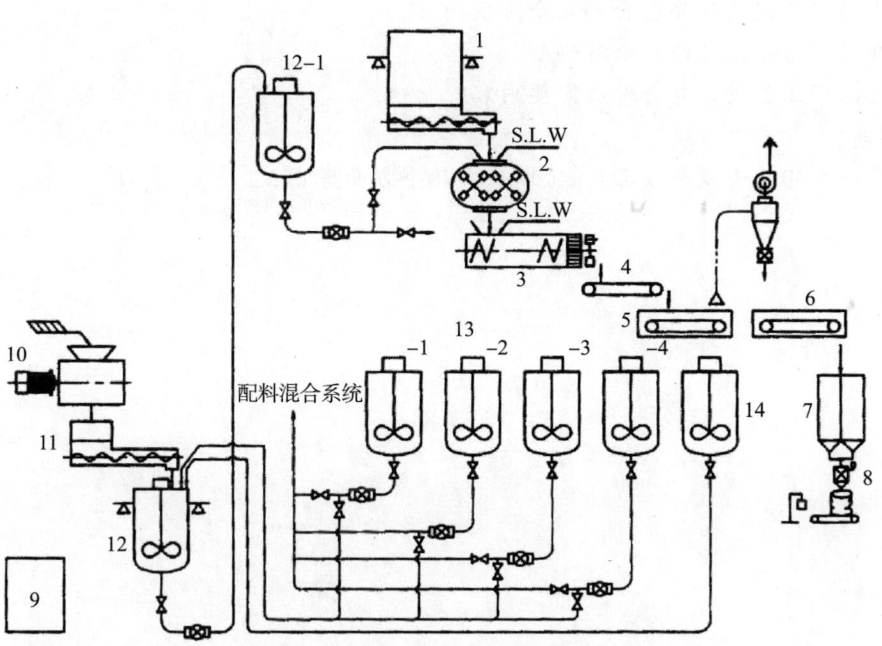

图 9-9　半湿宠物食品加工工艺流程图

1. 减重喂料器　2. 差速调质器　3. 挤压膨化机　4. 皮带输送机　5. 烘干机　6. 冷却器　7. 成品仓　8. 包装秤　9. 冷库　10. 冷冻切片机　11. 肉粉碎机　12. 定量匀浆罐　12-1. 巴氏灭菌罐　13-1. 防霉剂　13-2. 防腐剂　13-3. 糖浆　13-4. 动物脂　14. 肉汁或鱼汁等

本章小结

宠物食品厂根据所生产的宠物食品的类别分为：全价干宠物食品厂、湿宠物食品厂、宠物营养补充剂厂和宠物零食厂。宠物食品厂企业系统的功能是通过建筑物和构筑物来表现的，可划分为三个区：生产区、附属生产区和生活区。宠物食品工厂的设计是建设中最重要的程序之一。工厂设计是细致、严谨的工作，设计质量好坏不仅影响到基本建设投资费用，还直接影响投产后产品的质量和各项技术经济指标，因此在工厂设计中必须遵守一些设计总原则。

宠物工厂的建设经历7个阶段：①提出项目建议书；②编制可行性研究报告；③进行项目评估；④编制设计文件；⑤施工前准备工作；⑥组织施工；⑦交付使用。

设计质量直接影响到投资成本、项目的技术先进性、项目建设工期与质量及项目投产后的产品生产成本、生产效益、产品质量和企业的经济效益。宠物食品厂工艺设计范围主要包括生产车间（主、辅料加工车间）、立筒库、辅料库、冷库、成品库等直接和间接生产部分的工艺设计。工艺设计是一项全面的综合性工作，不仅技术性、经济性强，还是一项艺术性很强的工作。

宠物食品工厂的主要任务是根据配方和原料特点，选用合理的加工工艺和设备，生产出成本低、效益好的合格产品。

复习思考题

一、名词解释

可行性研究　总平设计　总平面图

二、简答题

1. 宠物食品厂的建设程序包含哪几个阶段？
2. 宠物食品厂总平设计的要求有哪些？
3. 宠物食品厂工艺设计包含哪些主要内容？

三、扩展题

如果设计一个膨化干宠物食品厂，可以从哪几个方面考虑？

第十章

宠物食品的生产工艺及设备

本章提要

本章主要阐述了不同类型宠物食品的生产工艺和关键设备，包含：膨化干宠物食品的生产工艺和关键设备，如原料粉碎、配料混合、挤压膨化、后喷涂、干燥等工艺及设备；半湿宠物食品的生产工艺和关键设备，如冻肉绞碎机、浆液罐以及计量泵等设备；湿宠物食品的生产工艺和关键设备，如切块粗绞、配料搅拌混合、乳化、抽空搅拌、金属探测、定量罐装、封口、杀菌工艺及设备；以及营养补充剂和宠物零食的生产工艺和关键设备。

宠物食品从营养的角度分为：全价宠物食品、宠物营养补充剂和宠物零食；从工艺的角度分为：挤压膨化工艺、挤出成型工艺、高温杀菌工艺、低温烘焙工艺、冷冻干燥工艺、酶解反应工艺等。本章将对不同类型宠物食品的加工工艺和设备进行诠释。

第一节 膨化干宠物食品的生产工艺流程及设备

挤压膨化技术作为一种新型的食品加工技术，起始于1910年，20世纪50年代美国最早开始使用挤压膨化技术生产宠物食品。挤压膨化技术在我国起步较晚，自20世纪90年代以来，在宠物食品中得到了快速发展，挤压膨化技术对宠物食品的适口性、营养性、消化吸收性、卫生安全、运输、存储等方面都起到了改善的作用。而今，挤压膨化技术已成为宠物食品加工的核心技术，可用于生产干膨化宠物食品、半湿宠物食品和软膨化宠物食品等。

一、挤压膨化技术的原理和特点

(一)挤压膨化原理

挤压膨化是借助挤压机螺杆的推动力，将物料向前挤压，物料受到混合、搅拌和摩擦及高剪切力作用而使物料组织结构改变，并使物料膨化的过程。膨化过程使生淀粉转化成熟淀粉、脂肪氧化、蛋白质变性重组，使食品形成质构疏松的膨化食品。

(二)挤压膨化加工技术的优点

1.提高宠物食品的适口性、酥脆性

宠物食品在膨化过程中释放出香味物质，使宠物食品的适口性提高。宠物在咬断和吞咽膨化食品的过程中，膨化食品起到清洁口腔和牙齿的作用。

2.改变和提高宠物食品的营养价值

挤压膨化改变了原料内部的分子结构和性质，使淀粉发生糊化，蛋白变性，消化吸收率提高；而且挤压膨化加工后食品的质构呈多孔状，利于消化酶的酶解作用。

3.改变宠物食品的形状与结构,使之易于宠物采食

膨化机通过更换模具,可生产出不同大小、外形和容重的产品,不同大小和形状的产品适合不同品种和年龄段的犬猫食用。如幼犬猫适合小颗粒的食物,成年犬猫适合稍大颗粒的食物,老年犬猫适合膨化度大的食品。不同的口腔结构适合不同的颗粒形状。

4.提高宠物食品的安全性和卫生性

高温高压过程可以杀灭各种霉菌、沙门氏菌等有害微生物,灭活抗营养因子等,提高宠物食品的安全性和卫生性。

二、膨化干宠物食品的生产工艺

挤压膨化生产工艺包括:原料接收、配料、粉碎、混合、膨化、烘干、后喷涂、冷却、成品包装等几个主要环节(图 10-1)。

工作过程:原料先进行接收和清理,进入料仓,有的原料在进入料仓前先粗粉碎,有的直接进入料仓。一次配料混合主要是大宗原料的配制,有利于提高第二次微粉碎机的工作效率;二次配料混合主要是经过二次微粉碎的混合物料与微量组分、液体物料的配料混合,必须保证各种物料充分混合,制成粒度均匀、混合均匀度高的待膨化粉料;待膨化粉料经挤压膨化机成型成各种形状的颗粒,再经干燥、后喷涂、冷却等工序制成满足产品营养、适口性、储存等要求的成品。

三、关键工序及设备

(一)原料接收清理工艺与设备

1.原料接收清理相关概念

原料接收:将宠物食品厂生产所需的各种原料用一定运输设备运送到厂内,包括检验、计量、初清,输送入库存放或直接进入料仓等作业单元。

原料接收能力必须满足生产需要,并采用适用、先进的工艺和设备,以便及时接收原料,减轻工人的劳动强度,节约能耗,降低生产成本,保护环境。一般宠物食品厂接收设备的接收能力应为生产能力的 3~5 倍。饲料厂一般常用汽车运输原料和成品。具有一定规模并有水运和铁路条件的应充分利用船舶和火车。

原料清理的目的:清除原料中的杂质(如稻草、麦秆、麻绳、纸片、土块、玉米叶、玉米棒、铁钉、铁块等),以保证饲料产品的质量;保护工艺系统中后继机械设备免于发生故障或损坏。特别是磁性金属杂质会加速设备工作部件的磨损、造成机器损坏,甚至造成人身事故,也可能产生火星而引起粉尘爆炸。

原料清理要求:原料中需清理的主要是谷物饲料及其加工副产品,应除去大型杂质和坚硬的磁性杂质。其中大杂去除率应不小于 90%,进关键设备(粉碎机、制粒机、膨化机等)前物料都要经过磁选清理,磁性杂质去除率需大于 95%。

2.原料接收清理工艺

根据接收原料的种类、包装形式和采用的运输

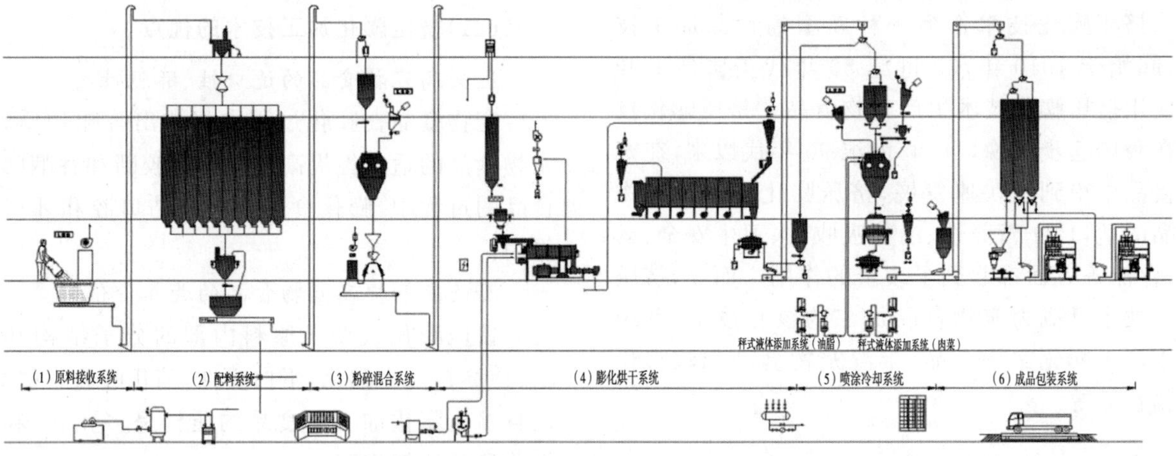

图 10-1 挤压膨化宠物食品典型生产工艺流程

工具的不同,采用不同的原料接收工艺。

宠物食品生产所采用的原料主要有粒料和粉料两种形式。接收两类原料的清理工艺流程一致,但所配置的关键设备清理筛不同(图 10-2)。一般来说,粒料类配置圆筒初清筛,粉状料配置圆锥粉料清理筛。需要粉碎的原料,如玉米、甜菜粕等,经栅筛、初清筛和永磁筒除杂后进入待粉碎仓。不需要粉碎的粉料,如次粉、肉粉等,经清理和磁选后,经旋转分配器,直接进入相应的配料仓参与配料。

3. 常用的原料接收清理设备

原料的接收设备主要有刮板输送机、带式输送机、螺旋输送机、斗式提升机、气力输送机以及一些附属设备和设施(如储存仓及卸货台设施等)。接收设备应根据原料的特性、数量、输送距离、能耗等进行选择。

(1)刮板输送机　刮板输送机是一种利用装于牵引构件(链条或橡胶带)的刮板沿着固定的料槽拖带物料前进并在开口处卸出的输送设备(图 10-3)。由于在输送物料时牵引构件和刮板总是沉埋在物料底部,被刮运的物料只限于同刮板和链条接触的部分,而很大部分是被刮运的物料带动着输送的,故刮板输送机又常被称作"埋刮板输送机"。它适合高速和长距离输送颗粒均匀的块状、粒状和粉状的物料,除水平输送外,还可以进行倾斜输送。

(2)带式输送机　带式输送机是以输送胶带作为承载输送物料的主要构件,是常用水平或有倾斜的装卸输送机械(图 10-4)。其主要优点是工作可靠、管理方便、平稳、噪声小、不损伤被输送物料、物料残留量少、在整个长度上都可以装料和卸料、设备费低、输送量大、输送距离远、动力消耗低等。缺点是难以密封、输送粉料时粉尘飞扬。带式输送机的主要组成部分,除输送胶带外,主要部件是张紧滚筒、主动滚筒、托辊、加料和卸料机构等。

(3)螺旋输送机　螺旋输送机也称搅龙,是一种利用螺旋叶片的旋转推动物料沿着料槽运动并卸到要求地点的输送设备(图 10-5)。其工作原理是叶片在槽内旋转,使加入料槽的物料由于本身重力及其对料槽的摩擦力作用,沿着料槽向前移动,完成水平、倾斜和垂直的输送任务。对高倾角和垂直螺旋输送,物料是靠离心力和对槽壁所产生的摩擦力而向上运移,完成垂直输送任务。

(4)斗式提升机　斗式提升机专门用于连续垂直输送散料到所要求高度的设备(图 10-6),牵引构件环绕于上端机头驱动轮和下端机座的张紧

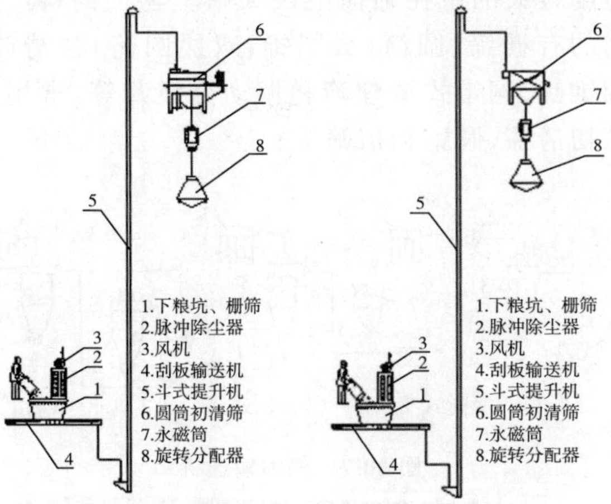

粒料接收清理工序　　粉料接收清理工序

图 10-2　原料接收清理工序

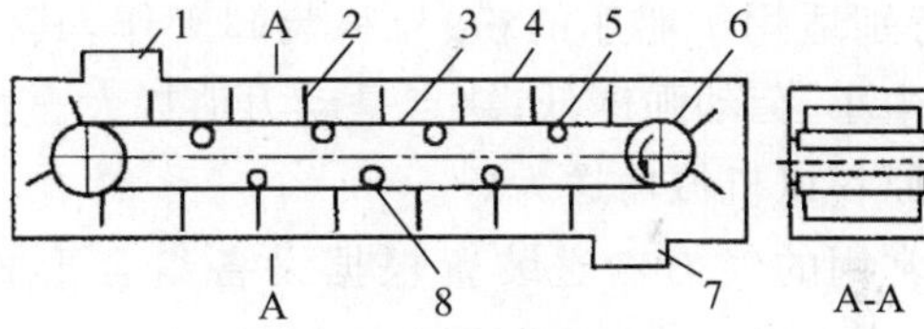

图 10-3　刮板输送机

1. 进料口　2. 刮板　3. 牵引构件　4. 机壳
5. 托辊　6. 驱动轮　7. 出料口　8. 压辊

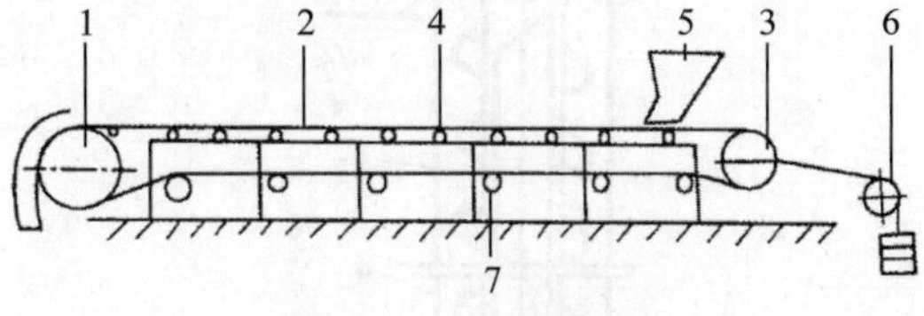

图 10-4　带式输送机

1. 驱动带轮　2. 输送带　3. 张紧轮　4. 上托辊
5. 进料斗　6. 张紧装置　7. 下托辊

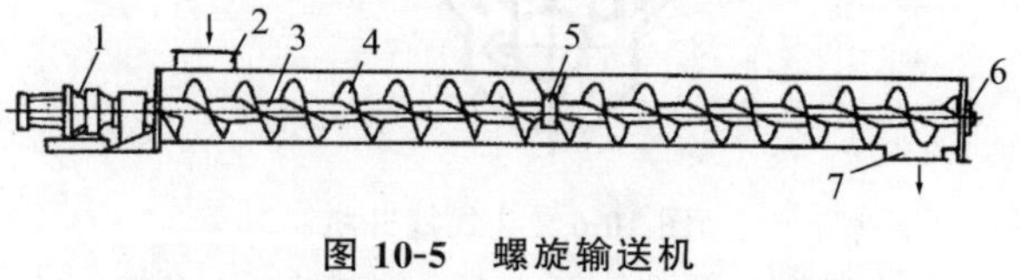

图 10-5　螺旋输送机

1. 驱动装置　2. 进料口　3. 螺旋轴　4. 螺旋叶片
5. 中间轴承　6. 端轴承　7. 出料口

轮在提升管中进行运转，在牵引构件上每隔一定距离用螺钉连接着许多装盛物料的畚斗，电动机通过传动机构来驱动轮轴而带动牵引构件，机座上的张紧机构（可调）保持张紧状态。工作时，物料由进料口均匀地进入机座的畚斗中，然后被提升到机头，当畚斗绕过驱动轮时，物料被倾倒出来，从出料口流入要求的容器或下一工序的设备中。斗式提升机是按垂直方向输送物料，占地小；提升物料稳定，提升高和输送量大；能在全封闭罩壳内进行工作，不易扬尘。

斗式提升机的种类，按安装形式可分为移动式和固定式；以畚斗深浅可分为深型、浅型；按畚斗底有无又分为有底型和无底型；近年又出现圆形畚斗；以牵引构件的不同可分为链式和带式；以提升管外形分为方形和圆形；按卸料方式的不同可分为离心式卸料、重力式卸料和混合式卸料。

（5）气力输送机　气力输送机是利用风机在管道内形成一定流速的空气来输送散体物料的方法，可以代替前述的机械输送和装卸任务（图 10-7）。气力输送机宜作容重轻的物料的水平和垂直输送，特别适用于船舶的粉、粒料装卸工作，其优点是粉尘小、劳动强度低；缺点是动力消耗大。容重大的原料以机械输送为好。

常用的气力输送装置根据设备组合形式不同，可分为吸送式、压送式和混合式三种类型。

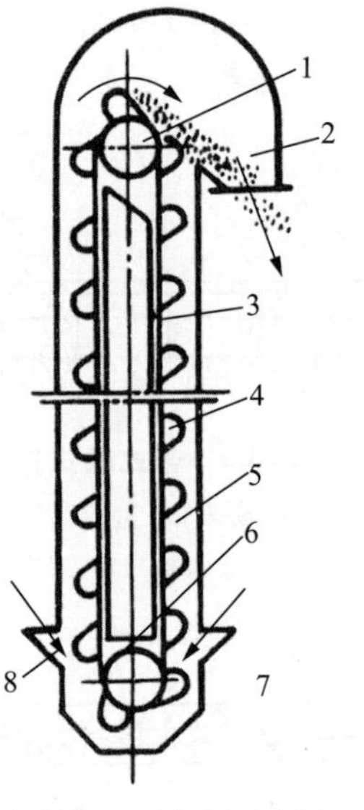

图 10-6　斗式提升机

1.驱动轮　2.卸料口　3.提升带（或链）　4.畚斗
5.提升管　6.张紧轮　7、8.进料口

4.附属设备和设施

（1）地中衡　地中衡用于以公路运输为主的饲料厂自动车辆接收原料和发放产品的称量。地中衡应布置在地势高处，以防地面雨水流入地下室，其位置应距汽车转弯处 10～20 m，以保证汽车出入方便。

（2）原料储存仓　通常采用立筒仓、房式仓等形式。立筒仓主要用于存放粒状原料；房式仓主要用来存放各种包装原料；微量矿物质原料及某些添加剂，则要求存于小型储藏室中，因其价格贵、存放环境要求高，要原装存放，专人保管；对于液态饲料，如油脂和液体的调味汁，或者其他液体原料，一般采用液罐存放。维生素以及酶制剂等需要特殊的料仓，需要避光和控制室内的温湿度。对于亚硒酸钠等需要设立危险品仓库，单独存放，双人双锁管理。

（3）原料清理　原料常用的清理方法有：筛选法、比重法和磁选法。根据生产需要，有的采用单项措施，有的采用综合措施。在工艺布置上，磁选设备应放在筛选设备之后。

①筛选法：筛选是根据物料与杂质的粒度不同而进行筛选的一种操作方法。筛选时如小于筛孔的物料（筛下物为纯净物料），大于筛孔的杂质（筛上物）被筛出来，反之亦然。筛选法用以筛除大于或小于原料的泥沙、秸秆等小杂质或大杂质。筛选构件是一层或数层静止的，具有一定形状和大小筛孔的筛面，存在粒度差别的混合物料在筛面上运动时，粒度较小的穿过筛孔成为筛下物；粒度较大的留在筛面上成为筛上物。饲料厂常用的有栅筛、圆筒（或圆锥、双层圆筒）初清筛、圆锥筛、网带式清理筛和振动分级筛等，常用圆筒初清筛、圆锥初清筛等。

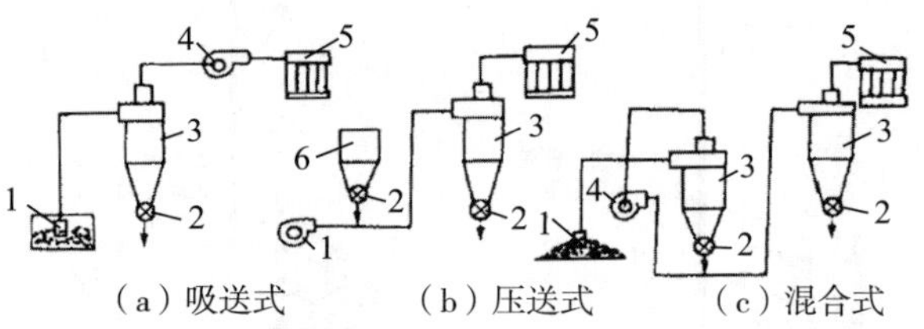

图 10-7　气力输送机

1.吸嘴　2.关风器　3.卸料器　4.风机
5.袋式除尘器　6.供料器

a.圆筒初清筛：主要由冲孔圆形筛筒、清理刷、传动装置、机架和吸风口等部分组成(图 10-8)。主要工作部件是冲孔圆形筛筒，由主轴呈悬臂状支撑。整筛筒分前后两段，靠近轴端的半段多用 20 mm×20 mm 方形孔，可使粒料较快地过筛；而靠近出杂口的段常用 15 mm×15 mm 的较小方形筛孔，以防止较大杂质穿过这段筛孔而混入谷物中去。圆筒初清筛主要用于粒料的清理，具有产量高、清理效果好、动力消耗小、筛筒更换方便等特点。

b.圆锥初清筛：主要由筛体、转子、筛筒和传动装置等组成(图 10-9)。转子是主要工作部件，主轴上装有托架，托架的顶端有打板。打板与主轴以一定倾斜角安装，打板和筛筒内表面的间隙可通过调节螺栓予以调节。主轴顶端安装有喂料螺旋，将物料强制推入筛内，筛筒由两片曲成半圆的冲孔筛板组成，由压条和螺栓连接成圆锥体筛筒并固定在箱体内的固定圈上。主要用于粉状物料除杂。还可用于混合后物料的筛理、打碎或清理团状物料，保证配合饲料的质量。具有产量较高、清理效果好，筛筒更换方便等特点。

②磁选法：磁选是根据饲料原料与杂质导磁性的差异，用以分除各种坚硬的磁性杂质。磁选清理磁性杂质，既要保证产品安全，又要保障设备的安全。磁性杂质不仅来源于原料，还可能在加工过程中混入，如设备零部件的磨损和氧化等。在产品加工的各个生产环节中，在高速运转、机械作用力大的设备之前必须使用磁选设备。另外，在成品打包入仓之前，也应使用磁选设备。

磁性杂质在磁场中具有良好的导磁性，在经过具有一定磁场强度和磁场梯度的磁场时，磁性杂质被磁化，在磁力作用下，克服各种阻力，沿磁场梯度方向向导性磁极的磁力构件运动，直到被磁力构件吸住。原料几乎不受磁场影响，自由通过，由此原料与磁性杂质得以分离。宠物食品厂常用的是永磁筒、永磁滚筒等设备。

a.永磁筒：由内、外筒组成，内筒即磁体，它由若干块永久磁铁和导磁板组装而成，固定在导磁板上(图 10-10)。磁体的特点是磁极极性沿圆柱体表面轴向分段交替排列。外部有一表面光滑而耐磨的不锈钢外罩，并用钢带固定在外筒门上，清理磁体吸附的铁质时可打开外筒门，使磁体转到筒外。永磁筒工作时，物料由进料口落到内筒顶部的圆锥体表面，向四周散开，随后沿磁体外罩表面滑落，由于铁质比重大，受到锥体表面阻挡之后弹向外筒内壁，在筒壁反力及重力作用下，沿着近于磁力线方向下落，易被磁体吸住，而非磁性物料则从出料口排出，从而完成物料与磁性杂质的分离。永磁筒结构合理，磁性强，磁选效果好。

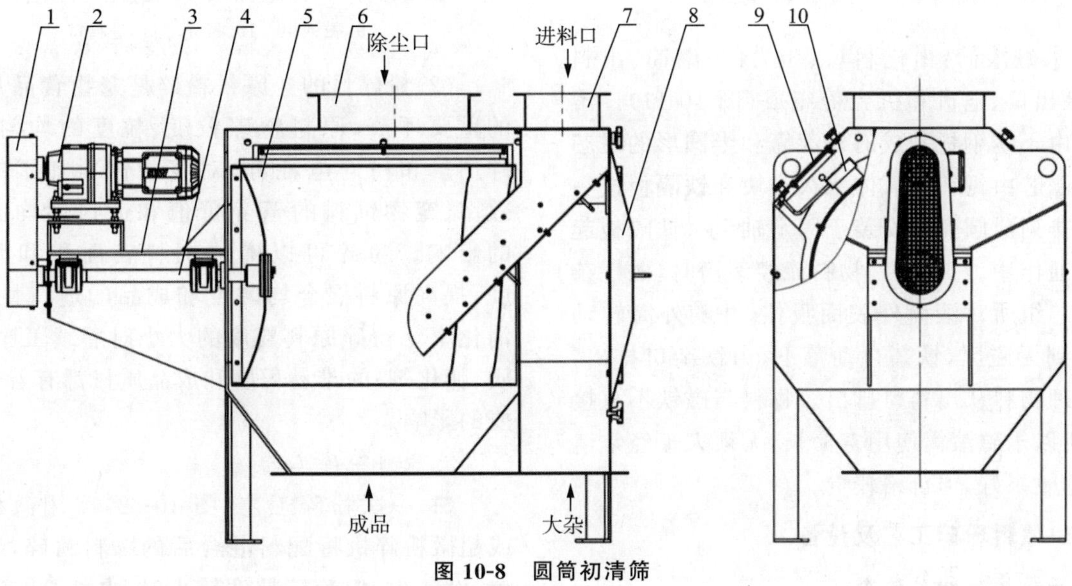

图 10-8 圆筒初清筛

1.防护罩 2.减速器 3.支撑板 4.轴 5.筛筒 6.除尘口 7.进料口 8.后盖 9.观察门 10.清扫刷

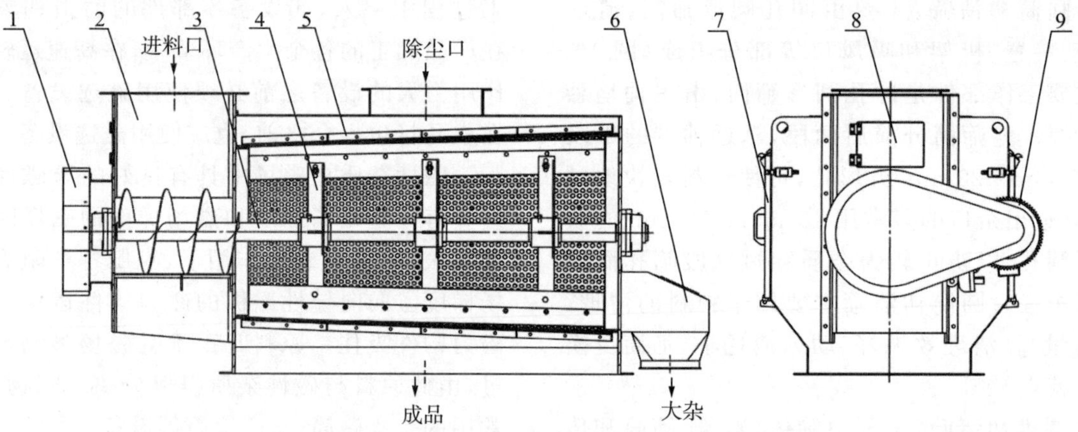

图 10-9　圆锥初清筛

1. 防护罩　2. 壳体　3. 绞龙轴　4. 转子总成　5. 筛筒　6. 出料口　7. 检修门　8. 观察口　9. 电机

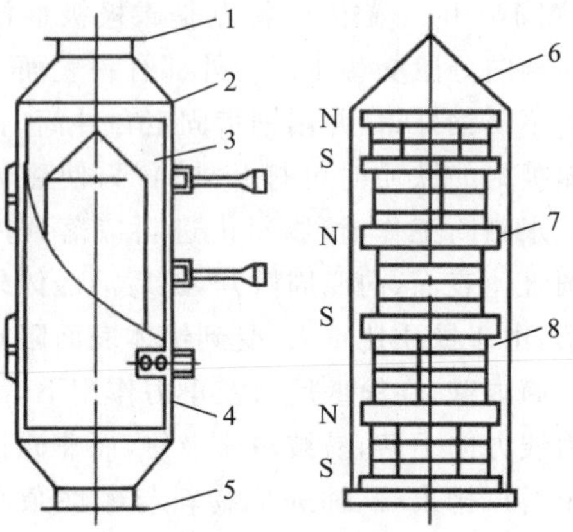

图 10-10　永磁筒

1. 进料口　2. 外筒　3. 磁体　4. 外筒门　5. 出料口

6. 不锈钢外罩　7. 导磁板　8. 磁铁块

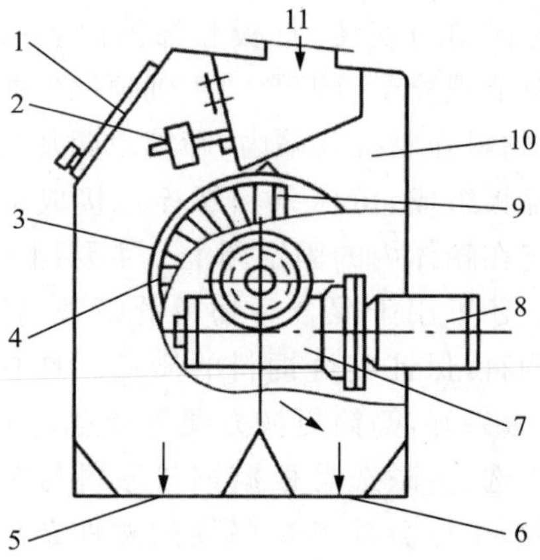

图 10-11　永磁滚筒

1. 观察窗　2. 压力门　3. 滚筒　4. 拨齿

5. 出料口　6. 铁杂出口　7. 减速器　8. 电机

9. 磁铁组　10. 机壳　11. 进料口

b. 永磁滚筒：由进料口、压力门、滚筒、出料口、铁杂出口、电机和机壳等组成(图 10-11)。滚筒主要由不锈钢板制成的外滚筒和半圆形的磁芯组成。磁芯由锶钨铁氧体永久磁块和铁隔板按一定顺序排列成圆弧形安装于固定轴上。铁隔板起集中磁通作用。工作时，物料流经滚筒时，磁性杂质被铁芯组所对滚筒外表面吸住，并随外筒转动而被带到无磁区，铁杂自动落下，由铁杂口排出，而被清理物料从出料口排出。物料与磁铁不直接接触，所以永磁滚筒使用寿命长，无须人工经常清理，磁选效果好，但价格较贵。

(二)原料粉碎工艺及设备

1. 原料粉碎相关概念

(1)粉碎定义　克服固体质点间的内聚力作用而形成新表面的过程，通称为粉碎。

(2)粉碎目的　原料粉碎是宠物食品加工中的重要环节，原料粉碎粒度、粒度的均匀性、粉碎产量和粉碎电耗等，对宠物饲料加工的生产效率、宠物饲料的营养价值和适口性均有一定的影响。粉碎可以增加饲料表面积和调质粒度，提高原料混合均匀度和成品的适口性，提高消化率。粉碎原料粒度的大小对后续工序(如调质、膨化等)的难易程度和成品质量都有着非常重要的影响。

2. 原料粉碎工艺

(1)一次粉碎工艺(图 10-12)　用微粉碎机或超微粉碎机将配料混合后的物料粉碎，工艺简单，设备少，但粉碎粒度较小时，电耗高，产量低，物料粉碎粒度不均匀。一些中小型宠物食品厂为缩短工艺流程，减少设备投资，也可采用一台微粉碎机或超微粉碎机进行粉碎。

(2)二次粉碎工艺(图 10-13)　二次粉碎工艺是宠物食品厂常用的一种粉碎工艺,采用粗粉碎+微粉碎或粗粉碎+超微粉碎,粗粉碎是微粉碎或超微粉碎的前处理工序,以减小微粉碎机的工作压力,减少物料的粒度差异及变异范围,改善微粉碎机的工作状况,提高微粉碎机的工作效率和保证产品质量的稳定。该工艺设有两台粉碎机,第一台为锤片式或对辊式粉碎机,第二台为微粉碎或超微粉碎机。工作时第一台粉碎机粉碎的物料与其他物料配料混合再进入第二台超微粉碎机进行二次粉碎。这种粉碎工艺,具有成品粒度一致、产量高、能耗小的优点,但缺点是增加提升机、粉碎机等设备投入,投资大。

目前,一般大型宠物料厂的粉碎工段采用二次粉碎。粗粉碎工艺一般采用的是普通的锤片式粉碎机,筛片孔径通常大于 1.5 mm。微粉碎工艺一般采用横宽型、振筛式、双转子锤片粉碎机,筛片孔径通常为 0.5～1.2 mm,在此粉碎粒度下,粉碎效率远高于普通的锤片式粉碎机。当要求粒度分布在 80 目以上时,通常使用超微粉碎工艺,一般采用立轴式超微粉碎机。立轴式超微粉碎机粉碎室与分级室位于同一机体内部,同时完成粉碎、风力筛选、分离、再粉碎过程,能有效地防止过度粉碎。同时内置高精度微米级风力分级,

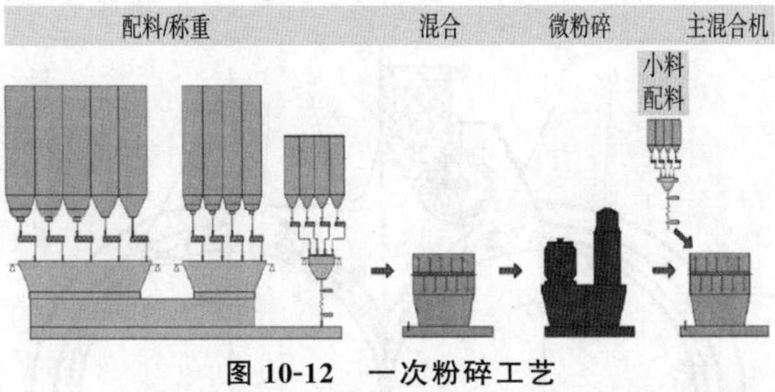

图 10-12　一次粉碎工艺

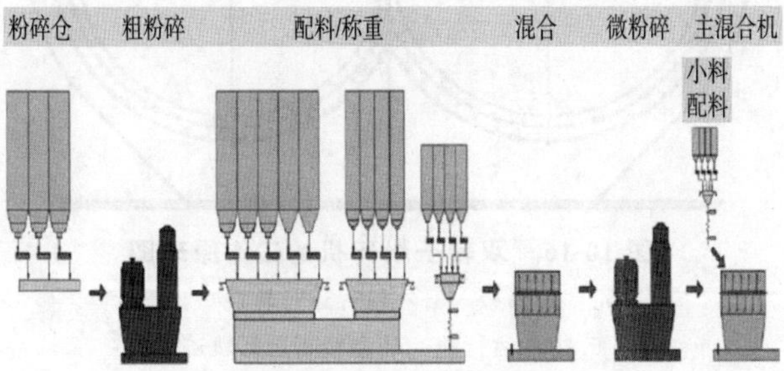

图 10-13　二次粉碎工艺

粉碎细度 60～200 目,可通过改变气流速度、内置分级盘转速或通过二者的共同调整进行调节。

3. 常用原料粉碎设备

常用饲料粉碎的设备有锤片粉碎机、微粉碎机和超微粉碎机等。宠物饲料粉碎的设备选择如图所示。

(1)锤片粉碎机　其粉碎原理是无支承式的冲击粉碎,在粉碎过程中,锤片与物料的碰撞,绝大部分为偏心冲击,物料在粉碎室内发生旋转,消耗了一部分的能量,同时,由于物料受高速锤片的冲击和受粉碎室结构的影响,物料会贴着筛面做圆周运动,形成环流层,大颗粒在外层,小颗粒在内层,这样达到粉碎要求的小颗粒常因为不能及时从筛孔排出,出现过度粉碎,电耗增加,物料的温度升高,物料的部分水分形成蒸汽,水蒸气与细粉末黏附于筛板上,造成筛孔堵塞,粉碎效率下降,在物料细粉碎时,环流对粉碎效率的影响更严重。

锤片粉碎机按进料方向,有径向进料式、切向进料式和轴向进料式 3 种(图 10-14)。按筛板的形式,有筛式、无筛式和水滴型粉碎室。

锤片粉碎机的结构:由进料口、转子、锤片、筛片、出料口、动力及传动部分组成。

①进料口:进料口的作用是使物料能均衡地进入粉碎机。进料口设有进料导向机构,可以使原料从左边或右边切向进入粉碎室,通过行程开关,自动控制电机的旋转方向,使之与进料方向配合。这样,当锤片的一侧磨损后,不必拆卸锤片即可实现锤片工作角转换,大大简化了操作过程。

②转子:一般转子由转子轴、锤片架、销轴、锤片、套筒等组成。锤片通过销轴连接在锤片架上,锤片架由主轴带动高速旋转,进而使锤片获得很

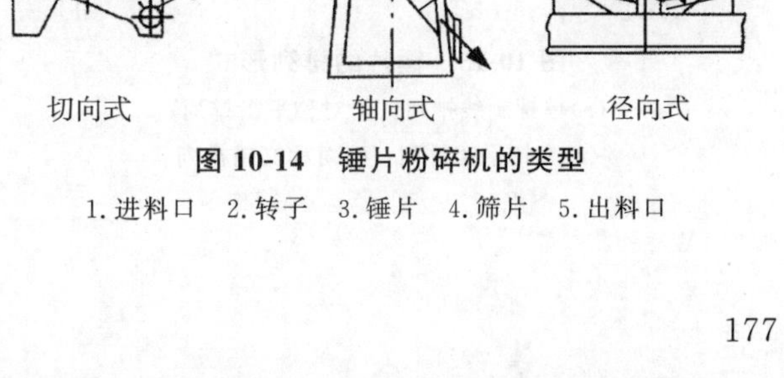

图 10-14　锤片粉碎机的类型

1. 进料口　2. 转子　3. 锤片　4. 筛片　5. 出料口

高的线速度，在锤片的高速撞击下物料被粉碎。因为转子的质量很大且转速很高，工作时转子转动惯性很大，所以要求转子具有很好的动平衡性能。

③锤片：是粉碎机的最重要的易磨损的工作部件。其形状、尺寸、材质、数量和排列方式、制造质量等，对粉碎效率和产品质量有很大影响。锤片排列方式和要求：锤片安装在转子销轴上的位置，它关系到转子平衡、物料在粉碎室内的分布、锤片磨损的均匀程度。锤片的运动轨迹不重复、沿粉碎室宽度锤片运动均匀、物料不被推向一侧、有利于转子的平衡。常用的锤片排列方式有以下几种：a. 螺旋线排列（图 10-15），有单螺旋线与双螺旋线两种，排列方式简单、轨迹均匀而不重复。螺旋线排列的缺点：物料有侧推现象；粉碎室沿轴向宽度方向负荷不均匀，相对销轴上的离心力合力不能平衡，作用力之间有距离，高速运转时产生振动；b. 对称排列，即对称轴Ⅰ和Ⅲ、Ⅱ和Ⅳ上的锤片对称安装。对称排列缺点是对应二组锤片轨迹重复，在相同轨迹密度下，需用较多锤片。优点：对称销轴的离心力合力作用线重合 e＝0，且大小相等，因此可以相互平衡，转子运行平稳，物料也无侧移现象，锤片磨损比较均匀，应用最广；c. 交错平衡排列，有单片和双片两种。交错平衡排列优点：锤片轨迹均匀而不重复，对称轴上离心力、合力可相互平衡，转子运转平衡。交错平衡排列缺点：作业时物料略有推移，销轴间隔套的规格较多，更换锤片时较繁杂；d. 对称交错排列，轨迹均匀而不重复，锤片排列左右对称；各轴的离心力作用在同一平面上，排列对称，平衡性好。对称交错排列缺点：套筒规格过多。也是应用较广的一种锤片排列方式。

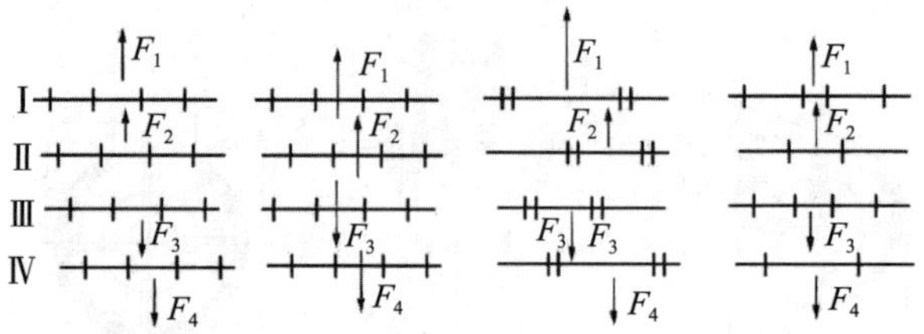

图 10-15　锤片的排列形式

(a)单螺旋线排列；(b)对称平衡排列；
(c)交错平衡排列；(d)对称交错排列

④筛片：包在转子外面，所包围的空间称为粉碎室，物料在粉碎室内被锤片击碎后，细的粒子通过筛孔排出，筛片主要起着控制粉碎粒度的作用；同时，筛片在粉碎期间也对物料起搓擦、剪切作用。筛片所包围的粉碎室部分对应的圆心角称为包角。包角是筛片的主要参数，筛片也是主要易损部件。筛片形式主要有冲孔筛和鱼鳞筛两种，冲孔筛使用较普遍。

⑤机体：用于固定筛片、支撑转子轴、传动部分和电机等，保证物料顺利进入粉碎室。机体安装有齿板和筛片，齿板和筛片呈圆形包围转子，与粉碎机侧壁一起构成粉碎室，物料在此被粉碎并排出室外。

(2)微粉碎机　一般用于粉碎细度要求较高的宠物食品的原料。由于粉碎细度要求高，普通粉碎机效率很低。微粉碎工艺一般采用横宽型、振筛式、双转子锤片粉碎机（图 10-16），筛片孔径通常为 0.5～1.2 mm，在此粉碎粒度下，粉碎效率远高于普通的锤片式粉碎机。在粉碎粒径 250 μm 的物料时，普通锤片粉碎机的效率只有 30%，而微粉碎机的效率则高达 95%。微粉碎机通常与分级机配套使用。

(3)超微粉碎机　一般用于宠物饲料的原料粉碎，立轴式超微粉碎机是集粉碎、筛选及分离于一身的微粉碎设备，粉碎室与分级室位于同一机体内部，同时完成粉碎、风力筛选、分离、再粉碎过

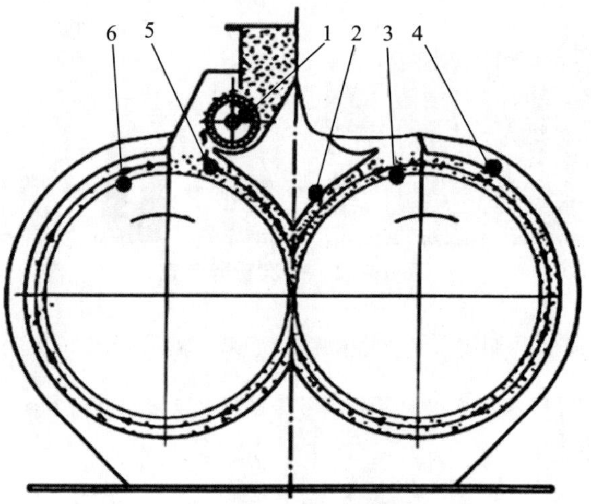

图 10-16　双转子粉碎机的工作原理图

1. 叶轮　2. 齿板　3. 右锤片运行轨迹　4. 筛片
5. 物料运行轨　6. 左转子运行轨迹

程，能有效地防止过粉碎（图10-17）。粉碎由锤头和位于内圈的齿圈来完成，粉碎粒径则由风速和位于中央的倒伞状排列的叶片的转速来控制，粉碎粒度可在60～200目任意调节，由于达到粉碎要求的物料能及时分离，能有效防止过细粉碎。另外，风选过程能降低料温，提高粉碎效率，因此能耗低、产品粒度均匀且产量高，是目前较为理想的宠物饲料微粉碎设备。

超微粉碎机系统标准工艺流程见图10-18。

（三）配料混合工艺及设备

配料混合是宠物食品生产过程中最为重要的工序之一，配料计量精度、混合均匀度直接影响成品的各组分营养含量，是影响产品质量的关键因素。

从工艺组成来看，配料工艺、混合和粉碎工艺是一个不可分割的有机整体，尤其是将粉碎过程组合在工艺中间时显得尤为突出。混合工艺一般与配料结合比较紧密，宠物食品厂的配料混合工艺主要由先配料后粉碎再混合工艺、先粉碎后配料再混合工艺、先粉碎后大宗配料再混合＋二次粉碎二次配料和二次混合的组合工艺组成。根据配料的方式又可分为自动一仓一秤配料工艺、自动多料一秤和多秤配料工艺、连续多料多秤和单秤配料工艺。

1. 配料相关概念

(1)配料　按照预设的配方要求，采用特定的配料计量系统，对不同品种的原料进行投料与称量的工艺过程。

(2)配料误差　一种或多种物料配料后的实际重量与其配方中所要求数值之间的差异。

(3)静态误差　在配料过程中，物料由人工或机械方式添加于衡器中，当物料处于静止状态时所称出的重量与配方值的差异。

(4)动态误差　在配料过程中，物料由机械方式添加于衡器过程中所称出物重时出现的误差。

(5)配料精度　对称量结果与真值的接近程度的一种描述。

(6)全程配料精度　指秤在最大量程时的称量精度。被称物料量越接近最大量程，就越准确，误差就越小。相反被称物料量越小，由于精度已定，配料误差越大。

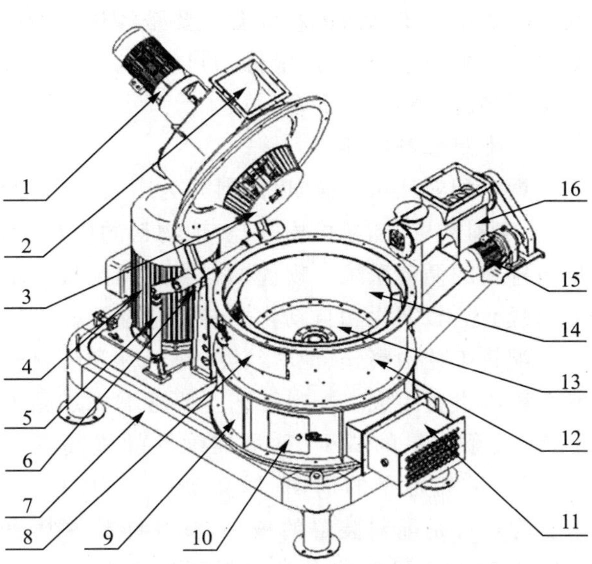

图10-17　超微粉碎机结构

1. 分级电机　2. 出料腔　3. 分级系统　4. 主电机　5. 启盖系统　6. 安全销　7. 机座　8. 检修门　9. 进风腔　10. 观察门　11. 补风蝶阀　12. 粉碎腔　13. 粉碎系统　14. 导向环　15. 喂料电机　16. 喂料系统

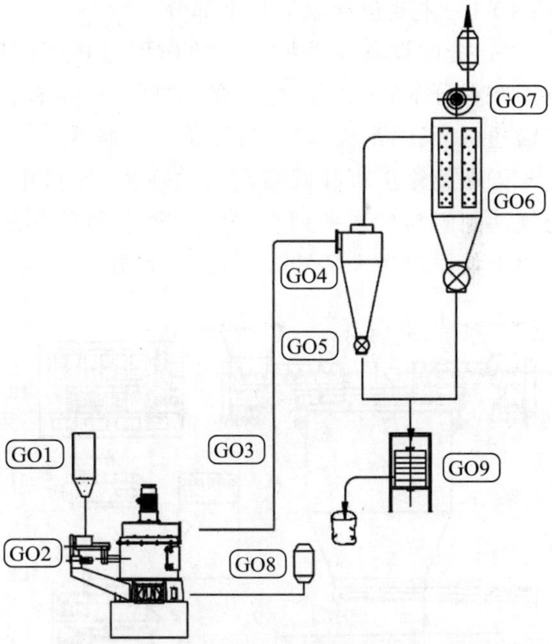

图10-18　超微粉碎机系统标准工艺流程图

1. 超微前待粉碎仓　2. 超微粉碎机　3. 吸料风管　4. 刹克龙　5. 关风器　6. 圆筒脉冲除尘器　7. 高压风机　8. 消音器　9. 抽屉式粉料筛

2. 配料工艺

为了保证配料精度和混合均匀度，应采用二次配料二次混合工艺。第一次配料混合主要是大宗原料的配制，有利于微粉碎机改善工作状况、提高工作效率。第二次配料混合主要是经过微粉碎的混合物料与微量组分、液体物料的配料混合，必须保证各种物料充分混合。

3. 常用配料设备

饲料配料计量系统：以配料秤为中心，包括配料仓、喂料装置、卸料机构等，实现物料的供料、称量与排料的循环系统。现代饲料生产需配置高精度、智能化、数字化和自动化配料计量系统。

配料工艺由料仓、配料绞龙、配料称和配料控制系统等设备组成。配料工艺主要考虑添加品种的增加、添加量的减少、称量准确性的提高等因素，同时缩短称量的周期，提高单位时间内的产量。配料秤是配料装置的核心，其性能的好坏直接影响配料质量的优劣。配料秤性能包括准确性、灵敏性、稳定性等。电子配料秤采用高精度的称重传感器，具有响应速度快、分辨率高的特点，可提高称重速度，保证静态精度±1%、动态精度±3%，满足饲料生产的需要。电子配料秤系统(图 10-19)主要包含以下几个部分：

(1)分配设备　分配设备的作用是将不同的饲用原料分配到指定的配料仓，常见的设备有：螺旋输送机、圆弧刮板输送机、旋转分配器等。

①螺旋输送机和圆弧刮板输送机：通过电动或气动闸门与排成一列直线的配料仓顶部相通。当要求将原料送入某号配料仓时，打开该号仓顶

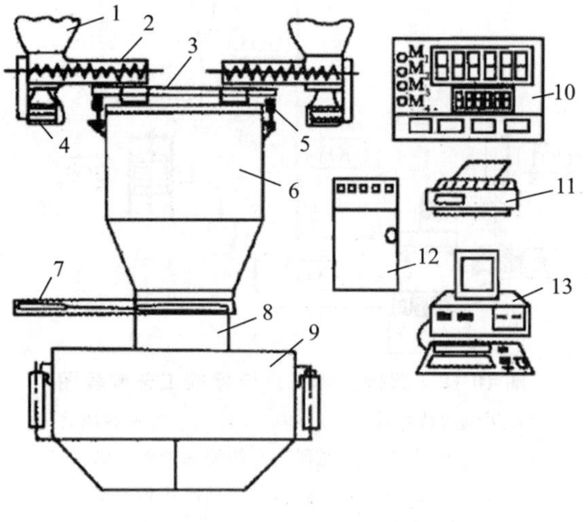

图 10-19　电子配料秤系统

1. 料仓　2. 螺旋给料器　3. 传感器安装架　4. 电机　5. 称重传感器　6. 秤斗　7. 秤斗门汽缸　8. 软连接　9. 混合机　10. 称重仪表　11. 打印机　12. 电控柜　13. 计算机

的闸门而关闭其余闸门。但最末位的配料仓上不设闸门，以免输送机所带残料堵塞。此种分配设备的优点是安装高度低，一般只需 2 m 高，可节省厂房土建投资。缺点是输送机内和闸门上部空间易积存物料而造成交叉污染，且每列配料仓要配置一台输送机，配料仓位的配置会受到限制。

②旋转分配器：作用是将从提升机输送来的物料，通过其旋转溜管和若干个固定溜管中的设定溜管，自动引流到设定的目标料仓。旋转分配器采用步进电机或普通电机驱动传动机构带动旋转溜管转动，靠波段开关或琴键开关预选仓位，靠传动轮与行程开关定位并给出位置信号。旋转分配器的结构紧凑、定位准确、稳定可靠、重复性好，多用于多行排列的配料仓。缺点是需要较大的高度空间，旋转分配器必须安装在配料仓群中心的上方，并保证有足够的溜管倾斜角。

(2)配料仓　配料仓主要作用是能连续稳定地向秤斗供料，配料仓的容量和个数对宠物食品厂的工艺灵活性和生产效率影响很大。配料仓的结构有两种：方形仓和圆形仓。

①方形仓：一般用钢板制成矩形仓或方形仓。其特点是可以联壁、仓群结构紧凑、节约钢材，充分利用空间，但易产生结拱现象。为了防止料仓物料结拱料仓斗的中心要求尽量偏心，最好有两个直角边。

②圆形仓：与矩形仓相比，在仓容、高度和仓斗倾角相同的情况下，圆形仓仓壁面积较小；仓斗不存在棱角，不易产生结拱现象，有利于排料；仓体结构刚性好。但是仓群不紧凑，仓群空间利用程度差，仓壁不能互相借用，钢板消耗多。安装上、下料位器，对仓满或快没料时进行报警，以控制投料作业。

(3)喂料器　喂料器一般有叶轮给料器和螺旋给料器。

①叶轮给料器：主要由机体、叶轮、控制机构和传动机构等部分组成。当配料仓出口与配料秤入口之间的距离较小，不能使用时，叶轮给料器就显示出了它特有的优越性，它具有体积小、重量轻、安装方便、可实现短距离输送等特点。

②螺旋给料器：主要由机壳、螺旋体、传动部件、进出料口等部分组成。螺旋给料器料槽的截

面形状有圆形和U形两种。螺旋给料器结构简单,工作可靠,维修方便,因而得以广泛应用。圆形料槽结构强度好,但不易于检修和清理。U形料槽易于检修和清理。

(4)电子配料秤 电子配料秤以称重传感器为核心,通过信号放大和微处理器进行A/D(模/数)转换并能自动显示数值,将重量值变成电信号输出,可应用计算机进行数据处理。

电子配料秤主要由秤斗、传力连接件、称重传感器、重量显示仪表和电子线路(包括电源、放大器、模数转换、调节元件、补偿元件等)组成。

秤斗是配料秤的主体部分,它盛装喂料器输送来的原料并将重量变化传给传感器。要求能盛装整批物料,秤斗保持水平并尽量使支承(或吊挂)各个传感器受力均匀。

称重传感器是一个受力元件,用来测量所承受物料重量的大小,并按照一定的函数关系将重量值转换成电信号(电压、电流、频率)输出的一种元件。

测量仪(控制系统)将传感器的电信号转换成数字信号并显示出来,主要由单板机、兼容机、工控机来完成对配料顺序、配料量、配料误差修正、断电自动保存、复电后自动恢复生产、秤斗门与混合机门动作互锁等功能的自动控制。外围设备还包括稳压源、打印机、(A/D、I/O)转换卡、驱动器、显示器及其他接口等。

电子配料秤的工作过程是一种多品种物料依序连续、累计称量、示值停顿显示,并分批周期作业、自动控制操作的一种动态的、复杂的称量过程。电子配料秤工作时,将每批(每秤)被称物料按品种(或料仓)排列成一份不连续的序列,依次称重(可实时显示单次称量和累计称量结果),将示值累加得出累计称量结果,得出该批物料总重量。完成一个配料周期之后,由配料混合控制系统指令,再进入下一个配料周期,称量第二批料。如此配料生产得以协调与连续进行。

4.混合工艺

混合:是用机械或流动力的方法,使两种或多种物料相互分散而达到一定均匀程度的单元操作。根据被混合物料的状态,混合可分为固-固相混合和固-液相混合。固-固相混合是粉体之间的混合,固-液相混合为粉体与少量液体之间的混合。

(1)混合技术 混合是将各种原料经计量配料后,在外力作用下各种物料组分互相掺和,使其均匀分布的一种操作。混合机是混合工艺中的关键设备,不同类型混合机具有不同的混合工艺性能。

(2)混合工艺 混合工艺是饲料生产中的一个重要工序,与配料工艺相辅相成,组成一个不可分割的配料混合系统。混合的目的是根据配方的要求,将饲料组分均匀混合,达到饲料组分配合的最佳效果。也就是说,为下道工序提供单位成分含量均匀原料,或者为合格的最终产品提供保证。饲料厂混合工艺一般分为:配合饲料混合工艺、预混合添加剂混合工艺和液体添加混合工艺。混合工艺分为分批混合和连续混合两种工艺。

总之,饲料混合均匀与否,直接影响动物能否从饲料中获取全面、充足的养分,特别当饲料中添加药物和微量成分时,混合不均会对动物造成危害,影响饲料的安全性。

混合工艺及组成:主要由混合机、缓冲斗、油脂添加系统、液体添加系统、输送设备等组成。

5.常用混合设备

目前常用的混合机有双轴桨叶混合机、单轴桨叶混合机。双轴桨叶混合机:混合时间30～120 s;混合均匀度$CV\leqslant 5\%$;残留率<0.5%;单轴桨叶混合机:混合时间30～120 s;混合均匀度$CV\leqslant 5\%$;残留率<0.2%;单轴桨叶混合机残留率低,混合时间、均匀度与双轴桨叶混合机差不多,正越来越多地被饲料厂采用。

(1)混合机工作原理 混合机是实现混合工艺的主要装备,其主要功能是根据配方的要求将宠物饲料组分均匀混合,为下道工序提供单位成分含量均匀的物料。

根据不同的外力,混合原理分为对流混合、扩散混合和剪切混合。不管采用何种混合设备,三种混合类型总是同时存在,但是混合机的类型不同,三种混合类型所起的混合作用的强弱程度也不同。对流混合又称体积混合,对流混合中许多成团的物料颗粒从混合物一处移向另一处,物料团做相对流动,因此物料可以很快地结合。这种类型的混合受物料物理特性影响较小,但是混合过程中是以物料团作为混合单元而运动的,因此物料团内的不均匀状态不易被破坏，导致混合均匀度不高。扩散混合是在外力作用下，物料受到压缩、扩散等作用，物料的单个粒子与其他粒子之间相互吸引、排斥或者参插，进行着无规律的移动。扩散混合的速度很慢，物料的物理特性对混合效果的影响较大，分散性良好的物料比黏滞性物料易混合均匀。剪切混合是使物料粒子与粒子间彼此形成剪切面，粒子间通过相互参插而增加物料的混合均匀程度。

(2)混合机分类　在宠物食品厂生产中常见的分批式混合机有卧式螺旋带单/双轴混合机、卧式桨叶式单/双轴混合机、立式锥形行星式螺旋绞龙混合机和整体回转型 V 形混合机。连续式混合机有卧式单/双轴桨叶式混合机。宠物食品厂常用的主要是双轴桨叶混合机和单轴桨叶混合机。

①双轴桨叶混合机：双轴桨叶式混合机的内部结构如图 10-20 和图 10-21 所示。双轴桨叶式混合机机内并排装有两个转子，转子由转轴和多组桨叶组成，每组桨叶有两个叶片。大部分桨叶呈 45°安装在轴上，只有一根轴最左端的桨叶和另一根轴最右端的桨叶与轴线的夹角小于其他桨叶，其目的是让物料在此处获得更大的抛幅而较快地进入另一个转子的作用区。两轴上的桨叶组相互错开，其轴距小于两桨叶长度之和。转子运转时，两根轴上的对应桨叶端部在机体中央部分形成交叉重叠，但不会相互碰撞。

混合机工作时，机内物料呈现多方位的复合运动状态：一是沿转子轴方向的对流混合；二是剪切混合，即由于物料内有速度梯度分布，在物料中彼此形成剪切面，使物料之间产生相互碰撞和滑动，从而形成剪切混合；三是特殊的扩散混合，在其机体中部一线区域，即两转子反方向旋转所形成的运动重叠区，由于两转子的相向运动使该区域物料受旋转桨叶作用比在其他区域强两倍以上。此外，被一侧桨叶提起的物料，在散落过程中，物料相互摩擦渗透，在混合机中央部位形成了一个流态化的失重区，使该区域固体物料的混合运动像液体中的分子扩散运动一样，形成一种无规则的自由运动，充分进行扩散混合。混合作用轻而平和，摩擦力小，混合物无离析现象，不会破坏物料的原始物理状态。

②单轴桨叶混合机：单轴桨叶式混合机又称“混合王”，由于其独特的结构、性能和特点，被广泛应用于添加剂预混合饲料生产和宠物食品生产中(图 10-22)。

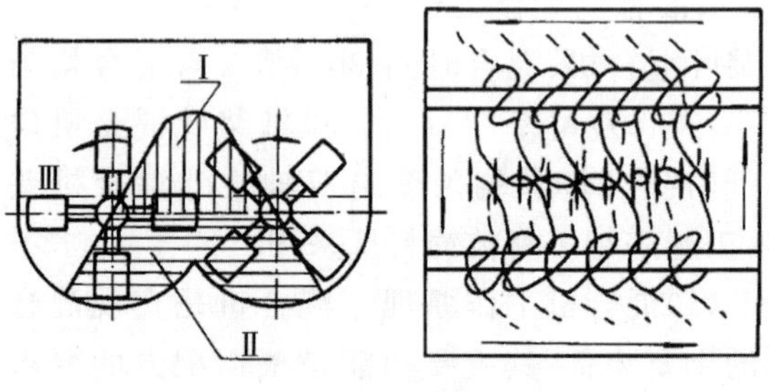

(a) 内部结构

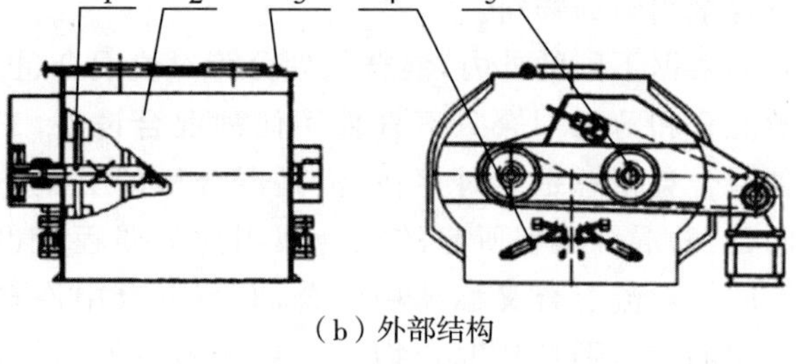

(b) 外部结构

图 10-20　双轴桨叶式混合机

1.转子　2.机体　3.喷油系统
4.出料系统　5.传动系统

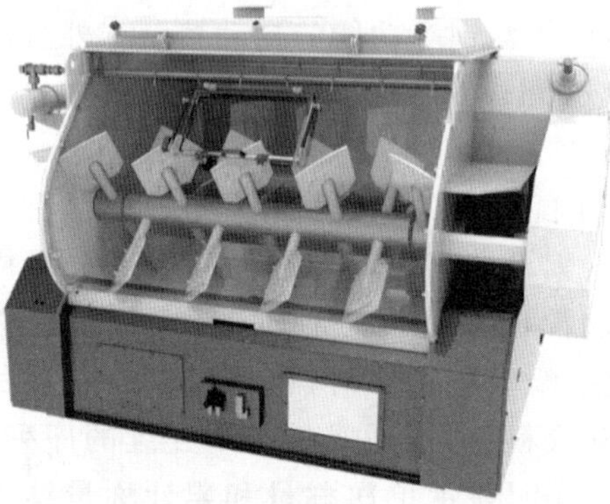
图 10-21　双轴桨叶式混合机

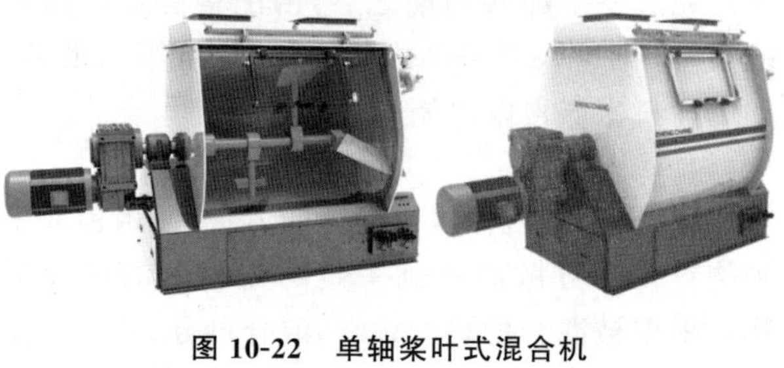
图 10-22　单轴桨叶式混合机

卧式单轴桨叶式混合机具有如下特点：

a. 高效混合技术，混合均匀度好。特殊设计的高强度双层桨叶结构，使物料在瞬间失重状态下混合，混合柔和，一般物料混合 45～60 s，混合比在 1∶100 000 时混合均匀度 $CV \leqslant 5\%$。

b. 密封可靠、效果好。出料门密封采用硅胶条密封条，密封效果好，使用寿命长，装配式结构，更换、调整方便。

c. 液体添加均匀、雾化效果好。可升降的液体添加装置，清理、维修、调整方便，选用特殊的压力喷嘴，液体雾化效果好，添加量调整方便。

d. 开关门机构可靠。采用双联摇杆结构形式的开关门机构，开关门快速可靠，且有自锁功能，销轴处设有耐磨衬套，使用寿命长，维护方便。

e. 有安全互锁装置，安全性高。清理门处设有安全互锁开关，安全性好，保证操作者的安全。

(3)混合机工作性能的评定　判定混合机效率的主要指标是混合生产率、混合均匀度变异系数和残留率。

①混合机的生产率：混合机的生产率用每小时生产量(t/h)来表示。通过测定一个混合周期的时间、已知的额定批次和混合质量生产率即可。其中，混合周期的时间由三个部分组成，即进料时间、卸料时间及纯混合时间。在正常生产情况下，用秒表测定混合机的混合周期，即时记录从混合机出料门第 1 次开启（或关闭）到第 2 次开启（或关闭）所需要的时间。计算混合机的生产率的公式为

$$Q=\frac{60q}{1\,000T} \tag{10-1}$$

式中：Q 为混合机生产率(t/h)；q 为额定批次混合质量(kg)；T 为混合周期(min)。

②混合均匀度变异系数：饲料混合均匀度通常以其不均匀率（即其混合均匀率变异系数 CV）表示。它是指粒度相同的基本组分和检测组分（示踪剂）经搅拌混合后，检测组分存在于几个混合子空间内的颗粒 m 的离散程度。以 x_i（$i=1,2,\cdots,n$）表示对第 i 个混合子空间的测量结果，单位是测量单位（如颗粒数目或光密度值等）。饲料混合均匀度的样本变异系数为

$$CV=\frac{S}{\bar{x}}\times 100\% \tag{10-2}$$

式中：S 为混合物样本的标准差；$\bar{x}$ 为混合物样本的平均值。

当前，国内外通用的规范是：合格的混合产品 $CV \leqslant 10\%$，优秀的混合产品 $CV \leqslant 5\%$。如果饲料混合产品 $CV > 20\%$，则无论是产品质量还是成本，都无法接受。

《饲料产品混合均匀度的测定》(GB/T 5918—2008)规定混合均匀度的测定按甲基紫法或氯离子选择电极法进行。甲基紫法是以甲基紫色素作为示踪物，将其预先混合于饲料中，再用比色法测定样品中甲基紫含量，作为反映饲料混合均匀度的依据。而氯离子选择电极法是通过氯离子选择电极的电极电位对溶液中氯离子的选择性响应来测定氯离子的含量，以同一批次饲料中不同试样中氯离子的差异来反映饲料的混合均匀度。

③残留率：残留率是混合机排料后残留在混合室内的物料质量与混合机额定批次混合质量的百分比。其计算公式为

$$P=\frac{q}{Q}\times 100\% \tag{10-3}$$

式中：P 为残留率(%)；q 为混合室内残留物料质量(kg)；Q 为额定批次混合质量(kg)。

(四)膨化工艺及设备

膨化机可以分为干法膨化机和湿法膨化机，也可以分为单螺杆和双螺杆膨化机。干法膨化机无调质系统，膨化过程中所产生的热量全部由原料在机械挤压的作用下通过螺杆、剪切板和膨化腔内产生，通过机械能使物料熟化；湿法膨化机利用调质技术，让物料进入挤压机前在调质器中使用蒸汽对原料进行预熟化，之后再让原料进入挤压机进行挤压熟化。单螺杆膨化机螺杆与膨化腔体间隙大、建立压力相对困难。目前，宠物食品的原料主要以肉产品（鲜肉及肉粉）为主，产品黏性强，高鲜肉含量的产品不能用单螺杆挤压机进行生产，而双螺杆挤压机减少了剪切范围，具有更有效的泵送作用及自擦净作用，适用于生产新鲜肉类和含油脂高的饲料。因此，在宠物饲料的实际生产中，多使用双螺杆挤压膨化机。

双螺杆膨化系统的机械设备部分主要由喂料仓、喂料器、调质器、膨化机主机、管路架五部分组

成(图 10-23)。系统之外还可选电气控制部分和肉浆添加系统与之配套。

(1)喂料仓　喂料仓主要由仓体、搅料器、密封圈、减速器、电机等组成,挤压机在工作时,保证物料连续稳定地喂入是非常重要的,如果喂料量不稳定,会造成挤压工作不稳定,挤压产品品质不均一;如果断料,很可能造成堵机,使生产停顿。用于挤压产品的原料粉碎粒度较小、油脂含量高或水分含量高时,流动性不好,在仓中易结拱,容易造成喂料不稳定和断料,一般需要采用破拱喂料仓(图 10-24)。

图 10-23　膨化机总体结构图

1.喂料　2.调质器　3.喂料　4.电机　5.变速齿轮箱
6.膨化机机身　7.底座　8.模头　9.切刀

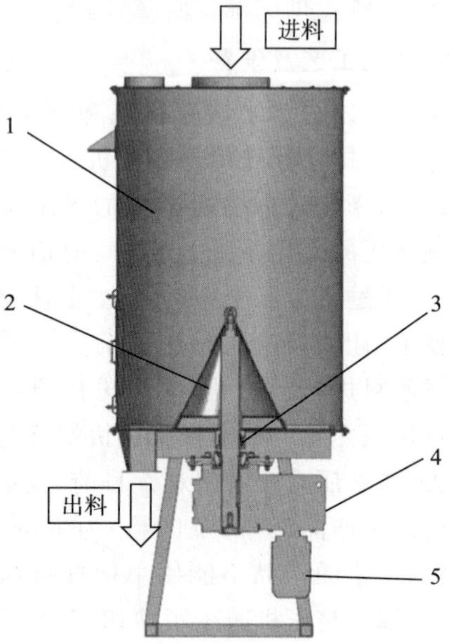

图 10-24　破拱喂料仓

1.仓体　2.搅料器　3.密封圈　4.减速器　5.电机

仓体为圆桶形,仓底设有搅料器,这种设计可保证物料能连续稳定地喂入下道工序。仓体有一定的仓容,当上道工序不能供料时,可为操作人员提供足够的时间去排除故障。搅拌器的旋转方向有正反之分,其旋转方向应与喂料器的出料方向一致。破拱喂料仓一般会配有称重传感器,通过实时检测物料重量的变化值来换算为挤压机的产量。

(2)喂料器　喂料器的主要作用是定量地向调质器中送料,匹配电机为变频调速电机,其转速可根据生产具体情况进行调整。喂料器主要由轴承密封、筒体、绞龙、清理门、链传动、变频调速电机等组成,如图 10-25。考虑到清理需要,在喂料器筒体上部设有清理门。

喂料器是采用变频调速控制喂料量。不同的频率对应不同的喂料量,变频器控制频率的变化是线性的,但是物料的流量并非线性的,会在喂料器转速对应的流量上下波动,引起流量差异的因素主要有以下 3 点:不同配方的容重差异;物料不同粉碎细度的容重差异;喂料仓中物料的多或少造成喂料器中物料的容重差异。

配制混合好的并经过细粉的物料首先进入破拱喂料仓有待加工。工作时,喂料器把破拱喂料仓中的物料均匀而连续的喂入双轴差速调质器进行调质,在物料进入调质器的同时,向调质器中加入均匀、连续并计量的蒸汽、水和肉浆等液体添加物。

(3)调质器　这里介绍的是一种双轴差速桨叶式调质器,从外观结构上看其主要有传动箱、水添加管路、调质器壳体、排气筒、温度传感器、门、蒸汽添加管路和支撑架等部分组成,如图 10-26 所示。

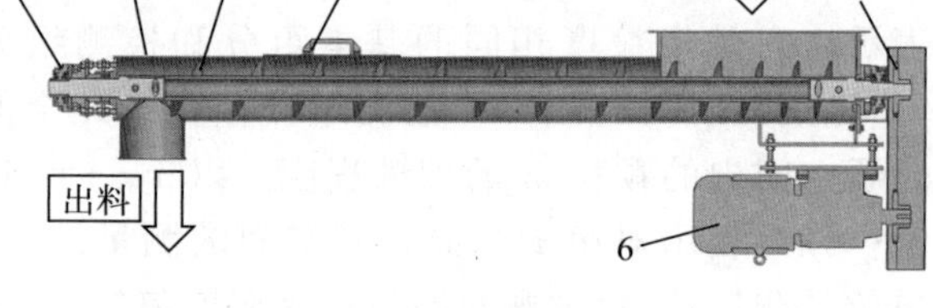

图 10-25　喂料器

1.轴承密封　2.筒体　3.绞龙　4.清理门　5.链传动
6.变频调速电机

调质器与物料接触的金属材质使用不锈钢，其内部结构原理见图 10-27。调质器内部主要由轴承、调质器壳体、长桨叶、慢轴、短桨叶、快轴和传动支撑装置组成。

目前市场上普遍采用的是快轴与慢轴转速比为 2∶1，对于高油脂的配方可能会用到更高的速比。两根搅拌轴快轴桨叶短，高速旋转使物料与蒸汽、水或其他液体能充分混合，慢轴桨叶长，与快轴作背交叉运动对物料进行搅拌，提高调质器的充满度，使物料在一定温度和一定含水率的条件下保持足够的时间，以达到预熟化的目的。

在正常生产过程中，同时突然停止进料口的喂料和调质器的运转，物料在调质器壳体内的充满情况如图 10-28 所示。由于进料口桨叶向前推进，出料口桨叶向后推进，物料在调质器中呈现一种波峰的状态。

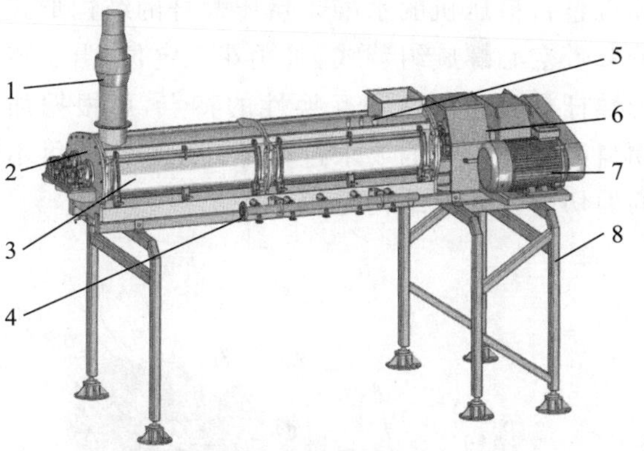

图 10-26 双轴差速调质器外观结构图

1. 透气帽 2. 调质器壳体 3. 调质器门盖 4. 蒸汽添加管路 5. 水添加管路 6. 传动箱 7. 电机 8. 支撑架

调质处理的优点：①生产能力得到提高。因为使用蒸汽对物料进行部分蒸煮，所以将产品加温至最高温度所需的机械能要少得多，因而对一个给定功率的设备而言，生产能力要比具有相同功率的干式挤压机要高得多。②成型的能力更好。蒸汽和水的使用使得物料的水分含量得到提高，这就大幅度改进了产品的成型性能以及产品最终的品质。③挤压件的磨耗减少。由于蒸煮过的物料已具有相应的温度和熟化度，所以其在机腔内无须很高的压力及摩擦力，同时水分起到润滑作用，这些都大大降低了腐蚀，从而使机腔及螺杆寿命得到提高。④有效的混合能力。调质器相当于一个连续混合机，调质的同时可以将加入的肉浆与物料进行有效的混合。⑤产品的范围更广。“蒸汽煮作业”所提供的经改良的各种物理性能，使挤压机能够生产更加广泛的产品。

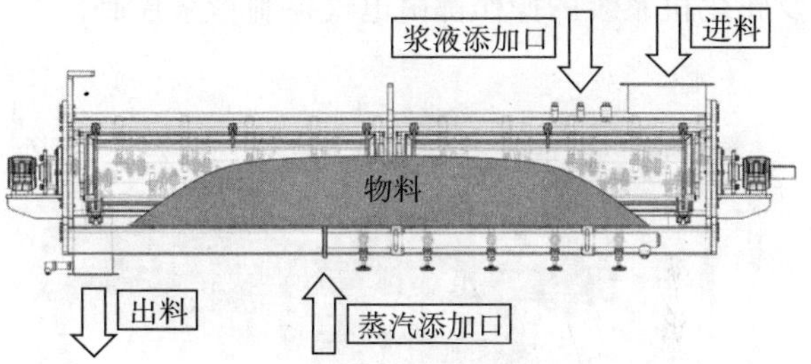

图 10-28 调质器中物料充满示意图

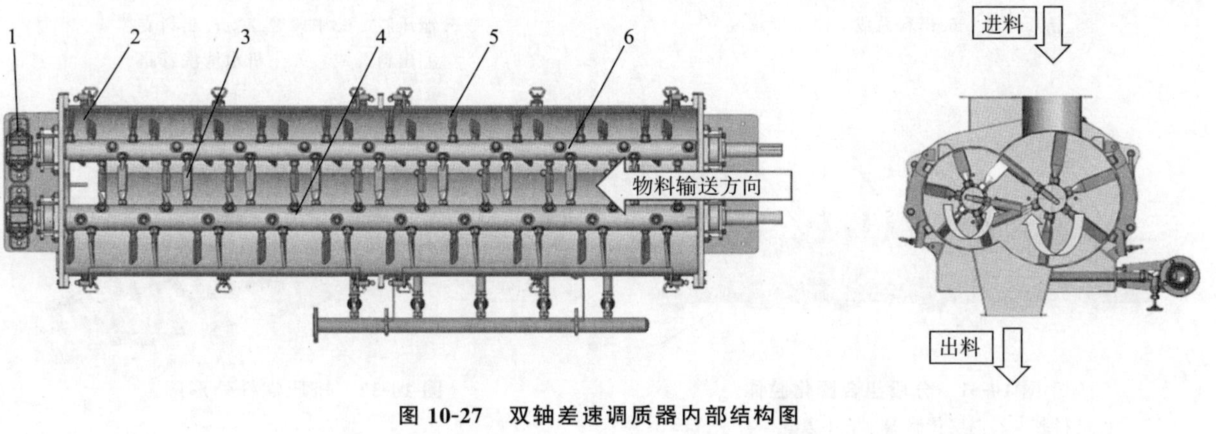

图 10-27 双轴差速调质器内部结构图

1. 轴承 2. 调质器壳体 3. 长桨叶 4. 慢轴 5. 短桨叶 6. 快轴

(4)膨化机主机　膨化机主机是整个膨化机系统工作的核心，其主要由变频电机、减速箱、电气控制箱、旁通、挤压总成、出料总成、切割总成、主机管路等组成(图 10-29)。

物料在调质器中经过一定的调质时间后经过旁通进入挤压总成的喂料区段开始挤压作业，物料由喂料区段输入，喂料区段主要作用是把物料输送至糅合区以及对物料的初步压缩；在糅合区段，物料经过强烈搅拌、混合、剪切等作用，物料逐渐熟化或糊化；进入最终熟化区段压力和温度进一步升高，物料进一步得到熟化淀粉进一步糊化、脂肪和蛋白质变性，组织均化并形成非晶体化质地，最终物料通过出料总成挤出、切割成型。

调质器调质完的物料经过旁通进入挤压总成进行挤压熟化，从出料总成挤出由切割总成切割成型。变频电机提供主机动力，主机转速由变频电机通过减速箱减速后得来。在生产过程中，主机管路为膨化机提供水和蒸汽，膨化机系统的启动与停止，以及物料的流量、水和蒸汽的添加量等所有涉及膨化机系统的操作都由电气控制箱来控制。

①挤压总成：膨化机中的最核心部件是挤压总成，挤压总成中的挤压腔采用分段式组合结构，内孔的横断面呈“8”字形，每段腔体有独立的夹套外腔，可利用夹套外腔对该段腔体进行加热或冷却。同时在每段腔体上配有注入孔和注入装置，利用这些装置可直接向膨化腔体内添加水、蒸汽及其他液体。挤压总成外形结构见图 10-30。

挤压腔采用分段式组合结构，内孔的横断面呈“8”字形，每段腔体有独立的夹套外腔，可利用夹套外腔对该段腔体进行加热或冷却。同时在每段腔体上配有注入孔和注入装置，利用这些装置可直接向膨化腔体内添加水、蒸汽及其他液体。外形结构见图 10-31。

挤压总成中挤压螺杆的设计和加工水平能够体现整台挤压机的水准。挤压螺杆的结构形式是分节带空心螺旋组装式，采用花键定位，由于该结构螺杆具有通用性和互换性的特点，可根据加工物料品种和配方的要求进行螺杆组合来提供不同的剪切力。外形结构见图 10-32。

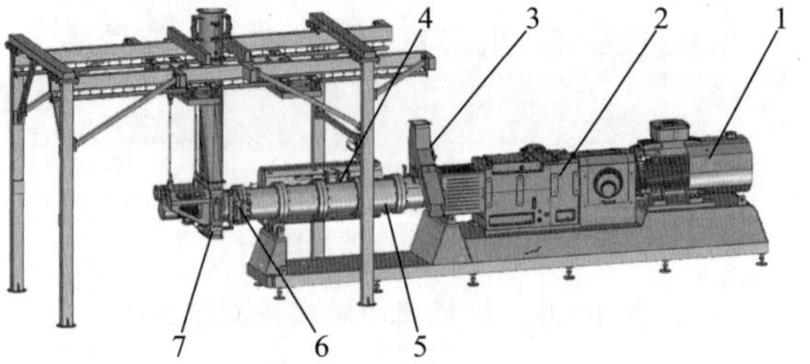

图 10-29　膨化机主机

1.变频电机　2.减速箱　3.电气控制箱　4.主机管路
5.挤压总成　6.出料总成　7.切割总成

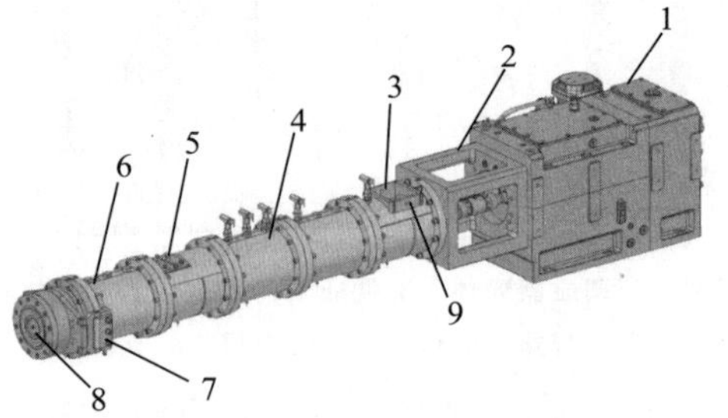

图 10-30　挤压总成结构图

1.减速箱组件　2.连接件组件　3.进料腔　4.中段腔
5.泄压腔　6.中段腔二　7.出料支撑
8.出料总成　9.主机水清洗管路

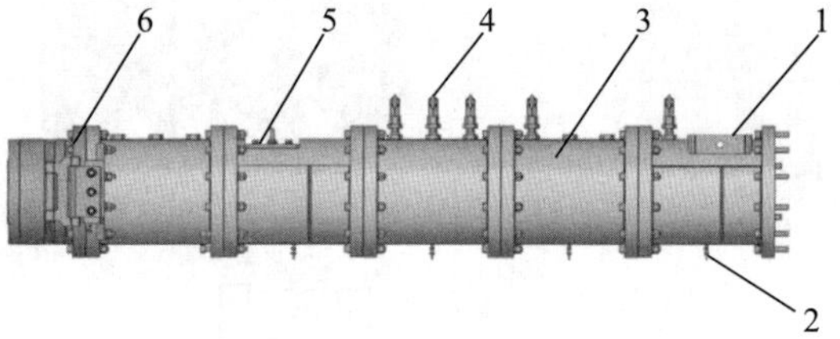

图 10-31　分段组合膨化腔体

1.进料腔　2.温度传感器　3.中段腔　4.水汽阀
5.压力传感器　6.出料腔

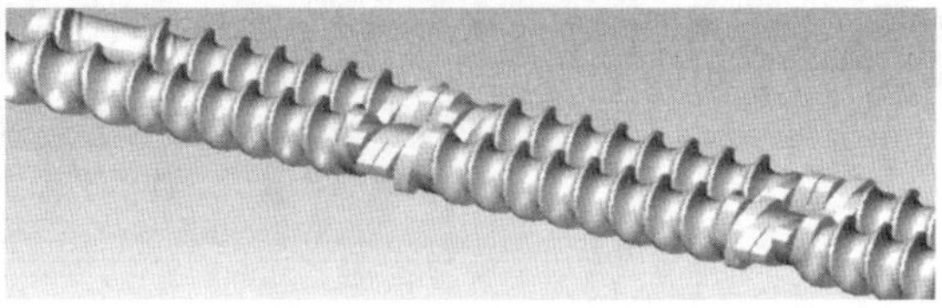

图 10-32　挤压螺杆外形图

②切割总成：切割总成见图 10-33。

工作过程：a. 切割装置是通过两个吊装连接组件吊装在架体上，通过转动吊装连接组件可以实现切割装置高度的调整；b. 通过吊装调节组件上的滚轮可实现切割装置沿架体上的轨道前后移动；c. 生产时，切割装置通过 4 个定位销定位在膨化机上，并用对应的 4 个扣紧拉手锁紧；d. 调节刀片前后位置时，转动调节手轮，与调节手轮固定的调节螺杆带动滑套体前后滑动，从而实现切刀的前后调节；e. 切割装置系由切刀和变速传动装置组成。通过调节切刀转速，控制被切割物料的长度。变速传动采用变频调速电机，通过刀杆带动切刀旋转。膨化机一般提供两种切刀：一种为厚刀片，用于切割大颗粒的膨化料（颗粒直径大于 3 mm）；另一种为弹性薄刀片，用于切割小颗粒的膨化料（颗粒直径不大于 3 mm）。

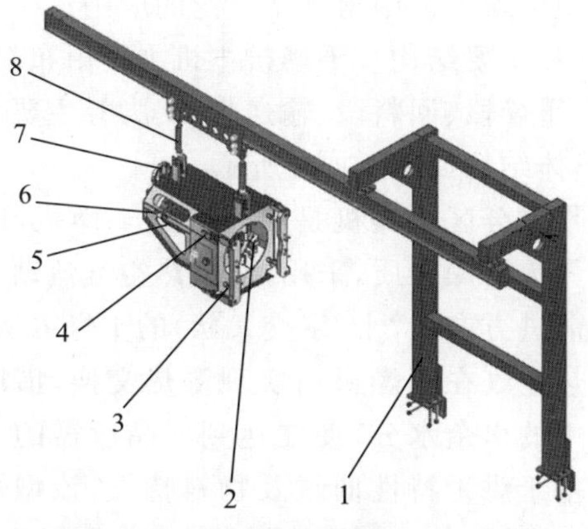

图 10-33　切割总成结构图

1. 支撑架体　2. 旋转切刀　3. 定位销　4. 扣紧拉手　5. 变频电机　6. 锁紧手柄　7. 前后调节手轮　8. 上下调节把手

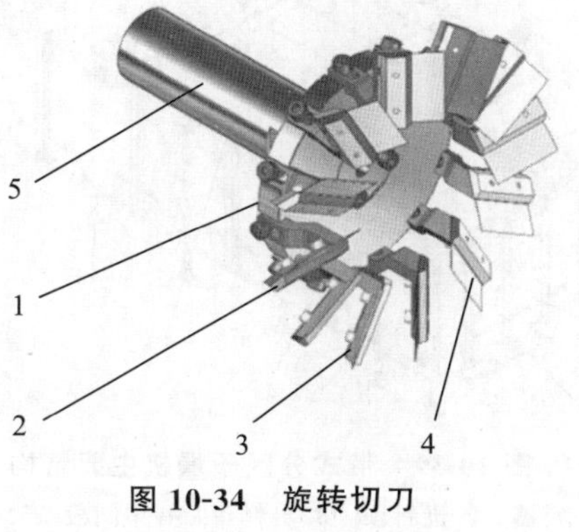

图 10-34　旋转切刀

1. 刀座　2. 压板　3. 刀架　4. 刀片　5. 刀杆

特点：a. 在膨化机运行过程中能够调节切刀转速、可以调整切刀与模板端面的距离；b. 安装方便，减少工作强度、时间。

旋转切刀结构见图 10-34。

③出料总成：挤压机腔体中经过挤压熟化的物料必须通过一个出料装置来成型，该出料装置首要作用是限制物料的流动，建立位于膨化腔末端使物料膨化所必需的压力。出料装置的结构及模具选择的优劣直接影响到物料的品质高低。

本机出料总成配用文丘里，它一方面能增加膨化腔末端的约束力，即增加膨化腔中物料的压力，另一方面又能对从膨化腔中挤出的不均匀分布在整个端面的料流进行整流，使之均匀分布在与文丘里相连的模板上，从而保证物料从模板孔挤出的均匀性，其结构见图 10-35。

④旁通：旁通位于双轴差速调质器出料口与膨化腔进料口之间。通过旁通可以选择从调质器出口流出物料的流向：a. 流入挤压膨化腔进行挤压膨化；b. 经过旁通的溜槽流出作废料处理。

旁通的控制方式采用气动控制方式。旁通翻板使用汽缸驱动，与汽缸配套的电磁阀由触摸屏电控系统控制。

配制旁通的作用：开机初始把调质器中未调质好的或未调质稳定的物料由溜槽排出，以免这些性质不均一的物料进入挤压总成造成系统工作的不稳定；在设备生产过程中出现异常，造成负载不稳定以及主电机超正常工作电流时，可通过打旁通的操作方式及时处理，以免造成设备过电流、

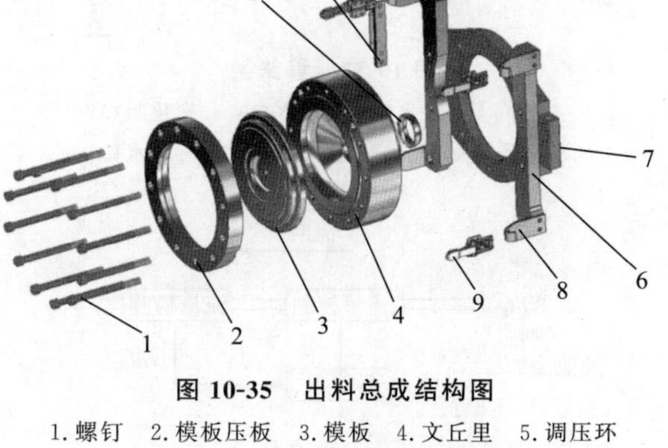

图 10-35　出料总成结构图

1. 螺钉　2. 模板压板　3. 模板　4. 文丘里　5. 调压环　6. 固定板　7. 文丘里安装板　8. 搭扣　9. 拉紧把手　10. 拉手及安装座

堵机等情况。其结构见图 10-36。

(5)管路架　管路架(图 10-37)为整个膨化机系统提供水和蒸汽,它分为 3 个部分:水路、汽路和架体,水路在管路架的下方,汽路在其上方。一般管路架都包含分汽缸、安全阀、水汽的比例控制阀和流量计。

带自动控制系统的管路架可以设定流量来自动控制比例调节阀的开度。计算机直接控制“流量控制”单元,再通过“流量检测”单元给计算机反馈信息,从而形成闭环控制如图 10-38。

一般配套自动管路架的膨化机采用触摸屏控制,需要安装一个带触摸屏的电气控制箱。触摸屏控制箱主要包括:触摸屏、膨化腔温度显示仪表、调质器温度显示仪表、门锁扣、电源开关、切刀调速旋钮、紧急按钮、物料称重显示和报警器。

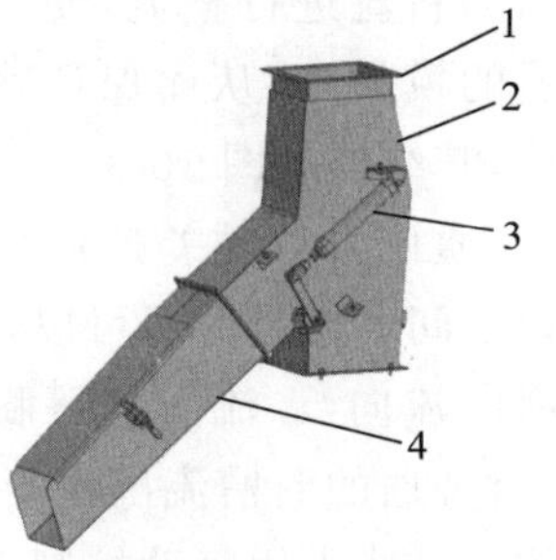

图 10-36　旁通

1.旁通进料口　2.喂料壳体　3.气缸　4.溜槽

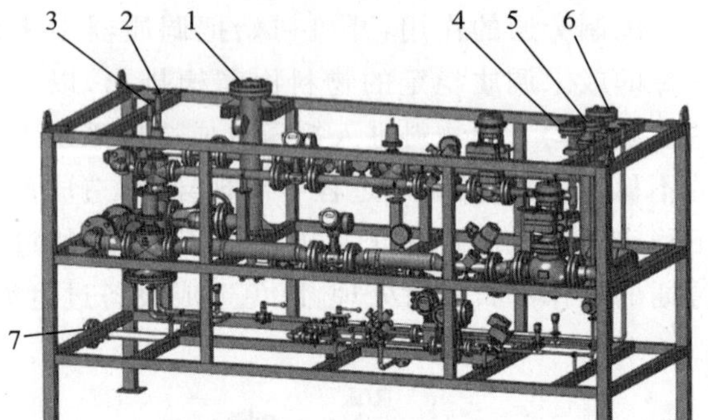

图 10-37　管路架

1.主进汽　2.进水口　3.回水口　4.膨化腔加汽　5.调质器加汽　6.膨化夹套加汽　7.疏水口

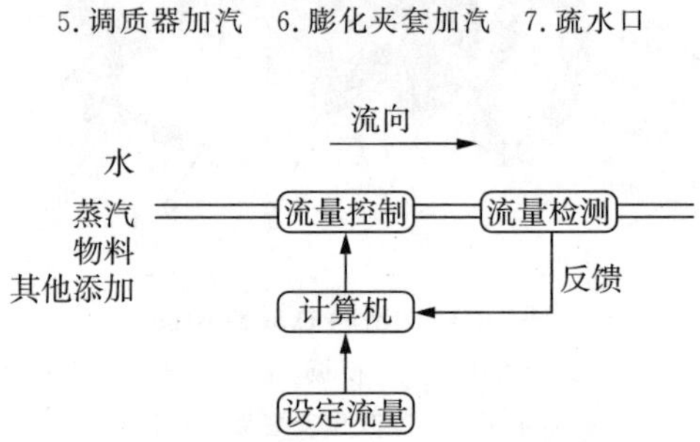

图 10-38　液体(物料)添加原理

(五)干燥工艺及设备

在宠物犬猫粮生产工艺中,干燥机作为最重要的辅助设备,干燥效果的好坏直接影响着产品的最终品质。

常用的干燥机主要分为带式分区干燥机和立式连续干燥机两种,其中带式分区干燥机在宠物粮生产中较为常见。

1.带式分区干燥机

带式分区干燥机是一种卧式总体布局的通用干燥设备,因其具有结构简洁,控制可靠,操作方便直观,对颗粒表面无损伤,保持物料颗粒外观,干燥质量柔性调节,热交换效率高及水分不均匀小等特点,符合当前高效、节能和环保的趋势,在宠物粮干燥工艺中得到了广泛的应用。

(1)主要结构　干燥机主机主要由布料器、进料段、干燥段、回料段、输送带、支脚等主要部件组成;具体结构如图 10-39 所示。

带式分区干燥机是一种卧式干燥机,以加热的空气为干燥介质,采用穿流(热空气流动方向与物料前进方向呈“十”字交叉状)的干燥方法,使物料与热空气在干燥机内实现湿热交换,借以去除物料中的多余水分,使之达到成品所需的水分要求。基于烘干特性曲线及物料特性,该型烘干机分为 3 个温区,3 个温区完全独立控制温度。

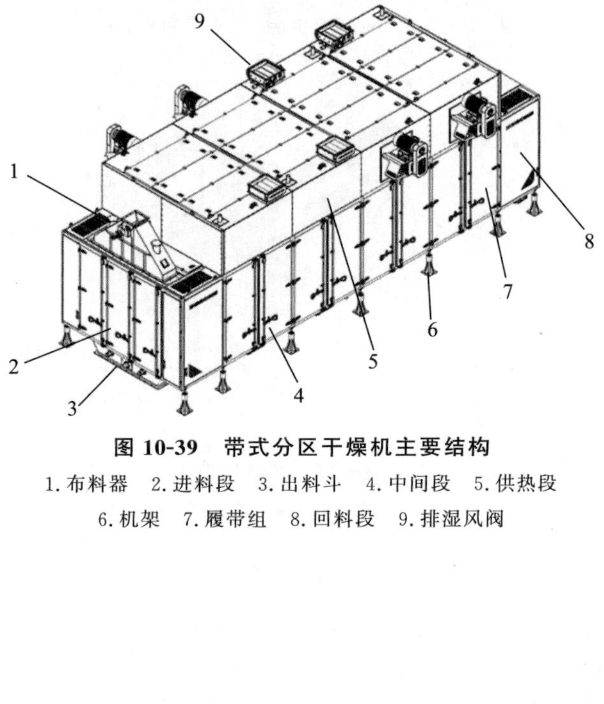

图 10-39　带式分区干燥机主要结构

1.布料器　2.进料段　3.出料斗　4.中间段　5.供热段　6.机架　7.履带组　8.回料段　9.排湿风阀

(2)工作过程和原理　上游膨化机生产的合格物料通过摊布器均匀撒落在输送带上,物料随输送带进入干燥段;循环风机鼓出的热空气,进入干燥段,并穿过输送带上的物料,实现物料与空气间的湿热交换;经过干燥的物料在回料段折返;经过两层输送带干燥的物料在干燥机进料段排出(图 10-40)。

空气在经过位于干燥段顶部的热交换器加热后,在循环风机的推动下,沿干燥段侧面的内置风道进入干燥室。空气在经过位于干燥段顶部的热交换器加热后,在循环风机的推动下,沿干燥段侧面的内置风道进入干燥室。

在输送带上干燥介质与物料进行热量与水分的交换后,一部分空气通过排风风门排出干燥机外,带走了物料散发出的部分水分。而大部分空气会再次经过热交换器的加热,同时混合新鲜空气再次进入干燥机,从而实现气流的循环利用,具体的风路如图 10-41 所示。(注:图中风路仅供参考,实际风路可根据需要进行调换。而大部分空气会混合新鲜空气再次经过热交换器的加热后,再次进入干燥机,从而实现气流的循环利用。

2. 立式连续烘干机

立式连续烘干机相比带式分区干燥机具有更加节能的优点,因为立式干燥机为内部循环,热气流经过的区域封闭,无开放漏能,最干燥的产品与最干燥的气流接触,充分热交换。同时立式烘干机具有更少的卫生死角,较带式烘干机更易清洁。

(1)主要结构　立式干燥机主机主要由布料器、进料段、烘干段、冷却段、出料斗、机架、清粉绞龙、翻板卸料机构、供热系统等主要部件组成;具体结构如图 10-42 所示。

(2)工作过程和原理　颗粒物料从烘干机顶部经叶轮式进料装置输入,由布料器将颗粒物料均匀地铺平在液压翻板上,通过控制各层液压翻板的开合,使物料从上往下依次在每层通风网板上停留一段时间,干空气从烘干机底部进入,穿透多层通风网板并循环上升(经循环加热系统再利用),最后从顶部排出,烘干后的物料从底部输出。干燥介质呈"十"字交叉状穿过物料,使物料均匀受热,逐步干燥,如图 10-43 所示。

(六)后喷涂设备和工艺

为了避免维生素、酶制剂、微生物制剂等热敏性物质在膨化过程的损失,提高宠物饲料的适口性,通常在烘干后设置后喷涂工艺。

1. 后喷涂的定义及工艺

后喷涂是指在膨化、烘干后对附带一定温度的颗粒料进行油脂及风味剂的添加,经过冷却,最终成品打包。喷涂工艺流程如图 10-44 所示。

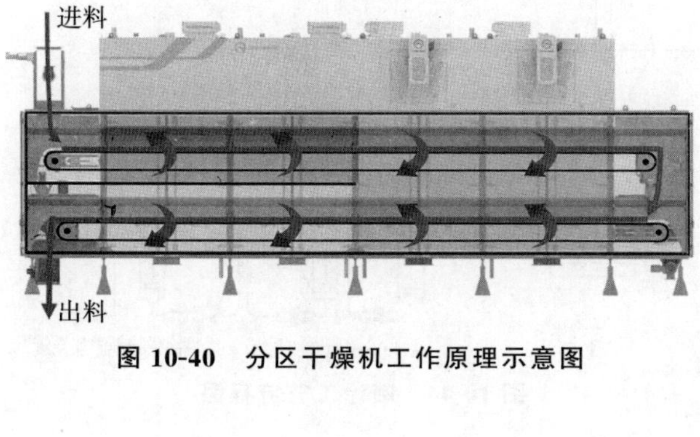

图 10-40　分区干燥机工作原理示意图

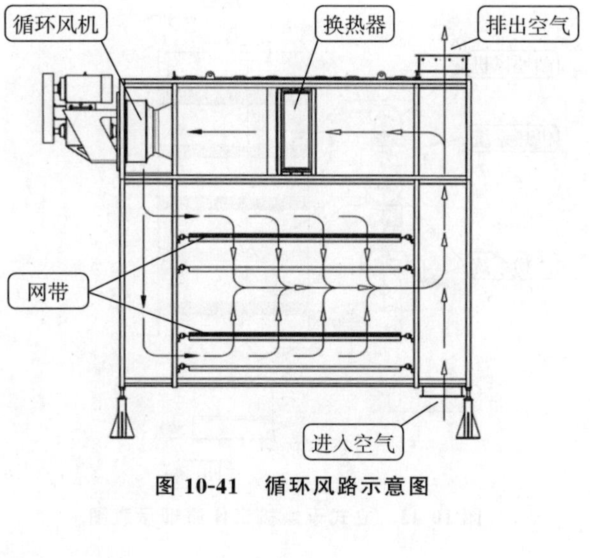

图 10-41　循环风路示意图

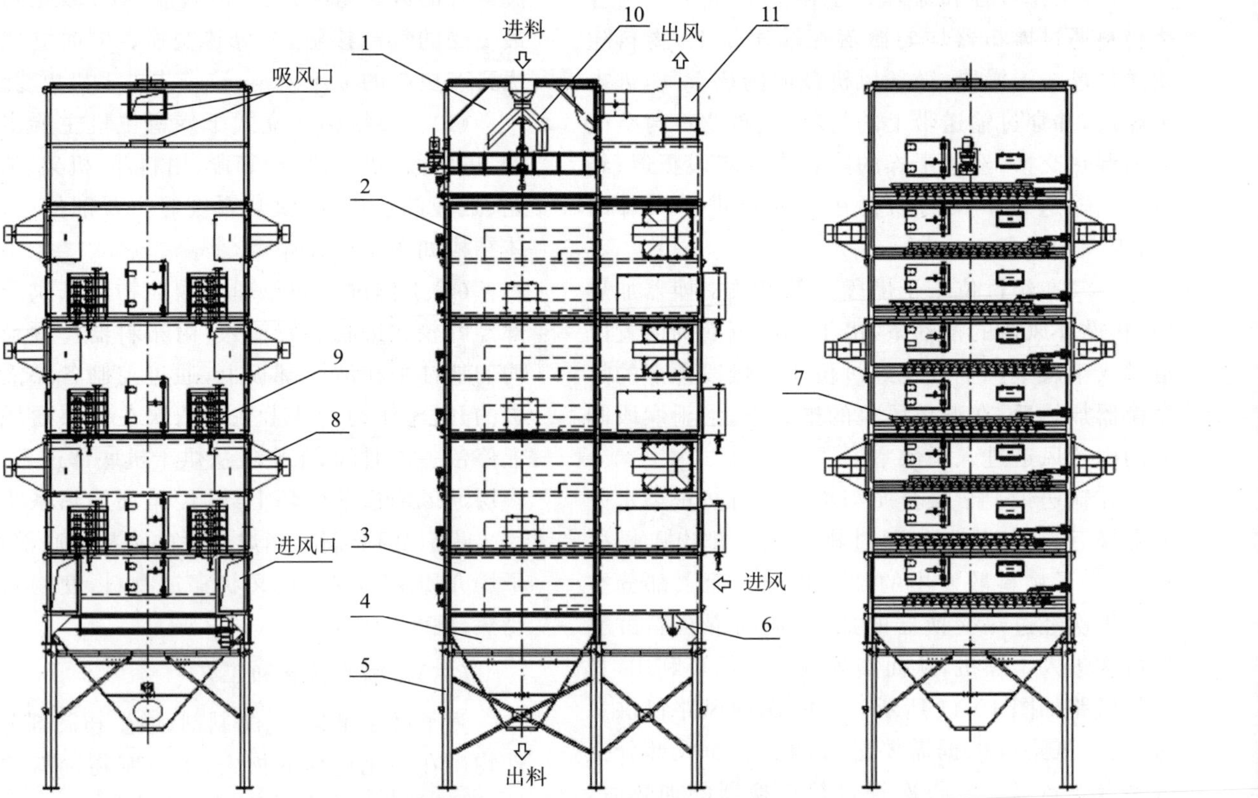

图 10-42　立式干燥机总体结构的示意图

1.进料段　2.烘干段　3.冷却段　4.出料斗　5.机架　6.清粉绞龙　7.翻板卸料机构
8.供热系统　9.料位　10.布料器　11.出风口

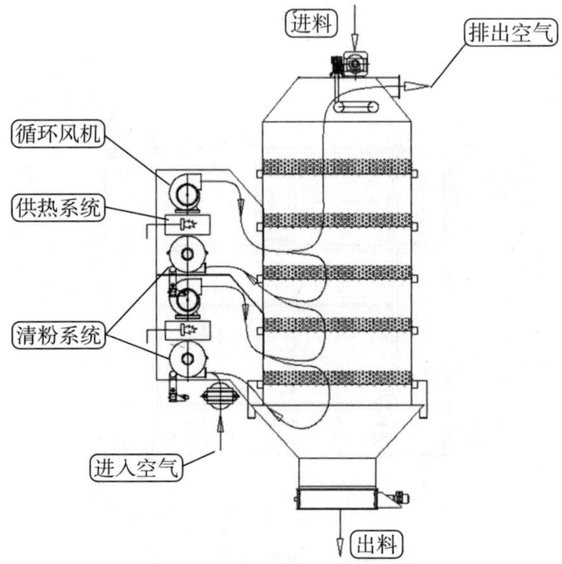

图 10-43　立式干燥机工作原理示意图

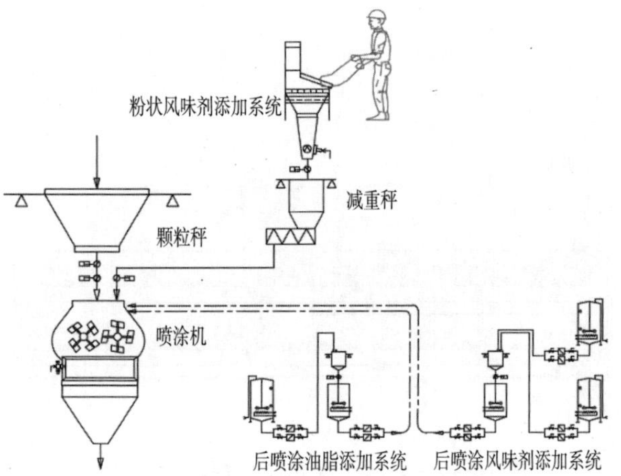

图 10-44　喷涂工艺流程图

2. 常用的后喷涂设备

喷涂设备由最初的常压喷涂发展到现在的真空喷涂。常压喷涂分为批次式和连续式喷涂。真空喷涂主要是分批次喷涂，由最初的立式真空喷涂发展到现在的卧式真空喷涂。与立式喷涂相比，卧式喷涂具有更大的检修门，能够全方位进行清理，更加符合食品卫生要求。

宠物食品用设备相比其他饲料设备要求更高，特别是卫生要求，膨化后的工段，与物料接触部分为不锈钢材质，设备结构设计都要考虑无残留、易清理、不能感染沙门氏菌为原则，达到宠物食品卫生要求。喷涂油脂及风味剂使颗粒料更富营养，外观更光滑美观，使产品在市场上更有竞争力。

(1)连续式喷涂机　连续式喷涂机广泛应用于宠物食品行业中，可以向膨化颗粒表面喷涂油脂、酶制剂、维生素、抗氧化剂、氨基酸等液体物质。

连续式喷涂机主要由电动门、冲量秤(颗粒计量)、喷涂室、混合器、液体计量管路组成(图10-45)。

通过喷涂机的颗粒料流大小由电动门开度控制，经冲量秤称量计量，再由撒料盘控制，形成均匀的料帘，通过雾化区，被喷涂到液滴，被喷涂后的颗粒再经螺带双转子混合后，排出喷涂机。喷涂的液体量根据经过的颗粒量，由变频泵控制量的大小，流量计计量，保证计量的准确性。液体进高速雾化盘雾化，形成细小的雾化颗粒，喷涂到颗粒表面。连续式喷涂机有如下特点：油液通过离心雾化盘高速旋转，使其雾化，没有油雾损耗；无须喷嘴，不存在喷嘴堵塞的问题；双螺带混合机转子采用螺带双转子，促进物料喷涂后的混合，提高喷涂效果。

(2)批次式喷涂机　常压批次式喷涂为宠物食品行业应用最为广泛的喷涂设备，其特殊的双轴桨叶式结构，使颗粒料在机槽内与雾状液体进行充分混合，混合均匀度变异系数 $CV \leq 7\%$，减速电机驱动链条传动，运转柔和，最大程度减少颗粒破碎，破碎率低至 0.1%，圆弧机壳，保证内部结构无卫生死角，清理时更方便，超大的双清理门设计保证能够全方位清理。

喷涂机由机体、转子、上盖、液体添加装置等组成，转子通过两端的轴承和轴承座安装在机体上，由减速电机驱动，机体上装有出料门，出料门由气缸根据混合周期自动控制开、关(图10-46)。

该机由两个旋转方向相反的转子组成，转子上焊有多个特殊角度的桨叶，桨叶带动物料一方面沿着机槽内壁逆时针旋转；另一方面带动物料左右翻动；在两转子的交叉重叠处，形成了一个失重区，在此区域内，不论物料的形状、大小和密度如何，都能使物料上浮，处于瞬间失重状态，以此使物料在机槽内形成全方位连续循环翻动流动，保证物料被液体均匀喷涂。

(3)立式真空喷涂　立式喷涂机可以实现向膨化食品中喷涂油脂、酶制剂、维生素、抗氧化剂、氨基酸等液体。机体内有一立式螺旋提升的转子，配合螺旋护筒，将物料提升到上部后沿圆周方向均匀抛洒。机体上盖的圆周方向上均匀分布有8套喷嘴，每套喷嘴位置安装有多个喷嘴，通过喷嘴的组合将大量的油脂(或液体)喷涂到被抛洒的颗粒表面。

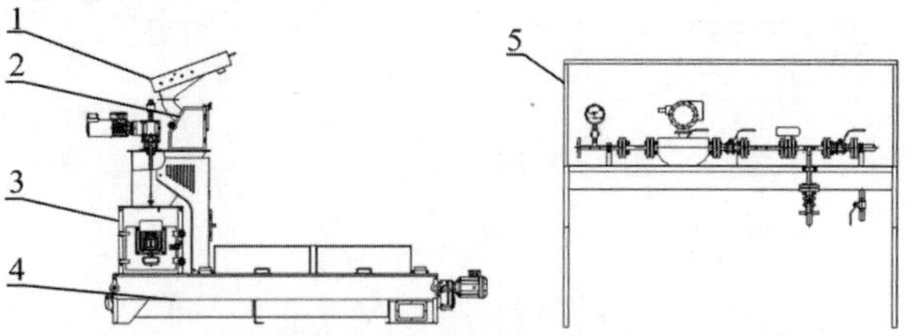

图 10-45　连续式喷涂机结构示意图

1. 电动门　2. 冲量秤　3. 喷涂室　4. 混合器　5. 计量管路

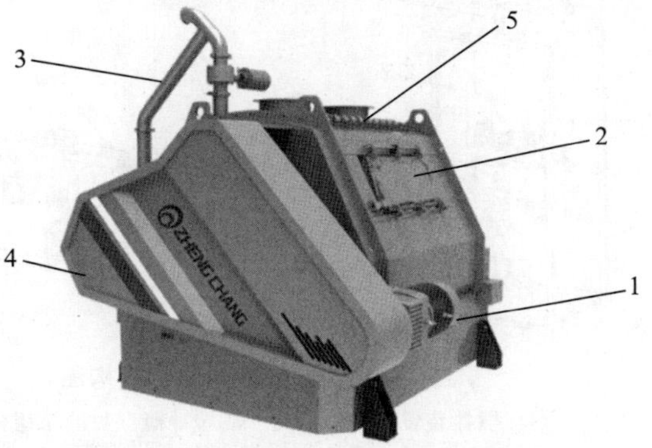

图 10-46　批次式喷涂机结构示意图

1. 减速电机　2. 检修门　3. 回风管
4. 链条护罩　5. 液体喷管

立式喷涂机主要由立式喷涂机机体和液体添加部分两大机械结构部件组成(图 10-47)。

①液体添加部分:液体添加部分主要由称重筒、缓冲筒、油泵组件和过滤器组成,可选配搅拌装置,用于缓冲筒内多种液体的搅拌混合(图 10-48)。

②立式喷涂机机体:机体由壳体、减速电机、转子、喷嘴组件、出料门机构等组成(图 10-49)。

出料门工作时由下部的气缸驱动,使出料门体能够沿着导柱进行上下运动,从而实现出料门的打开和关闭,门体开关到位时有反馈信号。出料门体呈锥形,与之相对应的出料门法兰上也加工有同角度的锥形,在该锥形密封面上嵌有密封圈,实现出料门体的密封。出料门与密封件间的相对运动距离短,减少了密封条的磨损,延长了密封件的使用寿命。每次清理维护出料门时,只需打开下检修门,即可进行清理维护,非常方便。

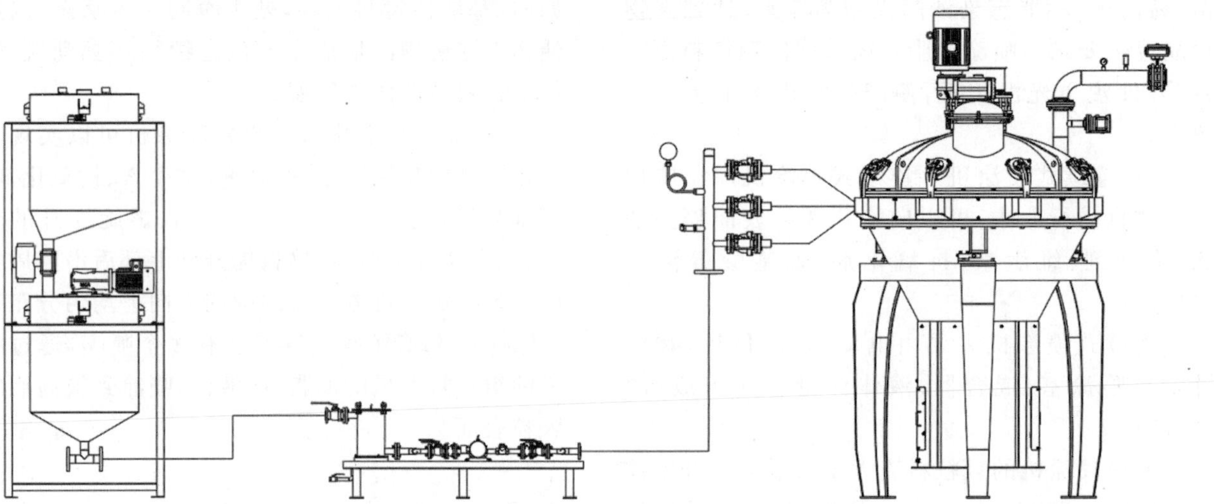

图 10-47 立式喷涂机示意图

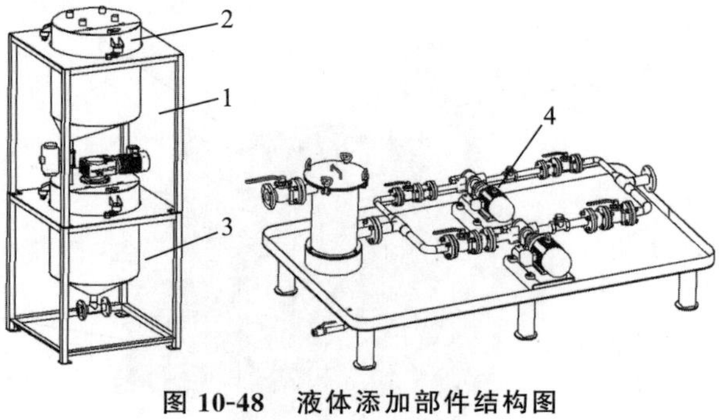

图 10-48 液体添加部件结构图

1. 搅拌装置 2. 称重筒 3. 缓冲筒 4. 油泵组件

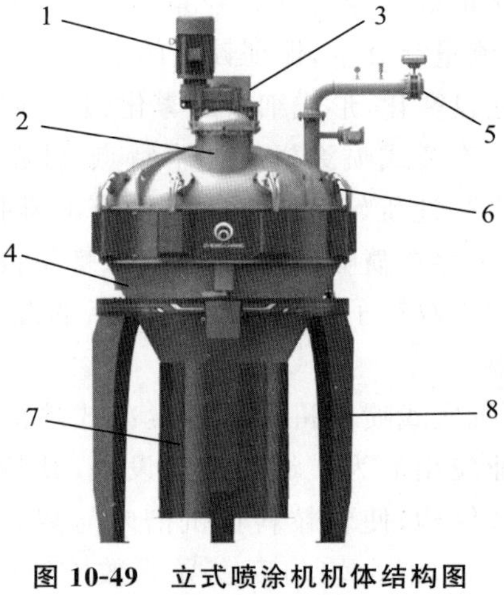

图 10-49 立式喷涂机机体结构图

1. 减速电机 2. 检修口 3. 进料口 4. 机体 5. 抽真空管路 6. 喷嘴组件 7. 出料门 8. 支架

喷嘴安装时应注意使喷嘴喷雾的扇形面位于圆形上盖的切线方向，即喷嘴的V形槽位安装在圆形上盖的切线方向，如图10-50，以使得各个喷嘴间的喷雾沿圆周切线方向，并且相邻的喷雾间有重叠，达到较好的喷涂效果。圆形上盖的圆周上布置了8组喷嘴，每组喷嘴位置有4个喷嘴的安装孔，根据实际需要使用。

立式喷涂机的主要特征与功能：

a.密封性好。在密闭空间完成油脂喷涂，无油雾损耗。

b.液体添加量范围广。液体添加量范围大，在1%～6%(与喷涂前物料质量的比值)。

c.喷涂均匀性好，破碎率低。采用立式双螺旋提升机构，配合螺旋护筒，使物料能够在喷涂机内快速循环流动，并配合多组合理配置的大角度压力雾化喷嘴，确保喷涂均匀性变异系数 CV 值 $\leqslant 7\%$；立式双螺旋提升机构，输送物料柔和，确保物料的破碎率极低。

d.锥形出料门机构。采用锥形出料门机构，能够确保高效的密封，运动部件与密封部件相对移动距离小，降低磨损，延长密封件的使用寿命；立式的筒体结构，结合锥形的出料门，使排料干净，残留率极低；出料门维修方便，且易于清理。

(4)卧式真空喷涂　卧式真空喷涂的结构见图10-51。

宠物食品颗粒由烘干机出来，可以通过闸门控制料仓进料，也可以通过输送设备进料，冷却器出来的颗粒料温度应控制在40～50 ℃。液体添加由相应的搅拌罐、液体秤、泵送系统打入喷涂机内部，罐体有加热功能，添加油脂的温度应控制在25～40 ℃，保证良好的流动性，经过喷嘴进行雾化。抽真空工序，在颗粒进入喷涂机后，喷涂机的上下蝶阀全部关闭，保持系统的密闭状态，进行抽真空到一定的负压后，开始油脂添加，添加完成后进行真空释放，再进行调味肉汁的添加，此后步骤和常压喷涂一致。粉末风味剂的添加由人工从投料口手动投料，再由失重秤进行精准批次加入喷涂机内部，将喷涂完液体的颗粒表面进行包裹。喷涂机下方有一个缓冲料斗，缓冲斗的容积应大于喷涂有效容积的1.5倍，缓冲仓要开有检修门，下部安装蝶阀保证系统的密闭性。内部出料腔及下料缓冲斗，结构简洁，无多余卫生死角，符合食品级卫生要求设计。

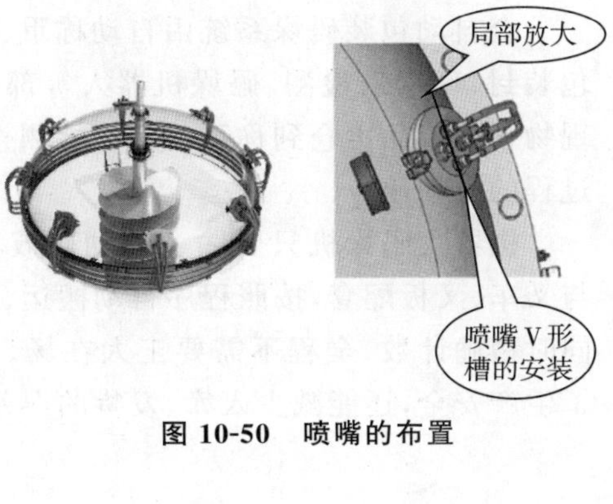

图10-50　喷嘴的布置

(七)冷却设备和工艺

冷却器是对成形后或再经过干燥后的颗粒饲料进行冷却和除湿的主要设备。颗粒饲料的冷却是利用周围空气来进行冷却物料，所以只要大气不处于饱和状态，就会从颗粒料表面带走水分。水分在蒸发作用下脱离颗粒，同时使颗粒得到冷却。

1.冷却过程

颗粒从冷却器排出后的温度不会低于室温，一般比室温高3～5 ℃，水分能降至12%～13%(即安全储藏水分)，甚至更低。其原理是：制粒成形后颗粒具有纤维状结构，使水分沿毛细管由内向外移动。将空气作为冷却介质，进入冷却器后温度和相对湿度随之发生变化，导致水分含量和热容量改变。随着冷却过程的进行，空气介质携带水分和热量的能力不断改变，因此冷却器的空气耗用量、冷却时间、湿热平衡效果是衡量冷却效果的关键指标。

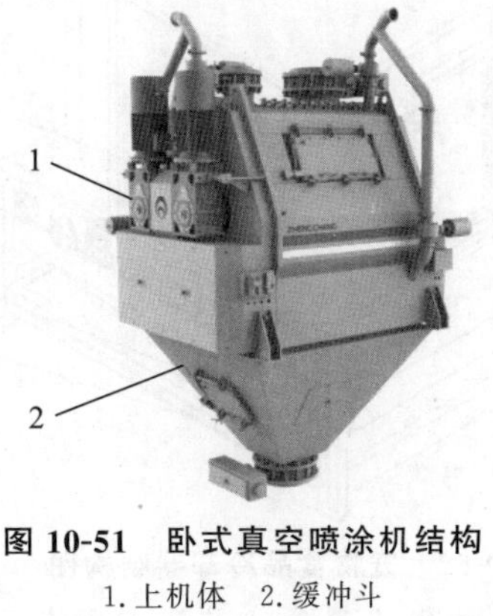

图10-51　卧式真空喷涂机结构

1.上机体　2.缓冲斗

冷却机理：冷却过程是在一定时间内将产品的温度和水分平衡到标准质量状态的热交换过程。计算气流平衡的过程，实际上是调整湿、热的动态平衡过程。

温度平衡：热量通过蒸发过程变成水蒸气，热通过热的传播过程传递到冷却介质上，经毛细管作用、渗透力、水分差异（液体扩散作用）、重力等造成的液体流动，以及水分差异（蒸汽扩散作用）、温度差异造成的蒸汽流动（热扩散作用），使温度平衡。

冷却是蒸发、热扩散、机械或化学力造成的液体流动和机械或化学力造成的蒸汽流动的过程。蒸发（热用于将液体蒸发）和热扩散（使热传递出去）作用使颗粒饲料温度降低；同时蒸发（蒸汽脱离）和运动力（液体脱离）作用使颗粒饲料水分降低。

2. 常用的冷却器

目前应用最多的是逆流式冷却器。逆流式冷却器主要由驱动装置、罩壳、顶盖、箱体、排料框、下料斗和机架等主要部件组成，其系统结构见图10-52。

湿热颗粒从冷却器顶部的关风器进入，经分料器将颗粒料沿冷却室水平截面均匀分布，当冷空气从冷却室底部四周进入时，穿过颗粒层将水分带走，同时空气被加热，载水能力加强，使后进

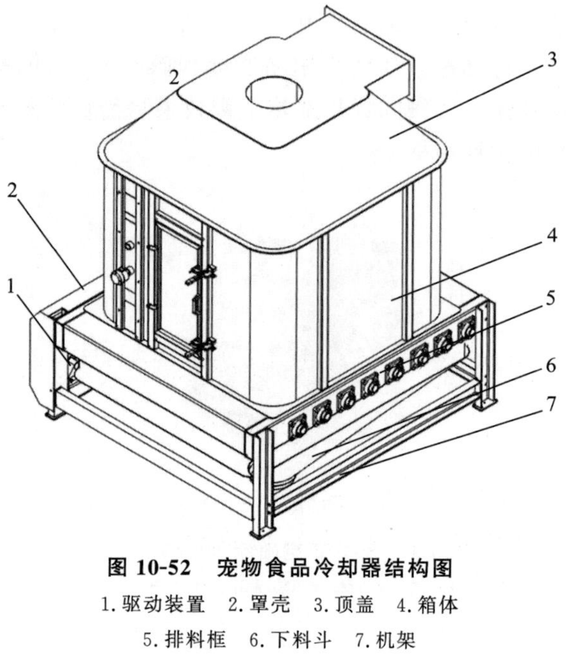

图 10-52　宠物食品冷却器结构图

1. 驱动装置　2. 罩壳　3. 顶盖　4. 箱体
5. 排料框　6. 下料斗　7. 机架

入的湿热颗粒料能带走更多的水分。当颗粒积累到料位器的位置，料位器发出信号，出料机构开始排料，经一段延时后，出料机构关闭。

其特点是：粒料从上往下流动，风从下向上流动，冷风与下部已冷却的物料相接触，热风与上部热料相接触，避免了骤冷，因而能防止颗粒表面开裂；且进风面积大，冷却效果显著。

（八）包装设备和工艺

宠物食品包装是将成品物料打包的过程，将生产出的成品输送至成品仓，通过自动包装秤或者手动打包完成包装。

1. 包装的目的和要求

对宠物食品进行包装可以保证产品的品质和安全，方便用户使用。同时还可突出宠物食品的包装外观、标志和品牌，提高产品的商品价值。宠物食品在储存、运输过程中，常会因储存环境阴暗、潮湿、高温、虫害、鼠害等因素造成饲料发霉、氧化及污染，使饲料变质。采用适宜的包装材料和技术措施，可以预防宠物食品发生因以上原因引起的变质。

对宠物食品包装的要求：主要是防潮、防氧化、防虫等。目前主要使用防潮包装袋，即在袋中衬一层聚乙烯薄膜袋，能有效防潮，又有一定的透气性，保持宠物食品的新鲜状态。包装袋要求严密无缝，无破损，包装袋的大小要适宜，便于填充装料和封口。包装工艺要能保证包装质量和包装效率。

2. 包装工艺及设备

宠物食品包装工艺流程主要由自动定量秤称重、套袋打包、输送和封口三部分组成。

3. 全自动包装及机器人码垛机

全自动包装码垛系统由自动称重、自动供袋、包装封口、输送检测、码垛机器人等部分组成，实现物料从成品出仓到称重、包装、检测直到码垛全过程的自动化。

机器人码垛机只要输入自动码放程序，便会与叉车、叉板配套，按照程序自动搬运、叠放饲料，同时精确计数，全程不需要工人在场。不仅保证了生产安全，还能减少入库、发货的误差率。

第二节　半湿宠物食品的生产工艺流程及设备

半湿宠物食品通常含有25%～35%的水分，主要原料是新鲜或冷冻的动物组织、动物肉粉、谷物、脂肪及其他一些原料等。半湿宠物食品质地比干性食品柔软，使食品的适口性得到提高，更容易被宠物接受。

一、半湿宠物食品的生产工艺流程

半湿宠物食品也是典型的挤压熟化产品，其加工工艺与膨化干宠物食品非常相似，这种食品在生产过程中要求的能量较低，一般不膨化或部分膨化，但由于配方不同，与膨化干宠物相比在加工上存在明显差异。有些半湿性的产品实际上是冷成型的，很少或根本不涉及烹饪步骤。半湿宠物食品所选配料的性质有助于控制水的活性，从而减少其对高温加热或巴氏杀菌过程的需要。大多数半湿宠物食品同膨化干宠物食品一样，加工过程中要经过挤压处理，且在挤压前要将食物进行蒸煮。

二、半湿宠物食品生产的常用设备

半湿宠物食品在挤压之前或挤压的过程中，经常要加入肉和肉类副产品浆液，其中干的原料和浆液的比值变化较大，因此制作半湿宠物食品需制作膨化宠物食品的生产设备外，还需要其他设备，如冻肉绞碎机、浆液罐以及计量泵等。

(一)绞肉机

1.绞肉机工作原理

绞肉机(图10-53)是宠物罐头生产工艺中的主要机器设备，其主要功能是将鲜禽畜肉及副产品进行搅碎以便于后续的均匀混合。

整机由电机、机壳、全不锈钢机架、特殊处理刀具、不锈钢绞肉管、输送螺杆、螺旋切割系统等组成；绞肉机的工作原理是由于物料本身的重力和螺旋供料器的旋转，把物料连续地送往绞刀口进行绞碎。因为螺旋供料器的螺距后面比前面小，但螺旋轴的直径后面比前面大，这样对物料产生一定的挤压力，这个力迫使已绞碎的肉从格板上的孔眼中挤出。

图10-53　绞肉机

2.设备功能特点

可将经过切片机切片分割的肉食直接进行绞切，制成规格不同的肉粒，为斩拌或搅拌做好前期准备工作。也可将小块冻肉直接进行绞切。

由于绞肉机的螺杆、网眼及刀片具有独特的结构，绞刀采用高碳铬不锈钢(3CR13)铸造而成，高强度，扁硬度，刀刃锋利不变形，且出肉效率高。设计合理，绞切过程中摩擦力小，肉料温升低，利于保鲜。它可将块状肉(冻肉)绞至$\Phi3$～$\Phi16$ mm的颗粒，易清洗。

(二)浆液罐

浆液罐通常配有加热或冷却的夹套，并配有搅拌器。能将大多数液体加热到25～40 ℃来提高流动性。

(三)容积式计量泵

容积式计量泵以理想的恒定速率输送计量液体。

第三节　湿宠物食品的生产工艺流程及设备

水分含量大于或等于60%的宠物食品，也称为湿粮，湿粮分全价湿粮和零食湿粮，但其加工工艺基本相同，只是营养成分存在差异。

一、湿宠物食品的生产工艺流程

目前,常见湿宠物食品的生产工艺包括以下两种。

(一)半固态宠物粮(罐头)产品生产工艺

宠物罐头产品是以畜、禽肉及副产品为原料,添加部分辅料经过搅拌混合、乳化、灌装、杀菌等工序加工而成的宠物食品。目前宠物罐头产品按照工艺一般分为两大类:一类是马口铁宠物罐头;另一类是软包装宠物罐头。

马口铁包装的宠物罐头主要通过各组设备的组合来完成终产品的生产,在加入冷冻的畜、禽肉及副产品经切块粗绞后,再和添加的配料搅拌混合、乳化、抽空搅拌、金属探测、灌装、封口、杀菌、保温、包装,最后完成成品的加工。

宠物罐头的生产流程为:原料验收→冷库储藏→切块、粗绞→配料搅拌混合→乳化→抽空搅拌→金属探测→定量包装→封口→杀菌→保温→包装。

1. 原辅包材验收工序

原辅包材依据法律法规和企业制定的检验标准进行验收,验收合格后入库存储。

2. 原料储藏工序

原辅包材根据产品特性要求储存在不同的仓库中,一般畜禽动物肉原料储存在-18 ℃以下的冷冻库中;新鲜的马上使用的肉类储存在 4 ℃的冷藏库中,以其他辅料和包材常温保存。

3. 切块、粗绞

原料从仓库中取出后,脱掉原料包装后,经金属探测器进行检测后,通过传送带运输到冻肉切块机内,先经冻肉切块机,把大块冷冻原料切割成小块状以便于粗绞;切割后的原料再经绞肉机进行粗绞成肉泥状。

4. 配料搅拌混合

经粗绞后的原料装入料斗车内,进行准确称量后,用提升机将料斗内的物料倒入搅拌机内,依次添加所需辅料后,把原料和辅料充分搅拌均匀。

5. 乳化工序

经搅拌均匀的物料直接通过管道输送到乳化机内,再进行乳化,以达到物料均一的状态。

6. 抽空搅拌工序

乳化后的物料经管道输送到真空搅拌机内,边搅拌边抽真空。

7. 金属探测

物料抽空搅拌后,经管道金属探测器对物料内的金属异物进行检测,以排除物料内混入金属异物,保证产品的安全性。

8. 定量罐装工序

物料经管道直接输送到罐装机,进行自动称量罐装。

9. 封口工序

物料罐装后,使用自动真空封罐机进行封口,封口要求迭接率、紧密度、接缝盖钩完整率达到50%以上。

10. 杀菌工序

封口产品通过滑道输送到杀菌盘上,正确摆盘后推入杀菌锅内,使用蒸汽杀菌锅进行杀菌,通过高温杀菌后,使产品达到商业无菌。

11. 保温工序

产品杀菌后,转入 37 ℃±2 ℃的保温库内进行保温 7 天,观察产品有无胀罐或腐败变质情况,保证产品符合商业无菌的要求。

12. 包装工序

保温后,经检验合格后,进行装箱包装。

(二)软包装罐头产品加工工艺

软包装宠物罐头是将原料解冻后经过预煮、打丝、金属探测、添加配料搅拌、罐装、封口、杀菌、保温、包装,最后完成成品的加工。

软包装宠物罐头加工工艺流程为:原料接收→冷冻储藏→鲜冻→预煮、打丝→金属探测→配料搅拌→定量罐装→封口→杀菌→保温→包装。

1. 原料验收工序

原辅包材料依据法律法规和企业制定的检验标准进行验收、验收合格后入库存储。

2. 冷库储藏工序

原辅包根据产品特性要求储存在不同的仓库中,一般畜禽动物肉原料储存在-18 ℃以下的冷藏库中;新鲜的马上使用的肉类储存在 4 ℃的冷藏库中,其他辅料和包材常温保存。

3. 解冻工序

原料从仓库中取出后,脱掉原料包装后、均匀的摆放在解冻架上,采用自然解冻方式使原料完全化开后,可转入下道工序。

4. 预煮、打丝工序

解冻后的原料先使用熬煮锅进行预煮，预煮完成后使用打丝机打成肉丝或其他性状；打成肉丝的产品需要摆放在案板上进行冷却。

5. 金属探测工序

冷却后的肉丝，经过金属探测器进行金属异物检测，以排除混入产品中的金属异物，保证产品的安全性。

6. 配料搅拌工序

准确称取原料和配料，倒入搅拌机内、把原辅料充分搅拌均匀。

7. 定量灌装工序

搅拌均匀后的物料使用定量灌装机，自动称量灌装。

8. 封口工序

物料灌装后，使用自动封口机或滚动封口机进行封口，封口宽度不小于 10 mm，保证密封性符合要求。

9. 杀菌工序

封口后产品均匀的摆放在杀菌盘上、摆盘后推入杀菌锅内，使用全水式杀菌锅进行杀菌、通过高温杀菌后，使产品达到商业无菌。

10. 保温工序

产品杀菌后，转入 37 ℃±2 ℃的保温库内进行保温 7 天，观察产品有无胀袋或腐败变质情况，保证产品符合商业无菌的要求。

11. 包装工序

保温后，经检验合格后，进行装箱包装。

二、湿宠物食品生产设备

湿宠物食品（宠物罐头）按照营养成分可划分为宠物零食罐和宠物全价罐头，马口铁罐头生产设备与软包装罐头生产设备具有较多共性，主要涉及以下几种：

（一）绞肉机

前面已经介绍，见第二节。

（二）搅拌机

1. 搅拌机工作原理

搅拌机是肉类工业—罐头产品生产加工过程中常用的一种搅拌设备，可以把各种不同规格的原料肉与添加剂、香辛料等辅料按要求进行搅拌，使它们充分均匀地混合。搅拌对肉制品感官、口感、出品率均有明显的提高。

搅拌机（图 10-54）是在原传统双轴搅拌机的基础上改进、研制成功的新一代产品。该机型外形典雅、协调、结构合理、性能稳定可靠、操作简单方便，易于清洗，整机采用优质不锈钢材质材料制造。

2. 设备功能特点介绍

搅拌机采用双轴结构，斜板式桨叶，对物料进行径向搅拌，同时完成轴向回流，使物料充分混合均匀，是用于混料的必备设备，对粒状、粉状、泥状、糊状、浆状物皆有很好的适应性和混合效果，对块状物有较好的保型性。

特点：一是物料搅拌均匀，充分膨胀，弹性好，色泽鲜艳并最大限度地提取蛋白质，是改变产品品质的理想设备。二是整机采用优质不锈钢材料制成，可靠耐用，易于清理，效果好。三是采用倾斜式出料，安全可靠。采用平行双轴结构，斜板式桨叶，使物料达到最佳效果，适合各种工艺要求。

（三）乳化机

1. 乳化机工作原理

在电机的驱动下，装在罐中部的小分散盘迅速开始工作，分散、切割，中上部的漂浮及部分添加剂所形成的涡流正好增强整体液料循环，起到上下层同时分散、乳化、均质的作用。同时，底部粉碎后的物料向外侧移动，中部和底部将物料吸入粉碎研磨区内，首先是斜面刀片进行切割、分散，然后有研磨刀片进行粉碎、乳化。物料除承受剧烈的机动运动和液体剪切之外，还承受挤压、撞击、撕裂和摩擦等，整个工作过程物料不断循环上下翻滚，在紧密的转子、定子和分散盘的配合下，使物料微粒在极短的时间内快速被撕破，粉碎成

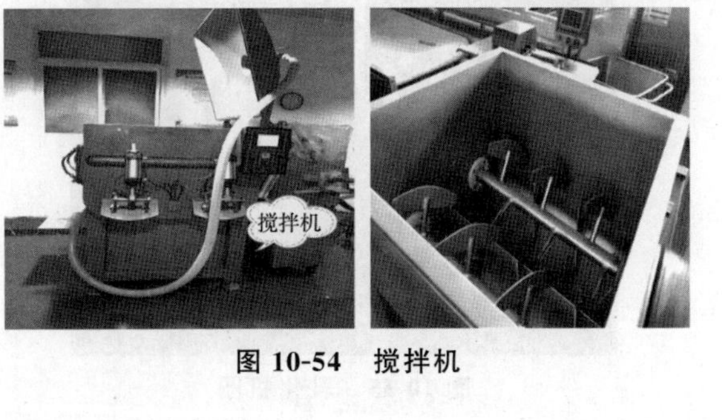

图 10-54　搅拌机

亚微米细度，达到分散、乳化、均质的目的(图 10-55)。

2. 设备功能特点介绍

乳化机由交流电机驱动、直连传动以及由三翼和六翼组成的双刀乳化头构成。其特点如下：

(1)机器结构紧凑，运行可靠，机体及主要零件及传动部件则采用不锈钢和优质钢材加工制造，符合食品卫生要求。

(2)乳化使肉类产品蛋白提取率高，从而提高产品出成率。

(3)乳化机工作时，物料是一次性通过，因此产品温升小，组织破坏小，提高了产品品质。

(4)物料被乳化后不含空气，因此保质期延长。

(5)机器体积小，可移动，可与斩拌机或搅拌机组成连续生产线。

(6)电机由软启动控制，启动平稳，电流小，运行可靠。

3. 影响乳化的因素

肌肉、脂肪、水和盐混合后经高速斩切，形成水包油型乳化的肉糊，由此形成的肉制品，其质地和稳定性与各种成分之间的物理性状密切相关。一种典型的肉糊的形成包括两个相关的变化过程：①蛋白质膨胀并形成新型的基质；②可溶性蛋白质、脂肪球和水的乳化。

(1)蛋白质基质的形成　肌肉纤维结构的破坏增加了蛋白质与细胞外液和添加水的接触。不溶性蛋白(主要是肌球蛋白、肌动蛋白和肌动球蛋白)以网络结构的形式存在，在适合的离子浓度或其他条件下，吸收水分于网络中。加盐类后，蛋白质吸水膨胀，从而产生黏性的基质。然而，有些蛋白质仍在肌肉碎片和结缔组织碎片中保持原状(不膨胀)，而另一些蛋白质溶解于肉糊中，具有乳化性能。肉糊中的蛋白质以 3 种水合状态存在：未膨胀的蛋白质、膨胀的蛋白质和可溶性蛋白质。它们之间不是独立存在的，而是不停地相互转化。

图 10-55　乳化机图

肉糊中蛋白质基质的形成能使自由水固定，并能防止热处理时水分的损失，从而使成品的结构稳定。蛋白质基质还有助于稳定粉碎时所形成的脂肪颗粒，防止其在加热时融化而聚合。

(2)乳化　乳浊液是指两种互不相溶的液体的混合物，一种为分散相，另一种为连续相。分散相以微滴状或小球的形式分散在连续相中，分散相微滴的直径范围在 0.1～5.0 μm。肉乳浊液体系中，分散相主要是固体或液体脂肪颗粒，连续相则含有盐类和蛋白质溶解的或悬浮的水溶液。因此，肉乳浊液也是水包油型的乳浊液。乳浊液一般不稳定。脂肪与水接触时，两相间有很高的界面张力，乳化剂可降低这种界面张力，以较少的能量形成乳浊液，并提高乳浊液的稳定性。乳化剂分子的特点是具有双亲性，即分子的亲水基对水有亲和性，而疏水基对脂肪有亲和性。当乳化剂大量存在时，就会在两相间形成连续层，把两相分开，使乳浊液稳定。

在生肉糊中，肌肉纤维、结缔组织纤维及其纤维碎片和不溶性蛋白质悬浮在含有可溶性蛋白质和其他可溶性肌肉组分的水相中。被可溶性蛋白质包裹着的球形脂肪颗粒分散在基质中。在乳化型香肠肉糊中，溶解在水相中的可溶性蛋白质包裹在脂肪颗粒表面而充当乳化剂作用。可溶性蛋白质包括肌浆蛋白和溶解后的肌原纤维蛋白，后者的乳化效果更好，并与乳化稳定性有密切关系。肌原纤维蛋白、肌动蛋白、肌球蛋白和肌动球蛋白不溶于水和稀盐溶液，而溶于高浓度的盐溶液，因此，香肠肉糊中盐类的主要作用之一就是将这些水不溶性蛋白质溶解到水相中，从而使它们能起到包裹脂肪颗粒的作用。

(3)影响肉糊形成和稳定性的因素　影响脂肪在肉糊中混合程度的因素主要包括：乳化温度、脂肪颗粒的大小、pH、可溶性蛋白质的数量和类型以及肉糊的黏性。

①乳化温度：在粉碎工序时，由于摩擦作用，肉糊的温度升高。在斩切摩擦表面，有些脂肪发

生熔化，蛋白质初步变性，从而有利于使蛋白质吸附到分散的脂肪颗粒上。另外，加工过程中，温度适当提高，有助于可溶性蛋白质释放，加速腌制色形成，并改善肉糊流动性。但如果粉碎时温度过高，在随后的热处理时乳浊液就会被破坏。最高允许温度取决于设备的类型和脂肪熔点。采用高速乳化机时，肉糊的最高温度为：禽肉 10～12 ℃，猪肉 15～18 ℃，牛肉 21～22 ℃，在上述温度下，对乳浊液的稳定性无不利影响。采用低速斩拌，则肉糊必须保持较低温度，温度过高对肉糊有不利影响。

②脂肪颗粒的大小：在肉糊生产中，脂肪必须粉碎得非常细小，直至形成乳浊液。但是过度粉碎，使脂肪颗粒过小，其总表面积将大幅度增加，造成可溶性蛋白质数量不足以包裹脂肪微粒。而使乳浊液失去稳定性。

③pH 及可溶性蛋白质的数量和类型：制备肉糊时，先将瘦肉和盐一起斩拌，有助于蛋白质溶解和膨胀。作为基质和乳化剂的蛋白质含量增加时，肉糊的稳定性提高：肌肉 pH 高时，有利于蛋白质提取，尸僵前的肉优于尸僵后的肉，因为从前者可提取出 50%以上的盐溶性蛋白质。肉糊稳定性受盐溶性蛋白质来源的影响，如品种、肌肉部位、动物年龄和其他因素，公牛肉的蛋白质黏结能力最佳。家禽白肌肉和红肌肉相比，前者的盐溶性蛋白易形成稳定的肉糊。

④肉糊的黏性：肉糊乳浊液发生相分离，原因是散在的脂肪微粒重新聚合成较大的脂肪颗粒，这种情况通常发生在热处理时，但可能直到产品被冷却时才发现。当肉糊的黏度增加时，脂肪分离的趋势减小。加热时，脂肪微粒融化并呈液态，其更易聚合。完全由可溶性蛋白质所包被的脂肪微粒和被黏性基质充分分散的脂肪颗粒不会发生聚合。

（四）真空斩拌机

1. 真空斩拌机工作原理

真空斩拌机通过真空装置使物料处于负压状态，使物流充分膨胀，使肉糊无气泡，弹性好，色泽鲜艳，并最大限度地提取物料中的蛋白质，是制作料状、泥状、混合产品的首选设备，对料状、粉状、泥状、糊状、浆状物皆有很好的适应性和混合效果，对块状物有较好的保形性。

图 10-56 为真空斩拌机外形图。

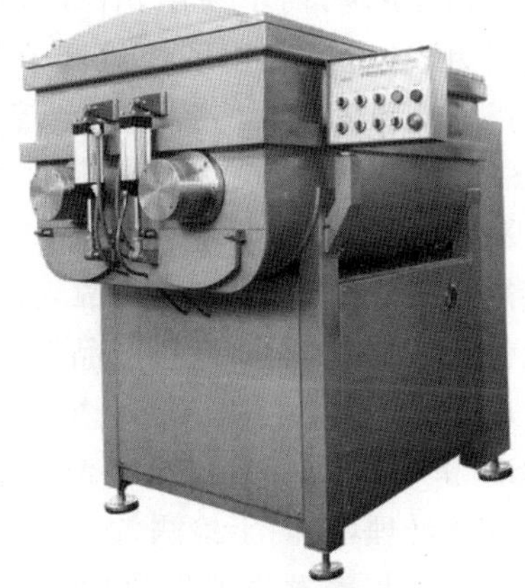

图 10-56　真空斩拌机

2. 设备功能特点介绍

（1）整机采用不锈钢材料制作，可靠耐用，独特的三层密封保护设备，密封性好。使用寿命长，清洗方便。

（2）在真空状态下做平行运动，使物料在料箱内翻动，同时做圆周运动，使得物料搅拌更加均匀。料箱盖和出料门采用气动，操作简单，适合各种工艺要求。

（3）采用主动力为摆线减速电机，传动更平稳，更可靠。

（4）采用独特的搅拌器，使拌出的肉馅纤维细化，并使肉纤维间的动物蛋白能游离析出，以保证肉馅拌和均匀，并使之呈蓬松状态。如加入调味汁能充分地被吸收，可以保持馅的松、鲜、嫩、口感味道优异等特点。

（五）金属探测器

金属探测器主要检测金属杂质。食品用的金属探测器分两种：皮带式和管道式。皮带式就是传送带，把食品放在皮带上经过探头进行检测，如果含有金属杂质就会报警停机或排除。管道式主要是自由落地式，食品自由下落，如含有金属杂质，经过探头就会报警然后排出。

1. 皮带式金属探测器

（1）工作原理　随着科学技术的不断进步，皮带式金属检测器逐渐转变为数码智能金属探测器，AEC500C 系列数码智能金属检测机是采用自主的数码技术研制而成的智能型检测机，该设备采用平衡式原理，通过 DSP 和单片机相结合，实现了金属检测技术的全数字化和智能化，操作高度智能化，性能卓越，简单易用，有效提高了生产效率。同时，该设备还采用了相位调节等诸多新技术、新方法，有效解决了“产品效应”等普遍存在的问题（图 10-57）。

（2）设备功能特点介绍

①采用平衡式原理，更稳定可靠，性能更佳。

②相位调节技术，能够进行产品调节，有效抑制产品效应。

③DSP 和单片机相结合对检测信号进行数据采样和数据处理，提高了检测效率。

④直接数字频率发生器发生频率、相位和幅值均可调节的正弦波，改变了模拟电路参数难以调节和配合的状况，能够方便地进行灵敏度等各种参数的调节。

⑤液晶显示面板，中英文等操作菜单，用户可根据需要选择，具有良好的人机交互界面。

⑥具有一键式产品特点自学功能，能智能化全自动学习和记忆产品特点，无须人工调节参数，操作简单。

⑦具有 100 种产品参数记忆功能，可存储 100 种产品的检测参数，一次设定后无须再次调节，检测产品时调用即可。

⑧可根据客户需求定制自动剔除不良品装置，节约人工成本，提高生产效率。

2. 管道式金属探测器

（1）工作原理　涡电流会产生磁场，反过来影响原来的磁场，引发探测器发出鸣声。金属探测器的精确性和可靠性取决于电磁发射器频率的稳定性，一般使用从 80～800 kHz 的工作频率。工作频率越低，对铁的检测性能越好；工作频率越高，对高碳钢的检测性能越好。检测器的灵敏度随着检测范围的增大而降低，感应信号大小取决于金属粒子尺寸和导电性能。

管道金属探测器由两部分组成，即金属探测机与自动剔除装置，其中检测器为核心部分。检测器内部分布着三组线圈，即中央发射线圈和两个对等的接收线圈，通过中间发射线圈所连接的振荡器来产生高频可变磁场。空闲状态时两侧接收线圈的感应电压在磁场未受干扰前，相互抵消而达到平衡状态。一旦金属杂质进入磁场区域，磁场受到干扰，这种平衡就被打破，两个接收线圈和感应电压就无法抵消，未被抵消的感应电压经由控制系统放大处理，并产生报警信号（检测到金属杂质）。系统可以利用该报警信号驱动自动剔除装置等，从而把金属杂质排除在生产线外（图 10-58）。

（2）设备功能特点介绍　一般的金属探测器都无法完整监控流体产品的整个生产过程，比如肉酱、口香糖胶、奶制品液体等，实时在线剔除金属杂质，确保产品安全输送到下道工序。一般情况下这些产品的都是以金属封装的，变成成品以后一般都无法用金属探测器来检测。因此，液态或黏稠状物品需要在罐装或封装前检测。

①核心部分采用数码技术和原装进口芯片，探测线圈内部采用灌封方式一次成型，具有检测精度高，性能稳定，抗外界干扰能力强等特点。

图 10-57　皮带式金属探测器

图 10-58　管道式金属探测器

②可根据产品特点采用多种频率制作，并且具有产品检测数据存储功能，可储藏100多种产品的检测数据，适用范围广。

③采用智能化识别技术，具有自学习和记忆功能，能自动认识和记忆产品特点，有效排除各种干扰。

④简便的操作界面，采用对话式液晶显示屏、可通过简洁的键控界面快速方便地设置参数；可以检测包含不同产品信号（特性）的多种产品，一次设置就能保证极高的检测精度，无须重新调整、设置程序。

⑤模块化的组件更换、维修方便快捷。

⑥符合HACCP、GMP、FDA的要求。

⑦防震防水设计，防尘防水功能符合IP-66/IP-65国际认证，能抗震动和吸收噪声，并能适应恶劣的工作环境。

⑧可根据用户需要采用各种剔除装置（如翻板、气吹、推杆等），可进行轻便型、大包装专用型及承重型的机身设计。

（六）灌装机

灌装机在食品、饮料、日化等行业广泛使用。

在宠物罐头加工中，灌装机一般使用柱塞式灌装机和定量灌装机两大类。

1. 柱塞式灌装机

（1）柱塞式灌装机工作过程　柱塞式灌装机采用调节柱塞行程而改变产品柱塞筒的容量，当柱塞推杆向上移动时，由于物料的自重或黏滞阻力，使进料活门向下压缩弹簧，物料则从活门与柱塞顶盘之间的环隙进入柱塞下部缸体的内腔料缸中。到达预定容量后料缸下部的控制阀旋转，柱塞向下移动时，活门在弹簧的作用下关闭环隙，柱塞下部的物料被柱塞压出并灌装到容器中，这类装置的适用性比较广泛，粉末、颗粒类及黏稠类物料均可应用（图10-59）。

（2）设备功能特点介绍　采用活塞灌装原理，设计合理，机型小巧，操作方便。物料接触部分均采用304不锈钢材料制成，符合GMP要求。配有灌装量调节手柄，灌装速度可任意调节，灌装精度高。灌装闷头采用防滴漏、防拉丝及升降灌装装置自动输送，无瓶不灌装。料斗带有可调速搅拌装置，可更均匀地灌装物料。

图10-60为袋装活塞灌装机。

图10-59　柱塞式灌装机

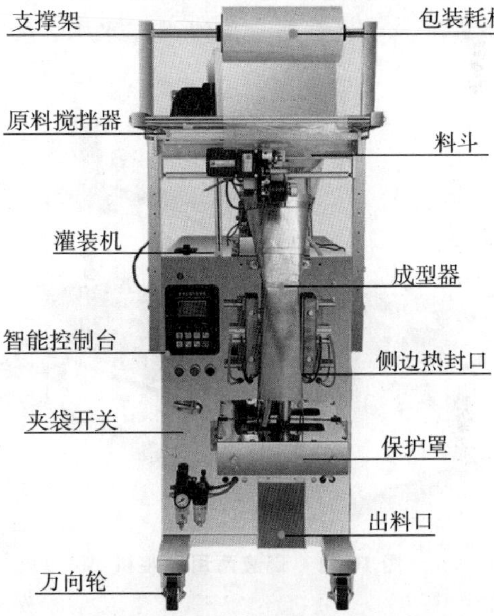

图10-60　袋装活塞灌装机

2. 定量灌装机

气动定量灌装机采用集成电路控制，按键操作，采用气动气缸，适合灌装较小的肉糜和肉块，定量准确，可与各种打卡机联机。

图10-61为膏液两用灌装机。

（七）自动真空封罐机

自动真空封罐机为集预封、封口于一体的全自动真空封罐机，适用于各种规格的马口铁圆罐封口。为提高封口质量及封罐速度以及便于抽真空，在进入真空封罐之前先对罐、盖进行预封，然后再进入真空室里，依次进行抽真空、头道封门及二道封口。

自动真空封罐机(图 10-62)先通过预封,在经过第一二道封口轮的卷缝作业,而使罐身翻边与罐盖钩边钩接重合弯曲,并进行压紧封合而形成紧密的 5 层马口铁接缝,其中第一道封口轮主要是使罐身翻边和罐盖的钩边在迭合情况下良好弯曲钩接,第二道封口轮则是继续上述初接缝形成后,压紧密封。

(八)杀菌锅

杀菌锅是一只密闭的、加压的加热器,用于加热密封在容器内的食品。对密封包装在容器内需商业无菌杀菌的食品,可以使用多种不同的杀菌系统。杀菌系统是加压的,传递温度大大高于沸水,系统使用某种介质(称为加热介质或杀菌介质)作为向产品传递热量的工具,用于锅内的介质包括纯蒸汽、热水(容器全部浸没在水中、水喷雾或水喷淋)和蒸汽/空气混合物。宠物罐头食品一般使用蒸汽式杀菌锅和水浴式杀菌锅。

图 10-61 膏液两用灌装机

图 10-62 自动真空封罐机

1. 蒸汽杀菌锅

(1)工作过程 蒸汽杀菌锅以蒸汽为加热介质,直接进行升温,通过机械装置来保持蒸汽与空气混合,使其在杀菌釜内循环。在杀菌过程中锅内存在空气出现冷点,所以这种方式热分布不均匀。适合这种方式杀菌的包装主要有马口铁、PE 瓶等。

一般马口铁罐头都采用卧式杀菌锅(图 10-63),通过引入压缩空气可实现反压杀菌。在杀菌时,由于加热使罐头温度升高,罐头内压力会超过罐外(在锅内)的压力。因此,为了避免杀菌时马口铁罐两端面凸出,必须施加反压力,特别是对需要较高杀菌温度的肉类罐头更就如此。使用反压力杀菌,是用压缩空气通入锅内增加压力,防止罐头凸罐和跳盖。

由于压缩空气是不良导热体,蒸汽本身具有一定的压力。因此,在杀菌升温过程中不放进压缩空气,而只在达到杀菌温度后处于保温时才开放压缩空气进入锅内,使锅内增加 0.5～0.8 个大气压。经过杀菌后降温冷却时,停止供应蒸汽,将冷却水压入喷水管。由于锅内温度下降,蒸汽冷凝,而使锅内压力降低,可采用压缩空气的压力来补偿。

在杀菌过程中,应注意最初的排气,然后泄气,使蒸汽流通。也可每隔 15～20 min 放气一次,促进热交换。总之必须满足杀菌条件的规定,按一定程序进行,对杀菌温度、杀菌压力、杀菌时间和操作方法等做出具体规定。

(2)设备功能特点 采用少量的工艺用水,能

图 10-63 蒸汽杀菌锅

快速循环；快速到达预定杀菌温度；低噪声，创造安静、舒适的工作环境；锅内配置可移动的温度传感器探头，可随时监控产品中心F值；较好的压力控制，能在整个生产过程不断调节压力，以适应产品包装内部压力的变化，使产品包装的变形度达到最低。

2. 水浴式杀菌锅

(1)工作过程　杀菌时锅内食品全部被热水浸泡，通过压力和水泵促进循环，这种方式热分布比较均匀。水浴杀菌锅(图10-64)对于热敏性食品的杀菌非常高效，对于大包装食品，热穿透速度快，能确保良好的杀菌效果。杀菌水首先在上罐中预热到设定温度，杀菌温度起点高，可有效缩短杀菌时间，尤其对于热包装的食品，能最大限度保留食品原有的口感、色泽和营养价值。杀菌结束后杀菌水可回收到上罐，供下批次食品杀菌用，节约能源，缩短杀菌周期。

(2)设备特点

①采用硬件和软件控制系统，设备安全、稳定地运行。

②预设杀菌工艺参数，可创建、编辑和保存多个杀菌工艺参数，可根据不同的食品直接从触摸屏中调取相应的工艺参数，省时、高效，节省人力、物力，降低生产成本。

③合理的内部管道设计和杀菌程序，能确保设备热分布均匀，热穿透速度快，杀菌周期短。

④杀菌用水和降温用水可循环使用，降低能源消耗，节约生产成本。

图10-64　水浴式杀菌锅

⑤可配备F值杀菌功能，提高杀菌精度，确保每批次杀菌效果一致。

⑥可配备杀菌记录仪，实时准确记录杀菌温度、压力，便于生产管理和科学数据分析。

(九)辐射

辐射保鲜是利用原子能射线的辐射能量对物料进行杀菌处理并延长保质期的一种物理方法，是一种安全卫生、经济有效的保存技术。1980年由联合国粮农组织(FAO)、国际原子能机构(IAEA)、世界卫生组织(WHO)组成的“辐照食品卫生安全性联合专家委员会”就辐照食品的安全性得出结论：食品经不超过10 kGy的辐照，没有任何毒理学危害，也没有任何特殊的营养或微生物学问题。图10-65为辐射杀菌流程。

1. 辐射和辐射杀菌的基本原理

(1)α、β、γ射线的特性及形成　α射线是从原子核中射出的带正电的高速离子流；β射线则是带负电的高速粒子流；γ射线是一种光子流，它是原子核从高能态跃迁到低能态时放出的。γ射线的能量最大，约为几十万电子伏特以上，而可见光只有几个电子伏特。从电离能力来看，α射线最强，γ射线最弱；从对物质的穿透能力来看，γ射线最强，β射线的电离及穿透能力处于α、γ射线之间。

(2)辐射源　辐射源是进行食品辐射杀菌最基本的工具。常用的辐射源有电子束辐射源(产生电子射线)、X射线源和放射性同位素源。用于肉类辐射保鲜的辐射源主要是放射性同位素源，如^{60}Co和^{137}Cs辐射源，^{60}Co最为常用。

(3)辐射产生的变化　食品的辐射杀菌，通常是用X，γ射线，这些高能带电或不带电的射线引

图10-65　辐射杀菌

起食品中微生物、昆虫发生一系列生物物理和生物化学反应，使它们的新陈代谢、生长发育受到抑制或破坏，甚至使细胞组织死亡等。而对食品来说，发生变化的原子、分子只是极少数，加之已无新陈代谢，或只进行缓慢的新陈代谢，故发生变化的原子、分子几乎不影响或只轻微地影响食品的新陈代谢。

2.辐射的剂量单位

(1)电子伏特　1 电子伏特(eV)＝1.602×10^{-12}尔格(erg)＝1.602×10^{-19}(J)

(2)居里和克镭当量　它们都是放射强度单位。前者表示放射性元素的核衰变，而后者表示放射出γ射线的辐射源的辐射效应。对于不同的γ辐射源，它们之间的比值是不同的。例如，对于^{60}Co 辐射线来说，1 居里(Ci)等于 1.6 克镭当量。1Ci 相当于放射性同位素每秒有 3.7×10^{10}次原子核衰变。1Ci＝3.7×10^{10}衰变/s。

(3)伦琴　照射量的测定单位，即在标准状况下(4 ℃，101 324 Pa)，0.001 293 g 空气形成一个正电或负电静电单位的 X 射线或γ射线照射量。

(4)拉德　表示被照射的物体从辐射场内吸收的能量单位。1 g 物质当吸收 10^{-5} J 射线能量时，辐射剂量即为 1 拉德(rad)。

(5)戈瑞(Gy)　照射剂量的国际单位，即 1 kg物质吸收 1 J 的能量为 1 Gy。

$$1\ Gy=1\ J/kg,1\ kGy=1\ 000Gy$$
$$1\ Gy=1\ J/kg=100\ rad=10^7\ erg/kg=10^4\ erg/g$$

3.辐射的应用

(1)控制旋毛虫　旋毛虫在猪肉的肌肉中，防治比较困难，但其幼虫对射线比较敏感，用 0.1 kGy 的γ射线辐照，就能使其丧失生殖能力。因而将猪肉在加工过程中通过射线源的辐照场，使其接受 0.1 kGy γ射线的辐照，就能达到消灭旋毛虫的目的。在肉制品加工过程中，也可以用辐照方法来杀灭调味品和香料中的害虫，以保证产品免受其害。

(2)延长货架期　叉烧猪肉经^{60}Co γ射线 8 kGy 照射，细菌总数从 2 万 CFU/g 下降到 100 CFU/g，在 20 ℃恒温下可保存 20 d；在 30 ℃高温下也能保存 7 d，对其色、香、味和组织状态均无影响。新鲜猪肉去骨分割，用隔水、隔氧性好的食品包装材料真空包装，用^{60}Co γ射线 5 kGy 照射，细菌总数由 54 200 CFU/g 下降到 53 CFU/g，可在室温下存放 5～10 d 不腐败变质。

(3)灭菌保藏　新鲜猪肉经真空包装，用^{60}Co γ射线 15 kGy 进行灭菌处理，可以全部杀死大肠菌群、沙门氏菌和志贺氏菌，仅个别芽孢杆菌残存下来。这样的猪肉在常温下可保存两个月。用 26 kGy 的剂量辐照，则灭菌较彻底，能够使鲜猪肉保存一年以上。香肠经^{60}Coγ射线 8 kGy 照射照，杀灭其中大量细菌，能够在室温下储藏一年。由于辐照香肠采用了真空包装，在储藏过程中也就防止了香肠的氧化褪色和脂肪的氧化酸败。

肉品经辐照会产生异味，肉色变淡，0.1 Mrad 照射鲜猪肉即产生异味，3 Mrad 异味增强，这主要是含硫氨基酸分解的结果。

不同食品的辐照剂量见表 10-1。

4.辐照工艺

辐照工艺流程包括：前处理→包装→辐照→剂量的确定→保藏。

(1)前处理　辐射保鲜就是利用射线杀灭微生物，并减少二次污染，从而达到保藏的目的。因此，辐射保藏的原料肉必须新鲜、优质、卫生，这是辐射保鲜的基础。辐照前需对肉品进行挑

表 10-1　不同食品的辐射剂量(FAO)

食品	主要目的	达到的手段	剂量/Mrad
肉、禽、鱼及其他易腐食品	不用低温，长期安全储藏	能杀死腐败菌、病原菌和肉毒梭菌	4～6
肉、禽、鱼及其他易腐食品	在 3 ℃下延长储藏期	减少嗜冷菌数	0.5～1.0
冻肉、鸡肉、鸡蛋及其他易污染病原菌的食品	防止食品中毒	杀灭沙门氏细菌	0.3～1.0
肉及其他有病原寄生虫的食品	防止食品媒介的寄生虫	杀灭旋毛虫、牛肉绦虫等	0.01～0.03
香辛料、辅料	减少细菌污染	降低菌数	1～3

选和品质检查，要求肉品质量合格，原始含菌量、含虫量低。

(2)包装　屠宰后的胴体必须剔骨，去掉不可食部分，然后进行包装。包装的目的是避免辐射过程中的二次污染，便于储藏、运输。包装可采用真空包装或在包装中充入氮气。包装材料可选用金属罐或塑料袋。塑料袋一般选用抗拉度强、抗冲击性好、透氧率指标好、γ射线辐照后其化学、物理变化小的复合薄膜制成。一般以聚乙烯(PE)、聚对苯二甲酸乙二醋(PET)、聚乙烯醇(PVA)、聚丙烯(PP)和尼龙6(PA6)等薄膜复合结构，有时在中层夹铝箔效果更好。采用热合封口包装是肉制品辐射保鲜的一个重要环节，因而要求包装能够防止辐照食品的二次污染。

(3)辐照　常用辐射源有^{60}Co、^{137}Cs和电子加速器3种，其中^{60}Co辐照源释放的γ射线穿透力强，设备较简单，因而多用于肉品辐照。辐照箱的设计，根据肉品的种类、密度、包装大小、辐射剂量均匀度以及储运销售条件决定，一般采用铝质材料，长方体结构，长、宽、高的比例可为2∶15∶5。辐照条件根据辐照肉品的要求而定，如为减少辐照过程中某些营养成分的损失，可采用高温辐照。在辐照方法上，为了提高辐照效果，经常使用复合处理的方法，如与红外线、微波等物理方法相结合。

(4)剂量的确定　辐照处理的剂量和处理后的储藏条件往往会直接影响其效果。辐照剂量越高，保存时间越长。各种肉类辐照剂量与保藏时间见表10-2。

表10-2　肉类辐照剂量与保藏时间表

肉类	辐照剂量/krad	保藏时间
鲜猪肉	^{60}Co γ射线1 500	常温保存2个月
鸡肉	γ射线200～700	延长保藏时间
牛肉	γ射线500	3～4周
羊肉	γ射线4 700～5 300	灭菌保藏
猪肉肠	γ射线照射4 700～5 300	减少亚硝酸盐用量
腊肉罐头	^{60}Co γ射线4 500～5 600	灭菌保藏

(5)保藏　肉品辐照后可在常温下储藏。采用辐射耐储杀菌法处理的肉类，结合低温保藏效果较好。肉品辐射处理是一项综合性措施，要把好每一个工艺环节才能保证辐照的效果和质量。

虽然食品辐照可有效减少或去除病原菌和腐败微生物，保证食品的卫生和感官品质，但是许多消费者仍不愿接受辐射食品。因此，科学家研究了电子束辐射在食品储藏中的应用。因为机械加速的电子束辐射不使用任何放射性材料，使消费者的认同度提高。

第四节　宠物添加剂预混料的生产工艺流程及设备

宠物营养补充剂的剂型有粉剂、颗粒剂、片剂、膏剂和水剂，不同的剂型其加工工艺存在差异。用于全价宠物食品中配套的添加剂预混料通常为粉剂，下面主要介绍的是粉剂预混料的加工工艺。

一、添加剂预混料的生产工艺流程

(一)添加剂预混料生产基本要求

复合预混料在全价配合饲料中起补充营养素的作用，可以提高营养物质的利用率。复合预混料组成成分复杂，原料用量相差悬殊，所以其生产过程与全价宠物食品相比，具有一定的特殊性。其生产基本要求如下：

1. 微量成分活性要得到很好的保护

添加剂原料的活性成分不同，易受外界环境的影响。另外，在原料的储存、预处理乃至加工过程中，要注意添加剂间的配伍性，避免不同组分产生交叉影响，降低添加剂的活性。

2. 生产工艺要简短且高效

预混料工厂的工艺设计要求在确保成品质量的前提下，主要应考虑配料准确与混合均匀。缩短流转线路，减少运送环节。配料、混合与成品打包应呈空间排列，尽可能减少提升与输送次数，以减少物料间的交叉污染及混合后的分级。为了避免不同组分、产品间的交叉污染，在工艺设计时采用些专门的措施，如原料分别储存、使用专门生产线；设备无死角，易清理，保证无残留，并便于观察和检测;生产结束或更换品种时,能有效清理生产线中可能造成污染的残留物质。

3. 配料精度要求高

预混料生产所涉及的物料大都是微量成分,有的甚至是极微量成分,有些成分其安全剂量与中毒剂量十分接近。因此,生产预混料的配料系统要求精确度高、误差小,应选用适当精度的秤和设计出合理的配料工艺。如多级稀释混合、分组配料。某些极微量成分在配制室内用微量天平称取以保证称量准确。

4. 混合均匀度要求高

预混料的物料组分微量,尽管选用了高精度的配料系统,保证了每批料总量的精确,但如果混合不均匀,则达不到产品的质量要求。一般微组分要求的配料误差是 0.01%～0.03%,载体误差是 0.1%～0.3%,预混料生产的混合均匀度要求在 5%以内。要实现这个目标,必须选用高效、低残留、高均匀度的混合机,设计出合理的混合工艺;此外,还应对原料的理化特性做必要的改善,如载体或稀释剂的粒度、微量组分的吸湿性等。

5. 包装要求

在储存中,预混料中的某些微量组分会逐渐变化,失去活性,因此包装材料要有利于储存。预混料品种多、用法特殊,因此包装要求称量准确,严防污染,标签使用应正确、谨慎,以防事故发生。

6. 设备要有防腐蚀性

由于某些微量组分有腐蚀性,凡与微量组分接触的设备,其工作表面均需用不锈钢或其他防腐蚀材料制造。

7. 检测系统应完善

生产预混料除了要求有高质量的生产设备外,还应具有高精密的检测仪器和高水平的检测人员。检测仪器完善、精密,可进行物理、化学、生物等方面的性能测定。另外,预混料的生产还要求有高素质的生产和管理人员。

8. 劳动保护要求高

预混料厂的某些原料,对人体健康有一定的影响,甚至在一定剂量下有毒,故应有专人负责添加,计量准确,操作室内设有可靠的通风除尘系统和其他劳动保护措施。

9. 成品销售要快

预混料中的某些成分有一定的时效性,因此产品应尽早出售,包装上注明出厂日期。成品的后处理储存应与一般的配合饲料厂有所区别。

(二)预混料生产工艺

预混料的生产工艺主要由载体粉碎、载体及微量组分的配料、混合、输送、除尘、包装、储存等工艺组成(图 10-66)。

1. 粉碎工艺

载体使用粒度为 177～590 μm。稀释剂的粒度,通常为 30～200 目。推荐稀释剂的粒度和容重是其稀释的活性成分的 2 倍,这样能减少活性成分的分离。

2. 配料工艺

预混料是由多品种、配量小、价格高的微量组分和载体所组成。因此,预混料的配料准确性要求高。根据配量不同,配料误差的要求不同:50 kg 以下的配料秤的配料误差为 5 g;100～150 kg 的误差为 50 g。为了保证配料精度,应根据物料和称量条件,采用人工配料、微量配料秤配料和自动配料秤配料等配料方式。

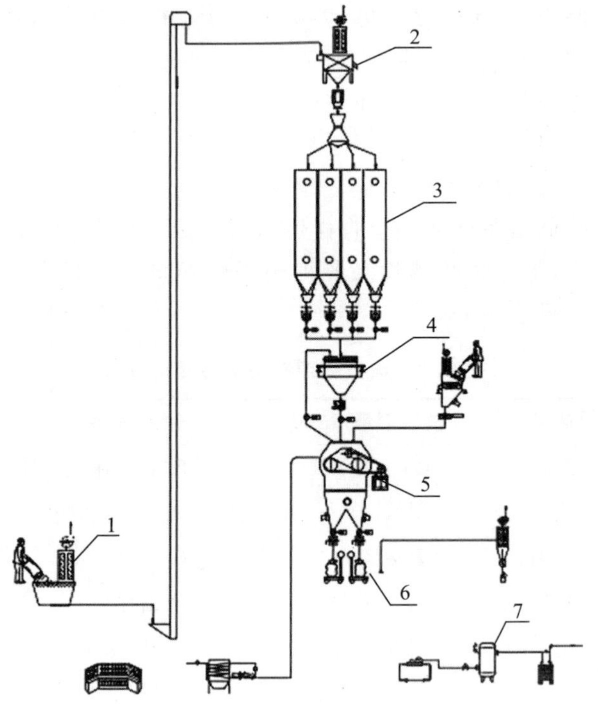

图 10-66　预混料生产工艺图

1. 脉冲除尘器　2. 清理设备　3. 配料仓
4. 配料秤　5. 混合机　6. 打包机　7. 辅助设备

3. 混合工艺

对预混料厂来说，混合是其最重要的工序之一，也是保证产品质量的关键所在。预混料混合时的变异系数 CV 不得超过 5%。要求预混料在机内的残留量小，不大于 100 g/t，以减少微量元素的污染。为减少粉尘，保证预混料的均匀一致，一般要求在混合过程中添加油脂。

根据上述要求，预混料配制工艺应注意以下几点：

(1)微量组分原料浓度高，加入量小者要予以稀释　在配制室内设一台小容量的稀释混合机进行原料预稀释，一般将其稀释到最大称量的 5% 以上时，方可参加配料。

(2)原料的投料顺序　各种原料的投料顺序对混合均匀度的影响很大，必须严格按照操作顺序进行。如先加载体，后加微量组分。如载体用量较大，可分两次加入，先加一半，加入全部微量活性组分后，再加另一半载体。油脂的添加主要是为了减少粉尘和提高载体的承载能力，添加量为混合总量的 1%～3%。

(3)设备清洗　更换品种时，需及时对药物和微量元素经过的设备进行清洗。清洗方法是用载体清洗 2 次，清洗后的载体可重新加入含此药物的产品中。易结块的油脂混合机需人工清洗。

(4)成品包装　包装重量主要根据用户的生产规模和使用方法而定。包装材料主要决定于包装物料的性质。被包装物料的稳定性差、含微量组分浓度高时，应采用纤维纸板箱(筒)包装(内衬塑料袋)。对于含维生素的预混料可采用 3 层牛皮纸和一层塑料薄膜组成的 4 层组合包装袋。

(5)储藏保管　预混料成品的储藏要求低温、通风，仓库温度最高不超过 30 ℃，相对湿度不宜超过 75%。仓库需要有隔热措施，夏季高温季节应设有通风装置。保持环境干燥、阴凉、避光。

(6)预混料厂要求　具备较好的通风除尘系统。

二、关键工序及设备

预混合饲料中的各种成分的添加比例相差很大，允许的配料误差也各不相同，特别是对微量组分的要求更高。这些微量成分在全价料中的比例很小，且价格高，若称量不准确，不仅影响产品质量，还对成本核算不利。因此，预混料生产应根据各种成分需要的称量值和配方设计的要求，选用相应的配料工艺和设备。

(一)配料工艺及设备

1. 人工配料

这是一种最为简单的配料形式，它既具有灵活的优点，又有费时、人工强度大的缺点。一般来说，只要工人认真操作和严格执行规章制度，就能保证较高的配料精度。特别适合于称量小、浓度高的微量成分的配料。由于人工配料可能会造成人为失误，有必要安装防止故障的控制机构。如当每批微量成分配好后，只要还未加入混合机内，混合机就不能进入下一程序。

2. 机械自动配料

(1)一次性直接配料　即所有参加配料的组分均由一台配料秤根据配方从大到小的比例逐一称取。配料秤的最大称量值以一批次中所有料的总量来选取。这种机械自动配料工艺简单、投资少、操作管理方便，但配料误差往往很大，不宜用于生产预混合饲料。

(2)分组配料　根据参加配料的各组分的不同比例，由不同称量范围的配料秤来分组称量，之后集中同批送入下道混合工序。也就是大称量用大秤，小称量用小秤，以保证各种成分的配料精度，这是预混合饲料厂常用的生产工艺。若各配料秤放料后不是直接进入混合机，而是经过机械输送，那么最好将组分小的秤安排在最靠近输送机的出口，使称最大的组分或载体在输送过程中起到清洗作用，以减少交叉污染，确保产品质量；或将较小组分由人工称量直接倒入混合机内。

(3)预称—稀释混合—配料　为了保证极微量成分添加的准确性和分布的均匀性，不是把它们直接称量加入主混合机内，而是先用高精度的秤量取一定的量，然后加入载体或稀释剂进行稀释混合，再作为一个组分参加配料。有时甚至可以多次稀释混合再添加配料。这是目前预混合饲料厂采用最多的一种工艺。一般把预称—稀释混合工序设置在单独的配制室内进行，然后再在主车间内参加配料。

3. 配料设备

在配料工艺确定后，就要从秤的计量性能和容量两方面去选择合适的称量设备。常见的设备有：

(1)手工称量设备　如小台秤、台天平、精密分析天平等。它们通常设置在配置室内，专门用于极微量组分的人工称重，以保证其称量的精确性。

(2)自动配料秤　主要用于载体稀释剂、大比例的组分和经预稀释混合的单项预混合料。根据控制原理可分为机械杠杆型、机电结合型和电子传感器型。它们和配合饲料厂所用的配料秤基本相同。自动配料秤的优点是：能保证配料质量的可靠性、均匀性；可消除人为误差；明显减少工人的劳动强度，改善劳动条件；加快配料速度，提高劳动生产率。以下重点介绍预混合饲料厂特有的微量配料秤。

①容积式微量配料秤：在各微量元素配料仓的底部装有高精度的容积式配料器，根据需要调节拨料叶片的转速来控制流量。该设备结构简单、价格低廉，但会因物料的容重变化而产生较大的计量误差，现已基本淘汰不用。

②重量式微量配料秤：在各微量元素配料仓的底部装有螺旋喂料器，该喂料器采用变螺距、变螺径，由变频电机通过减速器直接驱动。秤的称重采用精度达万分之一的电子传感器和电脑来控制各螺旋喂料器的动作，这样既可解决仓内物料下料的问题，又可根据需要调整喂料速度，保证称量的准确性。各料仓应可随时拆卸进行清理，以防相互间交叉污染，仓内壁应涂有耐磨抗腐蚀的涂料。秤斗有圆形和方形两种，但斗壁都必须有不小于70°的斜度。以保证每批排料干净彻底。最好采用翻斗式卸料。此外，计算机应对每次排料后的料斗进行零值校验，以确保称量的准确性。

(二)混合工艺与设备

1. 预混料的混合要求

混合是预混合饲料厂最重要的工序之一，也是保证预混合饲料质量的关键所在，它的混合要求比配合饲料要高。具体表现在：

(1)微量成分的浓度高，它们混合均匀与否对全价料的影响很大，因此在我国国家标准中规定其变异系数不大于5%，而配合饲料为不大于10%。

(2)在承载混合中，不单为了混合均匀，更重要的是让载体和微量成分有一定的结合程度，不易在输送运输过程中出现分离。因此所需的混合时间要比配合饲料长得多，一般要15 min以上。而配合饲料只有5 min左右，甚至更短。

(3)要求混合机内的残留量越少越好，一般在万分之一以下，最好采用大开门排料。

(4)预混合饲料一般都有液体添加装置，如添加油脂来减少粉尘、增加载体承载能力、消除静电。

2. 混合工艺

(1)单机混合　这是最为简单的工艺。一般只配有一台小容积的混合机，并架在一定高度的平台上。配料、进料、开机、停机和出料均由人工操作。需要注意的是，每批物料混合前后，应将机内的残留清扫干净，以免相互交叉污染。该工艺既可作为小型预混合饲料厂的生产，也可作为大型预混合饲料厂的预混合。它具有灵活方便、投资小的优点，但存在劳动强度高、生产环境差的缺点。

(2)自动配料混合　对于大型的正规预混合饲料厂来说，主混合工艺应采用自动配料混合工艺。

从理论上讲，成品预混料应避免输送.以防再分级。但也得根据原料情况、设备性能、生产品种、工人操作水平以及厂房条件而定。对于高浓度的微量成分或有药物的预混合料应采用第一种工艺，直接打包。这种工艺的优点是：工艺简洁明了，不存在再分级的可能。缺点是打包速度会影响混合设备的生产能力和调换品种时的等待时间，现场环境也较差。若浓度不高或不含药物的预混合饲料，就可根据情况考虑采用第二种工艺，但对输送设备有特殊的要求，如采用自清式刮板输送机、提升机或高浓度的气力压送等。这种工艺的优点为：工艺灵活，打包可设在专门的打包间，不会影响车间的正常的生产；缺点是工艺复杂，投资大，对输送设备有较高的要求。

3. 混合设备

(1)卧式双轴桨叶混合机　混合槽的截面为W形，在每个V形截面内安装两根水平的轴，且转动方向相反。两根轴上装有多个呈一定角度的桨叶，桨叶一方面带动物料沿着机槽内壁做旋转运动；另一方面带动物料左右翻动。所以，物料既有圆周运动，也有轴向运动。在圆周方向上，由于两边的桨叶有一个重叠区。在此区域内，物料受两旋转桨叶的作用，获得一个向上的抛力，在上抛过程中物料就有扩散混合作用。而在下落时就处于一个暂时的失重状态，物料的各粒子就不受形状、大小、密度等物理性能的影响，而呈自由状态以近似抛物线轨迹运动。从而形成粒子无定向运动的扩散混合。在轴向运动方面两根轴上的桨叶把物料向相反的方向推动，当到达各自的轴端后，在轴端特殊角度的桨叶作用下，把物料抛向另一个作用区，如此连续反复，就在混合机内形成一个循环料流。再则，由于桨叶与桨叶的不连续性，物料受到的作用力就时强时弱，物料的运动也就时快时慢或有时停止。这种非连续运动使物料之间产生较大的速度差，从而形成多个剪切面和较强的剪切混合。正是由于上述 3 种强烈的混合作用，使得该机具有快速、柔和、均匀的效果。图 10-67 为双轴桨叶式混合机外观图。

主要特点：混合速度快，缩短了混合周期，提高了生产效率；混合精度高，1 min 后 *CV* 小于 5%；转子上叶片分布与安装角度合理，混合柔和、不产生偏析面；W 形机槽使得混合无死角区；机槽底部采用全长双开门结构，排料迅速，残留少；添加 30%的液体仍能将物料混合均匀。

(2)腰鼓型添加剂混合机　工作原理：腰鼓型混合机主要由机架、传达装置、筒体组成。筒体为腰鼓形状，两端分别焊有多个分流叶片，并在 180°锥体内均匀分布，且上下锥体分流叶片处于相对位置。在其两侧的重心位置上分别固定了一段支撑转轴，当电机开动时，筒体绕其重心进行正反转各半时间的转动，筒内的物料就被不断地分流、混合和翻动，从而发生对流、剪切、扩散等混合作用，使物料混合均匀。

图 10-67　双轴桨叶式混合机

主要特点：适合于配制室内极微量元素的稀释混合；混合均匀度高。在筒体正反转时，物料靠筒内的分流叶片，对物料进行不断地分流、混合和翻动。使得混合均匀度的变异系数小于 5%，无残留，密封性好；噪声低、振动小、无粉尘外溢。

第五节　宠物零食的生产工艺流程及设备

一、冷冻干燥工艺流程及设备

(一)原理及优点

1. 冷冻干燥原理

将含水物料先行冻结，然后使物料中的水分在高真空下不经液相直接从固相转化为水汽排出，称冷冻干燥法，又称冷冻升华干燥法、真空冷冻干燥法。从理论上已知水有三相：液相、气相和固相，图 10-68 为水的三相图。水相平衡关系是研究和分析含水食品冷冻干燥原理的基础。物质分子间的相互位置随着温度压力的改变而变化，直到量变引起质变，产生聚集态的转化，随着压力的不断降低，冰点的变化不大，而沸点则愈来愈靠

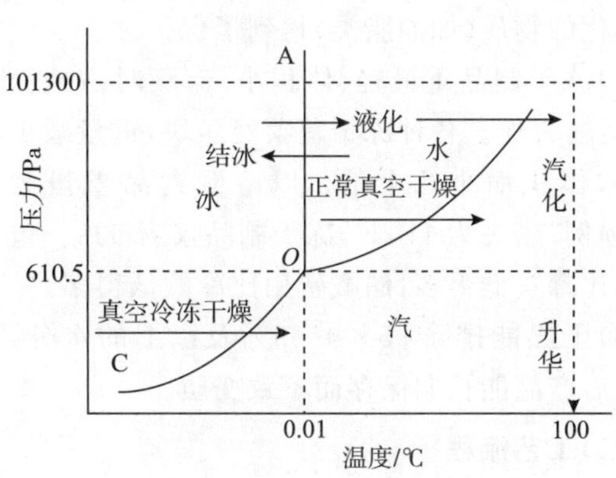

图 10-68　水的三相

近冰点。当压力下降到某一值时，沸点即与冰点相重合，固态冰就可以不经液态而直接转化为气态，这时的压力称为三相点压力，其相应的温度称为三相点温度。

2. 冷冻干燥优点

(1)冷冻干燥在低温下进行，因此对于许多热敏性的物质特别适用，使其不致变性或失去活力。物质中的一些挥发性成分损失很小，能最大限度地保存食品的色、香、味，如蔬菜的天然色素保持不变，各种芳香物质的损失可减少到最低限度，且蛋白质、微生物等不会发生变性或失去生物活力。冷冻干燥对保存含蛋白质食品的效果要比冷冻的好，因为冷冻要降低食品的持水性。

(2)冷冻干燥的特点是不改变物品的物理结构，且化学结构变化很小。对热不稳定的物质影响也很少，即使添加了水，也能恢复到干燥前的状态。由于在冻结的状态下进行干燥，因此体积几乎不变，保持了原来的结构，不会发生浓缩现象。

(3)复水快，食用方便。干燥后的物质疏松多孔，呈海绵状，加水后溶解迅速而完全，几乎立即恢复到原来的性状。因为被干燥物料含有的水分是在结冰状态下直接蒸发，水汽不带动可溶性物质移向物料表面，不会在物料表面沉积盐类，物料表面不会形成硬质薄皮，也不存在因中心水分移向物料表面时对细胞或纤维产生张力，不会使物料干燥后因收缩而引起变形，所以极易吸水恢复原状。

(4)由于在真空下进行干燥，O_2极少，因此一些易氧化的物质(如油脂类)得到了保护。

(5)冻干制品重最轻、体积小、储藏时占地面积少、运输方便。各种冻干蔬菜经压块，重量减少十几倍，体积缩小几十倍。以冷藏食品重量为100%为例，罐头为110%，冻干制品仅为5%。包装费用比罐头低得多；储藏费用比冷藏低得多。

(6)干燥能排除95%～99%及以上的水分，使干燥后产品能长期保存而不致变质。

(二)工艺流程

冻干工艺流程：原料解冻→选杂→调味腌制→冷冻→切型→真空冷冻干燥→挑选→计量装袋→金属探测→封口装箱→入库。

1. 原料选择

原料选择，选择新鲜的鸡肉、鸭肉、牛肉、羊肉、鱼肉等，也可以选用新鲜蔬菜和水果。

2. 前处理

产品在进行冷冻干燥时，需要装入适宜的容器，然后进行预先冻结，才能进行冷冻干燥。预冻过程不仅是为了保证物质的主要性能不变，冻结后产品有合理的结构以利于水分的升华；还要有恰当的装量，以便日后应用。

产品的分装通常有散装和瓶装两种方式。散装可以采用金属盘、饭盒或玻璃器皿；各种容器在分装之前要求清洗干净并进行灭菌处理。需要冻干的产品需配制成一定浓度的液体，为了能保证干燥后有一定的形状，干物质含量在10%～15%最佳。产品分装到容器有一定的表面积与厚度比，表面积要大一些，厚度要小些。表面积大有利于升华，产品厚度大不利于升华，一般分装厚度不大于10 mm。有些产品需用大瓶，并且冻干较大量的产品时，可以采用旋冻的方法冻成壳状或倾斜容器冻成斜面，以增大表面积，减小厚度。

产品的预冻方法有冻干箱内预冻法和箱外预冻法。箱内预冻法是直接把产品放置在冻干机冻干箱内的多层搁板上，由冻干机的冷冻机来进行冷冻。大量的小瓶或安瓿进行冻干时为了进箱和出箱方便，一般把小瓶或安瓿分装在若干金属盘内，再装进箱子。为了改进热传递，有些金属盘制成可分离式，进箱时把底抽走，让小瓶直接与冻干箱的金属板接触；对于不可抽底的盘子要求盘底平整，以获得产品的均一性。采用旋冻法的大瓶要事先冻好后加上导热用的金属架或块后再进行冷冻。箱外预冻有两种方法：一种是只能利用低温冰箱或酒精加干冰来进行预冻；另一种是专用的旋冻器，它可把大瓶的产品边旋转边冷冻成壳状结构，然后再进入冻干箱内。冷冻时所形成的晶体大小在很大程度上影响干燥的速率和干燥后产品的溶解速度。大的冰晶容易升华，小的冰晶不利于升华；但大的冰晶溶解慢，小的冰晶溶解快。冰晶越小，干燥后越能反映产品的原来结构。因此，需要有一个最优的冷却速率，以得到最好的产品物理性状和溶解速度。为了获得不同的降温速度，就要采取不同的预冻方法。例如，有时需在装箱之后才开始冻干箱的降温，有时需让机器预先降到低温，再将产品装入冻干箱内。预冻的目的是固定产品，以便在真空下进行升华。如果没有冻实，则抽真空时产品会冒出瓶外来，没有一定的形状；如果冷冻的温度过低，则不仅浪费了能源和时间，对某些产品还会降低其存活率。因此，预冻之前应确定 3 个数据：其一是预冻的速率，应根据产品不同而试验出一个最优冷冻速率。其二是预冻的最低温度，应根据该产品的共熔点来决定，预冻的最低温度应低于共熔点的温度。其三是预冻的时间，根据机器的情况来决定，保证抽真空之前所有产品均已冻实，不致因抽真空而冒出瓶外。冻干箱的每一板层之间，每一板层的各部分之间温差越小则预冻的时间可以相应缩短，产品的温度达到预冻最低温度之后 1～2 h 即可开始抽真空升华。

冷冻速度还对食品干制品的复水率、升华时间有影响。冷却速度越快，形成的冰晶变细，干燥时升华时间则越长，复水率提高。反之冷却速度慢，形成的冰晶大，干燥时，升华时间短，复水率较低。

冷冻最终温度影响到食品干燥速度。随着温度的下降，水分冻结量逐渐增加。如让食品中水分全部冻结，温度必须降到－60 ℃以下进行升华干燥。冰的饱和蒸汽压为 1.15 Pa，设备的真空必须高于 1.15 Pa，才能进行升华干燥。此时，冰的饱和蒸汽压与真空室内的压差在 1 Pa 之内。由于食品干燥层的阻力存在，水蒸气很难从冰界面扩散到真空室，使升华难以进行，但冻结温度又不能过高，要防止冻结不足使升华时食品内部发生部分融化、发泡等现象。所以，对食品，最终温度控制在－25～－10 ℃，此时，冻结率在 90%以上，不会发生冻结不足现象。

3. 冻干产品的干燥

(1)第一阶段干燥　在产品内的冻结冰消失之前称第一阶段干燥，也称冷冻(或升华)干燥阶段。产品在升华时要吸收热量，1 g 冰全部变成水蒸气大约需要吸收 2 805.3 J 的热量，因此升华阶段必须对产品进行加热。但对产品的加热量是有限度的，不能使产品的温度超过其自身共熔点温度。升华的产品如果低于共熔点温度太大，则升华的速率降低，升华阶段的时间会延长；如果高于共熔点温度，则产品会发生融化，干燥后的产品将发生体积缩小、出现气泡、颜色加深、溶解困难等现象。因此升华阶段产品的温度要求接近共熔点温度，但又不能超过共熔点温度。

冷冻干燥时冻干箱内的压强，要控制在一定的范围之内。压强低有利于产品内冰的升华，但由于压强太低对传热不利，产品不易获得热量，升华速率反而降低。试验表明：在冻干箱的压强低于 10 Pa 时，气体的对流传热小到可以忽略不计；而压强大于 10 Pa 时，气体的对流传热就明显增加。在同样的板层温度下，压强高于10 Pa 时，产品容易获得热量，因而升华速率增加。但是，当压强太高时，产品内冰的升华速率减慢，产品吸热量减少，于是产品自身的温度上升，当高于共熔点温度时，产品将发生融化，造成冻干失败。冻干箱的合适压强是在 1～3 Pa，在这个压强范围内，既利于热量的传递又利于升华的进行。超过 3 Pa 时，产品可能融化，此时应发出真空报警信号，切断对产品的加热，甚至启动冷冻机对冻干箱进行降温，以保护产品不致发生融化。冻干箱内的压强是由空气的分压强和水蒸气的分压强组成的，因此要使用能测量全压强的热真空计来测量真空度，而不宜使用压缩式真空计，以水银为介质的压缩式真空计由于水银蒸汽有害，应禁止使用。

1 g 冰在 13.33 Pa 时产生约 10 000 L 水汽，为了排除大量的水蒸气，光靠机械真空泵排除是不行的。冷凝器作为冷却装置使大量水蒸气凝结在其内部的制冷表面上，因此冷凝器实际上起着水蒸气泵的作用。大量水蒸气凝结时放出的热量能使冷凝器的温度发生回升，这是正常的现象。但由于冷凝器冷冻机的制冷能力不够，冷凝器吸附水蒸气的表面太小，或对产品提供热量过多等原因而产生过多的水蒸气，会引起冷凝器温度的过度回升。当发生这种情况时，冻干箱和冷凝器之间的水蒸气压力差减小，从而导致升华速率的降低。与此同时冻干机系统内水蒸气的分压强增强，使真空度降低进而又引起升华速率的减慢，产品吸收热量减少，产品温度上升，致使产品发生融化，冻干失败。因此为了冷冻干燥出好的产品，需要保持系统内良好而稳定的真空度。需要冷凝器始终能低于－40℃，因为－40 ℃时冰的蒸汽压为 1 Pa 左右。

在冷冻干燥阶段，冻干箱的板层是产品热量

的来源。板层温度高，产品获得的热量就多；板层温度低，产品获得的热量就少；板层温度过高，产品获得过多的热量使产品发生融化；板层温度过低，产品得不到足够的热量会延长冷冻干燥时间。因此，板层的温度应进行合理的控制。板层温度的高低应根据产品温度、冻干箱的压强(即冻干箱的真空度)、冷凝器的温度3个因素来确定。如果在冷冻干燥的时候，产品的温度低于该产品的共熔点温度较多，冻干箱内的压强小于真空报警设定的压强较多，冷凝器温度也低于－40 ℃较多，则板层的加热温度还可以继续提高。如果板层温度提高到某一数值之后产品的温度已接近共熔点温度，或者冻干箱的压强上升到接近真空报警的数值或者冷凝器温度回升到－40 ℃，则板层温度不可再继续提高，不然会出现危险的情况。

影响升华干燥时间的因素：①产品的类型。有些产品容易干燥，有些产品不容易干燥。一般来说，共熔点温度较高的产品容易干燥，升华的时间较短。②产品的分装厚度。正常的干燥速率大约每小时使产品下降1 mm的厚度，因此分装厚度大，升华时间也长。③升华时提供的热量。升华时若提供的热量不足，则会减慢升华速率，延长升华阶段的时间。

冻干机的性能包括冻干机的真空性能、冷凝器的温度和效能、机器构造的几何形状等，性能良好的冻干机使升华阶段的时间更短。

在产品的第一阶段时，除了要保持冻结产品的温度不能超过共熔点以外，还要保持已干燥的产品温度不能超过崩解温度，所谓崩解温度是对已经干燥的产品而言的。已干燥的产品应该是疏松多孔，保持一个稳定的状态，以便下层冻结产品中升华的水蒸气能顺利通过，使全部的产品都良好地干燥。但某些已干燥的产品，当温度达到某一数值时，会失去刚性，发生类似崩溃的现象，失去了疏松多孔的性质，使干燥产品有些发黏，密度增加，颜色加深，发生这种变化的温度就称作崩解温度。干燥产品发生崩解之后，阻碍或影响下层冻结产品升华的水蒸气的通过，于是升华速度减慢，冻结产品吸收热量减少，由板层继续供给的热量超过其需要量，会造成冻结产品温度上升，产品发生融化发泡现象。崩解温度与产品的种类和性质有关，因此应该合理地选择产品的保护剂，使崩解温度尽可能高一些，如产品的崩解温度应高于该产品的共熔点温度。崩解温度一般由试验来确定，通过显微冷冻干燥试验可以观察到崩解现象，从而确定崩解温度。

(2)第二阶段干燥　一旦产品内冰升华完毕，产品的干燥便进入了第二阶段，也称解吸干燥阶段。在该阶段虽然产品内不存在冻结冰，但产品内还存在10%左右的水分，为了使产品达到合格的残余水分含量，必须对产品进一步干燥。在解吸阶段，可以使产品的温度迅速地上升到该产品的最高允许温度，并在该温度一直维持到冻干结束为止。迅速提高产品温度有利于降低产品残余水分含量和缩短解吸干燥的时间。产品允许温度视品种而定，一般为25～40 ℃。

在解吸干燥阶段由于产品内溢出水分的减少，冷凝器温度的下降又引起系统内水蒸气压力的下降，这样往往使冻干箱的总压力下降到低于1 Pa，这就使冻干箱内对流的热传递几乎消失。因此，即使板层的温度已加热到产品的最高允许温度，但由于传热不良，产品温度上升很缓慢。

一旦产品温度达到许可温度之后，为了进一步降低产品内的残余水分含量，高真空的恢复是十分必要的，这时上述控制压强的方法应停止使用。在冻干箱恢复高真空的同时，冷凝器由于负荷减少，温度下降到最低的极限温度，这样使冻干箱和冷凝器之间水蒸气压力差达到了最大值。这样的状况非常有利于产品内残余水分的逸出，但时间应控制在小于2 h，时间越长产品内残余水分的含量越低。

影响解吸干燥时间的因素：①产品的种类。产品不同，干燥的难易不同，同时产品不同，最高许可温度也不同，最高许可温度较高的产品，时间可相应短些。②残余水分的含量。残余水分的含量要求低的产品，干燥时间较长。产品残余水分的含量应有利于该产品的长期存放，太高太低均不好，应根据试验来确定。③冻干机的性能。在解吸阶段后期能达到的高真空度、冷凝器的温度低的冻干机，其解吸干燥的时间可短些。④是否采用压强控制法。如果采用压强控制法，则改进了传热，使产品达到最高许可温度的时间缩短，吸解干燥的时间也缩短。

第二干燥阶段终止点是比较重要的，冻干是

否可以结束是这样来确定的：产品温度已达到最高许可温度，并在这个温度保持 2 h 以上的时间；关闭冻干箱和冷凝器之间的阀门，注意观察冻干箱的压力升高情况（这时关闭的时间应长些，30～60 s），如果冻干箱内的压力没有明显的升高，则说明干燥已基本完成，可以结束冻干；如果压力有明显升高，则说明还有水分逸出，要延长时间继续进行干燥，直到关闭冻干箱冷凝器之间的阀门之后无明显上升为止。

图 10-69 为大型宠物食品冻干机外观图。

4.冻干的后处理

干燥结束后，要对食品进行调节，即使食品在破坏真空之前稳定一段时间，使食品中的剩余水分和温度完全均匀，然后消除真空。在破坏真空时，不能用一般空气，因为干燥制品中的微生物并非全部死亡，部分微生物处于休眠状态，一旦外界条件成熟，它们还会继续生长，而空气中的水分、氧气为微生物的生长提供有利条件，最后会使干燥制品失去稳定性，应采用充氮气来消除真空，对食品无副作用，要求包装也应采用充氮密封。

在干燥完毕时冻干箱内仍处于真空状态，因此产品出箱必须放入空气，才能打开箱门取出产品，放入的空气应是无菌干燥空气。

产品的保存要求不同，因此出箱时的处理也不同。有些产品仅需放入无菌干燥空气，然后出箱密封保存即可；有些产品需充氮保存，在出箱时放入氮气，出箱后再充氮密封保存；有些产品需真空保存，在出箱后再重新抽真空密封保存。

干燥的产品一旦暴露在空气中，很快会吸收空气中的水分而潮湿，使本已干燥的产品又增加水分，因此，产品一旦出箱就应该迅速地封口。

图 10-69　大型宠物食品冻干机

(三)真空冷冻干燥食品的品质控制

1.复水性能

所谓复水性能即真空冷冻干燥制品在食用前加水浸润时，其吸水恢复情况，包括恢复的体积、质构、重量及需要的时间等。复水性是品评冻干食品品质的一个重要指标，它受生产过程中多种参数的制约。

影响冻干食品复水性能的因素：

(1)物料的成分　食品物料中存在两类物质，一类具有亲水性，另一类则具有疏水性。亲水性的物质很容易被水浸润，主要包括食品中的糖类、无机盐以及一些水溶性蛋白质。这类物质在冻干食品中含量越高，则其复水性越佳，复水所需时间越短。疏水性物质包括油脂以及脂溶性维生素等，这类物质会排斥水的浸润，在水由物料表层向内扩散的过程中形成隔膜，如果油脂含量较多，则容易出现复水不均匀且复水时间延长等情况。

(2)物料的质构　物料的复水是一个传质的过程，水由表层向内部扩散，其动力来自水分梯度和毛细管力，而水分梯度产生的动力与毛细管力有密切的关系，因此毛细管力的产生对冻干制品的复水性起着至关重要的作用。

毛细管力的产生需致密而又均匀的小孔穴，小孔穴之间保持连通，整个物料呈一开放通道的体系，保证水分在扩散过程中不会因孔路阻塞而产生阻力。

(3)复水的温度　在食品复水过程中，如果温度梯度与水分梯度方向相同，则温度梯度对水分的扩散起到推动作用，反之则产生阻碍，且梯度越大，这种推动力或阻力越大。因此在测定复水性时，应将物料放置一段时间，使其温度降低，然后选择适当温度的水，才能得到较为准确的结果。

(4)物料的加工温度　冻干食品在加工过程中的温度也会影响物料的复水性。如果加工温度较高，一些糖类发生聚合反应，从而使糖与水的亲和力大为降低，甚至发生不亲和的现象。同样，可溶性蛋白质在温度高的情况下也容易发生永久性变性，此种变性蛋白质和水的亲和力也大大降低，另外高温引起的羰氨反应产物的亲水性也较低。

(5)复水物料的体积　复水物料的个体体积越大，则水分由外向内扩散的路程越远，阻力也就越大。同时，太大的物料体积对物料形成疏松的网络结构不利，因此要加以控制。

2.色泽的变化

对于优质的冻干食品，其色泽保持原样，几乎不发生任何改变而呈现食品的自然色泽。在食品加工过程中，由于高温作用，制成品在质构上变软，在色泽上变暗，发生褐变，产生蒸煮味等现象是很常见的。而冻干食品的制作过程是在较低的温度下进行，且采用对流或传导加热，不用常见的蒸汽直接加热，因而食品品质得到明显改善，在冻干过程中，制品的色泽主要与以下因素有关。

(1)物料的成熟度　食品原料的呈色主要是由叶绿素、花青素、血红素等造成。对于植物性食品，在不同成熟阶段，物料本身会呈现出不同的色泽，且色泽的稳定性也相差很大。对于蔬菜类原料，达到7～8成熟度时，其加工性能最好，质地脆而色泽鲜艳稳定。成熟度太高，其本身的色泽往往出现橙黄色、暗褐色或其他颜色，质地变软，此时其组织内液体中一般含有大量可溶性物质，细胞壁既薄且脆，在预冻过程中易造成组织液渗透、大的冰晶形成刺伤细胞组织等问题；对于动物性原料，其成熟度要求不是很严格，但饲养时间太长的家畜或禽类同样存在肌肉纤维粗糙、脱水困难等问题。因此如何判断原料成熟度以及选择何种成熟度的原料也是控制冻干食品品质的一个十分重要的因素。

(2)烫漂温度与时间　在冻干食品生产过程中，烫漂是十分重要的步骤，烫漂的温度与时间参数直接影响着制成品的色泽。对于蔬菜制品，叶绿素与蛋白质构成复合物，在高温下蛋白质变性，叶绿素游离出来，在遇到 H^+ 很快变成脱镁叶绿素，因此蛋白质产生不可逆变性，叶绿素也受到更大的破坏。蔬菜中的有机酸溶入水中呈酸性，加速了变色反应的速度，色泽也会变得更坏。因此要求采用尽量低的温度和尽最短的时间。但温度太低，起不到灭酶作用。酶的存在特别是氧化酶的存在，会使绿色蔬菜黄褐变。对于肉类，烫漂也起着灭酶的作用，烫漂的时间与温度应综合考虑这两方面的因素。

(3)预冻过程　在预冻过程中发生变色的多为水产品原料，如虾、鱼、蟹等，下面是在冻结状态下水产品发生色泽改变的情况：①鱼肉的绿变鱼肉在冷藏过程中较多地发生绿变，称为绿色肉，这是由于鱼类鲜度降低时产生 H_2S，与血液中的血红蛋白、肌肉中的肌红蛋白发生反应，生成绿色的硫血红蛋白和硫肌红蛋白，鱼肉一旦出现绿色，就失去其商品价值。②虾的黑变虾类在冻结过程中会发生黑变，其部位主要在头、胸、脚、关节等处，产生黑变的主要原因是氧化酶使酪氨酸产生黑色素所致。因此，烫漂过程除去氧化酶的活力，对防止虾的褐变是非常重要的。③其他褐变。包括脂肪变色、美拉德反应褐变等，在冷冻过程中也会发生。

(4)干燥阶段工艺参数的选定　在干燥阶段发生的主要色泽变化就是美拉德反应，这个反应通过一系列中间体聚合产生褐色的类黑精。当干燥的升温阶段温度升的太高，会加速美拉德反应的进行，因此应严格控制干燥工艺参数，温度不超过工艺允许的最高值。

3.微生物的污染

由于冻干食品含水量极低，一般为2%～5%，绝大部分微生物不能生长，只要在前处理阶段做到清洁卫生，不造成交叉污染，则能有效控制冻干食品的卫生指标。

冻干食品生产过程中，影响制成品卫生指标的关键控制因素主要有：

(1)原料冲洗　水果、蔬菜、肉类加工前都要进行清洗，这一工序可除去大部分微生物，必须予以充分重视。

(2)水煮或热烫的时间、温度及方法　这一工序由于受人为因素影响较大，易造成失控。操作中应严格按工艺条件进行，温度和时间从严把握。

(3)加工用具和工具的卫生状况　加工中使用的盘子、刀子等用具和各类机械设备的卫生状况都对制品的微生物指标有重大影响，务必做到及时清洗消毒，防止交叉污染。

(4)操作工人的健康状况　《食品卫生法》规定7种疾病患者不得从事食品加工，这一点首先应严格遵守，但工人患感冒、上呼吸道感染、腹泻、手部外伤等疾病是不可避免的。感冒和上呼吸道感染的操作工会使食品中的金黄色葡萄球菌数量显著增加，而患腹泻的操作工将造成食品中大肠杆菌含量增高，因此患病工人应及时调离岗位。

二、其他干燥生产工艺流程

(一)干燥方法及原理

1. 常压干燥

常压干燥过程包括恒速干燥和减速干燥两个阶段,而后者又由减速干燥第一阶段和第二阶段组成。在恒速干燥阶段,肉块内部水分扩散的速率要大于或等于表面蒸发速度,此时水分的蒸发是在肉块表面进行,蒸发速度由蒸汽穿过周围空气膜的扩散速率控制,其干燥速度取决于周围热空气与肉块之间的温度差,而肉块温度可近似认为与热空气湿球温度相同。在恒速干燥阶段将除去肉中绝大部分的游离水。

当肉块中水分的扩散速率不能再使表面水分保持饱和状态时,水分扩散速率便成为干燥速度的控制因素。此时,肉块温度上升,表面开始硬化,干燥进入减速干燥阶段。第一减速阶段水分移动较困难,当大部分水成为胶状水则进入第二减速干燥阶段。

肉品进行常压干燥时,内部水分扩散的速率对其影响很大。干燥温度过高,恒速干燥阶段缩短,很快进入减速干燥阶段,干燥速度下降。因为在恒速干燥阶段,水分蒸发速度快,肉块的温度较低,不会超过其湿球温度,因而加热对肉的品质影响较小。进入减速干燥阶段,表面蒸发速度大于内部水分扩散速率,致使肉块温度升高,极大地影响肉的品质,且表面形成硬膜,使内部水分扩散困难,降低了干燥速率,导致肉块内部水分含量过高,这样的干肉制品储藏性能差,易腐烂变质。因此,在干燥初期,肉品水分含量高,可适当提高干燥温度,随着水分减少应及时降低干燥温度。

除了干燥温度外,湿度、通风量、肉块的大小、摊铺厚度等都影响干燥速度。

常压干燥时温度较高,且内部水分移动,易于组织蛋白酶作用,常导致成品品质变劣,挥发性芳香成分逸失等缺陷,并且干燥时间较长。

2. 减压干燥

食品置于真空环境中,随真空度的不同,在适当温度下,其所含水分则蒸发或升华。肉品的减压干燥有真空干燥和冷冻升华干燥两种。

(1)真空干燥　是指肉块在未达结冰温度的真空状态(减压)下水分蒸发而进行干燥。真空干燥时,在干燥初期,与常压干燥时相同,也存在着水分的内部扩散和表面蒸发。但在整个干燥过程中,则主要为内部扩散与内部蒸发共同进行。因此,与常压干燥相比,干燥时间缩短,表面硬化现象减小。真空干燥常采用的真空压力为533～6 666 Pa,干燥中产品温度低于70 ℃,真空干燥虽蒸发温度较低,但也有芳香成分的逸失及轻微的热变性。

(2)冷冻升华干燥　通常是将肉块急速冷冻至－40～－30 ℃,将其置于可保持真空压力13～133 Pa的干燥室中,因冰的升华而脱水干燥。冰的升华速度决定于干燥室的真空压力及升华所需要给予的热量。另外,肉块的大小、厚薄均有影响。冷冻升华干燥法虽需加热,但并不需要高温,只供给升华潜热并缩短其干燥时间即可。冷冻升华干燥后的肉块组织为多孔质,且其含水量少,所以能迅速吸水复原,是当代最理想的干燥方法。但在保藏过程中制品也非常容易吸水,且其多孔质与空气接触面积增大,在储藏期间易氧化变质,特别是脂肪含量高时。冷冻升华干燥设备较复杂,一次性投资较大,费用较高。

3. 微波干燥

微波干燥是指用波长为厘米段的电磁波(微波),在透过被干燥食品时,使食品中的极性分子(水、糖、盐)随着微波极性变化而以极高频率震动,产生摩擦热,从而使被干燥食品内、外部同时升温,迅速放出水分,达到干燥的目的。这种效应在微波一旦接触到肉块时就会在肉块内外同时产生,无须热传导、辐射、对流,所以干燥速度快,且肉块内外加热均匀,表面不易焦煳。但微波干燥设备投资费用较高,干肉制品的特征性风味和色泽不明显。

国际上规定915 MHz和2 450 MHz为微波加热专用频率。微波干燥包括常规干燥法和与其他干燥方法组合的干燥法,后者在食品工业中被广泛采用,以提高干燥产品的质量及降低成本。如牛肉干生产中,采用将肉原料经自然干燥(或烘房干燥),降低其初始含水量达20%～25%,再行微波干燥,效果较好。

图10-70为大型微波干燥设备。

（二）工艺流程

1. 工艺流程

原料选择→预处理→预煮与成型→复煮→干燥→冷却包装→检验→成品。

2. 工艺要点

（1）原料选择　多选用健康、育肥的牛肉为原料，选择新鲜的后腿及前腿瘦肉最佳，因为腿部肉蛋白质含量高，脂肪含量少，肉质好。

（2）原料预处理　将选好的原料肉剔骨、去脂肪、筋腱、淋巴、血管等不宜加工的部分，然后切成500 g左右大小的肉块，并用清水漂洗后沥干备用。

（3）预煮与成型　将切好的肉块投到沸水中预煮60 min，同时不断去除液面的浮沫，待肉块切开呈粉红色后即可捞出冷凉成型，然后按产品的规格要求切成一定的形状（图10-71）。

（4）复煮　取一部分预煮汤汁（约为半成品的1/2），加入配料，熬煮，将半成品倒入锅内，用小火煮制，并不时轻轻翻动，待汤汁快干时，把肉片（条、丁）取出沥干。

图10-70　大型微波干燥设备

（5）干燥　将沥干后的肉片或肉丁平铺在不锈钢网盘上，放入烘房或烘箱，温度控制在50～60 ℃，烘烤4～8 h即可。为了均匀干燥，防止烤焦，在烘烤的过程中，应及时地进行翻动。图10-72为原料烘干架。

图10-71　原料煮制——双层锅

图10-72　原料烘干架

本章小结

不同宠物食品类型不同，其生产过程和设备也不同，每个工序、每个环节均有其特殊工艺要求，而且作为一个连续的加工过程，各个环节要相互衔接，尤其是后一个工序对前一个工序产品的质量和形状的要求关系到整个流水线过程的顺利运行，也决定着最终产品品质的优劣。

挤压膨化加工工艺包含原料接收、配料、粉碎、混合、膨化、烘干、后喷涂、冷却、成品包装等几个主要环节。原料先进行接收和清理，进入料仓，有的原料在进入料仓前先粗粉碎，有的直接进入料仓。一次配料混合主要是大宗原料的配制，有利于微粉碎机改善工作状况、提高工作效率；二次配料混合主要是经过微粉碎的混合物料与微量组分、液体物料的配料混合，必须保证各种物料充分混合，制成粒度均匀、混合均匀度高的待膨化粉料；待膨化粉料经挤压膨化机成型，再经干燥、后喷涂、冷却等工序制成满足产品营养、适口性、储存等要求的成品。

宠物马口铁罐头的生产流程为：原料验收→冷库储藏→切块、粗绞→配料搅拌混合→乳化→抽空搅拌→金属探测→定量包装→封口→杀菌→保温→包装。

软包装宠物罐头加工工艺流程为：原料接收→冷冻储藏→鲜冻→预煮、打丝→金属探测→配料搅拌→定量罐装→封口→杀菌→保温→包装。

宠物营养补充剂的剂型有粉剂、颗粒剂、片剂、膏剂和水剂，不同的剂型其加工工艺存在差异。用于全价宠物食品中配套的预混料通常为粉剂，下面主要介绍的是粉剂预混料的加工工艺。粉剂预混料的生产工艺主要由载体粉碎、载体及微量组分的配料、混合、输送、除尘、包装、储存等工艺组成。

冻干工艺流程：原料解冻→选杂→调味腌制→冷冻→切型→真空冷冻干燥→挑选→计量装袋→金属探测→封口装箱→入库。

其他干燥生产工艺流程：原料选择→预处理→预煮与成型→复煮→干燥→冷却包装→检验→成品。

了解不同工艺流程所使用的设备及各种类型设备的优劣，并能够根据生产要求选用合适的设备组织生产，熟悉每个环节所要求达到的技术参数及其衡量方法，为生产优质宠物食品提供技术支撑。

复习思考题

一、名词解释

挤压膨化、原料接收、粉碎、配料混合、配料误差、配料精度、全称配料精度、混合、混合机的生产率、混合均匀度、残留率、后喷涂、乳化、辐射杀菌、冷冻干燥、复水性能、常压干燥、减压干燥、微波干燥

二、问答题

1. 挤压膨化加工技术的优点有哪些？
2. 干膨化宠物食品的工艺流程和主要设备有哪些？
3. 湿宠物食品加工工艺流程及设备有哪些？
4. 宠物营养补充剂类型？粉状宠物营养补充剂加工工艺流程及主要设备有哪些？

三、开放性讨论

目前，宠物食品类型日趋多元化，对生产工艺技术的要求也越来越高，谈谈您对不同类型食品和工艺技术发展的趋势看法？

第十一章
宠物食品的质量控制

本章提要

宠物食品的质量控制不仅需要政府职能部门加强监管，还需要宠物食品行业和企业加强自律，建立质量体系，实施全面质量控制，做到生产质量可控、生产监管有据、生产质量可溯源。本章主要阐述宠物食品质量控制的主要内容，包括宠物食品的质量控制概述，营养、卫生和加工指标的检测，质量安全管理体系，产品安全与追踪和处理客户的投诉等内容，以期为加强宠物食品管理、保障宠物食品质量安全、促进宠物食品行业发展。

第一节　宠物食品的质量控制概述

为加强宠物食品管理，保障宠物食品质量安全，促进宠物食品行业发展，农业农村部于2018年出台了《宠物饲料管理办法》《宠物饲料标签规定》《宠物饲料卫生规定》《宠物饲料生产企业许可条件》《宠物配合饲料生产许可申报材料要求》《宠物添加剂预混合饲料生产许可申报材料要求》等一系列规范性文件。这既为政府职能部门加强宠物食品市场监管提供了依据，也为相关企业生产经营提供了指导。政府职能部门加强监管的同时，宠物食品行业和企业也要加强自律，建立质量体系，实施全面质量控制，做到生产质量可控、生产监管有据、生产环节可溯源。

一、定义

1. 质量

质量是指产品、过程或服务满足规定或潜在要求（或需要）的特征和特性的总和。即质量由两个层次构成：一是产品、过程或服务必须满足规定或潜在的需要；二是产品特征和特性的综合。第一层次反映了产品的客观标准，第二层次反映了产品的内在要素。只有内在要素达到要求并满足用户需要的产品才算得上质量好的产品。

2. 质量体系

为保证产品、过程或服务质量满足规定的要求和潜在的要求，由组织机构、职责、程序、活动、能力、资源等构成的有机整体。

3. 质量控制

指为达到质量要求所采取的作业技术和活动，其目的在于监控质量形成过程，消除质量环节上所有阶段引起不合格或不满意效果的因素，以达到质量要求，获取经济效益。

二、意义

1. 企业赖以生存和发展的保证

任何企业间的竞争都离不开“产品质量”的竞争，没有过硬的产品质量，企业终将在市场经济的浪潮中消失。如何有效地进行过程控制是确保产品质量、促使企业发展、赢得市场、获得利润的核心。

2. 保护宠物安全

通过研究宠物食品中可能存在的、威胁宠物

健康的有害因素，制定预防措施，提高宠物食品的卫生质量，可以极大程度地保护宠物的安全。

三、宠物食品质量控制的环节

影响宠物食品质量的因素很多，主要包括原料、配方、加工过程、产品包装、产品储运等。

1. 原料

准确掌握宠物食品原料的营养成分数据，明确所用原料的成分、含量和安全性，是控制宠物食品质量的重要因素。

2. 配方

配方的设计直接决定了食品的质量是否满足要求，是质量控制的关键因素。在进行宠物食品配方设计时应综合考虑各种因素，确保宠物食品在设计环节满足质量的要求。

3. 加工过程

宠物食品加工是指采用不同的设备和工艺参数将多种原料或单一原料加工成型形成产品的过程。为保证产品的质量，必须对加工过程进行监控。宠物食品在加工过程中可能受人员、设备、物料、工艺、环境等因素影响。

4. 产品包装

产品包装最基本的功能是保护产品，便于储运。有效的产品包装可以起到防潮、防热、防冷、防挥发、防污染、防氧化、保鲜等作用。

5. 产品储运

宠物食品在库房储存的过程中，会受到储存环境及储存管理的影响。宠物食品在运输过程中，可能受到日晒、雨淋、包装破损等因素的影响。

四、宠物食品质量控制的对象

宠物食品的质量包括：营养价值、感官特性、安全卫生性、适口性、消化吸收性、保健特性、包装安全性等多方面的特性以及在宠物食品生产过程中每个阶段的加工要求。

1. 营养价值性

营养价值性是宠物食品最基本的特性。宠物食品为宠物提供所需的营养，满足其维持、生长、繁殖、泌乳和机体运动的代谢需求。营养素包括：蛋白质、碳水化合物、脂类、矿物质、维生素和水。其中蛋白质、脂类和碳水化合物被称为 3 大营养素，它们能供给机体能量。需对宠物食品的营养指标进行测定，以判断是否满足宠物的营养需求。

2. 感官特性

宠物食品的感官特性是质量控制的重要指标之一，是最直观的指标。感官指标包括：色泽、滋味、气味、组织状态、质构等方面。

3. 安全卫生性

宠物食品卫生指标是强制性指标。依据农业农村部第 20 号公告附件 4《宠物饲料卫生规定》，宠物食品的安全卫生指标包括：无机污染物、含氮污染物、真菌毒素、天然植物毒素、有机氯污染物以及微生物污染物。

4. 适口性

宠物食品的适口性和可接受性是非常重要的因素，因为宠物食物必须首先被宠物所接受，然后才能提供最佳的营养。在宠物食品日益增多的今天，宠物食品适口性已成为企业最关注的产品质量指标之一，与产品销量、消费者满意度，甚至与宠物健康都有重要的联系。

5. 消化吸收性

宠物食品中的营养素，首先被消化，然后被吸收。通过消化率测定可以评估宠物食品的消化特性，消化率高的宠物食品易于被宠物消化吸收，能提供更多的营养物质，促进宠物健康。

6. 保健特性

宠物作为人类的朋友，其健康已逐渐为人类所重视，具有保健功能的宠物食品是宠物保健的重要组成部分。其保健特性包括：消化健康、护理毛发、补钙、保护眼睛、化毛、呵护关节、增强免疫力、护齿、延缓衰老等。

7. 包装安全性

宠物食品包装袋可以保护食物，防止食物变质或受潮，使食物的寿命尽可能延长，防止食物在储存和运输中发生质量问题。宠物食品的包装安全性包括：完整性、阻隔性、卫生性等。

8. 生产过程加工指标

需要在生产加工过程中对各项指标进行控制与监测，以保证宠物食品的质量。这些加工指标包括：粉碎粒度、混合均匀度、淀粉糊化度、烘干后水分、冷却温度、硬度、脆碎度、灭菌效果等。

五、宠物食品质量控制措施

为保障宠物食品的质量和安全，宠物食品企业应实施质量控制，采取有效的预防和控制措施，通过食品链上各环节的质量控制措施的实施，全面保障宠物食品质量安全。

（一）质量检验

1. 定义

质量检验是质量控制的重要活动，指采用一定检验测试手段和检查方法测定产品的质量特性，并把测定结果同规定的质量标准做比较，从而对产品或一批产品做出合格或不合格判断的质量管理方法。通过质量检验可以保证不合格的原材料不投产，不合格的半成品不入之后工序，不合格的产品不出厂；并收集和积累反映质量状况的数据资料，为测定和分析工序能力，监督工艺过程，改进质量提供信息。

2. 意义

企业生产是一个复杂的过程，包括人、机、料、法、环（4M1E）等，各个工序不可能处于绝对的稳定状态，质量特性的波动是客观存在的，要求每个工序都保证生产100%的合格品，实际上是不可能的。因此，通过检验实行把关职能，是完全必要的。随着生产技术的不断提高和管理工作的完善化，可以减少检验的工作量，但检验仍然必不可少。只有通过检验，实行严格把关，做到不合格的原材料不投产，不合格的半成品不转序，才能真正保证产品的质量。

3. 实施

一般质量检验工作由企业的实验室承担，企业可根据《检测和校准实验室能力的通用要求》（GB/T 27025—2019）进行实验室的建设，包括：组织、文件控制、记录控制、采购、人员、环境、设备、检验方法确认、检验计划、量值溯源、检验结果质量保证、抽样、结果报告、安全、改进、纠正、预防等方面。企业应建立检验计划，规定原料、包装材料、过程、成品等检验项目及频次，同时可建立风险监测计划，实现产品的风险预警。企业应建立检验流程，规定取样、验收、检验、留样、结果判定、结果传递等，规范宠物食品的质量检验。

（二）质量巡检

1. 定义

质量巡检是过程质量控制的重要活动。质量巡检人员依据规定的检查频率和时机，对每个巡检点进行逐一查核、指导、纠正作业动作，记录与分析巡检发现的问题，采取必要的纠正和防范措施，及时发现明显或潜在质量异常，并追踪处理结果。

2. 意义

通过持续的质量巡检，可以及时发现生产过程人、机、料、法、环（4M1E）五要素的异常状态，及时采取纠正措施，预防产品质量问题的发生，保证产品质量。同时，可以及时发现质量问题，予以制止，减少返工返修报废的数量，降低产品成本。

3. 实施

一般质量巡检工作由企业的质检部门及管理层承担，随着企业的发展，质量巡检工作应逐渐转化为生产岗位的自主工作内容。开展质量巡检工作，应根据影响产品质量的各环节，从质量管理五要素（人、机、料、法、环）入手，制定巡检记录，规定巡检点、巡检频率、巡检时机等。同时，需要制定质量巡检规定，规范巡检实施、结果传递、分析报告、纠正、改善等一系列工作流程。使质量巡检工作形成一个一个的PDCA循环[计划（plan）、执行（do）、检查（check）和处理（act）]，促使产品质量不断改善。

（三）全过程质量控制

企业应建立从产品研发设计、原料添加剂采购、生产到储存运输的全过程质量控制措施，保障宠物食品的质量。

1. 产品设计研发

宠物食品的设计研发应注意以下方面：

（1）根据宠物的不同种类、不同生理阶段、不同营养需求设计配方。

（2）准确掌握宠物食品原料的营养成分、含量和安全性，以及宠物消化吸收性。

（3）考虑原料与原料配伍的相互作用，发挥互补优势和减少原料之间的拮抗作用。

（4）考虑原料在生产制造过程中发生的变化。

（5）设计良好的适口性。

（6）严格执行设计研发环节的流程，包括小试、中试及期间的质量检验；研发产品的动物试验等。

2.原料及添加剂采购

原料及添加剂采购环节的质量控制，包括三方面：新供应商的准入、现有供应商的评价、到货质量检验。

(1)新供应商准入　建立新供应商的准入制度，包括：供应商的资质审核、样品评估、现场审核、试样验收、综合评定。

(2)现有供应商的评价　建立现有供应商的评价制度及索证、核证制度。

(3)到货质量检验　建立到货质量检验制度，包括：到货验收、取样、检验、留样、结果判定、结果传递等。

3.生产过程

宠物食品生产过程中应进行质量检验和质量巡检，确保加工指标符合要求，以及避免生产因素可能导致的质量隐患。

(1)过程质量检验　宠物食品生产过程中对加工指标进行检验，如宠物膨化粮粉碎环节的粉碎粒度、混合环节的混合均匀度、膨化环节的淀粉糊化度、烘干环节的烘干水分、冷却环节的冷却温度等。

(2)过程质量巡检　在加工过程中对影响产品质量的五要素(人、机、料、法、环)进行监督检查，消除不符合因素，保证产品质量。

4.储存运输

(1)储存　建立仓储管理制度，进行仓库巡检和长期库存物料的检查，保证产品在储存期间不发生质量变化。

(2)运输　建立产品发货码放标准，根据产品特性，对产品进行防护，避免在运输过程中的质量变化。

(四)全面质量控制

1.定义

是以组织全员参与为基础的质量管理形式。有两方面含义，一是全面控制，即以优质为中心，实行全员、全过程、全方位控制；二是全面质量，包括产品质量和工作质量。

2.意义

全面质量控制是一种综合的、全面经营和管理的理念，它以全员动员为形式，全过程管理为手段，以质量管控为目标，代表了质量管理发展的最新阶段。包括质量体系、质量控制、质量保证、质量检验、质量法制及标准化、方针目标管理和可靠性等方方面面的内容。

3.实施

企业为完善组织内部管理，使质量管理制度化、体系化和法制化，提高产品质量，并确保产品质量的稳定性，必须根据企业自身特点，在内部建立相应的管理体系，用适宜的、符合自己经济发展的质量管理模式，来有效地开展各项质量活动，实现质量管理。在现代企业管理中，普通采用的是国际通用的 ISO 9000 质量管理体系。

同时，随着宠物食品安全问题的出现，其安全性越来越受到重视，HACCP 作为一种以预防食品安全为基础的食品安全生产、质量控制的保证体系，在控制食品安全方面已经发挥了重要的作用。近几年的成功经验证明，在宠物食品生产企业推行 HACCP 具有非常重要的现实意义。

第二节　营养指标的检测

宠物食品的营养指标是其价值的体现，对营养指标的分析是研究营养物质的利用，评价宠物食品营养价值最基础的工作。检测的指标有：粗蛋白质、粗脂肪、粗纤维、粗灰分、钙、磷、水溶性氯化物、氨基酸、维生素及微量元素等。

这些营养指标的检测有多种可供检测的方法，如快速仪器检测法、国标法，企业可根据检测目的、数据及时性要求、数据精密性要求、成本等选择不同的方法进行，但无论哪种方法均应保证检测数据的准确。例如，快速水分仪通常用于宠物食品在线水分的检测，需要定期用国标法进行仪器准确性的验证。

一、蛋白质

测定宠物食品中的蛋白质，对于初步评价宠物食品的营养价值、合理开发利用宠物食品蛋白质资源、提高产品质量、优化宠物食品配方、指导经济核算及生产过程控制均具有极其重要的意义。

宠物食品中粗蛋白质的检测依据《饲料中粗蛋白的测定　凯氏定氮法》(GB/T 6432—2018)，利用凯氏定氮法进行检测。凯氏定氮法是通过测定食品中的总氮含量再乘以相应的蛋白质系数而求出蛋白质含量，因为样品中常含有核酸、生物碱、含氮类脂等非蛋白质的含氮化合物，所以结果称为粗蛋白质含量。各类蛋白质的含氮量不同，但总的来说，宠物食品中的真蛋白质平均含氮量为16%，所以计算宠物食品中的粗蛋白质需要乘以6.25的系数。

二、碳水化合物

碳水化合物包括两部分，一部分是可以消化的淀粉与糖类，也称无氮浸出物；另一部分是粗纤维。

在宠物食品的营养指标检测中，主要是对粗纤维进行检测。宠物食品中对粗纤维的测定，试验依据《饲料中粗纤维的含量测定　过滤法》(GB/T 6434—2006)，采用过滤法。无氮浸出物不是测定出来的，而是计算出来的。

三、脂类

宠物食品中的粗脂肪检测依据《饲料中粗脂肪的测定》(GB/T 6433—2006)，采用索氏抽提法。索氏提取法测得的脂肪之所以称为粗脂肪，是因为提取的脂溶性物质除含有脂肪外还含有磷脂、色素、固醇、芳香油等醚溶性物质，这些物质在结构或性质上与真脂肪相接近。

食品中的脂肪有两种存在形式，即游离脂肪和结合脂肪。游离态脂肪可以直接由有机溶剂提取出来，结合态脂肪必须预先用酸或碱破坏脂类和非脂成分的结合后才能提取。

四、矿物质

测定总的矿物质的指标为粗灰分。宠物食品中常测定的常量矿物元素包括钙、磷和水溶性氯化物。

微量元素测定常用的方法为原子吸收光谱法，原子吸收光谱法具有分析精度高、测定微量元素范围广、灵敏度高、操作简便等优点。

五、维生素

维生素的测定通常采用高效液相色谱法，样品提取液被流动相携带，经过色谱柱，各种组分在流动相与固定相之间不断分配，最后以不同时间从色谱柱出来，达到物质之间分离的目的，然后不同组分分别经过检测器，含量不同响应值不同，从而进行定性和定量。

六、水分

宠物食品分析中经常测定总水分，尽管宠物食品中的水分营养价值不大，但是测定宠物食品中的水分可得出宠物食品干物质的含量，这与宠物食品的能量含量密切相关，也是评定宠物食品产品储存期的重要评定因素。

测定水分的方法有快速仪器法和国标法。快速水分测定仪被广泛应用，仪器采用卤素快速加热，在短时间内达到加热功率，在高温下样品快速干燥，并具备自动称量系统，操作简便、测量准确。一般样品只需要几分钟即可完成测定，检测结果与国标烘箱法具有良好的一致性。

《饲料中水分的测定》(GB/T 6435—2014)适用于宠物饲料、宠物饲料原料、宠物饲料添加剂的测定，不适用于奶制品、矿物质、含有相当数量的奶制品和矿物质的混合物，如代乳品；含有保湿剂(如丙二醇)的宠物食品。

第三节　卫生指标的检测

宠物食品卫生标准从保证宠物食品的安全性、维护宠物身体健康的角度出发，对宠物食品中的主要有毒有害物质含量，以法律法规形式规定最高限量。2018年农业农村部第20号公告附件4《宠物饲料卫生规定》规定了宠物饲料卫生标准，包括：污染物的种类、限量值与试验方法。

一、宠物食品卫生指标

宠物饲料的主要卫生指标包括：

1. 无机污染物和含氮化合物

(1)指标　氟、镉、铬、汞、铅、总砷、三聚氰胺、亚硝酸盐。

(2)来源　饲料中的无机污染物来源有多种途径：

①原料：a. 植物性原料，如玉米、棉粕、豆粕、红薯颗粒等，在农业生产过程中，使用农药、化肥

和田地浇灌使用被污染的水都能够导致土壤中产生重金属污染，并进一步富集到作物中。b.动物源性原料，如鸡肉粉、肉骨粉、鱼粉等也会被重金属污染。

②饲料加工过程：饲料加工过程中所用的金属器械、管道、容器等可能含有某些重金属元素，在一定条件下通过各种形式进入饲料。在生产过程中由于受到周边环境的污染，如化工废气、废水的排放，而导致生产的最终产品受到污染。

饲料中含氮化合物主要为非法添加，如三聚氰胺是一种三嗪类含氮杂环有机物，由于其含氮量高达66.67%，无色无味易被染色，传统的凯氏定氮方法又无法将其检测出来，所以不法商人将其添加到蛋白饲料中，如：大豆蛋白粉、鱼粉、肉骨粉、玉米蛋白粉及饼粕类等原料或是将其制成饲料添加剂冒充粗蛋白质。

2.真菌毒素

(1)具体指标　黄曲霉毒素 B_1、伏马毒素(B_1+B_2)、脱氧雪腐镰刀菌烯醇(呕吐毒素)、玉米赤霉烯酮、赭曲霉毒素 A、T-2 和 HT-2。

(2)来源　真菌毒素是由产毒真菌在适宜环境条件下的有毒代谢产物，宠物饲料中的真菌毒素，主要来源于饲料原料的生产、加工、运输、储藏以及饲料产品的加工、运输和储藏。如：植物性原料在田地生长时，可能被污染，如赤霉病；在收割的季节中，粮食作物未能及时干燥，导致真菌的大量繁殖而污染，如发霉的玉米、小麦等存在呕吐毒素；在原料运输途中被雨淋湿而发生变质；在储藏过程中，发生霉变，产生毒素；在饲料加工、运输及储藏方面，外部环境污染和饲料内部水分控制不当而导致发生变质，都可能导致饲料当中携带有真菌毒素。

3.天然植物毒素

(1)具体指标　氰化物。

(2)来源　氰化物在自然界广泛存在，主要以氰苷的形式存在于植物当中，如：木薯、高粱、玉米、豆类、亚麻籽等植物中均含有氰化物成分，而部分植物也是宠物饲料的加工原料。

(3)危害　含有氰化物的饲料被动物食用后，氰苷会产生氢氰酸，会抑制细胞内多种酶的活性，会造成中枢神经系统损伤，尤其血管运动中枢和呼吸中枢。当采食很多含氰化物的饲料后，会出现急性中毒，出现先兴奋后抑制、肢体麻痹、肌肉痉挛，最后昏迷死亡。

4.有机氯污染物

(1)具体指标　滴滴涕、多氯联苯、六六六、六氯苯。

(2)来源　有机氯污染物主要来源于饲料原料，如：植物源性原料在生长过程中，使用有机氯农药，残留在土壤以及水源当中，被农作物吸收，并存留在作物当中，使用被污染的原料进行生产，可能饲料中会残留有污染物；动物源性原料由动物摄取被有机氯污染的饲料，富集到动物体内。

(3)危害　有机氯农药具有高残留和积累效应，也是一种神经毒素与肝毒素，会导致食欲减少或废绝、呕吐、抽搐，严重会导致休克甚至死亡。

5.微生物污染物

(1)具体指标　沙门氏菌、微生物。

(2)来源　饲料含有丰富的碳水化合物、蛋白质、维生素和脂肪等多种营养物质，这使得在加工及储藏过程中极易被微生物污染；植物性原料在收割、储藏、加工生产以及运输过程中也会受微生物的污染。

二、宠物食品卫生指标的检测

2018 年农业农村部公告第 20 号中附件 4《宠物饲料卫生规定》给出了宠物饲料卫生指标的试验方法。这些方法大多用时较长，企业可以使用一些较快速的方法作为初步筛查的手段，如毒素类和三聚氰胺的测定，可以选用酶联免疫法，选购合适的酶联免疫试纸条或试剂盒，进行定性和定量检测；如沙门氏菌的测定，可以选用微生物检测试纸片。

1.氟

(1)试验方法　《饲料中氟的测定　离子选择性电极法》(GB/T 13083—2018)。

(2)原理　试样经盐酸溶液提取，用总离子强度缓冲液调节 pH 至 5～6，消除酸度和 Al^{3+}、Fe^{3+}、Ca^{2+}、Mg^{2+} 及 SiO_3^{2-} 等能与氟离子形成络合物的离子干扰，再用离子计测定氟离子选择性电极和饱和甘汞电极的电位差，该电位差与溶液中氟离子活度(浓度)的对数呈线性关系，用已知浓度的氟标准系列所测电位差得到线性方程，求得未知样品溶液电位差对应的氟离子浓度，计算试样中氟的含量。

2. 镉、铬、汞、铅、总砷

(1)试验方法　《饲料中镉的测定》(GB/T 13082—2021)、《饲料中铬的测定》(GB/T 13088—2006)、《饲料中汞的测定》(GB/T 13081—2006)、《饲料中铅的测定》(GB/T 13080—2018)、《饲料中总砷的测定》(GB/T 13079—2006)。

(2)原理　试样经干灰化或湿消解(微波消解),导入原子吸收分光光度计的火焰或石墨炉原子器中,在规定波长处测定吸光度值,在一定的浓度范围内,重金属浓度与其吸光度值成正比,标准曲线校准定量。

3. 三聚氰胺

(1)试验方法　《饲料中三聚氰胺的测定　HPLC法》(NY/T 1372—2007)。

(2)原理　试样中的三聚氰胺用三氯乙酸溶液提取,提取液离心后经混合型阳离子交换固相萃取柱净化,洗脱物吹干后用甲醇溶液溶解,用高效液相色谱仪进行测定。

4. 亚硝酸盐

(1)试验方法　《饲料中亚硝酸盐的测定　比色法》(GB/T 13085—2018)。

(2)原理　试样在弱碱性条件下除去蛋白质,在弱酸性条件下试样中的亚硝酸盐与对氨基苯磺酸反应,生成重氮化合物,再与N-1萘基乙二胺偶合形成紫红色化合物,在波长538 nm条件下,进行比色测定。

5. 黄曲霉毒素B_1、伏马毒素(B_1+B_2)、玉米赤霉烯酮、T-2和HT-2

(1)试验方法　《饲料中黄曲霉毒素、玉米赤霉烯酮和T-2毒素的测定　液相色谱-串联质谱法》(NY/T 2071—2011)、《饲料中伏马毒素的测定　液相色谱-串联质谱法》(NY/T 1970—2010)、《出口花生、谷类及其制品中T-2、HT-2毒素的测定》(SN/T 3136—2017)。

(2)原理　试样经一定溶液提取,提取液经净化柱净化后,浓缩、溶解,液相色谱-串联质谱法测定。采用色谱保留时间和质谱碎片及其离子丰度比定性,外标法定量。

6. 脱氧雪腐镰刀烯醇(呕吐毒素)、赭曲霉毒素A

(1)试验方法　《饲料中脱氧雪腐镰刀烯醇的测定　免疫亲和柱净化-高效液相色谱法》(GB/T 30956—2014)、《饲料中赭曲霉毒素的测定　免疫亲和柱净化-高效液相色谱法》(GB/T 30957—2014)。

(2)原理　试样经溶液提取,提取液经萃取小柱净化后,用液相色谱法测定。

7. 氰化物

(1)试验方法　《饲料中氰化物的测定　比色法》(GB/T 13084—2006)。

(2)原理　以氰苷形式存在于植物体内的氰化物经水浸泡水解后,在酸性溶液中进行水蒸气蒸馏,蒸出的氢氰酸被碱液吸收。在pH 7.0溶液中,用氯胺T将氰化物转变为氯化氰,再与异烟酸-吡唑酮作用,生成蓝色染料,与标准系列比较定量。

8. 滴滴涕(DDT)、多氯联苯、六六六、六氯苯

(1)试验方法　《动物性食品中有机氯农药和拟除虫菊酯农药多组分残留量的测定》(GB/T 5009.162—2008)、《食品中指示性多氯联苯含量的测定》(GB 5009.190—2014)、《饲料中六六六、滴滴涕的测定》(GB/T 13090—2006)、《进出口动物源性食品中六六六、滴滴涕和六氯苯残留量的检测方法　气相色谱-质谱法》(SN/T 0127—2011)。

(2)原理　样品经提取、净化、浓缩、定容,用气相色谱仪或气相色谱-质谱联用检测,以保留时间定性,外标法定量。

9. 沙门氏菌

试验方法:《饲料中沙门氏菌的测定》(GB/T 13091—2018)。

10. 微生物

试验方法:《食品微生物学检验　商业无菌检验》(GB 4789.26—2013),适用于宠物饲料罐头类产品。

第四节　加工指标检测

宠物食品的加工范围非常广泛,包括宠物干粮、湿粮、半干粮、营养补充剂(片、粉、液体)、零食(洁牙棒、烘焙食品、冻干食品、烘干食品、饮料)等等。其加工工艺不尽相同,加工指标也不同。本节就挤压膨化工艺生产的干性全价宠物食品、压片工艺生产的宠物保健品的加工指标检测进行

叙述。

一、挤压膨化干性全价宠物食品加工指标

1. 粉碎指标——粒度

粉碎的主要作用是增大饲料的表面积，提高宠物对饲料的利用率；吸收蒸汽的水分均匀快速，淀粉糊化程度高，制出的颗粒质量好；环模磨损小，更节能，产能更高；减少宠物采食过程的咀嚼能耗，消化吸收率高；粉碎后的原料粒度相同或相近，混合均匀度高。

此过程主要控制指标为粒度。一般最终控制原料粒度在 40～80 目，中间值为 60 目，粒度过粗，容易损伤螺杆，不易糊化；粒度过细，因摩擦力小而容易打滑，致使压力减小，导致在螺杆腔内停留时间过长，而造成淀粉碳化；粒度过细的物料，膨化后产生的气泡少，其制品容重高，膨化率低。

采用手工过筛方法测定粒度，依据《饲料粉碎粒度测定　两层筛筛分法》(GB/T 5917.1—2008)。试验筛由圆形筛帮和方孔筛网组成，筛帮直径 200 mm，试验筛其他技术指标应符合《试验筛》(GB/T 6003—2012)的要求，网筛孔直径分别由 0.8 mm，0.4 mm，0.2 mm 和 0.1 mm 的 4 种规格组成一套试验筛，筛底用接收盘封闭。检测方法：称取 50 g 试样，倒入带有筛底的方孔筛中，整个过程在电子秤上进行，轻摆动筛子。并将每层滞留的颗粒进行称量计算，计算出每种目数占比。一般粉碎要求 100%通过 60 目。

2. 混合指标

混合的主要作用是提高均匀度。需要依据物料特性选择合适的混合时间，以免混合不足或降低混合均匀度；混合后的物料不宜进行快速流动或剧烈震荡，不宜采用气力输送，以免严重分级，导致产品营养物质不均衡。

此过程主要控制指标为混合均匀度，检测方法主要依据《饲料产品混合均匀度的测定》(GB/T 5918—2008)。国标要求配合饲料 $CV<10\%$，添加剂预混料 $CV<7\%$。具体检测方法有仲裁法和甲基紫法。仲裁法主要是通过氯离子选择电极的电极电位对溶液中氯离子的选择性响应来测定氯离子含量，以同一批次饲料的不同试样中氯离子含量的差异来反应饲料的混合均匀度，主要是通过绘制标准曲线来测定。甲基紫法是以甲基紫作为示踪物，与添加剂一起加入预先混合的饲料中，然后以比色法测定样品中甲基紫含量，以饲料中甲基紫含量的差异来反映饲料的混合均匀度。

3. 膨化指标

膨化主要监控指标为淀粉糊化度、感官、硬度、脆度和容重。

(1)淀粉糊化度　产品颗粒化主要目的之一是将原料的淀粉糊化，其作用可改善物料的流变加工特性，更重要的是能在一定程度上提高宠物对能量物质的消化吸收率、饲料转化效率，有助于宠物的健康生长，因此淀粉糊化是饲料加工过程中的重要变化过程，快速准确检测和实时监控饲料加工中原料淀粉糊化度，对提高饲料加工效率及产品质量、降低生产成本具有重要意义。

淀粉糊化度的检测原理是β-淀粉酶在适当的 pH 和温度变化下，在一定时间内，定量地将糊化淀粉转化成还原糖，转换的糖量与淀粉的糊化程度成比例关系，用铁氰化钾法测定其还原糖量，即可计算出淀粉的糊化度。进行产品取样并进行粉碎，称量约为 1 g，将样品加入磷酸缓冲溶液后煮沸 30 min，进行 60 ℃、30 min 保温过程，加入β-淀粉酶，摇匀，并加入硫酸以及钨酸钠溶液后蒸馏水定容，选用中速定性滤纸过滤，滤液用作测定溶液，取溶液加入铁氰化钾溶液，使用硫代硫酸钠溶液滴定，淀粉指示剂作为标定颜色，最终计算结果为颗粒产品的糊化度。

(2)感官指标　主要是通过目测、鼻嗅，对产品的颜色、气味以及组织状态进行查看。

(3)硬度和脆度　使用质构仪进行硬度和脆度检测。

(4)容重　是指单位体积的粮食颗粒质量，在干法膨化工艺加工时，通过容重估测其熟度和硬度，通过调整设备技术参数和配方调控容重，可为产品质量检验和控制提供极大便利。一般表示为 g/L。采用 1 000 mL 的容器称取粮食，并放置电子秤上进行称量。

4. 烘干指标

烘干指膨化后的颗粒产品由布料器均匀分布在烘箱输送带上，在输送带上干燥介质与物料进行热量与水分的交换后，一部分空气排出，另一部分空气进行二次加热，同时混合新鲜空气再次进

入干燥机的过程。

此过程主要控制指标为水分以及水分活度。水分对产品的稳定性与耐储藏有很大影响，主要是抑制微生物的繁殖。不同地域水分要求不同。水分指干燥样品所损失物质（水分和其他挥发性物质）的质量。具体检测根据《饲料中水分的测定》（GB/T 6435—2014），采用直接干燥法进行检测。

水分活度是指食品在密闭容器中达到平衡状态时的水分蒸汽压与该温度下纯水的饱和蒸汽压的比值。水分活度所量度的是食物中的自由水分子，而这些水分子是微生物生殖和存活的必需品，水分活度＜0.91 则可以抑制多数细菌的增长。低水分活度能抑制食品的化学变化和微生物的生长繁殖，稳定食品质量。检测依据《食品安全国家标准　食品水分活度的测定》（GB/T 5009.238—2016），使用水分活度仪进行测定。

5. 喷涂指标

喷涂指烘干后的粮食颗粒经过喷雾式喷嘴进行油脂、汁类和其他浆剂喷涂的过程。喷涂顺序，会影响到粮食的适口性，也会造成堵塞颗粒孔径，油脂无法浸入粮食的现象。喷涂时间既要考虑配方成本，又要顾及诱食效果的情况，尽量在设置工艺参数时两者兼顾，设置合适的转筒速度以及进料量，喷涂的同时确保搅拌的均匀，使油脂、汁类和浆剂充分与物料接触，完全浸润和包裹，目的是达到最佳适口性。

此过程主要控制指标为喷涂均匀度，可以通过目测进行有关判定，主要是观察产品表面是否有花斑、麻点等现象来进行相关判定。

6. 冷却及筛分指标

冷却指喷涂后的产品经过冷却器，使产品的温度和水分在一定的时间内平衡到标准质量状态的一种热交换过程。冷却过程要合理调节温度和水分，控制损耗并保持产品适口性。要注意冷却时间以及冷却风量工艺参数的设定，冷却时间过长，影响产量；冷却时间过短，成品水分偏高；冷却过快，会导致颗粒表面收缩速度过快，使颗粒表面产生裂纹，影响产品质量。

筛分指冷却后的产品经过振动筛将满足生产质量的产品筛分出来，去除长度过长料、结块、结团及粉末等，优化产品整体外观，保证产品质量。

此过程主要控制指标主要为温度，保证产品经过冷却后温度在室温±5 ℃内，主要通过温度仪进行温度检测。可以确保产品不至于过热而影响产品质量，导致产品口感下降以及出现发霉问题，延长产品的储藏时间。

7. 拌粉指标

拌粉指经过冷却及筛分的产品经过喷粉混合机进行营养粉拌粉的过程。此过程主要是进行一些营养物质的补充，提高产品的适口性。

此过程主要控制指标为拌粉均匀度。可以通过目测进行相关判定，根据混合粉料的均匀性以及粉料量进行判断。

8. 包装指标

包装指由自动包装设备对成品进行称重、装袋、封口的过程。自动称量系统可以根据需求称重不同规格的饲料包装。既能保证产品储存方便，又易于销售与运输，包装的美观以及传递的信息，也是保证了消费者对企业品牌的认知。

此过程主要控制的加工指标为净含量、装填温度、包装完整性及包装标识打印。

净含量检测依据《定量包装商品净含量计量检验规则》（JJF 1070—2005），使用自动定量包装机以及电子秤进行计量称重。

包装完整性及包装标识打印，主要通过目测检查的方式，查看是否符合标准要求。

二、宠物营养补充剂——片剂

宠物营养补充剂是根据宠物的生理状况制定的补充营养素的产品，这种食品有利于宠物的健康发育和成长，同时也可作为辅助治疗用于患病宠物的恢复。根据功能性可以分为：维生素补充剂、补钙类、美毛类、替代母乳类、多功能营养类、益生菌类等，根据剂型可以分为：片剂、膏剂、粉剂、液体、胶囊等。下面主要介绍宠物营养补充剂片剂工艺加工指标。

（一）加工工艺

片剂是功能成分与辅料均匀混合后压制而成的片状或异形片状的固体制剂，由功能性成分、填充剂、黏合剂、润滑剂、润湿剂、崩解剂、风味添加剂等组成。先将物料粉碎、制粒、干燥，再用压片机制成片剂，也有不需要制粒和干燥，直接压片的。

(二)加工指标

1. 粉碎过筛指标

粉碎过筛将原料粉碎成细微的粉状,目的是破坏晶型,保证片剂脆碎度;增加表面积,保证溶出度;减小粒径,保证均匀性。粉碎之后要进行过筛,对粗细不均的粉末进行分离,以满足制片的需求。上游供应商提供的原料粒度符合要求的不需粉碎,对于易熔化的原料需要用水冷式粉碎。此过程主要控制指标为粉碎粒度,一般要求粉碎粒度在 80～100 目或者以上。

采用手工过筛方法测定粒度,依据《饲料粉碎粒度测定　两层筛筛分法》(GB/T 5917.1—2008)。

2. 配料和混合指标

配料和混合是片剂生产的重要环节,直接关系着片剂的质量。根据片剂配方分别称取适量的原料,进行混合,确保混合均匀。混合不当有可能会造成片剂崩解时限差错、含量差异、硬度变化等情况。需要注意的是,功能原料和辅助原料往往无法在一次混合中完全均匀,因而可先进行干混,之后再加入润湿剂进行湿混,确保可以形成松软物料。此过程主要控制指标为混合均匀度和松软物料感官。混合均匀度通过测定某一功能性成分的含量,以含量差异反映混合均匀度,一般 $CV<2.5\%$。松软物料感官要求紧握成团,触之则散。

3. 制粒指标

大多数片剂在压片之前,都需要将物料制成颗粒,主要是由于粉末之间存在空气,直接压片造成空气逸出,造成片剂松裂;当物料比较复杂时,在压片机的震动下,由于密度差异会发生分层,导致成分偏差;可降低压片过程中的细粉飞扬。此过程主要控制指标为制粒粒度和结实度。筛网选用 10～16 目。60%颗粒在 20～80 目,呈正态分布,手摇颗粒不裂开。湿颗粒要求置于手掌中应有沉重感,细粉少,湿粒大小整齐,色泽均匀,无长条状。依据《饲料粉碎粒度测定　两层筛筛分法》(GB/T 5917.1—2008),采用手工过筛方法测定粒度。

4. 干燥指标

干燥的目的是去除水分,满足保质期和稳定性的要求,水分是压片过程的关键参数,很大程度上决定了脆碎度的大小,颗粒较干,颗粒黏结力不强,脆碎度大;水分过高,容易黏冲模。此过程主要控制指标为水分、干粒状态及粒度,水分最佳控制范围为 2%～3%;干粒状态应手掌紧握干粒,放松后不应黏结成团,手掌也不应有细粉黏附;或者用食指与拇指捻搓时应粉碎,无潮湿感;粒度以含 20～30 目颗粒 20%～40%为宜。生产线通常采用快速水分仪测定水分,数分钟内出具结果,能快速指导生产。按国标方法《饲料中水分的测定》(GB/T 6435—2014),采用直接干燥法进行水分检测。

5. 整粒指标

湿颗粒在干燥过程中,有些颗粒可能会发生粘连,甚至结块,需过筛整粒,将结成块的粒破碎开,来达到压片要求。此过程主要控制指标为干颗粒感官指标。筛网选用 12～20 目,过筛后目测无结块粘连现象。

6. 总混指标

干颗粒与外加原料混合成质量均一的颗粒,使外加物料均匀分散,使颗粒更均匀。此过程主要控制指标为混合均匀度。一般 $CV<2.5\%$。

7. 压片指标

压片是指由粉粒状物料在较大压力下利用模压、辊压或者液压驱动的活塞压制成形,并具有一定形状和尺寸的片状物。压片主要控制的指标为片重、感官、脆碎度、硬度、崩解时限。

8. 除粉指标

将片剂表面多余的粉料去除。此过程主要控制指标为感官指标,目测片剂表面有无粉料附着。

9. 包衣指标

有些片剂需在压制片的表面涂包适宜的包衣材料。通过包衣可以保持成分稳定性,使易变质的成分与空气隔离;可以遮盖某些原料的不良气味;某些成分对胃部刺激大,或能被胃液破坏而失效,需要在肠道内发挥作用的片剂需包肠溶衣;可以改进产品外观。此过程主要控制指标为感官和崩解时限。包衣感官要求应保持光亮美观、色泽一致,无裂片现象。包衣应不影响崩解及功能成分的释放,崩解时限应控制在 15 min 内。感官检测时,应取片剂 100 片,平铺于白瓷砖或白纸上,用镊子置于自然光或 75 W 日光灯下观察其颜色和形态。崩解时限使用崩解时限检测仪进行测定。

10.包装指标

保健品片剂的包装有多种多样，比较普遍的是瓶装，内部放置干燥剂、脱氧剂或防霉剂等，保护片剂在储存期间不发生变质。此过程主要控制的加工指标为净含量、密封性、包装标识打印。净含量检测依据《定量包装商品净含量计量检验规则》(JJF 1070—2005)，使用数粒机装机以及电子秤进行计量称重。

第五节 宠物饲料生产质量安全管理体系

一、HACCP 食品安全管理体系

HACCP 体系是一个基于危害分析的食品安全预防、控制体系，被国际权威机构认可为控制由食品引起的疾病最有效的方法，被世界上越来越多的国家采用。宠物食品生产企业可利用此方法建立自己 HACCP 体系。

二、ISO 9001:2015 质量控制体系

国际标准化组织(International Organization for Standardization，ISO)是在 1947 年 2 月 23 日建立的，由各国标准化团体组成的世界性的联合会，目前大约有 175 个会员国，各国家标准机构均为其会员。ISO 通过它的 2 856 个技术机构开展技术活动。其中技术委员会(简称 TC)共 185 个，分技术委员会(简称 SC)共 611 个，工作组(WG)2 022 个，特别工作组 38 个。ISO 的2 856 个技术机构技术活动的成果(产品)是“国际标准”。ISO 现已制定出国际标准共 10 300 多个，主要涉及各行各业各种产品(包括服务产品、知识产品等)的技术规范。

ISO 制定出来的国际标准除了有规范的名称之外，还有编号，编号的格式是：ISO＋标准号＋[杠＋分标准号]＋冒号＋发布年号(方括号中的内容可有可无)，如：ISO 8402：1987、ISO 90001：1994 等，分别是某一个标准的编号。

ISO 的技术委员会完成国际标准草案的制定，提交各成员团体投票表决，需取得至少 75% 参加表决的成员团体的同意，才能作为国际标准正式发布。ISO 宗旨是在世界上促进标准化及其相关活动的开展，以便于商品和服务的国际交换，在智力、科学、技术和经济领域开展合作。

ISO/TC 176：即 ISO 的第 176 个技术委员会，质量管理和质量保证技术委员会，专门负责制定质量管理和质量保证技术委员会。

ISO 9000：是由 ISO/TC 176 制定的所有国际标准，不是指一个标准，而是一组标准的统称。是帮助各种类型和规模的组织实施并运行有效的质量管理体系标准。

《质量管理体系要求》(ISO 9001：2015)：是 ISO 9000 组标准所包括的一组质量管理体系核心标准之一。用于证实组织具有提供满足顾客要求和适用法规要求的产品的能力，目的在于增进顾客满意度。

三、AIB 食品安全统一标准

AIB 是美国烘焙学会(American Institute of Baking)的简称。美国烘焙学会是由北美批发与零售烘焙工业协会在 1919 年发起成立的一个非营利性机构，作为烘焙企业和食品加工企业的技术和信息传递中心。本着“将科技带入食品加工”的核心理念不断地发展，其使命是帮助全球食品行业提升其食品安全和粮食生产能力。美国烘焙学会拥有全美这个领域最资深的专家，研究涉及领域包括烘焙实验、谷类科学、营养学、食品安全和卫生、职业安全、食品工程设备维护。

1956 年，美国烘焙学会出版了《AIB 食品安全统一标准》，这套标准包含了对食品供应商的品质与安全卫生保证能力的考核要求。AIB 标准得到了消费者及北美食品零售商的广泛认可，进而被许多全球食品零售商和采购集团用来作为对供应商实施准入的一道门槛。AIB 为全世界各个国家企业提供认证服务，全球接受 AIB 检查的工厂除烘焙工厂，还涉及饮料、果蔬加工、油脂加工、冷冻食品、乳品、谷物加工、制糖等。

在我国，2016 年 12 月国家食药监发布《总局关于进一步监督大型食品生产企业落实食品安全主体责任的指导意见》中提到“鼓励大型企业积极推广国际先进质量管理体系”，其中就涉及 AIB 认证。AIB 标准以其专业性、严格性、公平性，可以帮助企业建立科学有效的食品安全管理体系。

第六节　产品安全与追踪

随着公众的生活水平提高，网络化的快速发展，无论是最终消费者，还是客户，或是企业自身都越来越重视产品服务、产品质量安全和产品安全追踪，很多企业正在积极地建立自身的产品安全可追踪体系，构建产品安全可追踪系统。

一、定义

产品安全追踪：指的是追溯产品的来源和去向，即追溯和跟踪。

产品安全可追踪系统：就是建立起一个覆盖食品从初级产品到最终消费品各个阶段资料的信息库。

二、意义

1. 及时、有效地处理质量问题

建立起一个覆盖食品从初级产品到最终消费品各个阶段资料的系统，这样一旦发现食品质量问题就能立刻找到是什么地方出了问题，是谁出了问题，然后就能够及时、有效地处理质量问题，追究责任，最终提高食品安全水平。

2. 是企业提升自身服务水平的需要

随着社会的进步和物质的积累，消费者需求也越来越多，对商品的质量、企业服务的要求也越来越高。现在产品同质化严重，同一种商品有多种品牌供消费者选择，售后服务好的商品往往得到更多的消费者青睐，而建立产品安全追踪体系，导入产品追溯信息化系统无疑是企业提高自身服务水平、服务反应速度的重要手段。

3. 可以避免责任纠纷，约束行为人的机会主义

安全可追踪系统主要针对质量问题而设立，这些质量问题要么检测困难，要么检测会影响交易的及时性，所以，人们往往不能及时发现质量问题，由此引起交易中的责任纠纷和行为人的机会主义行为。可追踪系统通过一个“延迟权利”将质量责任最终“归结”到最初的责任者那里，从而在减少检测的同时，也改变了责任人行为预期。

4. 是企业融入全球供应链路的需要

现代企业是面向细分市场的，有的生产原材料，有的生产部件，有的生产最终产品，形成一条条生产供应链，节约成本是每个企业所重点关心的问题，具有快速反应能力的产品追溯系统，能使企业更好地融入全球供应链当中。

三、任务

1. 溯源

查出质量问题的源头和成因。

2. 跟踪

主要用于食品回收、撤销或召回，减少事故发生后的社会危害或企业损失。

四、系统构建

根据产品安全追踪任务要求，系统的构建主要从以下几个方面入手：

1. 采购原材料信息追溯

一般企业会对原材料进行批次管控，并进行条码标识。进行标识时，分两种情形：按批标识和按最小包装标识（每一最小包装都有唯一序列号），在原材料出入库时、生产上料时进行扫描，对产品生产所用的原材料进行数据采集、跟踪。

2. 生产现场监控

主要关注订单的生产进度、直通率、不良率，物料的防错、防漏，现场欠料及快速配料，产品的生产工艺及制程防错，品质检验及跟踪分析，产品条码的防重、标签打印（机身码、内箱码、外箱码、栈板标签）。

3. 仓库管理

主要是真实的反应库存，实现料、账一致，对产品、物料进行入库、库位分配、上架、下架、出库的数据采集，有的企业还有委外加工，包工包料（成品采购），需要进行产品条码的分配，物料的发放，成品委外采购入库等。

4. 产品销售管理

主要关注产品流向，要能清晰地反映出产品所销往的区域、客户及产品的序列号，便于售后的追踪、维修、召回等；有的企业对产品采用不同区域不同价格政策，需要进行防窜货管理。通过对产品条码流转信息的采集，可真实地反映产品的流向及分布状况，杜绝窜货现象，同时也能准确地区分出正品与假冒品，维护厂家、中间商、终端客

户的合法权益。

5. 产品售后管理

主要是进行产品返修登记、确认、维修、返还等环节数据采集。企业一般会通过网站或售后服务平台，提供便利的渠道给终端客户、中间商进行产品返修处理，并能方便地查询跟踪产品返修的进度；同时厂商也能通过售后管理平台区分产品是否过保、是否窜货、是否假冒，能收集产品经常出现的不良点，进而改进产品生产工艺，提高产品质量。

企业从采购、仓库、生产、委外加工、销售与售后服务 6 大物流环节入手，可构建完整的产品追溯系统。同时，企业如使用 ERP 等信息化系统，产品追溯系统可配合 ERP 进行现场管理，弥补 ERP 在执行层面的不足。

五、实现方式

产品安全追踪的方式随着信息技术的发展，在标志精度、追踪速度、追踪范围、记录相关信息等方面不断发展。

1. 约定俗成

最简单、最古老的可追溯系统，是人们凭借自身记忆，能够找到“上一家”“下一家”，并且借助社会习俗的约束，使相关方承担相应的责任。

2. 票证

“票证”虽然是一个“结算”凭证，但也兼有“追踪”功能，如果有责任事故，可借助一定的习俗和惯例，使对方履行相关的责任。

3. 工业品的产品标志

工业品的产品标志与追踪，被用于生产质量控制、物流、仓储和财务管理一体化，并与外部供应商进行电子化物流信息交流。但是，由于农产品的非标准化、低价值、空间分散、不耐储存等特点，利用标志和追踪（或档案）来进行物流和财务管理相对较难，而农产品安全控制（溯源和召回）的功能更突出。

4. 过程记录

食品生产企业食品安全追溯信息记录覆盖生产经营全过程，记录信息包括原料验收、生产过程、产品检验等主要内容；对物料来源、加工过程和产品去向、数量等信息如实记录，确保记录真实、可靠，所有环节可有效追溯。同时，要求建立信息管理制度，明确数据采集、传输、汇总、保存、使用等过程的职责、权限和要求，通过统一规范、严格管理，保障追溯体系有效运行。

5. 信息化系统

食品追溯系统项目是通过信息化的手段，对食品质量安全进行“数字化”管理，将所有产品的最小销售单元赋予唯一的监管码，以二维码和数码混合的方式体现，在生产过程进行赋码，通过监管码记录每件产品的生产日期、批号、原料来源、质检报告等生产相关信息，使用数据库进行储存。消费者可以利用追溯二维码通过扫描等方式查询食品的相关信息，从而实现“知根溯源”。

六、管理

工厂在进行产品安全追踪的管理时，应包括以下方面：

（1）建立产品安全追踪程序文件，规定产品安全追踪的范围、责任划分、追踪流程。

（2）建立产品标识和可追溯文件，规定产品包装标识规则。

（3）建立产品召回管理文件，规定召回的职责、时机、程序、处理。

（4）定期进行产品追溯和召回的演练。

（5）建立过程记录管理制度，规定好记录的填写、更改、保存、录入等要求。

第七节　处理客户的投诉

企业依存于客户，企业生存的前提在于拥有一定数量的客户，市场竞争的本质在于企业间对客户的争夺。企业除了做到“以顾客为关注焦点”，提供顾客满意的产品和服务，满足甚至超越客户的需求和期望，对于客户投诉的处理也尤为重要。客户的投诉是企业改进工作、危机预警的机会；积极主动地处理客户的投诉，是企业建立顾客忠诚度、维持顾客的重要手段。

一、定义

客户：指购买公司产品或者服务的顾客，通常包括消费者、分销商、代理商等。

客户的投诉：是指客户对企业产品质量或服

务上的不满意，而提出的书面或口头上的异议、抗议、索赔和要求解决问题等行为。

二、客户投诉的类型

（一）按照客诉内容分类

(1)产品质量问题　如：指标、异物、结块、胀管、发霉、片剂碎裂、密封不良等；

(2)需求满足问题　如：适口性、包装便利性、价格、规格等；

(3)突发事件　如食用后出现不良反应等；

(4)服务问题　如配送、服务态度等；

(5)产品标识问题　如包装文字不规范、箱规表述不明确等。

（二）按照客诉严重程度分类

(1)严重客诉　涉及宠物食品卫生安全的或批量性的问题，如：微生物超标、批量性的胀管、添加剂不符合宠物饲料添加剂要求等；

(2)一般客诉　不触及宠物食品卫生安全的且偶发的问题，如：产品封合不良、产品短缺、产品混装等；

(3)无效客诉　证实与产品或服务无关的，或无证据显示与产品或服务相关的，如：因换食未按照指导操作导致犬猫生理问题的。

三、基础工作

（一）鼓励客诉，为客诉提供便利条件

研究发现，大多数不开心的客户不会抱怨，可能会默默离开，这就意味企业失去了这个客户，投诉比例为1：(30～300)。客户不投诉的原因很多，如：担心没有人会关心他们的问题或没有兴趣采取行动、不知道到哪里去投诉及怎样投诉、对于客诉感觉尴尬或不好意思、没有时间和精力等。企业为获得改进的机会且留住客户，就需要采取措施为客诉提供便利条件，鼓励客诉。

1. 确保客户投诉的途径

企业应建立多种形式的客诉途径供客户使用，且确保这些客诉途径容易获得。这些途径包括：电话、网络客服、店铺留言、电子邮件、面对面等，宠物食品企业可将相关的信息印刷到产品包装或宣传页上，或在公司官网放置链接和电话，以便客户获得。

2. 收集客户投诉的措施

除被动地接收客户投诉外，企业还可建立主动收集客户投诉的措施，如：电话回访、顾客满意度调查、经销商大会等。企业也可以建立激励投诉的制度，实行有奖投诉。

（二）建立客诉处理中心，使客诉处理顺畅

为了使客诉得到有效的处理和应用，企业需要将客诉集中于某一组织，然后进行分析处理，一段时间后对于客诉进行统计分析，便于企业的持续改进。

1. 组织结构

客诉处理中心成员应包括：客服人员、客诉专员或主管人员、各部门负责人(研发、质量、生产、设备、采购、储运)、宠物医师。

2. 职责

(1)客服人员　包括：网络客服、400电话客服、回访客服等，负责收集客诉详细准确信息，反馈客诉专员或主管人员；负责第一时间对客户的安抚和回复；负责客户处理结果的告知和是否满意的判断等。

(2)客诉专员或主管人员　负责评估客诉类型，做出不同的安排，如：运输过程中受损的产品提交储运部、有关产品密封性的问题提交生产部；负责客诉记录的填写、跟踪、反馈；负责客诉处理措施的监督实施；负责客诉的统计分析等。

(3)各部门负责人　负责对于涉及客诉进行调查、判断、措施制定及实施。

(4)宠物医师　处理客户关于产品导致宠物生病的问题，与处理其他客诉不同，公司的宠物医师或营养学家应尽快与客户联系，以确定投诉的性质，必要时对客户进行指导。

（三）建立客诉处理机制，使客诉处理规范化

企业应建立客诉处理机制，规范客诉处理的流程、原则。包括：客诉处理流程、产品和服务标准及补偿方案、客诉应对方案、客诉记录及统计分析要求等。

（四）加强客诉处理培训，提升客诉处理能力

企业处理客户投诉的能力与投诉事件是否得以有效解决有非常大的关系，首先，应在企业员工中树立顾客完全满意的观念，对员工进行培训，让员工了解企业的运转、企业的业务使命；其次，员工要掌握客诉沟通技能和处理要点，轻松有效进行客诉处理；最后，应针对典型客诉案例进行总结，形成标准话术，对于员工进行培训，节省处理成本。例如：关于宠物奶粉冲调问题，奶粉冲调不良受很多因素的影响，尤其是储存环境、冲调用水温度。大多数客户不注意这些因素的影响，可能造成宠物奶粉冲调问题的客诉。企业可针对此问题进行总结，根据客户的描述给予不同的解释和对策，以快速地解决客诉。

四、处理客户的投诉

（一）接收客诉

企业接收客诉一定迅速、不拖延，让客户感到能迅速找到了反映问题的部门，企业对其反映问题抱认真、负责的态度，体现公司的人员素质和专业水平。在接收客诉时，应进行临时的处理。

首先，需要平息客户的情绪，客户投诉时，多带有强烈的感情色彩，具有发泄性质，因此要平息怨气。先给客户一个宣泄不满和委屈的机会，来分散心里积压的不满情绪，用提问题的方法，把投诉由情绪带入事件。礼貌用语和温馨的沟通是和平解决分歧的前提条件。

其次，在客户理智的状态下，详细了解情况，包括：投诉者、投诉时间、投诉对象、投诉内容、投诉地点、投诉要求等。必要时联系业务开展现场调查，将内容记录下来。

然后，分析判断投诉的性质，判断投诉是否合理，如投诉不能成立，应迅速答复客户，说明理由；如投诉或需要进一步由相关部门确认或邮寄回产品，应与客户商讨进一步的处理。

最后，应对于客户表示感谢，感谢客户是很关键的一步。

（二）分配客诉

接收并临时处理客诉后，应按照客户投诉的内容分类，确定具体接收部门和受理负责人，如质量问题交由质量部门、运输破包问题交由储运部门。

（三）分析客诉

责任部门接到客诉后需要首先进行投诉评估，确认投诉是否合理，必要的时候，产品需要进行检验并出具检验报告，包括：理化、微生物、毒素、重金属、适口性等。确认为合理客诉后，需要调查造成客户投诉问题的原因，经典的工具可以帮助企业迅速有效的开展调查，鱼骨图和 5 Why 分析是应用较多的两个，鱼骨图有全面分析的特点，5 Why 则可以深入探寻根本原因，两者结合使用能够做到不遗漏可能的原因，并找到根本原因，制定有效的纠正和预防措施，并认真落实。

（四）解决客诉

根据客诉调查结果、企业相关补偿方案以及客户的要求，提出解决投诉的具体方案。投诉解决方案经批复后，迅速通知顾客，达成统一。

（五）跟踪客诉

解决了客户投诉后，应定期回访客户，了解其是否满意。或者涉及宠物食用或健康问题的，由企业的宠物医师联系客户，看是否一切正常或做相应的指导。

五、客户投诉统计分析与应用

（一）统计分析

客户投诉是企业进步之源，面对较多的客户投诉数据，除了甄别有效和无效投诉外，对有效投诉数据的统计分析是让客户投诉成为促进企业改进提升动力的主要提升手段。

对于投诉的统计分析可以分为两部分：投诉处理分析和投诉内容分析。

1. 投诉处理

分析投诉的处理过程，涉及处理了多少客户投诉，平均处理时长有多少，一次解决率有多少，承诺时限内解决率有多少，客户满意率水平如何等，分析的是对于客户投诉的处理效率和效果。

2. 投诉内容

涉及分析投诉的具体内容，涉及投诉的主要原因是哪些，那些排在前面的原因过去几个月甚至更长时间有没有变化，新出现的投诉原因是什么，投诉人的问题有哪些，异物问题有哪些，投诉产品和服务的又有哪些。此类分析常用的方法包括：构成分析、趋势分析、排列分析等。

投诉分析后形成投诉分析报告。面对分析完的数据给出改进建议，并追踪和督促改进方案的实施与反馈，并由此进入投诉处理工作的正向循环。

（二）绩效

对于专门的客服部门，企业对其有相应的绩效要求，这些绩效指标包括：接收及时性、传递及时性、客户回访率、投诉解决满意度等。

对于企业的其他部门，通常会用投诉率进行绩效要求。在使用投诉率时，应注意投诉率要根据企业实际情况定义。通常使用投诉数量除以商品生产或销售的数量或金额计算，这种计算还需要考虑生产销售时间与投诉时间的时间差问题。

（三）全员参与

全面质量管理倡导全员参与，通过激发员工的创造性、参与性、积极性，发挥团队的力量。在处理客户抱怨方面，全员参与，不仅能够提升员工对于顾客满意度重要性的认识，还能让员工提升质量意识。提升员工参与度，提升顾客满意度的方法包括：

（1）选择有代表性的投诉问题，通过公告栏或员工会议向员工展示；

（2）让员工参与投诉分析；

（3）邀请员工参与投诉分析会议；

（4）建立员工参与的焦点改善小组，解决产生投诉的质量问题，并给予一定的激励；

（5）在年度培训中培训员工处理客户投诉的流程及技巧。

本章小结

宠物主人和宠物食品行业越来越关注宠物食品的质量。为加强宠物食品管理，保障宠物食品质量安全，促进宠物食品行业发展，农业农村部于2018年出台了《宠物饲料管理办法》《宠物饲料标签规定》《宠物饲料卫生规定》《宠物饲料生产企业许可条件》《宠物配合饲料生产许可申报材料要求》《宠物添加剂预混合饲料生产许可申报材料要求》等一系列规范性文件，为加强宠物食品市场监管提供了依据，也为相关企业生产经营提供了指导。宠物食品行业为保证产品质量，需要建立质量体系，实施全面质量控制，做到生产质量可控、生产监管有据、生产质量可溯源。

质量是指产品、过程或服务满足规定或潜在要求（或需要）的特征和特性的总和。宠物食品质量控制的环节，包括原料、配方、加工过程、产品包装、产品储运等过程的控制。宠物食品的质量包括营养价值性、感官特性、安全卫生性、适口性、消化吸收性、保健特性、包装安全性等多方面的特性以及在宠物食品生产过程中的每个阶段的加工要求。

宠物食品质量控制措施，包括质量检验、质量巡检、全过程质量控制。检测的指标包括：营养指标的检测、卫生指标的检测、加工指标检测。宠物饲料生产质量安全管理体系，主要有HACCP食品安全管理体系，ISO 9001：2015质量控制体系，AIB食品安全统一标准。为保证产品质量还需要进行产品追踪，很多企业正在积极地建立自身的产品安全可追踪体系，构建产品安全可追踪系统。产品安全追踪指的是追溯产品的来源和去向，即追溯和跟踪。产品安全可追踪系统就是建立起一个覆盖食品从初级产品到最终消费品各个阶段资料的信息库。

企业依存于客户，企业生存的前提在于拥有一定数量的客户，市场竞争的本质在于企业间对客户的争夺。企业除了做到"以顾客为关注焦点"，提供顾客满意的产品和服务外，对于客户投诉的处理也尤为重要。客户的投诉是企业改进工作、危机预警的机会；积极主动地处理客户的投诉，是企业建立顾客忠诚度、维持顾客的重要手段。

复习思考题

一、名词解释

宠物食品配方、ISO质量体系、质量巡检

二、问答题

1. 简述宠物食品质量控制的基本要素。

2. 比较不同质量认证体系的不同。

三、开放性讨论

如何全方位建立宠物食品生产企业的质量控制体系。

第十二章

宠物食品法规体系

本章提要

本章主要介绍了不同国家和地区(中国、美国和欧盟)的宠物饲料管理相关法律法规,并对其框架和内容进行诠释,重点讲述了中国宠物饲料管理法规体系,简单介绍了欧盟和美国在不同维度上对宠物饲料的管理。通过对法规的学习,全面了解不同国家对宠物饲料的管理规定,对企业的生产、质量控制、标签规范、卫生指标及特点宣传有一个全面的了解。

不论是在中国、美国还是欧盟,都有单独管理宠物饲料(宠物食品)的法规体系,涵盖了宠物食品标签、原料、添加剂、生产、流通、进口、卫生、特殊要求、转基因和广告等板块的专属法规及规定。

在中国,管理宠物食品的法规与畜禽饲料不同,具有单独的管理法规体系,中国农业农村部于2018年颁布了《宠物饲料管理办法》及配套规范性文件,规范了我国宠物食品从生产到销售的整个过程。欧盟和美国宠物食品工业化体系建立较早,目前已有近百年的发展历程,形成了一整套的专属法规及规定。虽然不同的国家和地区对宠物饲料的管理归属部门不同,但在框架结构上基本一致。

本章重点阐述中国、美国及欧盟的宠物食品法规体系,帮助学生了解宠物食品法规体系,指导宠物食品的生产和销售。

第一节　宠物食品管理法规框架

虽然宠物食品在不同的国家和地区隶属于不同的管理部门,但其框架基本一致,涵盖内容和模块也基本相同。本节主要阐述中国(港澳台除外)、美国和欧盟宠物饲料管理框架(表12-1)。

第二节　中国的宠物食品管理法规

中国《宠物饲料管理办法》于2018年6月1日起正式实施,它是中国针对宠物饲料管理的一部现行管理办法。中国宠物饲料与食用动物饲料的监管都隶属于农业农村部,宠物饲料在管理上也需要遵循饲料行业的根本上位法《饲料和饲料添加剂管理条例》。本节主要介绍《宠物饲料管理办法》。

一、《宠物饲料管理办法》制定原则

(一)依"法"立"规"

"法"指的是《饲料和饲料添加剂管理条例》,它是中国境内所有动物饲料的基本管理法规,是所有其他具体饲料法规的最高上位法。《宠物饲料管理办法》是在《饲料和饲料添加剂管理条例》中的具体规定指导下,针对宠物饲料的特殊性进行的具体规定,由部门规章和规范性文件组成。

表 12-1　不同国家(地区)的宠物食品的法规框架

欧盟	美国	中国	日本
(EC) No 178/2002 general principles and requirements of food law 食品法规的一般原则和要求 (最近修订时间:26/07/2019)	CFR Title 21 Food and Drugs 联邦规章法规第 21 篇食品和药品 第 A 分章:总则(包含饲料要求)	饲料和饲料添加剂管理条例 (国务院令 1999 年第 266 号发布,最新修订时间:2017 年第 676 号)	Act on Safety Assurance and Quality Improvement of Feed (Act No. 35 of 1953) 饲料安全保障和质量提升法令(35 号令,1953 年)
	Food Safety Modernization Act (FSMA) 食品安全现代化法案		
	Feed Safety Management Requirement 饲料管理规定		
Recommendation 2011/25/EU 规定了饲料原料、饲料添加剂、动物产品和兽用产品的区别	PET Store Laws by State 各州宠物商店法规	宠物饲料管理办法	Act on Ensuring the Safety of Pet Food(Act No. 83 of 2008) 宠物食品安全法 (2008 年第 83 号令)
	FDA Animal Feed Safety System (AFSS) 动物饲料安全体系		
	Animal Feed Regulatory Program Standards (AFRPS) 动物饲料管理程序标准		
Directive 98/51/EC 规定了批准和注册生产、经营动物饲料的企业或提供中介服务的相关条件	Current Good Manufacturing Practice 当前良好生产规范 Requirements for Food for Animals Guidance for Industry 动物食品工业生产要求	宠物饲料生产许可条件 饲料质量安全管理规范	
(EC) No 767/2009 on the placing on the market and use of feed 关于饲料投放市场和使用 (最近修订时间:26/12/2018)	CFR Title 21 Food and Drugs 联邦规章法规第 21 篇食品和药品 第 501 部分:动物食品标签 第 502 部分:非标准化宠物食品的一般命名	宠物饲料标签规定	Ministerial Ordinance on Specifications and Standards of Pet food 宠物食品规格和标准省令(农林水产省令、环境省令第一号) 增补:Amendment September 1, 2011 农林水产省令、环境省令第三号 AmendmentAugust 20, 2014 农林水产省令、环境省令第三号
	FDA:Pet Food Labels-General FDA 宠物食品标签通用要求		
Directive 82/475/EEC 规定了饲料标签中的饲料原料类别标示 (最近修订时间:01/07/1998)	The Sanitary Transportation of Human and Animal Food Rule 人畜食品的卫生运输规则	宠物饲料使用的原料标示: 饲料标签 GB/T 10648(含 1 号修订单)	
Regulation (EU) 2019/1793 进口食品和饲料管理通则	Foreign Supplier Verification Programs for Importers of Food for Humans and Animals (FSVP) Regulation Records Requirements 国外供应商验证计划	进口饲料和饲料添加剂登记管理办法	Act on Ensuring the Safety of Pet Food(Act No. 83 of 2008) 宠物食品安全法(2008 年第 83 号令)第九条、第十条
	Voluntary Qualified Importer Program (VQIP) 自愿性合格进口商方案		

续表 12-1

欧盟	美国	中国	日本
Regulation (EU) 2019/1793 进口食品和饲料管理通则	CFR Title 21 Food and Drugs 联邦规章法规第 21 篇食品和药品 Parts 1, 11, and 111 Department of Health and Human Services 21 进口食品的安全监管		
2002/32/EC On Undesirable Substances in Animal Feed 动物饲料中的有害物质 该指令列出了动物饲料中可能含有的 39 种不良物质和允许的最大含量 (最近修订时间:28/11/2019) Commission Recommendation (EU) 2016/1319 of 29 July 2016 Amending Recommendation 2006/576/EC as Regards Deoxynivalenol, Zearalenone and Ochratoxin A in Pet Food 2016 年 7 月 29 日欧盟委员会建议(EU) 2016/1319 修订 2006/576/EC 条例中关于宠物食品中脱氧雪腐镰霉烯醇、玉米赤霉烯酮和赭曲霉毒素 A 的最高限量	CFR Title 21 Food and Drugs 联邦规章法规第 21 篇食品和药品 第 500.45 部分:多氯联苯的要求 第 500.50 部分:丙二醇在猫粮中的要求 第 589 部分:禁止在动物食品或者饲料中使用的物质	宠物饲料卫生规定 饲料添加剂安全使用规范(农业部公告第 2625 号) 禁止在饲料和动物饮用水中使用的药物品种目录 禁止在饲料和动物饮用水中使用的物质	Ministerial Ordinance on Specifications and Standards of Pet food 宠物食品规格和标准省令(农林水产省令、环境省令第一号) 增补: Amendment September 1, 2011 农林水产省令、环境省令第三号 Amendment August 20, 2014 农林水产省令、环境省令第三号
(EU) No 68/2013 on the Catalogue of Feed Materials 饲料原料列表 最近修订时间:15/06/2017	CFR Title 21 Food and Drugs 联邦规章法规第 21 篇食品和药品 第 582 部分:一般认为安全的物质 第 584 部分:一般认为对于动物饲料以及饮用水安全的食品物质	饲料原料目录 新饲料和新饲料添加剂管理办法	Ministerial Ordinance on the Specifications and Standards of Feeds and Feed Additives. (Ordinance No. 35 of July 24th, 1976 of the Ministry of Agriculture and Forestry) 关于饲料和饲料添加剂的规格和标准的部长条例
(EC) No 1831/2003 Concerning Additives in Animal Nutrition 饲料添加剂列表 修订:(EU)2015/2294 号条例 (最新修订时间:18/05/2022)	CFR Title 21 Food and Drugs 联邦规章法规第 21 篇食品和药品 第 70、73、74、81 部分:着色剂规定 第 500.50、570、571、573 部分:动物食品添加剂规定	饲料添加剂目录	Act on Safety Assurance and Quality Improvement of Feed (Act No. 35 of 1953) 饲料安全保障和质量提升法令(35 号令,1953 年)

续表 12-1

欧盟	美国	中国	日本
(EC) No 429/2008 on Detailed Rules for the Implementation of Regulation No 1831/2003 as Regards the Preparation and Presentation of the Applications and the Assessment and the Authorization of Feed Additive 新饲料添加剂管理(关于法规 No 1831/2003 实施的详细规则,该法规涉及申请的准备和提交以及饲料添加剂的评估和授权)	Food Additive Petitions for Animal Food 动物饲料添加剂申请原则	新饲料和新饲料添加剂管理办法 饲料添加剂安全使用规范 (农业部公告第 2625 号)	Ministerial Ordinance on the Specifications and Standards of Feeds and Feed Additives. (Ordinance No. 35 of July 24th, 1976 of the Ministry of Agriculture and Forestry) 关于饲料和饲料添加剂的规格和标准的部长条例(1976 年 7 月 24 日第 35 号法令,农业和林业部)
(EC) No 183/2005 Requirements for Feed Hygiene 饲料卫生要求 (最新修订时间:26/07/2019)	CFR Title 21 Food and Drugs 联邦规章法规第 21 篇食品和药品 Part 507 Current Good Manufacturing Practice, Hazard Analysis, and Risk-Based Preventive Controls for Food for Animals 第 507 部分:动物食品良好生产规范、危害分析和基于风险的预防性控制措施 Part 509 Unavoidable Contaminants in Animal Food and Food-Packaging Material 第 509 部分:动物食品中不可避免的污染物和食品包装材料 Part 579 Irradiation in the Production, Processing, and Handling of Animal Feed and Pet Food 第 579 部分:动物饲料和宠物食品辐照规定 CPG Sec 690. 800 Compliance Policy Guide Salmonella in Food for Animals 符合性政策指南第 690. 800 部分:动物饲料污染沙门氏菌的处理要求 Sec. 690. 150 Labeling and Marketing of Dog and Cat Food Diets Intended to Diagnose, Cure, Mitigate, Treat, or Prevent Diseases 第 690. 150 部分:节旨在诊断、治愈、缓解、治疗或预防疾病的犬粮和猫粮的标签和销售要求(处方粮)	宠物饲料卫生规定	Ministerial Ordinance on Specifications and Standards of Pet food 宠物食品规格和标准省令 (农林水产省令、环境省令第一号) 增补:Amendment September 1, 2011 农林水产省令、环境省令第三号 Amendment August 20, 2014 农林水产省令、环境省令第三号

续表 12-1

欧盟	美国	中国	日本
2002/32/EC On Undesirable Substances in Animal Feed 动物饲料中的有害物质 该指令列出了动物饲料中可能含有的 39 种不良物质和允许的最大含量 最近修订时间:28/11/2019	Department of Agriculture Animal and Plant Health Inspection Service 动植物卫生检验服务	饲料添加剂安全使用规范(农业部公告第 2625 号)	
(EU) No 142/2011 Implementing Regulation (EC) No 1069/2009and Implementing Council Directive 97/78/EC 就不用于人类消费的动物副产品及其衍生产品制定卫生规则并修订欧盟议会和理事会条例(EC) No 1069/2009,修订关于某些样品和项目在边境免除兽医机构检验的理事会指令 97/78/EC			
(EU) 2020/354 Establishing a List of Intended Uses of Animal Feedingstuffs for Particular Nutritional Purposes 特定营养目的动物饲料预期用途清单(全价处方粮管理) (最新更新时间:2020. 12. 25)	CFR Title 21 Food and Drugs 联邦规章法规第 21 篇 食品和药品 第 B 分章:人类食品(适用于罐装宠物食品) 第 110 部分:食品制造、包装或存放过程中现行良好操作规范(GMP)A 分部总则 第 113 部分:密闭容器包装的热加工低酸性食品要求 第 114 部分:酸化食品要求		Guideline for Ensuring Safety of Feeds Using Food Residues (18 Shoan No. 6074) 确保使用食物残渣作饲料的安全性的指导原则(18 Shoan No. 6074)
FEDIAF Code of Good Labelling Practice for Pet Food 宠物食品良好标识规范	AAFCO Pet Food Labelling Guide AAFCO 宠物食品标签指南		Fair Competition Agreement about Display of Pet Food (No. 10, Fair Trade Commission / Consumer Affairs Agency certified on November 22, 2016) 宠物食品展示公平竞争协议(公平贸易委员会/消费者事务局告示第 10 号 2016 年 11 月 22 日)

续表 12-1

欧盟	美国	中国	日本
	Official Common or Usual Names and Definitions of Feed Ingredients by AAFCO AAFCO 官方通用或常用饲料成分名称和定义		
FEDIAF Nutritional Guidelines For Complete and Complementary Pet Food for Cats and Dogs 犬猫全价和补充性宠物食品营养指南	AAFCO Dog and Cat Food Nutrient Profiles 犬猫食品营养成分		Fair Competition Agreement Enforcement Rule about Display of Pet Food (Fair Trade Commission/ Consumer Affairs Agency approved on July 14，2015)宠物食品展示公平竞争协议执行规则(公平贸易委员会/消费者事务局 2015 年 7 月 14 日)
	Guides for the Dog and Cat Food Industry 犬猫食品工业生产指南		
FEDIAF Guide to Good Practice for the Manufacture of Safe Pet Foods 安全宠物食品良好生产规范指南	AAFCO Voluntary Verification HACCP Program for Manufacturing Animal Feed and Feed Ingredients and Prerequisite GMP for Feed Manufacturing 自愿验证程序——饲料生产 HACCP 和 GMP		
		全价宠物食品　犬粮 (GB/T 31216—2014) 全价宠物食品　猫粮 (GB/T 31217—2014) 宠物零食—犬咬胶 (GB/T 23185—2008) 宠物饲料中硝基呋喃类代谢物残留量的测定 液相色谱一串联质谱法 (GB/T 39670—2020) 出口宠物食品检验检疫监管规程 第 1 部分:饼干类 (SN/T 2854.1—2011) 出口宠物食品检验检疫监管规程 第 2 部分:烘干禽肉类(SN/T 2854.2—2012)	

续表 12-1

欧盟	美国	中国	日本
Directive 94/62/EC on Packaging and Packaging Waste 关于包装和包装废物管理		定量包装商品净含量计量检验规则(JJF1070—2005)	Ordinance for Enforcement of the Food Sanitation Act(Ordinance of the Ministry of Health and Welfare(No. 23 of July 13，1948) 《食品卫生法执行条例》(卫生和福利部条例)
Directive 2002/72/EC on Plastic Materials and Articles Intended to Come in Contact with Foodstuffs 拟接触食品的塑胶包材和物品管理指南		定量包装商品计量监督管理办法(国家质量监督检验总局令第75号)	
(EU)10/2011 on Plastic Materials and Articles Intended to Come in Contact with Food 与食品接触的塑料包材和物品管理			
Directive 2001/18/EC on the Deliberate Release into the Environment of Genetically Modified Organisms and Repealing Council Directive 90/220 故意将转基因生物排放至环境的管理指令，废除 Council Directive 90/220	Guidance for Industry：Voluntary Labeling Indicating Whether Foods Have or Have Not Been Derived from Genetically Engineered Plants 行业指南：标明饲料是否来自转基因植物的自愿标签	农业转基因生物安全管理条例(国务院 2011 年颁布)	Ministerial Ordinance on the Specifications and Standards of Feeds and Feed Additives(Ordinance No. 35 of July 24th，1976 of the Ministry of Agriculture and Forestry) 关于饲料和饲料添加剂的规格和标准的部长条例 (1976 年 7 月 24 日第 35 号法令，农业和林业部)
Regulation (EC) No 1829/2003 on Genetically Modified Food and Feed 转基因食品和饲料管理指南		农业转基因生物标识管理办法(2002 年 1 月 5 日农业部令第 10 号)	Notification on Safety Screening Procedures for Recombinant DNA Technology-applied Foods and Additives(May 1，2000 Ministry of Health and Welfare Notification No. 233) 关于采用重组 DNA 技术的食品和添加剂安全筛选程序的通知(2000 年 5 月 1 日，厚生劳动省第 233 号通知)

续表 12-1

欧盟	美国	中国	日本
Regulation (EC) No 1830/2003 on the Traceability and Labelling of Genetically Modified Organisms and the Traceability of Food and Feed Products Produced from Genetically Modified Organisms 关于转基因生物和由转基因生物生产的食品和饲料产品及标签的可追溯性的			Notification on Manufacturing Standards for Recombinant DNA Technology-Applied Foods and Additives (May 1,2000 Ministry of Health and Welfare Notification No. 234)关于重组 DNA 技术的食品和添加剂生产标准的公告(2000 年 5 月 1 日,厚生劳动省公告第 234 号)
Regulation (EC) No 999/2001 Laying Down the Rules for the Prevention, Control and Eradication of Certain Transmissible Spongiform Encephalopathies (TSE Regulation) 预防、控制和根除传染性海绵状脑病的指南	Biological, Chemical, and Physical Contaminants in Animal Food 动物饲料中的生物、化学和物理污染物		Bovine Spongiform Encephalopathy Special Measures Law (2002 Law No. 70)牛海绵状脑病特别措施法(2002 年第 70 号法令)
Regulation (EC) No 882/2004 on Official Controls Performed to Ensure the Verification of Compliance with Feed and Food Law, Animal Health and Animal Welfare Rules 官方要求:为确保核实是否符合饲料和食品法、动物卫生和动物福利规则		饲料和饲料添加剂管理条例	Act on Ensuring the Safety of Pet Food (Act No. 83 of 2008) 宠物食品安全法(2008 年第 83 号令)第十一条～第十七条
Regulation (EC) No 152/2009 Laying down the Methods of Sampling and Analysis for the Official Control of Feed 饲料管理抽样和分析方法		宠物饲料管理办法	
Regulation (EC) No 834/2007 on Organic Production and Labelling of Organic Products 有机产品及标签管理	7 CFR Part205 有机产品法规	有机产品认证管理办法	Japanese Agricultural Standards for Organically Processed Foods (Enforced July 1,2019) 日本有机加工食品农业标准
			Japanese Agricultural Standards for Organic Feed (Enforced April 1, 2018) 日本有机饲料农业标准

续表 12-1

欧盟	美国	中国	日本
Directive 2006/114/EC Concerning Misleading and Comparative Advertising 误导和比较广告管理指令		中华人民共和国广告法	Act Against Unjustifiable Premiums and Misleading Representation （Act No. 134 of May 15, 1962） 反不正当补贴和误导性表示法
Directive 2010/13/EU on the Coordination of Certain Provisions Laid Down by Law, Regulation or Administrative Action in Member States Concerning the Provision of Audiovisual Media Services（Audiovisual Media Services Directive） 协调成员国法律、法规或行政管理中所规定的有关提供视听媒体服务的条款（视听媒体服务指令）		宠物饲料标签规定	
Directive 2011/83/EU on Consumer Rights 消费者权益保护指令			

注：在本书起草过程中，上述表格中的所有法规已经更新至最新版，但不排除仍有部分法规更新的情况。

(二)参考国外宠物饲料管理法规

《宠物饲料管理办法》在制定的过程中充分借鉴了欧美、日本等国家的先进经验,并结合我国饲料管理体系进行相关指标设定,充分体现了我国饲料管理的全面性和宠物饲料管理的特殊性。

(三)全面契合我国饲料实际监管需要

与欧盟和美国等把人类食品和动物饲料放在同一部门进行管理不同,我国饲料全部隶属于农业农村部畜牧兽医司管理。在《宠物饲料管理办法》的内容上全面契合我国饲料管理各级部门的要求,对宠物饲料的生产、经营环节中各参与方的责任、义务和违法处罚进行了全面规定,对宠物饲料的生产许可申请、标签展示、卫生指标和进出口登记等方面进行了详细规定。

二、宠物饲料管理法规的框架和内容

宠物饲料与食用动物饲料相通用的法规包括:《饲料和饲料添加剂管理条例》《饲料添加剂品种目录(2013)》及其修订公告、《饲料原料目录》及其修订公告、《饲料添加剂安全使用规范》《饲料和饲料添加剂生产许可管理办法》。

宠物饲料专用的规定包括《宠物饲料管理办法》《宠物饲料生产企业许可条件》《宠物饲料标签规定》《宠物饲料卫生规定》《宠物配合饲料生产许可申报材料要求》《宠物添加剂预混合饲料生产许可申报材料要求》。

三、宠物饲料产品及分类

宠物饲料法规是针对宠物饲料的管理,因此首先需要对宠物饲料的定义及分类进行规范。

(一)宠物饲料及分类

1.宠物饲料

《宠物饲料管理办法》中指出:本办法所称宠物饲料,是指经工业化加工、制作的供宠物直接食用的产品,也称为宠物食品。包括宠物配合饲料、宠物添加剂预混合饲料和其他宠物饲料。

2.宠物配合饲料

宠物配合饲料是指为满足宠物不同生命阶段或者特定生理、病理状态下的营养需要,将多种饲料原料和饲料添加剂按照一定比例配制的饲料,单独使用即可满足宠物全面营养需要。包括普通的宠物配合饲料和特殊用途的宠物配合饲料。在通用名称上可以称作"全价宠物食品""宠物配合饲料"或者只要有"全价"字样即可。

3.宠物添加剂预混合饲料

宠物添加剂预混合饲料是指为满足宠物对氨基酸、维生素、矿物质微量元素和酶制剂等营养性饲料添加剂的需要,由营养性饲料添加剂与载体或者稀释剂按照一定比例配制的饲料。在通用名称上可以称作"宠物添加剂预混合饲料""补充性宠物食品"或"宠物营养补充剂"。

4.其他宠物饲料

其他宠物饲料是指为实现奖励宠物、与宠物互动或者刺激宠物咀嚼、撕咬等目的,将几种饲料原料和饲料添加剂按照一定比例配制的饲料。在通用名称上只能称作"宠物零食",但不能使用"犬零食"或者"猫零食"等的说法。

(二)宠物饲料的名称及分类原则

对宠物饲料进行分类及名称规范的主要目的是衔接饲料法规,即《饲料和饲料添加剂管理条例》,其中,成为《宠物饲料管理办法》管理对象的宠物饲料,有以下几方面特点:

1.必须满足供给宠物直接食用的目的

供宠物饲料生产企业使用的混合型饲料添加剂、添加剂预混合饲料的管理不适用于本办法,其生产、经营、使用和进口仍然按照《饲料和饲料添加剂管理条例》中的相关规定执行。只有供宠物直接食用的宠物饲料才适用于《宠物饲料管理办法》。

2.不以包装形式、产品形态进行分类

《宠物饲料管理办法》中的宠物饲料,只按照产品的功能进行分类,不按照产品的具体形态、呈现形式进行分类。

宠物配合饲料在功能上体现宠物全面的营养需求,即市场上宠物主粮的概念;宠物添加剂预混合饲料在功能上体现为补充宠物营养的目的,即市场上宠物营养补充剂或者保健品的概念;其他宠物饲料即为市场上宠物零食的概念。

3.不同种类宠物饲料的卫生要求不一致

《宠物饲料管理办法》中对宠物饲料卫生的要求是按照宠物配合饲料、宠物添加剂预混合饲料和其他宠物饲料进行分类管理的,不同种类的宠物饲料其卫生要求不完全一致。

四、饲料生产许可证

《宠物饲料管理办法》中规定，宠物配合饲料、宠物添加剂预混合饲料需要按照相关要求进行《饲料生产许可证》的申请和登记，而其他宠物饲料不需要进行相关许可登记。即生产宠物零食的企业不需要进行饲料生产许可证的申请和办理。《饲料生产许可证》需到省级饲料主管部门按照相关程序办理。《饲料生产许可证》上根据企业的申报情况，省级饲料主管部门对企业的生产线、设备工艺、仓储和实验室设备等进行现场审核后颁发许可证，根据审证的产品类别标识为宠物配合饲料或者宠物添加剂预混合饲料。宠物配合饲料产品品种根据产品的水分含量标识为固态宠物配合饲料、半固态宠物配合饲料、液态宠物配合饲料；宠物添加剂预混合饲料也根据产品的水分含量标识为固态宠物添加剂预混合饲料、半固态宠物添加剂预混合饲料、液态宠物添加剂预混合饲料。

宠物零食的生产企业虽然不进行办证的“事前”监督，但同时也要受到企业生产检查、产品抽样监测的“事中”“事后”监督措施的管理，不能以不办生产许可证逃避监管。

五、关于生产宠物饲料使用的原料和添加剂的规定

宠物饲料（包括进口宠物饲料），可以使用的原料和添加剂必须在《饲料原料目录》及补充目录和《饲料添加剂目录》及补充目录中可以用在宠物饲料的范围内，超范围的不可以使用。需要特别注意的是，宠物饲料中禁止使用任何药物饲料添加剂。

六、关于宠物饲料产品包装标签要求

出厂销售（包括进口）的宠物饲料产品应当包装，包装应当符合国家有关安全、卫生的规定。宠物饲料产品的包装上应当附具标签，标签应当符合《宠物饲料标签规定》的要求。此外，标签还应该满足《中华人民共和国广告法》的要求。

七、关于宠物饲料生产企业的要求

宠物饲料生产企业要按照相关要求履行原料查验和检验义务。要建立健全采购、生产、检验、销售、仓储等管理制度，对生产过程实施有效控制并实行原料采购记录、生产记录、产品出厂销售记录、产品留样观察等管理。

宠物饲料生产企业使用饲料添加剂生产宠物饲料，要遵守饲料添加剂适用范围和《饲料添加剂安全使用规范》中的具体要求。

宠物饲料生产企业要按照自己的产品标准进行生产，履行产品出厂检验的义务，产品标准需在企业标准信息公告服务平台备案并随产品实时更新。

宠物配合饲料、宠物添加剂预混合饲料的生产企业实施《宠物饲料质量安全管理规范》。

八、对宠物饲料经营者的要求

宠物饲料经营者进货时要履行产品查验的义务。查验的对象是宠物饲料产品标签，查验的重点包括以下几方面：

（1）产品的原料组成是否在《饲料原料目录》中，添加剂是否在《饲料添加剂目录》可应用于宠物饲料的范围内；

（2）如果是宠物配合饲料和宠物添加剂预混合饲料，是否具有饲料生产许可证，进口的产品是否具有进口登记证；

（3）产品是否标识了其执行的产品标准编号；

（4）产品是否出具产品质量检验合格证；

（5）是否满足《宠物饲料标签规定》中的其他要求。

宠物饲料经营者应当建立实施产品购销台账。不得对宠物饲料产品进行拆包、分装，不得对宠物饲料产品进行再加工或者添加任何物质。

网络宠物饲料产品交易第三方平台提供者（即网络电商），应当对入网的宠物饲料经营者进行实名登记，督促经营者认真履行宠物饲料产品质量安全管理责任和义务，保障平台上销售的宠物饲料产品符合相关法规要求。

九、进口宠物饲料进口登记证

境外宠物饲料生产企业向中国境内出口宠物配合饲料、宠物添加剂预混合饲料的，应当委托境外企业驻中国境内的办事机构或者中国境内代理机构向国务院农业行政主管部门申请登记，并依法取得《进口登记证》。具体要求按照《进口饲料和饲料添加剂管理条例》进行。

其他宠物饲料产品，即宠物零食，不需要在农业农村部进行进口登记，满足海关在进口方面的相关要求即可进行在中国境内的进口和销售行为，但其产品标签和产品卫生指标需满足《进口饲料和饲料添加剂管理条例》的相关规定要求。

向中国境内出口的宠物饲料产品，应当附具符合《宠物饲料标签规定》要求的中文标签，产品卫生指标应当符合《宠物饲料卫生规定》的要求；此外，宠物配合饲料、宠物添加剂预混合饲料的质量应当符合进口登记备案标准要求。

进口宠物饲料产品所使用的饲料原料和饲料添加剂必须遵守《饲料原料目录》和《饲料添加剂目录》的要求，对使用的饲料添加剂还应该遵守"添加剂适用范围"和《饲料添加剂安全使用规范》的规定。

十、宠物饲料的监督监测

国务院农业行政主管部门和县级以上地方人民政府饲料管理部门，会根据自身权责要求，定期或者不定期组织实施宠物饲料产品监督抽查。

国务院农业行政主管部门和省级人民政府饲料管理部门应当按照职责权限公布监督抽查结果，并可以公布具有不良记录的宠物饲料生产企业、经营者以及为经营者提供服务的第三方交易平台名单。

历年农业农村部《饲料质量安全监督抽检计划》中都有关于宠物饲料产品监督抽查和风险预警的相关工作方案。

十一、宠物饲料标签规定

(一)基本要求

宠物饲料标签指的是以文字、符号、数字、图形等方式粘贴、印刷或者附着在产品包装上用以表示产品信息的说明物的总称。产品包装上的所有信息即为标签的内容。

在中华人民共和国境内生产、销售的宠物饲料产品的标签应当按照《宠物饲料标签规定》的要求标识产品名称、原料组成、产品成分分析保证值、净含量、储存条件、使用说明、注意事项、生产日期、保质期、生产企业名称及地址、许可证明文件编号和产品标准等信息。不在中国境内销售的宠物饲料产品的标签无须满足《宠物饲料标签规定》的要求。

宠物饲料产品标签应当在醒目位置标识"本产品符合宠物饲料卫生规定"字样，该字样中不得插入任何其他信息，必须使用一致的字体字号和颜色，不得突出强调其中部分内容。

宠物饲料产品标签要以粘贴或者印刷等形式附具产品质量检验合格证。

(二)通用名称要求

1. 通用名称

宠物饲料产品名称应当位于标签的主要展示版面并采用通用名称。通用名称应当使用一致的字体、字号和颜色，不得突出或者强调其中的部分内容。

(1)宠物配合饲料　通用名称为"宠物配合饲料""宠物全价饲料""全价宠物食品"或者"全价"字样，处方粮应当标识"处方"字样。

(2)宠物添加剂预混合饲料　通用名称应为"宠物添加剂预混合饲料""补充性宠物食品"或者"宠物营养补充剂"。同时通用名称中也可以标识产品中的氨基酸、维生素、矿物质微量元素、酶制剂等营养性饲料添加剂，标识时可以使用营养性饲料添加剂的品种名称或者类别名称。

(3)其他宠物饲料　通用名称为"宠物零食"，并且只能是"宠物零食"。

2. 商品名称

在标识通用名称的同时，可以标识商品名称，但应当放在通用名称之后或者之下，字号不得大于通用名称。通用名称中应该标识适用的动物种类、生命阶段等信息，生命阶段包括幼年期、成年期、老年期、妊娠期、哺乳期等，如不标识则默认为适用于所有生命阶段。

(三)原料组成的要求

原料组成要以"原料组成"和"添加剂组成"为

引导词，分两部分进行标识。

1. 原料组成

原料组成要按照生产该产品所用的饲料原料品种名称或者类别名称(类别名称与《宠物饲料标签规定》中附录2的类别名称要一致)，并按照各类或者各种饲料原料成分加入重量的降序排列；原料组成中的某种原料如以品种名称标识，则不应当再以类别名称标识；如以类别名称标识，则不应当再以品种名称标识，如玉米、谷物及其制品不能混用。

2. 添加剂组成

添加剂组成应当标识生产该产品所用的饲料添加剂名称，抗氧化剂、着色剂、调味和诱食物质类饲料添加剂可以标识类别名称。

以《饲料原料目录》中动物水解物为主要原料复配制成的调味产品，应当在原料组成部分中以“宠物饲料复合调味料”或者“口味增强剂”标识，并且只能用这两个名称，而不能用其他的名称。

(四)产品标准

1. 产品标准备案及标识

在中国境内生产的宠物饲料产品标签上需要标识产品标准编号，且该标准需要在“企业标准信息公共服务平台”上进行备案并实时更新。

2. 进口产品标准标号

进口宠物配合饲料和宠物添加剂预混合饲料的标准即为进口产品复合检验报告编号，进口其他宠物饲料无标准编号。

(五)成分分析保证值的标识要求

1. 宠物配合饲料

宠物配合饲料至少要标识水分、粗蛋白质、粗脂肪、粗纤维、粗灰分、钙、总磷、水溶性氯化物(以Cl^-计)、赖氨酸(犬粮)、牛磺酸(猫粮)，并且标识方式要跟《宠物饲料标签规定》附录4保持一致。处方粮可以进行特殊标识，但需要同时满足《宠物饲料标签规定》附录4标识方式的要求。

2. 宠物添加剂预混合饲料

至少要标识水分和产品中添加的营养性添加剂的含量，标识方式参考《宠物饲料标签规定》附录4。

3. 其他宠物饲料

其他宠物饲料产品成分分析保证值至少应当标识水分，也可以根据需要标识其他成分的分析保证值，标识方法参照《宠物饲料标签规定》附录4。

(六)处方粮的要求

(1)处方粮只能是宠物配合饲料，通用名称中应该标识“处方”字样。

(2)需要在注意事项中参照《宠物饲料标签规定》附录5的示例，标识产品适用的宠物特定生理、病理状态及主要营养特征，并在醒目位置标识“请在执业兽医指导下使用”字样。

(3)如其适用的生理、病理状态及主要营养特征未在《宠物饲料标签规定》附录5收录范围以内，该产品的生产企业要参照附录5根据产品的实际情况标识注意事项，并能够提供相关证明资料。证明资料至少应当包括能够验证产品效果的科学试验数据及配方组成。

(七)生产企业相关信息的要求

1. 中国境内生产的饲料产品

中国境内生产的宠物配合饲料和宠物添加剂预混合饲料的产品标签，应当标识与许可证明文件一致的生产许可证编号、企业名称、注册地址、生产地址、联系方式；其他宠物饲料产品，应当标识与生产企业营业执照一致的企业名称、注册地址、生产地址、联系方式。如生产企业的注册地址与生产地址一致，可不重复标识。其他宠物饲料产品不得标识生产许可证信息。

2. 进口宠物饲料产品

进口宠物饲料产品应当以中文标识原产国名或者地区名。进口宠物配合饲料和宠物添加剂预混合饲料产品，应当标识与进口登记证一致的登记证号、生产厂家名称、生产地址，以及该产品在中国境内依法登记注册的销售机构名称、地址和联系方式。其他进口宠物饲料产品，应当标识生产厂家名称、生产地址，以及该产品在中国境内依法登记注册的销售机构名称、地址和联系方式。其中中国台湾和中国香港的产品需要准确标识地区。

(八)委托加工相关要求

(1)委托加工的宠物配合饲料、宠物添加剂预混合饲料产品，除标识《宠物饲料标签规定》的所有内容外，还应当标识委托企业的名称、注册地址和生产许可证编号。

(2)应注意委托加工与品牌代理的区别。

(九)转基因的相关要求

转基因的标识需要符合相关法律法规的要求。

(十)宣传的相关要求

宠物饲料产品可以进行成分、功能和特性宣传，宣传的要求较为复杂。

1.整体要求

(1)禁止对宠物饲料作具有预防或者治疗宠物疾病的说明或者宣传　宠物饲料本质上是宠物的粮食，不是药物，不能对其进行有预防或者治疗疾病的话语在包装标签上出现。对于全价处方粮亦然，不得有任何预防或治疗宠物疾病的说明或宣传在标签上出现。

(2)所有宣传应当具备证明材料　证明材料包括公开发表的出版物、教科书、配方组成、检测数据或者试验报告等。对于全价处方粮的适用范围的功能宣传，若处方粮的适用范围在《宠物饲料标签规定》附录5中19项范围内且配方调整项目一致，可以不进行相关的科学试验验证；若不在19项范围内，生产企业需要自行或者委托相关科研机构进行科学试验验证并在管理部门查验时提供。

2.成分宣传的具体要求

(1)形式要求　对成分进行宣传时，宣传的内容应当置于产品名称相邻位置，并与产品名称使用相同的字体和颜色，字号不大于产品名称，不得以任何形式突出或者强调其中部分内容。成分宣传指的是产品的原料或者添加剂作为卖点体现在宠物饲料产品标签上时，必须使用一致的颜色、字体和字号，不能突出强调部分内容。产品名称指的是产品的通用名称，如“全价 XX”、“宠物营养补充剂 XXX”或者“宠物零食 XXXX”等，成分宣传字号不得大于相应的名称。

(2)宣传原料要求　宠物饲料如宣传使用某种饲料原料，应当在饲料原料组成中标识其名称，并在名称后标识其添加量；如该饲料原料使用所属类别名称标识，应当在类别名称之后以括号的方式标识该饲料原料的品种名称及其在产品中的添加量。可以参考《宠物饲料标签规定》中附录1的示例。类别名称指的是《宠物饲料标签规定》中附录2的具体类别，并不是《饲料原料目录》或者《饲料添加剂目录》中的具体类别。添加量按照配方设计的投料量进行标识。

(3)水分还原要求　经脱水处理的饲料原料，可以依据水分还原后其在产品中的含量进行宣传。可以进行水分还原的饲料原料种类及其计算方法见《宠物饲料标签规定》附录7。如进行水分还原，则附录7中涉及的三类饲料原料应当同时还原，计算方法应当按附录7执行。附录7中可以进行水分还原的原料包括新鲜水果和蔬菜(但不包括由果蔬皮渣制成的副产品)、肉类、鱼类(仅包括可食用动物组织)和谷物，具体包括的原料需要对接《饲料原料目录》中的具体分类。还原时配方中含有的三种物质必须同时还原，不能只还原想进行功能宣传的原料。

(4)“XX 配方”　“含 XX 配方”和“含 XX”的宣传在进行“XX 配方”“含 XX 配方”和“含 XX”时，可以进行水分还原后宣传或者直接宣传。要注意还原时配方中三类可还原物质需要同时还原，如鸡肉粉还原后占比超过 26%就可以宣传“鸡肉配方”。同时需要注意，虽然进行了水分还原，但是在原料组成部分还是要按照配方原始状态(为还原之前)进行标识，如鸡肉粉可以还原成鸡肉，但是原料组成仍然要标识“鸡肉粉(XX%，XX 为配方原始形态添加量)”。

如对两种或者两种以上饲料原料进行组合宣传，其中至少一种饲料原料应当达到产品总重的26%以上，其余每种饲料原料均应当达到产品总重的3%以上，宣传应当按原料的重量百分比降序排列。

(5)风味的宣传　宠物饲料产品使用的饲料原料、宠物饲料复合调味料或者口味增强剂能够赋予产品某种风味，可以对产品的风味进行宣传，宣传要使用“XX 味”字样。

(6)添加 XX 的宣传　宠物饲料产品中的某种饲料原料的添加量足以赋予产品某些特有属性，即使该原料未达到产品总重的4%，也可以对其进行宣传，宣传要使用“添加 XX”字样。如添加一些价格昂贵的特殊原料。

(7)营养物质(添加剂)的宣传　宠物饲料产品如宣传使用某种维生素、矿物质微量元素等营养素或者使用的某种饲料添加剂可以赋予产品某些特有属性，宣传应当使用“含 XX”字样。宣传涉及的维生素、矿物质微量元素等营养素应当在产品成分分析保证值中列示。宣传涉及的饲料添加剂应当在饲料添加剂组成中列示并标识其添加量。添加剂进行“含 XX”宣传时，一般会采用“含XX有 XX 功能”的话语进行卖点标识，需要注意，此种情况下涉及的饲料添加剂的含量需要在添加剂组成中标识，同时添加剂中涉及的营养素应该在成分分析保证值中标识含量。

(8)不含有的宣传　宠物饲料产品可以宣传不含有某种饲料原料或者饲料添加剂，宣传应当使用“无 XX”或者“不含 XX”。除饲料原料和饲料添加剂外，不得对其他任何物质进行不含有宣传。对于麸质成分，如其含量不高于 20 mg/kg时，可以进行“无麸质”或者“不含麸质”的宣传。宠物饲料生产只能用《饲料原料目录》和《饲料添加剂目录》中的物质，所以产品在进行宣传时不能对本不应该使用的物质进行“不含有”宣传，如对抗生素、农药甚至激素等。同时需要注意谷物跟麸质的区别。

(9)比较性宣传　对宠物饲料产品中的某种成分含量进行“高”“增高”或者“低”“降低”或者类似的比较性宣传，应当以本企业的产品作为参照物且明确列示，增高或者降低的比例应当达到15%以上，对于常量营养素，增高或者降低的百分比应当能够通过配方进行验证。

3.特性宣传的具体要求

(1)“天然”宣传的要求　宠物饲料产品使用的所有饲料原料和饲料添加剂均来自未经加工、非化学工艺加工或者只经过物理加工、热加工、提取、纯化、水解、酶解、发酵或者烟熏等处理工艺的植物、动物或者矿物质微量元素，可对产品进行特性宣传，宣传应当使用“天然的”“天然粮”或者类似字样。如宠物饲料产品中添加的维生素、氨基酸、矿物质微量元素是化学合成的，也可以对产品进行“天然的”“天然粮”的宣传，但应当同时对所使用的维生素、氨基酸、矿物质微量元素进行标识，宣传应当使用“天然粮，添加 XX”字样；如添加了两种(类)或者两种(类)以上的化学合成的维生素、氨基酸、矿物质微量元素，宣传中可以使用饲料添加剂的类别名称。所有宣传文字应置于同一展示版面，使用相同的字体、字号和颜色，中间不得插入其他任何内容，不得以任何形式突出或者强调其中某一部分。如产品使用的某种饲料原料和饲料添加剂来自未经加工、非化学工艺加工或者只经过物理加工、热加工、提取、纯化、水解、酶解、发酵或者烟熏等处理工艺的植物、动物或者矿物质微量元素，可以对该饲料原料或者饲料添加剂进行特殊宣传，宣传应当使用“天然”字样，比如“天然色素”。《宠物饲料标签规定》中对“天然粮”的要求相对较严格，企业所有的原料满足上述的要求才可以宣传“天然”，同时要注意“天然来源”与“天然”区别。

(2)“新鲜的”宣传　宠物饲料产品使用的某种饲料原料除冷藏外未经蒸煮、干燥、冷冻、水解等类似任何处理过程，且不含有氯化钠、防腐剂或者其他饲料添加剂，可以对该饲料原料进行宣传，宣传应当使用“新鲜的”“鲜”或者类似字样。宠物饲料产品，一般是原料中的肉类原料，如果以“鲜”进行宣传，原材料只能是冷藏保存，但对加工过程不设限制。

(3)“低脂肪”的宣传　犬用宠物饲料产品的水分含量低于 20%且脂肪含量不高于 9%、水分含量在 20%～65%且脂肪含量不高于 7%、水分含量大于 65%且脂肪含量不高于 4%时，可以对犬用宠物饲料进行“低脂肪”的宣传。猫用宠物饲料产品水分含量低于 20%且脂肪含量不高于10%、水分含量在 20%～65%且脂肪含量不高于8%、水分含量大于 65%且脂肪含量不高于 5%时，可以对猫用宠物饲料进行“低脂肪”的宣传。要注意在成分分析保证值部分同时需要标识脂肪的最小值。

(4)“低能量”的宣传　犬用宠物饲料产品的水分含量低于 20%且能量值不高于 1 296 kJ ME/100 g、水分含量在 20%～65%且能量值不高于 1 045 kJ ME/100 g、水分含量不低于 65%且能量值不高于 376 kJ ME/100 g 时，可以对该产品进行“低能量”宣传并对其能量值进行标识。猫用宠物饲料产品水分含量低于 20%且能量值不高于 1 359 kJ ME/100 g、水分含量在 20%～65%且能量值不高于 1 108 kJ ME/100 g、水分含量不低于 65%且能量值不高于 397 kJ ME/100 g，可以对该产品进行“低能量”宣传并对其能量值进行标识。标识时应当以“能量”或者“能量值”为引导词，并与该宣传置于同一展示版面。能量值应当以代谢能（ME）值表示，并以 kJ/100 g 为单位，代谢能可以采用计算值，但应当在代谢能值后以括号的方式标注“计算值”字样。计算方式见《宠物饲料标签规定》附录 8。

（5）“新产品”等宣传　宠物饲料产品可以使用“新产品”“配方升级”“产品升级”或者类似宣传，但宣传应当有充分证据，且该宣传在产品标签上标识的时间不得超过 18 个月。

（6）符合国外标准的宣传　产品应当符合对应标准的所有要求，且在监管部门要求时应当能提供检测报告或者产品配方等证明材料。

4. 功能宣传的具体要求

（1）宣传涉及的饲料添加剂应当在饲料添加剂组成或者产品成分分析保证值中按《宠物饲料标签规定》要求标识，宣传涉及的饲料原料应当在原料组成中标识其名称，并在名称后标识其添加量。

（2）如宠物饲料产品对毛球产生、牙垢积聚等非疾病性问题具有预防性作用，可以进行功能宣传，宣传可以使用“预防”字样并标识该产品可以预防的非疾病问题。注意疾病问题与非疾病问题的区别。

（十一）多文字语言的相关要求

宠物饲料产品标签文字应当使用规范的汉字（商标、进口宠物饲料的生产者和地址、国外经营者的名称和地址，网址除外），可以同时使用有对应关系的汉语拼音、少数民族文字或者其他文字，但不得大于相应的汉字（商标除外）。对于印有多语言的包装物，凡使用规范汉字提供的信息均应当符合《宠物饲料标签规定》的要求。

（十二）标签处罚

国务院农业行政主管部门和县级以上地方人民政府饲料管理部门，根据需要定期或者不定期组织实施宠物饲料产品标签监督抽查。宠物饲料产品标签不符合《宠物饲料标签规定》要求的，依据《饲料和饲料添加剂管理条例》第四十一条进行处罚。宠物饲料生产企业、经营者生产、经营的宠物饲料与标签标识的内容不一致的，依据《饲料和饲料添加剂管理条例》第四十六条进行处罚。县级以上的人民政府饲料管理部门就具有处罚权。

十二、宠物食品的水分校正

水分还原在宠物饲料行业内又称为水分校正，是中国农业农村部在起草《宠物饲料标签规定》时，借鉴欧洲宠物食品工业联合会（FEDIAF）中相关水分还原的标准同时结合我国目前宠物饲料行业现状进行的法规层面上的要求，具体计算方式列示在《宠物饲料标签规定》的附录 7 中。水分还原对于宠物饲料产品的卖点宣传、产品原料特点展示起着关键作用。

（一）可以进行水分还原的原料种类、还原标准和其他要求

1. 新鲜的水果和蔬菜（不包括果蔬皮渣制成的副产品）的脱水物

新鲜水果和蔬菜的脱水物指的是《饲料原料目录》中第 5 部分“其他籽实、果实、蔬菜类产品及其加工产品”包含范围内的水果和蔬菜，并且指其脱水物，不包括新鲜状态或者采摘后的状态。根据其原料的实际水分含量折算干物质量后按照含水量为 90％的进行计算。

2. 肉类、鱼类（仅包括可食用动物组织）的脱水物

肉类指的是《饲料原料目录》中第 9 部分“陆生动物产品及其副产品”中的 9.3.3“动物内脏粉”、9.4.1“蛋粉”、9.4.2“蛋黄粉”9.4.4“蛋清粉”、9.5.1“蚯蚓粉”和 9.6.7“肉粉”，以及第 10 部分“鱼、其他水生生物及其副产品”中 10.4.3“白鱼粉”、10.4.3“水解鱼蛋白粉”、10.4.4“鱼粉”和 10.4.7“鱼排粉”中的相关原料。据其原料的实际水分含量折算干物质量后按照含水量为 75％进行计算。

3. 谷物

谷物指的是《饲料原料目录》中第 1 部分“谷物及其加工制品”中每一分类的第一个未经加工的谷物，如大麦、糙米、高粱、黑麦、荞麦、黍米、小米、黑麦、小麦、燕麦、玉米等相关原料。据其原料的实际水分含量折算干物质量后按照含水量为 15％进行计算。

4. 其他原料

其他原料无论水分含量多少都不得进入水分

还原计算。

(二)水分还原计算方式

1.固态/半固态的宠物饲料产品

引用《宠物饲料标签规定》附录7的配方组成：现有宠物饲料配方如下，每100 kg宠物饲料中含有玉米66 kg、鸡肉粉24.2 kg、牛肉粉1.8 kg、胡萝卜粉2.0 kg、添加剂预混合饲料4.0 kg、油脂2 kg。对其中的原料进行水分还原如下：

玉米66 kg，测定玉米的水分含量为10%，玉米属于谷物，还原标准为15%，还原后得到玉米量为66 kg×(1－10%)÷(1－15%)＝69.88 kg。

鸡肉粉24.2 kg，测定鸡肉粉的水分含量为10%，鸡肉粉为肉类的脱水物，还原标准为75%，还原后得到鸡肉量为24.2 kg×(1－10%)÷(1－75%)＝87.12 kg。

牛肉粉1.8 kg，测定牛肉粉的水分含量为11.1%，牛肉粉为肉类的脱水物，还原标准为75%，还原后得到牛肉量为1.8 kg×(1－11.1%)÷(1－75%)＝6.4 kg。

胡萝卜粉2.0 kg，测定胡萝卜粉的水分含量为8.0%，胡萝卜粉为新鲜的水果和蔬菜的脱水物，还原标准为90%，还原后得到胡萝卜量为2.0 kg×(1－8.0%)÷(1－90%)＝18.4 kg。

添加剂预混合饲料与油脂不属于水分还原范围。

还原后配方组成为：玉米69.88 kg、鸡肉87.12 kg、牛肉6.4 kg、胡萝卜18.4 kg、添加剂预混合饲料4.0 kg、油脂2 kg；合计＝69.88＋87.12＋6.4＋18.4＋4＋2＝187.8 kg。

还原后各原料的配方占比为：

玉米：69.88÷187.8×100%＝37.2%；

鸡肉：87.12÷(69.88＋87.12＋6.4＋18.4＋4＋2)×100%＝46.4%；

牛肉：6.4÷187.8×100%＝3.4%；

胡萝卜：18.4÷187.8×100%＝9.8%；

添加剂预混合饲料：4÷187.8×100%＝2.1%；

油脂：2÷187.8×100%＝1.1%。

还原之后鸡肉的含量达到26%的要求，可以进行“鸡肉配方”的宣传；胡萝卜的量达到了9.8%，满足“含胡萝卜”的宣传；生产企业可以根据自己的产品特点进行宣传。同时要注意，原料组成仍要按照配方原始形态加入重量的降序排列，不得按原料水分还原后的含量顺序标识。

2.液态的宠物饲料产品

现有液态宠物配合饲料如下，每100 kg饲料中含有水42 kg、牛肉35 kg、鸡肉18.2 kg、鱼肉2 kg、添加剂预混合饲料2 kg、胡萝卜粉0.8 kg，其中：

牛肉、鸡肉、鱼肉采用的是鲜肉或者冻肉形式，不符合还原的范畴，不能进行水分还原，能还原的只有胡萝卜粉，胡萝卜粉0.8 kg，测定胡萝卜粉的水分含量为8.0%，胡萝卜粉为新鲜的水果和蔬菜的脱水物，还原标准为90%，还原后得到胡萝卜量为0.8 kg×(1－8.0%)÷(1－90%)＝7.4 kg。

配方中有水，还原相当于用了配方中的水，水分含量减少7.4－0.8＝6.6 kg，配方中的水分变更为42－6.6＝35.4 kg。

还原后配方组成为水35.4 kg、牛肉35 kg、鸡肉18.2 kg、鱼肉2 kg、添加剂预混合饲料2 kg、胡萝卜7.4 kg，合计＝35.4＋35＋18.2＋2＋2＋7.4＝100 kg。

还原后各原料的配方占比为：

鸡肉：18.2÷(35.4＋35＋18.2＋2＋2＋7.4)×100%＝18.2%；

牛肉：35÷(35.4＋35＋18.2＋2＋2＋7.4)×100%＝35%；

鱼肉：2÷(35.4＋35＋18.2＋2＋2＋7.4)×100%＝2%；

胡萝卜：7.4÷(35.4＋35＋18.2＋2＋2＋7.4)×100%＝7.4%；

添加剂预混合饲料：2÷(35.4＋35＋18.2＋2＋2＋7.4)×100%＝2%。

还原之后牛肉的含量达到26%的要求，可以进行“牛肉配方”的宣传，鸡肉的含量达到14%的要求，可以进行“含鸡肉配方”的宣传；胡萝卜的量达到了7.4%，满足“含胡萝卜”的宣传；生产企业可以根据自己的产品特点进行宣传。同时要注意，原料组成仍要按照配方原始形态加入重量的降序排列，不得按原料水分还原后的含量顺序标识。

第三节　中国的宠物饲料卫生标准

一、卫生标准

为加强宠物饲料管理，保障宠物饲料产品质量安全和宠物健康，依据《饲料和饲料添加剂管理条例》《宠物饲料管理办法》，中国农业农村部于2018年颁布并实施了《宠物饲料卫生规定》。规定在中华人民共和国境内生产、销售的供犬猫直接食用的宠物饲料产品的卫生指标，应当符合《宠物饲料卫生规定》的要求。国务院农业行政主管部门和县级以上人民政府饲料管理部门，应当以卫生指标为重点，根据需要定期或者不定期组织实施宠物饲料产品监督抽查。国务院农业行政主管部门和省级人民政府饲料管理部门应当按照职责权限公布监督抽查结果，并可以公布具有不良记录的宠物饲料生产企业、经营者以及为经营者提供服务的第三方交易平台名单。宠物饲料生产企业、经营者生产、经营的宠物饲料不符合《宠物饲料卫生规定》卫生指标要求的，依据《饲料和饲料添加剂管理条例》第46条进行处罚。

此外，部分宠物饲料生产使用的添加剂也有安全限量要求，此部分内容在农业部2625号公告《饲料添加剂安全使用规范》中列出，在本章内容中已将《宠物饲料卫生规定》和《饲料添加剂安全使用规范》中涉及宠物饲料的相关卫生限量要求总结在表12-2中。

二、宠物食品的卫生限量要求

表12-2　涉及宠物饲料卫生的指标及限量要求

类别	序号	卫生指标	产品名称	限量	备注
无机污染物和含氮化合物	1	氟，mg/kg	宠物配合饲料	≤150	—
			宠物添加剂预混合饲料、其他宠物饲料	≤500（磷含量≤4%时）	表中磷含量以干物质含量88%计
				≤125/1%的磷含量（磷含量>4%时）②	
	2	镉，mg/kg	宠物配合饲料、宠物添加剂预混合饲料、其他宠物饲料	≤2	—
	3	铬，mg/kg	宠物配合饲料、宠物添加剂预混合饲料、其他宠物饲料	≤5	—
	4	汞，mg/kg	宠物配合饲料、宠物添加剂预混合饲料、其他宠物饲料	≤0.3	—
	5	铅，mg/kg	宠物配合饲料	≤5	—
			宠物添加剂预混合饲料、其他宠物饲料	≤10	
	6	总砷，mg/kg	含有水生动物及其制品或者藻类及其制品的宠物配合饲料、宠物添加剂预混合饲料和其他宠物饲料	≤10	其中，无机砷含量不超过2 mg/kg
			不含有水生动物及其制品或者藻类及其制品的宠物配合饲料	≤2	—
			不含有水生动物及其制品或者藻类及其制品的宠物添加剂预混合饲料和其他宠物饲料	≤4	
	7	三聚氰胺，mg/kg	宠物配合饲料、宠物添加剂预混合饲料、其他宠物饲料	≤2.5	水分达到或超过60%的罐头宠物饲料以原样计
	8	亚硝酸盐（以$NaNO_2$计），mg/kg	水分含量小于14%的宠物配合饲料	≤15	—

续表 12-2

<table>
<tr><th>类别</th><th>序号</th><th>卫生指标</th><th colspan="2">产品名称</th><th>限量</th><th>备注</th></tr>
<tr><td rowspan="8">真菌毒素</td><td>9</td><td>黄曲霉毒素 B_1，μg/kg</td><td colspan="2">宠物配合饲料、宠物添加剂预混合饲料、其他宠物饲料</td><td>≤10</td><td>—</td></tr>
<tr><td>10</td><td>伏马毒素（B_1+B_2），mg/kg</td><td colspan="2">宠物配合饲料、宠物添加剂预混合饲料、其他宠物饲料</td><td>≤5</td><td>—</td></tr>
<tr><td rowspan="2">11</td><td rowspan="2">脱氧雪腐镰刀菌烯醇，mg/kg</td><td colspan="2">宠物配合饲料（猫用）、宠物添加剂预混合饲料（猫用）、其他宠物饲料（猫用）</td><td>≤5</td><td rowspan="2">—</td></tr>
<tr><td colspan="2">宠物配合饲料（犬用）、宠物添加剂预混合饲料（犬用）、其他宠物饲料（犬用）</td><td>≤2</td></tr>
<tr><td rowspan="2">12</td><td rowspan="2">玉米赤霉烯酮，mg/kg</td><td colspan="2">宠物配合饲料（幼年期、妊娠期和哺乳期）、宠物添加剂预混合饲料（幼年期、妊娠期和哺乳期）、其他宠物饲料（幼年期、妊娠期和哺乳期）</td><td>≤0.15</td><td rowspan="2">—</td></tr>
<tr><td colspan="2">宠物配合饲料（成年期）、宠物添加剂预混合饲料（成年期）、其他宠物饲料（成年期）</td><td>≤0.25</td></tr>
<tr><td>13</td><td>赭曲霉毒素 A，mg/kg</td><td colspan="2">宠物配合饲料、宠物添加剂预混合饲料、其他宠物饲料</td><td>≤0.01</td><td>—</td></tr>
<tr><td>14</td><td>T-2 和 HT-2，mg/kg</td><td colspan="2">宠物配合饲料（猫用）、宠物添加剂预混合饲料（猫用）、其他宠物饲料（猫用）</td><td>≤0.05</td><td>—</td></tr>
<tr><td>天然植物毒素</td><td>15</td><td>氰化物（以 HCN 计），mg/kg</td><td colspan="2">宠物配合饲料、宠物添加剂预混合饲料、其他宠物饲料</td><td>≤50</td><td>—</td></tr>
<tr><td rowspan="6">有机氯污染物</td><td>16</td><td>滴滴涕（DDT），mg/kg</td><td colspan="2">宠物配合饲料、宠物添加剂预混合饲料、其他宠物饲料</td><td>≤0.05</td><td>—</td></tr>
<tr><td>17</td><td>多氯联苯（以 PCB28，PCB52，PCB101，PCB138，PCB153，PCB180 总和计），mg/kg</td><td colspan="2">宠物配合饲料、宠物添加剂预混合饲料、其他宠物饲料</td><td>≤0.04</td><td>—</td></tr>
<tr><td rowspan="3">18</td><td rowspan="3">六六六（HCH），mg/kg</td><td>α-HCH</td><td>宠物配合饲料、宠物添加剂预混合饲料、其他宠物饲料</td><td>≤0.02</td><td rowspan="3">—</td></tr>
<tr><td>β-HCH</td><td>宠物配合饲料、宠物添加剂预混合饲料、其他宠物饲料</td><td>≤0.01</td></tr>
<tr><td>β-HCH</td><td>宠物配合饲料、宠物添加剂预混合饲料、其他宠物饲料</td><td>≤0.2</td></tr>
<tr><td>19</td><td>六氯苯（HCB），mg/kg</td><td colspan="2">宠物配合饲料、宠物添加剂预混合饲料、其他宠物饲料</td><td>≤0.01</td><td>—</td></tr>
<tr><td rowspan="2">微生物污染物</td><td rowspan="2">20</td><td rowspan="2">沙门氏菌，（每 25 g 中）</td><td colspan="2">宠物配合饲料（罐头除外）</td><td>不得检出</td><td rowspan="2">—</td></tr>
<tr><td colspan="2">宠物添加剂预混合饲料（罐头除外）、其他宠物饲料（罐头除外）</td><td>不得检出</td></tr>
</table>

续表 12-2

类别	序号	卫生指标	产品名称	限量	备注
微生物污染物	21	微生物	宠物配合饲料(罐头)、宠物添加剂预混合饲料(罐头)、其他宠物饲料(罐头)	商业无菌	—
氨基酸、氨基酸盐及其类似物	22	*L*-赖氨酸盐酸盐	宠物配合饲料(或折算到宠物配合饲料)	0～0.5	
	23	*L*-赖氨酸硫酸盐及其发酵副产物(产自谷氨酸棒杆菌),mg/kg	宠物配合饲料(或折算到宠物配合饲料)	0～0.5	
	24	*DL*-蛋氨酸,mg/kg	宠物配合饲料(或折算到宠物配合饲料)	0～0.2	
维生素及类维生素	25	维生素 D_3,IU/kg	宠物配合饲料(或折算到宠物配合饲料)	2 000	
	26	*L*—肉碱酒石酸盐,mg/kg	宠物配合饲料-犬饲料	犬 660	
			宠物配合饲料-猫饲料	成年猫(繁殖期除外)880	
矿物元素及其螯合物	27	铁,mg/kg	宠物配合饲料(或折算到宠物配合饲料)	1250	
	28	铜,mg/kg	宠物配合饲料(或折算到宠物配合饲料)	25	
	29	锌,mg/kg	宠物配合饲料(或折算到宠物配合饲料)	200	
	30	锰,mg/kg	宠物配合饲料(或折算到宠物配合饲料)	150	
	31	碘,mg/kg	宠物配合饲料(或折算到宠物配合饲料)	10	
抗氧化剂	32	乙氧基喹啉,mg/kg	宠物配合饲料-猫饲料	150	
			宠物配合饲料-犬饲料	100	
	33	丁基羟基茴香醚,mg/kg	宠物配合饲料(或折算到宠物配合饲料)	150	
	34	二丁基羟基甲苯,mg/kg	宠物配合饲料(或折算到宠物配合饲料)	150	
	35	没食子酸丙酯,mg/kg	宠物配合饲料(或折算到宠物配合饲料)	100	
	36	特丁基对苯二酚,mg/kg	宠物配合饲料(或折算到宠物配合饲料)	150	

续表 12-2

类别	序号	卫生指标	产品名称	限量	备注
黏结剂、抗结块剂、稳定剂和乳化剂	37	决明胶，mg/kg	宠物配合饲料（或折算到宠物配合饲料）	17 600	
	38	二氧化硅（沉淀并经干燥的硅酸），mg/kg	宠物配合饲料（或折算到宠物配合饲料）	20 000	
	39	聚乙烯醇，mg/kg	宠物配合饲料（或折算到宠物配合饲料）	200	

注：1. 表中所列限量除特别注明外，均以干物质含量 88%计（微生物污染物指标除外）。②宠物添加剂预混合饲料、其他宠物饲料产品的磷含量大于 4%时，每增加 1%的磷，其氟限量在 500 mg/kg 的基础上增加 125 mg/kg。例如：宠物添加剂预混合饲料、其他宠物饲料的磷含量为 5%时，其氟限量为 625 mg/kg；磷含量为 5.5%时，其氟限量按比例增加为 687.5 mg/kg。

3. 涉及农业部 2625 号公告中的添加剂限量，只在本表中列出了有限量要求的添加剂，无限量要求的添加剂未列出。

三、宠物饲料卫生标准的注意事项

(1)《宠物饲料卫生规定》中涉及的参数共 5 大类 21 项次，涵盖无机污染物、含氮化合物、真菌毒素、天然植物毒素、有机氯污染物和微生物污染物。需要注意的是，对卫生规定中相关参数的检测方法必须按照《宠物饲料卫生规定》中规定的试验方法一栏进行，不得随意更换检测方法，防止检测方法更换带来的基质干扰。

(2)《宠物饲料卫生规定》中涉及的参数需要注意其在不同品种的宠物饲料中的限量要求不同，要注意宠物配合饲料、宠物添加剂预混合饲料和其他宠物饲料的不同。

(3)宠物饲料卫生标准中添加剂安全限量参数，需要折算到宠物配合饲料中，所以宠物添加剂预混合饲料的饲喂建议要科学，防止过多饲喂导致折算后的含量超标。

第四节　美国的宠物食品法规

美国实行立法、执法、司法三权分立的食品安全管理体系，由美国国会按照国家宪法的规定制定相关的宠物食品法规。美国国会制定法令以保证宠物食品供应的相关安全性并建立全国性的保护机制。行政部门负责法令的实施，并可以颁布规章来实施法令，这些规章都在联邦记录上发表并且有电子版可以下载（www.ecfr.gov/current/title-21）。由国会制定的法令授权管理机构很大的职权，但同时也对管理行为设置了相关限制性措施。

一、美国食品药品管理局对宠物食品的管理

美国食品和药品管理局（U. S. Food & Drug Administration，FDA）隶属于美国卫生部，负责宠物食品的洲际贸易和安全法规的制定。FDA 强制执行联邦食品、药品和化妆品法案（Federal Food，Drug，and Cosmetic Act，FFDCA），该法案规定宠物食品与人类食品一样，需要清洁健康、安全、可食用和不含有毒有害物质，同时标签声明真实可信。FDA 还出台了动物饲料安全体系（Animal Feed Safety System，AFSS）草案框架，目的是加强动物饲料和宠物食品的安全。FDA 负责管理宠物食品标签中涉及健康的声明。

在美国的管理体系下，FDA 是最高的执法机关，其职责是确保人类和宠物的食品安全以及相关产品正确地标识。FDA 下属的兽药中心（centra of veterinary medicine，CVM）主要是负责动物药品、药用饲料、食品添加剂、饲料成分以及宠物食品的管理，是根据美国联邦法规第 21 篇（CFR part 21）“食品与药品”中第 500 部分来执行。

此法案是美国的食品与药品基本法，其中定义食品为“用以人类或其他动物食用或饮用的食物、口香糖以及用于加工成任何这些食物的各种成分”。因此，动物食品包括畜禽饲料和宠物食品。美国对于生产工厂的管理与中国不同，不要求宠物食品在上市前获 FDA 批准，但要求宠物食品应是安全可食用的，要在符合卫生安全的环

境条件下生产，不能含有任何有害物质，而且要如实地标识。此外，罐装宠物食品必须要符合低酸性罐头食品法规，达到商业无菌要求，这可参照美国联邦法规第 21 篇，第 113 部分（21CFR113）。

在此法案中，“药品”在某种程度上是指用于诊断、减缓、治疗或预防疾病的物品，或是区别于食品对机体的组织结构或功能具有一定作用的物品。在对药物的定义中，FDA 对“食品”解释为：某些可提供营养、味道或香味的物品。如果一种食品能够影响机体的组织结构或功能，那么其本身也必须具备此类特性，如某种食品可提供营养物质，比如钙可促进机体骨骼结构的生长；或牛磺酸对猫科动物的心脏功能具有益处等。然而，如果某种物质除了其本身的营养价值外，还会对机体的其他结构或功能产生影响，如尿液酸化或改善关节的功能等，那么该物质应该被视为一种药物。药物对机体的结构或功能的影响应远超出“食品”的范畴，但同时也要求药物可改善或提高动物的产量和性能，或改变或提高机体的功能。

在 1958 年，为了回应公众对食品及食品生产过程中日益增加使用化学添加剂的担忧，美国国会修改了相关法案，要求食品在上市前的检测项目中应明确列出不被大众所熟知的添加剂成分。法案中还明文规定，如果食品中含有未经批准的食品添加剂，将被视为不安全、劣质食品。在此法案中对食品添加剂的定义为：食品中所添加必须是经科学认证属于“通常认为是安全”（GRAS）的物质，如添加非“食品添加剂”范围的物质则不能豁免其上市前预检的资格。一种食品添加剂在申请时的预检机制是必须由 FDA 批准，旨在证实该食品添加剂在其预期用途上是否安全，且具有一定的功效。如果 FDA 通过该申请，那么会公布在美国联邦法规第 21 篇第 573 部，有关食品添加剂在动物饲料和饮水方面的许可将会被做出相应的修改。食品添加剂申请中所必需的信息请参阅联邦法规第 21 篇第 571 部。简单来说，该申请中必须包括：对申报的食品添加剂的化学成分的描述、制作流程及过程控制、分析方法、使用数据、人类食品安全性数据、目标动物安全性数据、产品标识以及在某些特定情况下的环境评估数据。

兽药中心（CVM）对那些已确定不会引起安全问题的食品添加剂则不需要提交申请。在这种情况下，兽药中心要求商家必须列出美国饲料管理协会（AAFCO）的官方出版物中符合要求的产品成分信息。经过成分检定的产品可节省政府资源及申请的时间，兽药中心会综合评估数据，以确保成分确实有效，且可在批量生产后仍符合产品的规格要求。如果在监管下使用的成分仍未获批为添加剂，但只要产品的包装标识与公认的预期用途相一致，且包装或广告上不得做任何药用声明，以及没收到该产品会在食品安全性或适用性上出现问题的新数据，那么 FDA 将不会对该产品进行管制行动。

二、宠物食品的标签和处方粮的管理

当 1990 年美国颁布《营养标签与教育法案》（NLEA）时，要求 FDA 编写关于食品标签健康声明的法规。目前，已有相当数量的食品标签健康声明获批用于不同的宠物食品上，详细名单可从食品安全与营养中心（CFSAN）的主页上找到。

兽药中心已充分综合了《营养标签与健康法案》中的理念，旨在把有意义的健康管理方面的信息应用到宠物食品之中。例如，在猫粮中标注该食品对泌尿系统的健康声明，而美国饲料管理协会（AAFCO）法规中则要求清淡、精细、少添加或减少卡路里含量，或精细、少添加或减少脂肪含量。最近，兽药中心已被要求完善其对猫类食品中毛球病的管理。FDA 可能不会对那些已通过审批且达到要求功效的猫类食品的原料进行监管，如纤维源的物质。在这种情况下，FDA 要求申报公司提交一份相关的综合报告，包括膳食配方、营养成分分析和包装标识信息，并在产品的健康声明，即成分生物学特性的常识或科学研究的基础上进行讨论。如果新成分已证明可达到某种功效，那么 FDA 将认为该申报成分的数据已证实是安全的，并应该具备市场准入的条件。

此外，与我国处方粮管理存在差异的是美国对处方粮的管理。美国《食品、药品和化妆品法》中规定的处方粮包含两种：一种是通过营养调控实现犬猫疾病状态的控制，这部分饲料称为 prescription pet feed，不含任何兽药成分，与我国宠物处方粮的要求相同，要求是产品中的成分必须全部在原料和添加剂目录中、标签中不包括任何有治疗和预防疾病的说明或表述，同时要求产品仅通过持有执照的兽医向公众提供，或通过零售或互联网销售给在兽医指导下购买该产品的个人；另一种加有兽药的用于治疗或预防疾病的宠物食品，称为 medicated pet feed，这部分产品属于兽药管理范畴，应经批准并且符合兽药注册和上市要求，或符合药品的现行良好生产规范并规定了在诊断、治愈、缓解、治疗或预防疾病的犬粮和猫粮的标签和销售环节的相关要求。近年来这类宠物食品的生产数量逐年增加，直接销售给消费者的此类产品数量也有所增加，大部分并不符合兽药的法规要求。为了确保动物安全，美国食品和药物管理局联合兽医中心发布了关于处方粮的政策性合规指南，旨向美国食品和药物管理局工作人员提供指导，以确定是否对标识和销售用于治疗或预防疾病的宠物食品采取监管措施。

指南建议，当这类宠物食品符合以下因素时，不认为属于兽药，亦不采取任何执法行动。

(1)产品通过执业兽医销售或消费者在兽医的指导下购买；

(2)产品标签不存在虚假宣传和误导消费者；按照标签使用时，产品不存在已知的安全风险；

(3)产品标签不宣传用于治疗或预防疾病；不作为已批准的新兽药的替代品销售；

(4)仅向兽医专业人员提供预期用途的宣传沟通材料；

(5)生产商根据 FD&C 法案第 415 节进行注册；并按照适用于动物性食品的 CGMPs 生产；

(6)产品标签符合宠物食品标签要求；

(7)产品仅包含批准用于宠物食品的原料和添加剂。

宠物食品标签的管理方式主要有两种，其中一种是通过 FDA 强制执行，由联邦法规建立动物饲料的标准，包括宠物食品产品的营养适当性、净含量表(重量、体积或数量)、生产、包装和配送企业的名称和地址、根据产品中不同成分的含量以降序方式，且用常见或通用的名称全部列出。一些州还实施他们自己的标签法规，而大多数宠物食品则遵循美国饲料管理协会(AAFCO)的宠物食品管理。AAFCO 包括来自所有州的官员，而联邦政府主要负责执行规范动物饲料的生产、标签、配送和/或销售的法律。AAFCO 的主要目标之一是为动物饲料制定和实施统一和公平的法律、法规、标准、定义和执行政策，提供一套完善的机制。

三、美国饲料管理协会

美国饲料管理协会(AAFCO)是管理宠物商品粮的最重要机构，于 1909 年建立，是一个由州和联邦饲料管理部门组成的民间协会，并非政府机构。AAFCO 每年都会推出官方出版物(OP)，包括一部分的宠物食品法规，规定了定义和术语、标签格式、商标和产品名称、营养保证声明、可用的原料成分和添加剂、能量含量声明以及商品粮可食用或包括的描述性的术语。AAFCO 管理宠物食品的营养素含量、原料命名和大多数的标签声明。AAFCO 给出犬猫粮的营养标准，这个标准可以直接用于生产犬猫粮。AAFCO 还制定宠物食品法规，包括《AAFCO 宠物食品和特殊宠物食品标签指南》手册，帮助宠物食品具有统一的标签和营养充足性。AAFCO 给出了证明营养适当性(全价和均衡)的定义和验证方法。如果在宠物食品的标签上写“全价和均衡”的宣传必须符合 AAFCO 的规定。AAFCO 还给出代谢能测定的饲喂方案。

FDA 与 AAFCO 积极合作，在宠物食品的监管方面也起到了积极的作用。FDA 的代表在 AAFCO 的董事会任职。FDA 的代表还为宠物食品委员会服务。兽药中心的工作人员也在其他常设的 AAFCO 委员会任职并作为审查员履行服务。FDA 与 AAFCO 保持持续且紧密合作，对宠物食品的有效监管来说是非常重要的，因为 FDA 的执法资源十分有限，主要集中在人类的食品安全问题上。出于这个原因，兽药中心的工作人员作为国家监管官员为提供科研资源服务方面发挥着重要的作用。

四、美国国家科学研究委员会

美国国家科学研究委员会(National Research Coucil，NRC)下属的动物营养委员会犬猫营养特别委员会，负责制定犬猫的营养需要量。最新一版的犬猫营养需要量为 2006 版的《犬猫营养需要量》，里面给出了犬猫不同生命阶段的能量、营养物质的最低需要量、推荐供给量、最高限量。并给出了营养需要量的配套表格和一些原料的营养指标，对其数据的来源和科学性进行了诠释，是基于科学的一套数据表格，为其他标准的制定奠定了基础数据和科学支撑。

五、美国农业部

美国农业部（U. S. Department of Agriculture，USDA）负责保证食品标签的准确性。USDA 的职责包括监督宠物食品使用的肉类成分是否经过合适的加工，并保证这些成分不进入人类的食品线；USDA 还负责管理和调查科研机构，检查其研究用的猫舍、犬舍是否满足 USDA 对犬舍、猫舍的建筑结构、动物饲养条件、护理条件和卫生条件的要求。USDA 与 FDA 及州立饲料机构提供宠物食品安全卫生指南、法规和监管，用来保证宠物食品的安全卫生。

六、美国宠物食品协会

美国宠物食品协会（Pet Food Institute，PFI）是由宠物食品公司组成的一个商业机构，作为美国宠物食品制造商的代言人，与 AAFCO 的委员会合作，共同评估现有的法规，并提出建议。但 PFI 对宠物食品的生产、检测和标签声明没有直接的管理权。PFI 致力于：①倡导立法、法规和技术，支持国内生产和全球销售安全、优质的宠物食品，并为消费者提供选择；②促进宠物食品在生产和处理实践方面的安全创新；③提供有关影响宠物食品制造商、供应商和分销商、宠物爱好者和其他利益相关者的问题的信息；④向广大公众宣传养宠物的好处。

第五节　欧盟的宠物食品法规

欧盟与美国相同，食品和饲料隶属于同一部门管理。欧盟法律体系分为条例（regulations）、指令（directives）、决定（decisions）、建议和意见（recommendations and opinions）4 个层级，具有不同的法律地位。条例具有普适性、全面约束力和直接适用性，须经欧盟委员会、欧洲议会和欧盟理事会三方批准后方能颁布实行，条例公布生效后各成员国必须执行，无须转化成本国立法。指令是对成员国具有约束力的法律，成员国在具体实施方法上具有一定灵活性，成员国一般在一定时间内根据本国实际转化为本国法律并予执行，同时修订或废除与其相悖的旧有法律。决定是针对特定成员国、特定的企业或个人、或由欧盟进口的具体产品的法律。建议和意见不具有法律约束力。与宠物食品有关的基本法规形式主要为条例和指令，由欧盟委员会提出法规修订建议和法规草案，经欧洲议会讨论通过后予以实施，是欧盟宠物饲料生产、经营、监管以及开展饲料评价工作的主要法律依据。欧盟的宠物食品按照三类进行监管有：动物来源的产品、非动物来源的产品和添加剂产品。此外，2000 年 1 月欧盟发布食品安全白皮书，提出“从农田到餐桌”的管理模式，建议成立欧洲食品安全局（EFSA），以协调欧盟各成员国，建立欧盟新的食品法规。为使欧盟消费者得到最完善的食品安全保护，在欧盟执委会、欧洲议会和理事会的努力推动之下，经过了两年多的讨论，欧盟于 2002 年正式发布（EC）178/2002 号条例《食品安全法》，标志着欧盟新的食品安全法规体系的正式建立。

欧盟饲料法规在（EC）178/2002 条例规定的原则框架下，内容涉及宠物食品流通、饲料添加剂、卫生、官方控制等方面。178 条例确立的风险分析的立法原则，贯穿于欧盟各项饲料法规的制定修订过程。值得注意的是，欧盟对宠物食品的分类分为全价宠物食品和补充性宠物食品，补充性宠物食品即为我国《宠物饲料管理办法》中的宠物营养补充剂和宠物零食范畴。

一、（EC）178/2002 条例——《食品安全法》对宠物食品的管理

2002 年颁布的（EC）178/2002 条例《食品安全法》中提到，对于饲料产品，生产者是安全主要责任人、可追溯性规则、快速预警系统、风险评估与风险管理等当前国际认可的食品和饲料监管理念，多出于该部法规。该条例规定了欧盟制定宠物食品相关法规的基本原则，特别强调法规必须在风险分析的基础上制定，并遵循预先防范原则；二是建立欧洲食品安全局，统一负责欧盟与食品安全相关的科学评价工作，并对其职能、组织形式、工作程序等进行详细规定；三是制定

食品安全事件的处理程序，包括应急处置、危机管理措施等，并要求建立著名的“食品和饲料快速预警系统”(RASFF)。欧盟《食品安全法》被称为欧盟饲料的基本法，在其规定的原则下，通过对旧有法规的修订和整合以及新法规的制定，欧盟出台了一系列新的饲料管理法规，形成新的饲料法规体系。

二、(EC)1831/2003 条例——宠物饲料添加剂的管理

(EC)1831/2003 条例——《饲料添加剂管理条例》是欧盟关于宠物用饲料添加剂管理的基础法律。要求对所有在欧盟流通的饲料添加剂实施上市前的审批，并对欧盟批准的饲料添加剂建立肯定列表，同时规定了饲料添加剂申请、评价、批准、上市、再评价等环节的程序和要求。主要管理制度如下：

(1)条例对饲料添加剂的范围进行了明确界定。欧盟所指饲料添加剂其中涉及宠物饲料的包括营养性饲料添加剂、感官性饲料添加剂、工艺性饲料添加剂、畜牧技术类饲料添加剂等，其中加工助剂不属于饲料添加剂范围；同时，条例禁止抗生素在宠物饲料中的使用。

(2)条例建立了饲料添加剂的准入和退出制度，要求建立饲料添加剂品种目录，在欧盟境内使用的饲料添加剂的品种均应为目录中所列品种，用法、用量等也应符合目录的规定。对于目录之外品种的生产，企业须向欧盟饲料管理部门——欧洲委员会卫生与消费者总署(European Commission's Health and Consumer Protection Directorate General，DG SANCO)提交申请并由EFSA 进行科学评价。

建立并维护《饲料添加剂品种目录》是欧盟饲料添加剂管理的一项重要管理制度，欧盟的《饲料添加剂目录》是全世界范围内更新最频繁的目录之一。

三、(EC)767/2009 条例——《饲料流通条例》及欧盟《饲料原料目录》对宠物食品的管理

(EC)767/2009 条例中规定了宠物饲料原料和全价宠物饲料流通和使用的相关要求，旨在规定统一的流通和使用条件，以确保宠物食品安全性，进而实现对动物健康的高度保护，同时也为使用者和消费者提供足够的产品信息，并要求制定欧盟统一的《饲料原料目录》。《饲料原料目录》的建立，不仅对宠物食品用饲料原料、饲料添加剂和兽药实现了分类管理，规范了市场行为和企业责任，还分别规定了饲料原料和配合饲料的标识要求。

根据该条例的规定，欧盟于 2010 年首次发布该目录(EC 242/2010 条例)，并于 2011 年进行了大幅扩充(EU 575/2011 条例)，包括一般性要求、加工术语和原料列表 3 个部分，之后随着需要实时更新。需要注意的是，《饲料原料目录》的性质不同于《饲料添加剂品种目录》，该目录不具有强制约束力，对于目录之外的饲料原料，企业只要在欧洲饲料行业的网站上注册，即可生产、销售和使用，由注册企业对申明产品的质量安全负责。对于目录之内的原料产品，必须使用其规定的产品名称，符合其特征描述和强制性标识要求。此外，该条例还制定了禁止使用的原料列表。

四、(EC)183/2005 条例和 2002/32 号指令——《饲料卫生法规》和《饲料中有毒有害物质限量标准》中对宠物食品的要求

(EC)183/ 2005 条例简称《饲料卫生条例》，通过对饲料生产和动物饲喂的过程控制保证饲料安全，要求对包括初级生产(农作物生长)阶段及食用动物饲养阶段等饲料生产的各个阶段进行全过程控制管理，在饲料生产、分销、使用的各个阶段都要建立并实施良好操作规范。

条例要求除饲料初级生产商外，饲料企业包括宠物食品企业要由相关主管部门进行强制性登记，并且必须按照危害分析与关键控制点(HACCP)原理，建立并有效运行 HACCP 体系，同时在饲喂环节实施良好饲养操作规范(GFP)，从而提高饲料和粗产品的安全标准，实现食物链的可溯源。条例还强调向欧盟出口饲料的第三国应获得欧盟的认可，遵从并履行欧盟饲料食品法规和动物健康规定或同等效力的法规，同时第三国的饲料企业在进入欧盟市场前亦须获得欧盟的批准。

2002/32/EC 指令规定为《饲料中有毒有害物质限量标准》，其作用类似我国《宠物饲料卫生

规定》。限量指标包括铅砷汞镉等重金属、生物毒素、有毒有害物、含氯化合物、农药残留以及二噁英及多氯联苯。欧盟有毒有害限量值的制定是风险评估、风险管理、风险交流相统一的过程。风险评估由 EFSA 开展，欧盟委员会基于 EFSA 评估结果和欧盟实际，制定法定的最高限量，开展风险管理。在风险交流环节，欧盟将标准制定依据和 EFSA 评价报告向社会公布，尤其是在宠物饲料中本底值（原料中带入的量）高于最高允许限量理论值并可能对宠物健康造成危害的物质的情况下，还会对公众提出消费建议，明确告知可能存在的风险，同时制定长期措施，降低或消除饲料中的有毒有害物质水平。

五、(EC)882/2004 条例——《官方控制条例》对宠物食品的要求

(EC)882/ 2004 条例简称《官方控制条例》，即食品饲料监管条例，为欧盟制定的确保饲料、食品、动物健康和动物福利相关法规顺利实施提供保障。通过明确欧洲成员国、参考实验室等机构的职责，对如何在欧盟法规框架下开展关于饲料、食品、动物健康和福利的执法工作进行规定。条例提出了官方监管的两项基本任务，即预防、消除或减少通过直接方式或通过环境渠道等间接方式对人类与动物造成的安全风险；严格食品和饲料标识管理，保证食品与饲料贸易的公正，保护消费者利益。

欧盟委员会主要负责对欧盟成员国及各相关机构开展的执法工作进行监督，确保各项法规的有效实施。成员国是官方监管的主体，通过设立监管机构、建设执法队伍、建立长期监管计划等，对饲料质量安全进行监管。欧盟参考试验室和国家试验室是开展官方监管的质检机构。条例明确了食品、饲料各专业领域的欧盟参考试验室，要求成员国建立国家参考试验室，通过试验室间协作，开展常规抽样研究、专项监测计划等。同时，条例为从第三国进口的产品如何进行监管制定了程序和方法。欧盟委员会及各成员国应当对从欧盟以外的第三国进口的食品和饲料产品开展官方监控；同时，可以要求第三国对向欧盟出口的饲料和食品制定类似的监控计划。

六、其他涉及宠物食品的特定物质或事项的管理法规

（一）(EC)1829/2003 条例和(EC)1830/2003 条例——转基因条例

(EC)1829/2003《转基因食品和饲料条例》规定了欧盟内转基因食品和饲料的审批与监督程序以及标签标识的要求。(EC) No 641/2004 号条例规定了《转基因食品和饲料条例》的实施细则。为实施《转基因食品和饲料条例》第 32 款的规定，2006 年 12 月 22 日，欧盟又颁布了关于转基因生物参考实验室的实施细则（条例(EC) No 1981/2006）。(EC)1830/2003《转基因生物产品追溯性和标识条例》用于规范转基因食品和饲料的可追溯性和标签标识，强化转基因产品的可靠性和安全性，保证转基因产品“从农场到餐桌”的全过程可追溯性，并为消费者提供全面的产品信息。

该条例要求所有转基因产品（转基因物质含量超过 0.9%的动物饲料、植物油、种子和副产品）标签必须明确标识转基因字样；二是确立新的登记制度，通过强制生产链条上的企业逐级向下提供书面信息，实现转基因产品的可追溯；三是由 EFSA 负责对所有新申请的转基因产品（转基因物质含量超过 0.5%）的安全性进行评估，提供是否可以批准的建议；四是要求欧盟成员国制定规定，对转基因作物种植进行管理，避免其种子进入普通农田。

（二）(EU) 2020/354 对特定营养饲料的管理——处方粮的管理

欧盟于 1993 年颁布了特定营养目的（particular nutritional purpose）相关宠粮的指令要求，并于 1994 年建立了清单，是世界上第一个对处方粮进行专门管理的国家和地区，目前最新版的要求是 2020 年更新发布的。指令中对宠物处方粮特定的病理状态、主要营养特征及其关键的营养物质的限量要求进行了明确的规定。我国的宠物饲料管理法规体系中基本参考此项法规的相关要求。

七、欧盟宠物食品工业联盟

欧盟宠物食品工业联盟（FEDIAF），是代表欧

洲宠物食品行业的贸易机构。有来自18个国家的成员和五家公司成员(Affinity Petcare、Hill's Pet Nutrition、Mars PetCare、Nestlé Purina Petcare和Wellpet)组成。FEDIAF与美国的AAFCO类似,旨在研究宠物食品中的添加剂和不良物质、宠物饲料安全和卫生、宠物产品沟通、宠物营养与分析科学、宠物饲料原料与贸易以及特殊营养用途的处方粮科学研究和环境与可持续发展等。FEDIAF较为著名和应用较多的两个规范指南是《宠物食品标签规范》(*Code of Good Labelling Practice for Pet Food*)和《全价及补充性犬猫食品营养指南》(*Nutritional Guidelines For Complete and Complementary Pet Food for Cats and Dogs*)。近年来该营养指南成为我国宠物饲料行业进行产品设计时的重要参考。

本章小结

不论是在中国、美国还是欧盟,都有单独管理宠物饲料(宠物食品)的法规体系,涵盖了宠物食品标签、原料、添加剂、生产、流通、进口、卫生、特殊要求、转基因和广告等板块的专属法规及规定。

中国宠物饲料专用的规定包括《宠物饲料管理办法》《宠物饲料生产企业许可条件》《宠物饲料标签规定》《宠物饲料卫生规定》《宠物配合饲料生产许可申报材料要求》《宠物添加剂预混合饲料生产许可申报材料要求》。

宠物饲料分宠物配合饲料(全价宠物食品)、宠物添加剂预混合饲料和其他宠物饲料(宠物零食)《宠物饲料管理办法》中规定,宠物配合饲料、宠物添加剂预混合饲料需要按照相关要求进行《饲料生产许可证》的申请和登记,而其他宠物饲料不需要进行相关许可登记。

宠物饲料(包括进口宠物饲料),可以使用的原料和添加剂必须在《饲料原料目录》及补充目录和《饲料添加剂目录》及补充目录中可以用在宠物饲料的范围内,超范围的不可以使用。

宠物饲料产品的包装上应当附具标签,标签应当符合《宠物饲料标签规定》的要求。此外,标签还应该满足《中华人民共和国广告法》的要求。

宠物饲料生产企业要按照相关要求履行原料查验和检验义务。要建立健全采购、生产、检验、销售、仓储等管理制度,对生产过程实施有效控制并实行原料采购记录、生产记录、产品出厂销售记录、产品留样观察等管理。宠物配合饲料、宠物添加剂预混合饲料的生产企业实施《宠物饲料质量安全管理规范》。

境外宠物饲料生产企业向中国境内出口宠物配合饲料、宠物添加剂预混合饲料的,应当委托境外企业驻中国境内的办事机构或者中国境内代理机构向国务院农业行政主管部门申请登记,并依法取得《进口登记证》。

国务院农业行政主管部门和县级以上地方人民政府饲料管理部门,会根据自身权责要求,定期或者不定期组织实施宠物饲料产品监督抽查。

欧盟和美国宠物食品工业化体系建立较早,饲料和食品质量安全监测控制体系较为完善,目前已有近百年的发展历程,形成了一整套的专属法规及规定。我国在法律法规的框架设置上基本与其他国家和地区保持一致,但也因为我国食品和饲料隶属于不同的管理部门存在一定的区别。在本章法律法规的学习中,学生要从横向和纵向进行对比,才能更好地理解不同法规条文背后设置的意义和用途。

复习思考题

一、名词解释

饲料标签、饲料卫生标准、FEDIAF、AAFCO

二、问答题

1. 对比我国宠物饲料卫生规定和欧盟宠物饲料卫生要求的不同。
2. 简述我国宠物饲料管理办法中的通用规定和专属规定。
3. 欧盟和美国与我国处方粮管理的异同。

三、开放性讨论

1. 如何参考国外宠物饲料管理体系进行产品设计？
2. 结合现状，宠物饲料未来监管方向应该朝着哪些方向发展？

参考文献

BOPET 专业委员会. 国内外食品包装卫生标准的现状. 塑料包装，2011，21(4)：497.

Daniel L. 住院小动物营养管理，夏兆飞，张海霞，译. 北京：中国农业大学出版社，2018.

Linda P C，Leighann D，Michael G H，等. 犬猫营养需要. 3 版. 陈江楠，许佳，夏兆飞，主译. 济南：山东科学技术出版社，2020.

National Research Council(NRC). 犬猫营养需要. 丁丽敏，夏兆飞，主译. 北京：中国农业大学出版社，2010.

安琨. 生产经营的主导者——企业生产计划管理的作用. 营销界，2021(22)：145-146.

蔡旋，肖长峰，徐天翼，等. 高蛋白饲粮对老年猫生产指标及血清生化指标的影响. 中国饲料，2018(21)：27-30.

曹康，郝波. 中国现代饲料工程学. 上海：上海科学技术文献出版社，2014.

陈霞. 影响宠物食物适口性的因素. 中国动物保健，2021，23(9)：102-103.

陈雪梅. 啤酒废酵母制备犬粮诱食剂的研究及其应用. 无锡：江南大学，2015.

陈元元，朱宇旌，张勇. 苜蓿多糖在畜禽饲料中的应用. 动物营养学报，2013，25(1)：36-43.

陈震华. 欧美食品包装材料技术法规与标准浅析. 标准科学，2013，90-93.

单达聪，李海峰，王雅民. 干法膨化宠物饲料技术参数关系的研究. 饲料工业，2017(17)：1-3.

邓华彬，周佳，唐超，等. 血球蛋白粉和水解羽毛粉在犬猫粮上的应用研究. 饲料与畜牧，2019(8)：59-64.

董沛晶. 微生态制剂的应用研究进展. 现代临床医学，2017，43(2)：91-93.

杜珍，张宇. 气味管理——气味的控制、响应与治理措施. 香料香精化妆品，2012(3)：64-70.

龚利敏，王恬. 饲料加工工艺学. 北京：中国农业大学出版社，2010.

何国维. *L*-抗坏血酸和 *D*-异抗坏血酸的促氧化作用及其机制研究. 南宁：广西医科大学，2013.

侯月娥，姜瑞丽，李旭宁，等. 饲料和原料中玉米赤霉烯酮的危害及检测方法探讨. 当代畜牧，2014(3)：30-33.

胡立彪. 宠物食品质量安全别大意. 中国质量报，2021.01.29.

胡思嘉，李新福，熊强. ε-聚赖氨酸作为天然防腐剂在食品中的应用研究进展. 食品工业科技，2022，43(6)：452-459.

黄崇杏，王志伟，王双飞，等. 国内外食品接触纸质包装材料安全法规现状. 包装工程，2008，29(9)：204-206.

黄立兰，黄广明，劳晔. 淀粉糊化度测定方法的研究进展. 饲料工业，2014(13)：53-57.

孔凌，包清彬，刘超，等. 牛肉味宠物诱食剂的开发及其适口性研究. 饲料博览，2015(12)：28-30.

孔凌，包清彬，刘超. 肉腥香宠物诱食剂的开发. 饲料博览，2018(5)：5-7.

李大鹏. 食品包装学. 北京：中国纺织出版社，2014.

李旦旦，王兴吉，王克芬，等. 酶制剂在宠物行业中的应用进展. 饲料研究，2021，44(12)：153-155.

李慧波. 浅析企业管理体系建设的意义. 上海节能，2019(11)：926-928.

李佳怡，赵翠莉，黄佑倩，等. 犬类诱食剂中酶解反应与美拉德反应最佳条件优化研究. 饲料研究，2022

(2):70-74.
李雪红，玉素甫江，贾新建. 饲料非营养性添加剂的种类及其作用. 新疆畜牧业，2012(4)：35-38.
李艳聪. 挤压膨化技术在饲料加工方面的应用. 中国饲料，2002(9):21-22.
李永歌，刘立新. 琥珀酸二钠在食品中的应用. 中国调味品，2013，38(3)：109-111.
林涀. 饲料中伏马毒素的危害及其检测技术. 福建分析测试，2018(5):24-29.
刘春雷. 包装材料与结构设计. 2版. 北京:文化发展出版社，2015.
刘海涛. 制造企业成本管理研究. 行政事业资产与财务，2022(6):37-39.
吕莉，王元，颜泽清，等. 透明质酸促进犬髋关节炎改善的效果研究. 中国工作犬业，2019(10)：20-24.
马爱华. 饲料中黄曲霉毒素的危害及预防. 吉林农业，2019(8):64.
马海乐. 食品机械与设备. 北京:中国农业出版社，2003.
沈奇，王仙萍，杨森，等. 紫苏籽主要营养成分含量分析. 西南农业学报，2019，32(8)：1904-1909.
时锐. 石化企业建立 HSE 管理体系需抓好的几项工作. 中小企业管理与科技(上旬刊)，2019(3):28-29.
宋诗清，童彦尊，冯涛，等. 三种酶解底物制备的诱食剂的香气分析及适口性研究. 中国饲料，2019(1):65-71.
田欣雨. 甜菊糖苷单体结构与其甜苦味感官表现的相关性研究. 无锡:江南大学，2021.
汪丽红，张国斌. 宠物食品包装设计研究. 赤峰学院学报(自然科学版)，2014，48-50.
汪强，张月松，黄宇，等. 食品中防腐剂的概述和应用前景. 食品安全导刊，2018，2：90-92.
王佰涛，王一雯，许杰，等. 葡萄糖氧化酶的应用及其在饲料中的作用机理. 中国饲料，2019(15)：6-11.
王成章，王恬，等. 饲料学. 北京:中国农业出版社，2003.
王春林，于炎湖，齐德生. 饲料及食品中亚硝酸盐的危害和预防. 饲料研究，2000(10):22-25.
王冬娥. 现代化采购管理对提升企业竞争力的重要意义. 现代企业，2022(6):11-12.
王海东，董致远，吕小文，等. 颗粒饲料淀粉糊化度的快速检测方法. 饲料工程学报，2008(12):249-253.
王健健，生吉萍. 欧美和我国食品包装材料法规及标准比较分析. 食品安全质量检测学报，2014，3548-3551.
王金全，吕宗浩，刘杰，等. 宠物食品适口性验证方法的改进. 犬业科技，2018(1)：10-12.
王菁，刘文，戴岳. 食品包装容器及其材料标准体系的研究. 农产品加工，2011，1：76-78.
王可暖，郭长昊. 宠物食品加工废水处理工程实例. 环境污染治理技术与设备，2004(7):89-91.
王乃强. 制造企业生产设备管理存在问题及对策. 投资与合作，2022(1):141-143.
翁云宣，靳玉娟. 食品包装用塑料制品. 北京:化工出版社，2014.
肖文玉. 质量管理体系在企业管理中的运用. 电子世界，2017(5):15-17.
许文才，李东立，魏华. 国内外食品包装安全研究进展. 包装工程，2009，30(8)：87.
杨凤. 动物营养学. 2版. 北京:中国农业出版社，2004.
叶仕斌，邓近平，刘清神，等. 牛磺酸营养研究进展及其在猫粮中的应用. 广东畜牧兽医科技 2021，46(3)：21-26.
于炎湖. 饲料安全性问题——(4)饲料中重金属元素污染的来源、危害及其预防. 养殖与饲料，2003(2)：3-5.
袁娜. 浅谈企业组织结构及其设计的原则和影响因素. 现代营销，2019(7):146-148.
翟鹏贵，彭启辉，姚晖. 新资源食品原料植物甾醇和植物甾醇酯的安全与应用. 中国卫生监督杂志，2011，18(1)：51-55.
张林媛. 宠物食品质量的评估和饲喂[J]. 畜牧兽医科技信息，2018(10):38-39.
张朦，刘峰，潘石轶. 水活度用于食品质量与安全控制的研究进展. 食品研究与开发，2014，35(3)：122-126.

张远飞，龙塔，刘志军，等. 饲料中添加三聚氰胺对动物危害的研究进展. 黑龙江畜牧兽医，2014，(13)：58-59.

赵芳萍. 5′-呈味核苷酸二钠结晶过程工艺优化. 广州：华南理工大学，2012.

赵海林，王怡博. 构建基于岗位胜任力模型的员工培训发展体系. 企业管理，2019(51)：16-17.

中国优质农产品开发服务协会. 宠物零食标准综合体团体规范：T/CGAPA 001—2019.

中国优质农产品开发服务协会. 宠物配合饲料（全价宠物食品）标准综合体团体规范：T/CGAPA002—2019.

中国优质农产品开发服务协会. 宠物营养补充剂标准综合体团体规范：T/CGAPA003—2019.

中华人民共和国国家质量监督检验检疫总局，中国国家标准化管理委员会. 全价宠物食品　犬粮：GB/T 31216—2014.

中华人民共和国国家质量监督检验检疫总局，中国国家标准化管理委员会. 全价宠物食品　猫粮：GB/T 31217—2014.

中华人民共和国医药行业标准药用软膏铝管：YY 0249—1996.

周灿，隆雪明，杨昆. 饲料中的呕吐毒素及其危害. 湖南饲料，2016(6)：36-37，45.

周贺敏. ABC 分析法在企业库存管理中的应用. 内燃机与配件，2020(2)：177-178.

AAFCO. Dog and cat food metabolizable energy protocols. In：Official Publication. Association of American Feed Control Officials Inc，2011：175-180.

AAFCO . Pet food labeling guide. The Association of American Feed Control Officials；Oxford，UK：2016.

AAFCO. AAFCO Dog and Cat food nutrient profiles，2021.

Ahmad B. The fate of carotene after absorption in the animal organism. Biochem J，1931，25(4)：1195-1204.

Amit S K，Uddin M M，Rahman R. A review on mechanisms，and commercial aspects of food preservation and processing. Agric Food Secur，2017，6(1)：51.

ANON. Code of Federal Regulatio. Washington DC：Office of the Federal Register National Archives and Records Administration，2006.

ASPCA. Definition of Companion Animal. [online]ASPCA. Available at：https：// www. aspca. org/about-us/aspca-policy-and-position-statements/definition-companion-animal [Accessed 2 Jul. 2018].

AVMA (2014). Joint AVMA-FVE-CVMA Statement on the Roles of Veterinarians in Ensuring Good Animal Welfare [online] Available at：https：// www. avma. org/KB/Policies/Pages/Joint-Statement-Animal-Welfare. aspx [Accessed 8 Jun. 2018].

Bampidis V，Azimonti G，Bastos M D L，et al. Safety and efficacy of two solvent extracts of rosemary (*Rosmarinus officinalis* L.) when used as feed additive for cats and dogs (Kemin Nutrisurance Europe SRL). EFSA J，2022，20(1)：e06978.

Barker S B，Pandurangi A K，Best A M，Effects of animal-assisted therapy on patients' anxiety，fear，and depression before ECT. Journal of ECT，2003，19(1)：38-44.

Baun M M and McCabe B W，Companion animals and persons with dementia of the Alzheimer's type：therapeutic possibilities. American Behavioral Scientist，2003，47(1)：42-51.

Bernstein P L，Friedmann E，Malaspina A. Animal-assisted therapy enhances resident social interaction and initiation in long-term care facilities. Anthrozoos，2000，13(4)：213-224.

Brickel C M. The therapeutic roles of cat mascots with a hospital-based geriatric population：a staff survey. Gerontologist，1979，19(4)：368-372.

Cherniack E P，Cherniack A R. The benefit of pets and animal-assisted therapy to the health of older individuals. Current Gerontology and Geriatrics Research，2014.

Colombo G, Buono M D, Smania K, et al. Pet therapy and institutionalized elderly: a study on 144 cognitively unimpaired subjects. Archives of Gerontology and Geriatrics, 2006, 42(2): 207-216.

Dennis Forte, Gordon Young. Food and Feed Extrusion Technology. Food Industry Engineering, 2016.

Di Donfrancesco B, Koppel K, Aldrich C G. Pet and owner acceptance of dry dog foods manufactured with sorghum and sorghum fractions. Journal of Cereal Science, 2018, 83: 42-48.

Dimitrijevic I. Animal-assisted therapy-a new trend in the treatment of children and adults. Psychiatria Danubina, 2009(21):236-241.

Dzanis D A. Safety of ethoxyquin in dog foods. J Nutr, 1991, 121(11 Suppl): S163-S164.

Edwards N E , Beck A M, Animal-assisted therapy and nutrition in Alzheimer's disease. Western Journal of Nursing Research, 2002, 24(6): 697-712.

FEDIAF. Nutritional guidelines for complete and complementary pet food for cats and dogs, 2021.

Fick K M, The influence of an animal on social interactions of nursing home residents in a group setting. The American Journal of Occupational Therapy, 1993, 47(6): 529-534.

Fraser D. Understanding animal welfare. Acta Veterinaria Scandinavica, 2008, 50(Suppl 1): S1.

Fritz C L, Farver T B, Kass P H, et al. Association with companion animals and the expression of noncognitive symptoms in Alzheimer's patients. The Journal of Nervous and Mental Disease, 1995, 183(7): 459-463.

González-Chávez S A, Arévalo-Gallegos S, Rascón-Cruz Q. Lactoferrin: structure, function and applications. Int J Antimicrob Ag, 2009, 33(4): 301.

Guo D, Zhang L M, Zhang L N, et al. Effect of dietary methylsulfonylmethane supplementation on growth performance, hair quality, fecal microbiota, and metabolome in ragdoll kittens. Front Microbiol, 2022, 13:838164.

Hendriks W H, Moughan P J, Tarttelin M F, et al. Felinine: a urinary amino acid of Felidae. Comp Biochem Physiol B: Biochem Mol Biol, 1995, 112(4): 581-588.

Herzog H. The impact of pets on human health and psychological well-being: fact, fiction, or hypothesis? Current Directions in Psychological Science, 2011, 20(4): 236-239.

James G. Morris, Quinton R. Rogers, Assessment of the nutritional adequacy of pet foods through the life cycle. The Journal of Nutrition, Volume 124, Issue suppl_12, December 1994, Pages 2520S-2534S.

Kitagawa N, Otani T, Inai T. et al. A food preservative produced by *Lactococcus lactis*, affects the localization pattern of intermediate filament protein in HaCaT cells. Anat Sci Int, 2019, 94(2): 163-171.

Kongable L G, Buckwalter K C, Stolley J M. The effects of pet therapy on the social behavior of institutionalized Alzheimer's clients. Archives of Psychiatric Nursing, 1989, 3(4):191-198.

La S. Antimicrobial effects of lactates: a review. J Food Prot, 1994, 57(5): 445-450.

Laun L. Benefits of pet therapy in dementia. Home Healthcare Nurse, 2003, 21(1): 49-52.

Mckibbin J M, Ferry R M, Thayer S et al. Further studies on choline deficiency in dogs. J Clin Med, 1945(5): 422-428.

Mikami T, Kitagawa H. Biosynthesis and function of chondroitin sulfate. Biochim Biophys Acta Gen Subj, 2013, 1830(10): 4719-4733.

Moreau R A, Nyström L, Whitaker B D, et al. Phytosterols and their derivatives: Structural diversity, distribution, metabolism, analysis, and health-promoting uses. Prog Lipid Res, 2018,

70: 35-61.

Moretti F, De Ronchi D, Bernabei V ,et al. Pet therapy in elderly patients with mental illness, Psychogeriatrics, 2011, 11(2):125-129.

National Research Council. Nutrient Requirements of Dogs and Cats. The National Academies Press, 2006.

OIE (2012). OIE recommendations on the Competencies of graduating veterinarians ("Day 1 graduates") to assure National Veterinary Services of quality. [ebook] Paris: OIE, p. 8. Available at: http://www.oie.int/en/solidarity/veterinary-education/competencies-of-graduating-veterinarians/.

Parslow R A, Jorm A F, Christensen H, et al. Pet ownership and health in older adults: findings from a survey of 2,551 community-based australians aged 60-64. Gerontology,2005, 51(1): 40-47.

Pham Thi Ha To V, Subramaniam M, Masagounder K, et al. Characterization of the segmental transport mechanisms of *DL*-methionine hydroxy analogue along the intestinal tract of rainbow trout with an additional comparison to *DL*-methionine. Comp Biochem Physiol A Mol Integr Physiol, 2020, 249: 110776.

Remillard R L, Thatcher C D. Dietary and nutritional management of gastrointestinal diseases. Clin Nutr, 1989, 19: 797-817.

Richeson N E. Effects of animal-assisted therapy on agitated behaviors and social interactions of older adults with dementia. The American Journal of Alzheimer's Disease and other Dementias, 2003, 18 (6): 353-358.

Rodrigues B M, Olivo P M, Osmari M P, et al. Microencapsulation of probiotic strains by yophilization is efficient in maintaining the viability of microorganisms and modulation of fecal microbiota in cats. Int J Microbiol, 2020: 1293481.

Sellers D M. The evaluation of an animal assisted therapy intervention for elders with dementia in long-term care. Activities, Adaptation & Aging, 2006, 30(1): 61-77.

Siegford J, Cottee S. and Widowski T. Opportunities for learning about animal welfare from online courses to graduate degrees. Journal of Veterinary Medical Education, 2010, 37(1), 49-55.

Sun Q, Guo Y, Li J, et al. Effects of methionine hydroxyl analog chelated zinc on laying performance, eggshell quality, eggshell mineral deposition, and activities of Zn-containing enzymes in aged laying hens. J Poult Sci, 2012, 49(1): 20-25.

Tamura T, Yonemitsu S,Itoh A,et al. Is an entertainment robot useful in the care of elderly people with severe dementia? Journals of Gerontology. Series A: Biological Sciences and Medical Sciences, 2004,59(1):83-85.

Varney J L, Fowler J W, Gilbert W C, et al. Utilisation of supplemented l-carnitine for fuel efficiency, as an antioxidant, and for muscle recovery in labrador retrievers. J Nutr Sci,2017, 6: e8.

Walsh F. Human-animal bonds I: the relational significance of companion animals, Family Process, 2009,48(4): 462-480.

Wang G D, Zhai W, Yang H C. et al. Out of southern East Asia: the natural history of domestic dogs across the world. Cell Res, 2016(26):21-33.

Webster J. Limping towards Eden: Stepping stones. In Animal Welfare: Limping Towards Eden, J. Webster (Ed.).

Zaghini G, Biagi G. Nutritional peculiarities and diet palatability in the cat. Veterinary Research Communications, 2005, 29(s2):39-44.